裂缝型致密砂岩储层天然气开发实践

江健　王旭　杨功田　李祖友　王自力　编著

中国石化出版社

内 容 提 要

本书以新场气田须家河组二段新 2 井区裂缝系统为对象,详细介绍了气藏高温、高压、高产气、高产水、地层水高氯根及高矿化度的特征;分析了须家河组二段天然气富集成藏的最关键影响因素;配套形成了与气藏特征相适应的钻完井、测试、采输流程、排水采气、高氯根地水处理工艺技术及生产运行管理方法。

本书实践性很强,可供从事天然气勘探开发的技术人员、技能操作人员、经营管理人员参考,也可作为石油院校师生的教学参考书。

图书在版编目(CIP)数据

裂缝型致密砂岩储层天然气开发实践 / 江健等编著.
—北京:中国石化出版社,2015.1
ISBN 978-7-5114-3039-7

Ⅰ.①裂… Ⅱ.①江… Ⅲ.①致密砂岩-砂岩储集层-
采气 Ⅳ.①TE37

中国版本图书馆 CIP 数据核字(2014)第 249867 号

中国石化出版社出版发行

地址:北京市东城区安定门外大街 58 号
邮编:100011 电话:(010)84271850
读者服务部电话:(010)84289974
http://www.sinopec-press.com
E-mail:press@sinopec.com
北京柏力行彩印有限公司印刷
全国各地新华书店经销
*
787×1092 毫米 16 开本 19.75 印张 496 千字
2015 年 1 月第 1 版 2015 年 1 月第 1 次印刷
定价:80.00 元

序

  川西新场气田须家河组二段砂岩，属典型的致密储层。致密储层的有效开发是目前国内外油气开发的热点，也是本学科的前沿课题。本书作者对此致密气藏的有效开发进行了成功的尝试，以新 2 井区裂缝系统为对象，以新 2 井开采历程为主线，将丰富的生产资料及分析化验资料与油气田开发理论新进展密切结合，针对气藏高温、高压、高产水及地层水具有高氯根、高矿化度的特征，基于传承、创新和求实的科学精神，经过近七个春秋的大胆生产实践，在成藏模式、气藏地质特征、开发方式、钻完井技术、提高单井产量、增产稳产、生产运行、安全环保等方面取得重要成果。通过引进、吸收、消化、试验、改进，以及气井生产运行管理的不断探索与创新，形成了一整套与致密气藏特征相适应的工艺技术及生产运行管理方法。有效化解了新 2 井区裂缝系统在不同开发时期出现的不同开发难题，确保了气井的安全、正常生产。本书从实际出发，按"实践—总结—再实践"的思路对新 2 井裂缝系统气藏地质特征、钻完井工艺技术、采输流程工艺技术、采输管线维护工艺技术、排水采气工艺技术、高氯根地层水处理工艺技术、生产运行及技术管理七个部分进行了系统的分析和论述。是对新场气田须家河组二段致密砂岩气藏开发工作的阶段性总结，也是对此成功尝试所取得经验、成果的系统提升。内容新颖、观点明确、实用性强。

  纵观全书，特色突出、亮点纷呈，主要体现在以下六个方面：一是提出须家河组二段砂岩成藏的最关键影响因素是印支中晚期须家河组二段砂岩中必须有绿泥石等环边胶结及流体聚集，它对抑制后期压实作用加剧，"维持"砂岩的高孔渗性起到了决定性作用，是后期流体运移聚集的基础，裂缝与高孔渗带的沟通是形成高产工业气流的前提；多期构造运动的改造，早期高孔渗砂岩保存的随机性和横向上的不连续性使须家河组二段气藏分成若干个各自独立的气藏，气藏无统一气水界面，含气性非均质性极强。二是综合气藏静、动态地质特征论述了新 2 井裂缝系统的存在，计算了裂缝系统的天然气储量、地层水储量及日水侵量；在对裂缝系统各气井产气、水潜力进行深入分析的基础上，优选确定了专门的排水井和排水工作制度，确保了高产气裂缝系统的稳产。三是针对"六高"特点，优选了适合于不同开次钻井的钻完井工艺技术；优选了井下生产管柱、测试管串及测试方式。四是通过对天然气采输流程进行不断的探索、实践后，优选出所需的设备、运行参数；针对腐蚀、冲刷、结垢严重问题，一方面优化流程、优选管材；另一方面研究出了适合的缓蚀剂、阻垢剂及配套的加注工艺技术，有效地解决了这个难题。五是针对高氯根、高矿化度地层水的处理难点，优选出地层水回注和真空蒸发结晶盐两种工艺技术。六是在生产过程中制定了一系列气井生产运行管理的规章制度，建立了"深井投运指南""日月圆图管理模式"。

本书对我国致密气藏的有效开发有很好的借鉴和指导作用，可作为从事油气勘探、开发的工程技术人员参考用书和石油高等院校本科和研究生教学参考用书。

罗平亚

2014.4

前　言

　　上三叠统须家河组是四川盆地天然气勘探开发主要层系之一。1971 年 12 月川西北地区川 19 井须家河组二段(后简称须二段)2535.00~2586.00m，获天然气 69.96×10⁴m³/d、凝析油 25.32t/d 的工业油气流，发现了中坝气田须家河组气藏，之后由于地质认识程度低，以局部构造勘探和兼探为主，只发现八角场、邛西、合兴场等一些中小型气田(藏)，未取得重大勘探突破。2000 年 11 月川西地区新 851 井须二段 4832.00~4846.00m，获天然气 194.70×10⁴m³/d 的高产气流，探明了天然气地质储量 1619.29×10⁸m³ 的新场气田须家河组气藏，拉开了四川盆地须家河组气藏勘探开发的序幕。先后探明了天然气地质储量 1355.58×10⁸m³ 的广安气田、天然气地质储量 2299.35×10⁸m³ 的合川气田，截至 2010 年底，四川盆地须家河组累计探明天然气地质储量 6828×10⁸m³。

　　四川盆地须家河组气藏是中国最典型的致密砂岩气藏之一。新 2 井(后简称 X2 井)区裂缝系统是新场气田须二段气藏开发先导实验区，具有高温、高压、高产气、高产水及地层水具有高氯根、高矿化度的"六高"特征。面对"六高"特征给气藏开发工艺技术、生产运行管理、安全环保带来的一系列严峻风险与挑战，中石化西南油气分公司川西采气厂广大员工在各级领导及兄弟单位的鼎力支持、帮助下，迎难而上，经过近七个春秋的大胆探索与实践，从气藏地质特征研究及开发工艺技术的引进、试验、改进到气井生产运行管理的不断探索与创新，逐渐形成了一整套与气藏特征相适应的工艺技术及生产运行管理方法。有效化解了 X2 井裂缝系统须二段气藏在不同开发时期出现的不同开发难题，确保了 X2 井裂缝系统各气井的安全、正常生产。截至 2013 年 12 月 31 日，整个裂缝系统累计采气 14.18×10⁸m³，其中 X2 井累计采气 5.67×10⁸m³，且目前仍以 19.00×10⁴m³/d 的工作制度正常生产，是迄今为止中石化西南油气分公司在川西地区累计产气量最高、稳产时间最长的"王牌井"。

　　本书以 X2 井区须二段裂缝系统为对象，以 X2 井开采历程为主线，运用丰富的生产资料及分析化验资料，试图对天然气藏地质特征、生产中的关键工艺技术、生产运行管理的探索与实践过程和所取得的成果、认识进行全面、系统的总结，并将其客观、完整地展示出来，希望与国内外同行分享，以便携手共同探讨、提升类似气藏的开发技术水平和生产管理水平。为了尽可能清晰地表述 X2 井裂缝系统天然气开发探索与实践的各工艺技术及生产管理环节，本书分气藏地质特征、钻完井工艺技术、采输流程工艺技术、采输管线维护工艺技术、排水采气工艺技术、高氯根地层水处理工艺技术、生产运行与 HSE 管理七个部分进行阐述。

气藏地质特征部分主要在综合区域地质特征的基础上，结合气井动态资料，提出了在致密-极致密砂岩背景下局部发育高孔渗带并与断裂沟通是形成天然气富集的关键因素；充分论述了 X2 井裂缝系统的存在；通过对 X2 井裂缝系统出水类型、水窜模式的研究，优选水驱气藏动态分析方法，计算了裂缝系统的天然气储量、地层水储量、日水侵量，为排水采气工艺技术的选择奠定了坚实的地质基础。钻完井工艺技术部分，针对泥页岩互层发育强度差异大、异常高压气层发育压力体系不同、纵向水层发育随机分布和深层岩石强度大、高研磨性、可钻性差、安全钻井液密度窗口窄所带来的"喷、漏、卡、塌、慢、污"钻井问题和目的层埋藏深、高压、高温、含二氧化碳、储层致密、裂缝发育、气水关系复杂带来井筒完整性、技术经济性的完井问题，在井下工程地质特征深入认识的基础上，形成了以井身结构优化技术、安全优快钻井配套技术、高酸溶性防漏堵漏储层保护技术为核心的钻井技术，以动态完井方式及配套完井工艺、高温高压含酸性气体气井测试及投产技术为核心的完井、测试、投产技术。顺利完成了 X2 井裂缝系统 5 口井的钻完井工作，其中 X2 井完钻井深为 4855.00m，测试获高产工业天然气流，绝对无阻流量 $135.31 \times 10^4 m^3/d$。

面对须二段气藏的"六高"特征，X2 井天然气采输流程经历了"设计—施工—运行—发现问题—优化设计—改进—运行—再改进"的不断探索、实践、完善的艰难过程，通过这一过程使采输流程工艺技术与气井不同生产阶段的特点相适应，确保了气井的安全、平稳生产。在分析天然气气质、产气量、产水量、压力、温度的基础上，优选出了采输流程所需的管汇台、水套炉、分离器、计量等相关设备、设施，确定了不同部位采集气管线的压力级别、材质、强度、壁厚等重要参数，并在较短时间内组织建好了采输流程，实现了气井的安全、快速投产。在采输流程运行中，针对腐蚀、冲刷、结垢严重及部分流程设计不科学等问题，一方面对流程进行了优化，对管件材质进行了优选更换；另一方面适时对管线腐蚀、结垢机理进行了深入研究，通过反复试验评价，优选出了缓蚀剂、阻垢剂及相应的加注工艺技术，确保了采输气管线的畅通及采输流程的正常运行。

X2 井裂缝系统储水量大，随着天然气的大量采出，气井产水量迅速增加，尽快实施有效的排水采气工艺技术是保证 X2 井裂缝系统气井平稳生产的关键。

通过对国内外有水气田排水采气工艺技术的调研，结合 X2 井裂缝系统特殊的气藏地质条件及井筒内管串结构的复杂性，首选"排水井专门排水"的工艺技术进行排水试验。优选出 X201 井作为专门的排水井及排水工作制度，确保了 X2 井的稳产。针对地层水高矿化度、高氯根含量较难处理的特点，优选出地层水回注和真空蒸发结晶盐两种工艺技术，成功地对高氯根、高矿化度地层水进行了处理。为 X2 井裂缝系统气井实现安全、环保生产提供了有力的技术支撑。

为了确保 X2 井裂缝系统气井的正常生产，川西采气厂专门成立了气井生产运行管理的组织机构，明确厂、队、站的职责，制定了一系列气井生产运行管理的规章制度，从制度上为气井生产提供了有力保障；及时开展气井动态监测、动态分析及油嘴、壁厚、液压装置等关键点监测，在生产动态中及时发现问题，并将其及时解决在萌芽状态；优化井控工艺技术，建立井控管理网络，编制井控应急预案，不定期开展演练，并持续进行改进，保障了气井的安全、环保生产。在整个生产运行过程本着"实践—认识—再实践"的思路，逐步形成了"深井投运指南""日月圆图管理模式"。这些成果将为后期类似气井生产管理提供重要指导作用，同时也为进一步提高同类气井的管理水平积累了宝贵经验。

本书由江健拟定整体编写提纲；前言由江健、王旭执笔；第一章、第五章由王旭、李祖友执笔；第二章由杨功田、王旭执笔；第三章、第四章、第七章由江健、杨功田执笔；第六章由王旭、王自力执笔；全书由江健、王旭统稿、检查、定稿。本书编写过程中得到了中石化西南油气分公司王世泽、郭新江教授级高级工程师的悉心指导；中石化西南油气分公司勘探开发研究院、工程技术研究院，中石化西南石油工程有限公司井下作业分公司、地质录井分公司、四川钻井分公司、测井分公司等兄弟单位提供了大量的重要资料或成果；杨炳祥、严小勇、陈学敏、唐勇、罗庆瑞等技术人员提供了大量资料，并参与了部分文字资料整理及图表制作。在此一并表示诚挚的谢意！

尽管本书想竭尽全力地做到客观记录川西采输人在 X2 井裂缝系统天然气开发过程中的深切感受和认识，真实地展现勇敢探索与实践的艰难历程，但由于笔者水平有限，不足之处仍在所难免。欢迎广大读者包容、批评、指正！

目 录

第一章　气藏地质特征

第一节　区域地质特征

一、地理概况

新场气田位于四川省德阳市行政区域，南距成都市80km，北离绵阳市35km。新2井(后简称X2井)区裂缝系统位于新场气田中部(图1-1-1)。该气田地处富饶的成都平原，地势平坦，为平坝和浅丘地貌，平均海拔530m，区内水系较发育；属亚热带湿润型气候，年平均气温16.10℃，四季分明，无冰冻期，适合全天候施工作业。区内有宝成铁路、京昆高速公路和川陕公路，省道与村、乡镇道路纵横交错，四通八达，交通十分方便；河流、水塘、沟渠、光缆、电缆星罗棋布、相互交织；工区遍是良田沃土，一年四季均进行农业生产；人口稠密，经济发达，寸土寸金。这些优越的自然地理经济条件在给天然气开发带来便利的同时，也给井场、采输气管道征租地、油地关系协调及安全环保生产提出了严峻的考验与挑战。

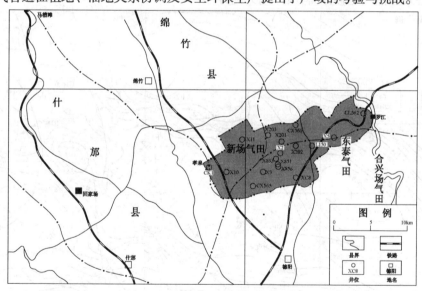

图1-1-1　X2井裂缝系统地理位置图

二、构造

新场气田处于四川盆地川西坳陷中段孝泉-丰谷北东东向大型隆起带上，该隆起带位于彭州-德阳向斜和梓潼向斜之间，是晚三叠世以来经历了多期构造运动后古今复合的大型隆起带。川西地区印支早期总体构造背景为斜坡，EW向构造带隐约可见；印支中晚期，EW向构造转为NE向构造，龙门山北段开始隆升，川西坳陷开始形成；印支末期，龙门山南部开始隆起，川西坳陷向南萎缩；龙泉山南北向构造带开始出现雏形；燕山早中期，龙泉山

1

SN 向构造带进一步发育；燕山晚期—喜山期（现今），龙泉山 SN 向构造带向北终止于 NE 向构造带。综上所述，新场须二构造奠基于印支中期，燕山期及喜山期受到明显改造，且变形最为强烈，喜山期最终定型。在隆起带上分布着一系列 NEE 向、SN 向局部构造，即新场、合兴场-高庙子、丰谷等构造，新场气田位于该隆起带西部。

新场构造整体上表现为 NEE 向的构造，东部以低鞍的形式与合兴场构造相隔，向西与鸭子河构造以低鞍相接，整体具有南陡北缓、西高东低的特征。新场气田须家河组二段构造是由 5 个 NE、SN、NEE 向高点组成的 NEE 向复式背斜，以 -4300.00m 等高线形成一个完整的大型构造圈闭，圈闭面积 258.60km²，闭合幅度 262.50m。须家河组二段断层发育，主要形成于印支中期，普遍具有明显的挤压、走滑特征。横向上新场构造东部较西部断层发育，南翼较北翼发育，西部孝泉地区断层较少，基本未发育规模性断层。须家河组二段发育断层 60 余条，均为逆断层，断裂走向多样，主要为近 SN、NE、EW 向，规模较大的断层主要为 SN 及 EW 向；断层倾角范围 20.00°~50.00°，一般 20.00°~30.00°；断层横向延伸范围 1.90~15.10km，一般 <5.00km；纵向断距范围 20.00~70.00m，一般 <50.00m。发育弧形断层是新场气田须家河组二段断层的特征之一，最西部的构造高点主控断层即为 SN 向转 NE 向的弧形断层，该断层延伸较长，达 15.10km，倾角较陡为 35.00°~45.00°，但纵向断距较小，一般 20.00~30.00m。X2 井裂缝系统位于新场构造中西部，被近 SN 向的 F1、F2 主要断层所夹，并伴生发育多条小断层（图 1-1-2），有利于构造裂缝发育，在致密砂岩渗透性的改善及天然气运移方面具有"先天优势"。

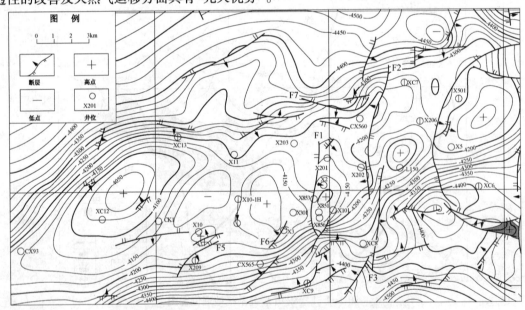

图 1-1-2　川西新场构造须家河组二段顶面构造图

（据西南油气分公司唐立章等人图件编修，2010）

三、地层

新场构造地表出露地层为新生界第四系，据新场气田钻井钻遇地层统计表明，地层自上而下依序为第四系、白垩系、侏罗系与三叠系，最深层位钻至三叠系下统江陵江组三段，井深为 7560m。根据岩相可宏观将钻遇地层划分为：三叠系须家河组及以浅为陆相地层；小塘

2

子组、马鞍塘组为海陆过渡相地层；雷口坡组、嘉陵江组为海相地层（表1-1-1）。自老至新将各地层简述于后。

表1-1-1　新场气田钻遇地层划分简表

界	系	统	组	段	层位代号	厚度/m	岩性简述
新生界	第四系				Q	12~72	杂色黏土与砂砾层，与下伏地层呈角度不整合接触
	白垩系	下统	剑门关组		K_{1j}	158~364	灰白-褐灰色含砾细粒砂岩与棕红色泥岩、泥质粉砂岩不等厚互层，与下伏地层呈假整合接触
	侏罗系	上统	蓬莱镇组	四	J_{3p4}	220~300	紫红色泥岩、粉砂质泥岩、泥质粉砂岩夹粉砂岩及浅绿灰-褐灰色砂岩，与下伏地层整合接触
				三	J_{3p3}	220~330	
				二	J_{3p2}	640~740	
				一	J_{3p1}	220~300	
			遂宁组		J_{3sn}	332~350	棕红色泥岩、褐灰色砂岩、粉砂岩互层，与下伏地层整合接触
		中统	上沙溪庙组	二	J_{2s2}	300~350	紫褐色粉砂质泥岩夹浅褐灰色砂岩、砂岩
				一	J_{2s1}	200~250	浅绿灰色砂岩与紫红色粉砂质泥岩不等厚互层，夹灰色砂岩及粉砂岩，与下伏地层整合接触
			下沙溪庙组		J_{2x}	191~250	暗褐紫色含粉砂质泥岩为主，夹浅绿灰色砂岩，与下伏地层整合接触
			千佛崖组		J_{2q}	40~122	紫棕色泥岩夹粉砂岩，底为灰白色砂岩、灰色细砾岩，与下伏地层呈假整合接触
		下统	白田坝组		J_{1b}	80~151	紫棕色泥岩、岩屑砂岩、灰色泥灰岩等厚互层，与下伏地层呈假整合接触
中生界	三叠系	上统	须家河组	五	T_{3x5}	473~576	黑色页岩与灰色砂岩不等厚互层，夹煤层（线）
				四	T_{3x4}	496~732	灰色砂岩及砾岩与黑色页岩呈不等厚互层
				三	T_{3x3}	729~885	黑色页岩与灰色砂岩不等厚互层夹煤层（线）
				二	T_{3x2}	584~738	浅灰砂岩夹黑色页岩、粉砂质页岩及泥质粉砂岩与下伏地层整合接触
			小塘子组		T_{3t}	133	灰黑色页岩及粉砂岩、砂岩薄互层。与下伏地层整合接触
			马鞍塘组		T_{3m}	65	浅-深灰色泥晶灰岩。与下伏地层角度不整合接触
		中统	雷口坡组	四	T_{2l4}	352	灰色白云岩、膏质白云岩及灰白色石膏岩
				三	T_{2l3}	373	灰-深灰色白云岩、膏质白云岩、灰质白云岩及灰黑色灰晶灰岩夹灰色膏质灰岩及石膏岩
				二	T_{2l2}	381	深灰色泥-微晶灰岩、膏质灰岩、白云质灰岩夹白色石膏岩
				一	T_{2l1}	227	深灰色含泥质泥晶灰岩与灰色白云岩等厚互层，夹白色石膏岩。底部发育"绿豆岩"，为区域标志层。与下伏地层整合接触
		下统	嘉陵江组	五四	T_{1j4+5}	606	灰白色石膏岩及深灰色泥晶白云岩
				三	T_{1j3}	43（未穿）	灰色泥-微晶灰岩及白云质泥-微晶白云岩

3

嘉陵江组分为五段，钻井仅钻至 T_{1j3}，岩性为泥微晶灰岩及白云岩互层，T_{1j4+5} 段上部为灰白色石膏岩夹灰色白云岩，下部为灰-深灰色泥晶白云岩。雷口坡组与下伏地层呈整合接触，自下而上分为四段，T_{2l1} 段上部为深灰色含泥质泥晶灰岩、泥晶灰岩与灰色白云岩略等厚互层，下部发育灰白色石膏岩，底部发育"绿豆岩"为区域标志层；T_{2l2} 段为深灰色泥-微晶灰岩、含膏质白云质灰岩，灰黑色生物屑微-细晶灰岩夹灰色石膏岩；T_{2l3} 段上部为灰-深灰色白云岩、硬石膏质白云岩，下部为灰-深灰色灰质白云岩、白云质砂屑灰岩、含硬石膏质白云岩，底部为深灰色白云质灰岩、含硬石膏质含白云质灰岩及灰岩；T_{2l4} 段上部为灰色白云岩、膏质白云岩夹江浅灰色-灰白色石膏岩，下部为浅灰-灰白色石膏岩夹灰色白云。马鞍塘组厚度较薄，为浅灰-灰色泥-微晶灰岩，与下伏地层角度不整合接触。小塘子组为灰黑色粉砂质页岩与浅灰色粉砂岩、细砂岩薄互层，与下伏地层呈整合接触。自上三叠统须家河组开始发育陆相碎屑岩，至白垩系总厚约 5000.00m，其中须家河组厚度最大，近3000.00m，自下而上分为四段：须二段上部以灰色粗-细粒岩屑砂岩、岩屑石英砂岩为主，夹灰黑色粉砂质页岩，下部以浅灰-灰色细粒长石岩屑石英砂岩、长石岩屑砂岩、粉砂岩与灰黑色粉砂质页岩略等厚互层；须三段为黑色粉砂质页岩与深灰色中-细粒岩屑石英砂岩、岩屑砂岩及灰色粉砂岩呈不等厚-略等厚互层，夹煤层或煤线；须四段为灰白-灰色粗-中粒岩屑石英砂岩、中-细粒岩屑砂岩及杂色砾岩与黑色页岩呈不等厚互层；须五段为黑色页岩与灰色中-细粒岩屑砂岩、粉砂岩呈不等厚互层，夹煤层或煤线，与下伏地层呈整合接触。

白田坝组为紫棕-深灰色泥岩、粉砂质泥岩与浅灰-灰色粉砂岩、细粒岩屑砂岩呈互层，上、下部均夹灰-深灰色灰岩、介屑灰岩，与下伏地层呈假整合接触；千佛崖组主要为紫褐色泥岩、粉砂质泥岩夹浅灰色粉砂岩、细砂岩，底为浅灰-灰色含砾岩屑砂岩、砾岩夹紫褐色砾岩，与下伏地层呈假整合接触。下沙溪庙组为暗紫-暗棕色泥岩、粉砂质泥岩为主夹浅绿灰-浅灰色粉砂岩、细粒岩屑砂岩、岩屑长石砂岩，与下伏地层整合接触；上沙溪庙组分为上下两段，下段为浅绿灰色细-中粒长石岩屑、岩屑长石砂岩与紫红色粉砂质泥岩不等厚互层，与下伏地层整合接触；下段为紫褐-褐色含粉砂质泥岩为主，夹浅褐-灰褐色粉砂岩及细粒岩屑砂岩。遂宁组为棕-棕红色泥岩、粉砂质泥岩与褐灰色粉砂岩、细-中粒岩屑砂岩呈等厚互层，与下伏地层整合接触；蓬莱镇组分为四段，岩性相似，为棕褐-紫红色泥岩、粉砂质泥岩、泥质粉砂岩夹浅绿灰、褐灰色岩屑砂岩，与下伏地层整合接触。白垩系在新场气田仅发育剑门关组，岩性为灰-褐灰色含砾中-细粒岩屑砂岩与棕红色泥岩、棕褐色泥质粉砂岩不等厚互层，与下伏地层呈假整合接触。

纵观新场气田所钻遇地层，侏罗系蓬莱镇组、遂宁组、沙溪庙组、千佛崖组和三叠系须家河组、雷口坡组储层均不同程度地产天然气，其中蓬莱镇组、沙溪庙组和须家河组砂岩储层是目前气田的主要产层。

四、岩相

新场气田从所钻遇地层的沉积特征分析，宏观上自老至新可分为海相、海陆过程相、陆相三大类型，总体反映新场地区从海相逐渐演变为陆相的沉积过程。三叠系嘉陵江组、雷口坡组为海相；马鞍塘组、小塘子组为海陆过渡相；须家河组及以新地层为陆相。下面重点论述三叠系须家河组的岩相特征。

三叠系须家河期川西坳陷属于龙门山类前陆盆地的前缘坳陷带沉降和沉积中心，无论是来自西北部龙门山造山带的沉积物、东部川中古隆起的沉积物，还是来自北部米仓山-大巴

4

山造山带西侧的沉积物，都以川西坳陷为沉积物的主要搬运通道和堆积场所，导致该区沉积厚度较大，达2282.00~2905.00m。

新场地区须家河组二期主要为三角洲-湖泊沉积体系，随着龙门山半岛的继续上升，河流沉积更发育，在河流入湖处形成河控三角洲沉积体系。主要沿川西龙门山造山带前缘和川东北米仓山-大巴山造山带前缘连续发育有数个规模较大的辫状河三角洲沉积体系。须二晚期，在继承早期古地理面貌的基础上，一方面沿米仓山前缘的旺苍-南江地区和大巴山前缘的万源石冠寺和三汇地区，以及盆地南部的长宁-泸州一带出现了大面积的剥蚀区，另一方面盆地向西南方向翘倾的构造沉积使盆地南部的浅湖沉积面积扩大，湖盆地边缘的冲积平原-三角洲沉积体系宽度明显变窄并向古陆方向退缩。新场地区须家河组二段总体为三角洲前缘沉积，沉积厚度560.00~737.00m，变化不大，总体上向东减薄(图1-1-3)。三角洲前缘沉积可进一步细分为前三角洲、三角洲前缘河口坝、前缘叠置砂坝、远砂坝、坝间、三角洲平原叠置河道等微相。X2井裂缝系统井区须家河组二段地层主要为三角洲前缘河口坝、远砂坝及三角洲平原叠置河道微相。

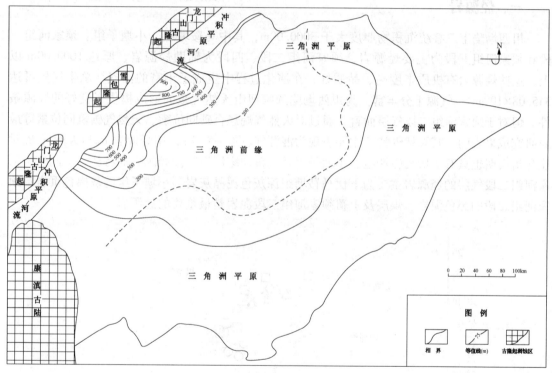

图1-1-3　四川盆地三叠世须家河组二期岩相古地理图
(据西南油气分公司杨克明等图件修编，2012)

须家河组三期，由于盆地沉降速率大于沉积物堆积速率，湖水上升导致川西坳陷处于整个须家河沉积期最深时期，沉积物以细粒的泥岩、粉砂岩为主，主体为浅-半深湖环境，同时沉积有巨厚的暗色泥岩，并形成川西坳陷最重要的生烃中心，沉积厚度最大，达729.00~885.00m。须家河组四、五期表现为内陆扇-湖沼沉积体系。须家河组四段早期川西坳陷总体以发育扇三角洲沉积体系为主，全盆地范围内，须四段底部普遍发育有砾岩沉积，尤以川西坳陷和川东北坳陷最为发育；其后随着基准面不断上升和湖水位上涨达最大湖泛期，以发育浅湖为主，晚期伴随基准面下降，盆地边缘辫状河向湖盆方向推进，川西坳陷主要发育辫状河三角洲沉积体系，向南逐渐过渡为滨湖，向东部丰谷地区局部层段发育曲流河三角洲沉积体系。须家河组五段沉积期基准面总体处于上升时期，研究区主要为滨湖沉积体系，龙门山前缘发育有辫状河三角洲沉积体系。

白田坝组与千佛崖组为盆缘扇-湖泊沉积体系，其中千佛崖组早期新场地区为水下冲积扇沉积；上、下沙溪庙组与遂宁组为冲积平原-三角洲沉积体系，其中下沙溪庙组沉积早期新场地区为湖泊相，上沙溪庙组早期龙门山北段抬升，物源来自新场北部和合兴场北东，该时期新场地区以三角洲前缘为主，上沙溪庙组晚期孝泉-合兴场整体处于较深水时期，沉积格架主要为湖相；至遂宁组，全区为水体较为宁静的湖泊环境，沉积了大套厚度较为稳定的湖泊相泥岩；蓬莱镇组则演变为河流、三角洲-湖泊沉积体系。

第二节　天然气地质特征

一、烃源岩

川西坳陷上三叠统沉积物厚度大于 3000.00m，其中马鞍塘组、小塘子组、须家河组三段和须家河组五段为主要烃源岩，须家河组二段、四段为辅助烃源岩，厚达 1000.00m 以上，这些烃源岩有机质丰度高、品质好，在演化过程中生成了丰富的油气，总生气量可达 $345.08 \times 10^{12} m^3$，气源十分丰富。为川西坳陷须家河组天然气藏的形成提供了良好的烃源条件。但对于须家河组二段气层而言，通过对天然气烷烃合碳同位素、天然气碳氢同位素等最新研究成果表明，其天然气特征主要表现为混源气(图 1-2-1)；用烃源岩 R_o 与天然气 R_o 对比分析表明也具有下伏马鞍塘组、小塘子组及上覆须家河组三段烃源岩的特征。由此分析须家河组二段气层的烃源岩主要为下伏马鞍塘组深灰色泥晶灰岩、小塘子组的灰黑色页岩；须家河组二段的黑色泥岩、煤层及上覆须家河组三段泥岩是最重要的烃源岩。

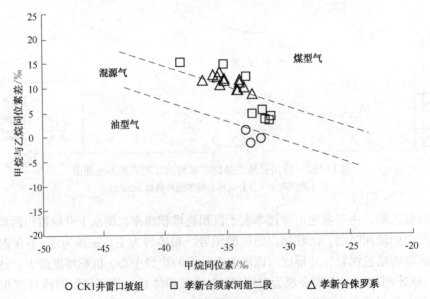

图 1-2-1　新场气田须家河组二段气源类型分析图

(据西南油气分公司，2013)

(一)马鞍塘组小塘子组烃源岩

马鞍塘组和小塘子组发育烃源岩,占地层厚度46.50%,烃源岩主要为滨海沼泽及三角洲沼泽沉积的灰、深灰-黑色泥岩、泥灰岩、粉砂质泥岩夹煤层或煤线,厚100.00~375.00m,总体呈现由西向东逐渐变薄的趋势(图1-2-2)。

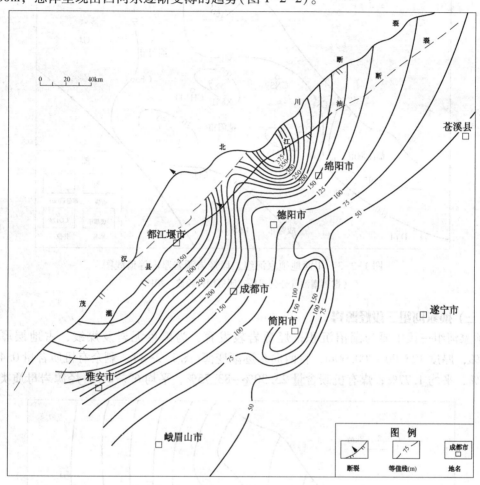

图1-2-2 川西马鞍塘、小塘子组烃源岩厚度等值线图

(据西南油气分公司杨克明等图件编修,2012)

剩余有机质含量0.47%~6.65%,平均1.13%;煤有机碳含量69.18%;烃源岩母质类型灰岩以II_a~II_b型,泥质岩为II_b~III型;镜质体反射率R_0为2.06%~3.78%,平均3.05%,已达过成熟演化阶段;生烃强度为$(5~110)×10^8 m^3/km^2$;生烃量为$38.37×10^{12} m^3$;主要生排烃期为晚三叠世中期和中-晚侏罗世两个时期。生油气中心位于川西北德阳—江油—都江堰一带,烃岩源条件达到形成大型气田的标准。

(二)须家河组二段烃源岩

须家河组二段主要为三角洲平原和三角洲前缘沉积,烃源岩主要为黑色泥岩及煤线,占地层厚度的20.80%,厚度较薄仅为50.00~185.00m,总体自西向东逐渐变薄(图1-2-3)。泥岩剩余有机质含量0.62%~17.62%,平均3.47%;煤有机碳含量37.12%~81.32%,平均59.23%;烃源岩母质类型为III型;镜质体反射率R_0为2.05%~3.11%,平均2.47%,已达到过成熟演化阶段;生烃强度为$(5~45)×10^8 m^3/km^2$;生烃量为$12.88×10^{12} m^3$;主要生排烃期为晚三叠世中-晚期和中-晚侏罗世两个时期。

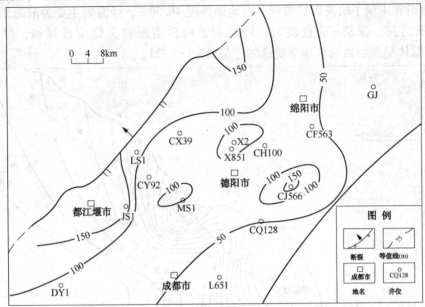

图 1-2-3 川西地须家河组二段烃岩源岩厚度等值线图
(据西南油气分公司杨克明等图件编修, 2012)

(三) 须家河组三段烃源岩

须家河组三段主要为湖沼沉积, 烃源岩较发育, 为黑色泥岩及煤线, 占地层厚度的
55.50%, 厚度 125.00~700.00m, 自西向东逐渐变薄 (图 1-2-4)。剩余有机质含量 0.41%~
10.37%, 平均 1.77%; 煤有机碳含量 23.30%~83.75%, 平均 62.72%; 烃源岩母质类型以

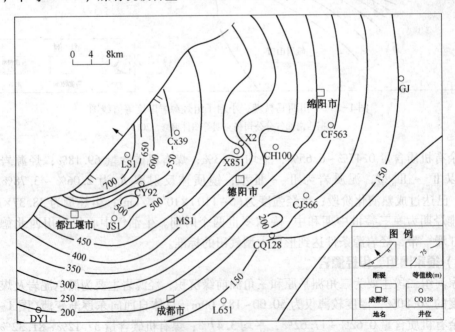

图 1-2-4 川西地须家河组三段烃岩源岩厚度等值线图
(据西南油气分公司杨克明等图件编修, 2012)

Ⅱ、Ⅲ型为主，有少量Ⅰ型；镜质体反射率 R_0 为 1.74% ~2.91%，平均 2.06%，大部分处于过成熟演化阶段，局部处于高成熟演化阶段；生烃强度为 $(5~20) \times 10^8 \mathrm{m}^3/\mathrm{km}^2$；生烃量为 $29.27 \times 10^{12} \mathrm{m}^3$；主要生排烃期为晚三叠世中-晚期和中-晚侏罗世两个时期，已具备形成大中型气田气源的丰度条件。

二、储集岩

（一）砂岩分布特征

1. 砂岩组划分

新场气田须家河组二段是一套厚 584.00~738.00m 的三角洲砂、泥岩沉积，砂岩较发育占地层厚度的 50.00%~79.20%，具有典型的"砂包泥"特征。砂体呈厚层块状分布，厚度较稳定。有利储层主要为水下分流河道、河口砂坝的中-细粒岩屑石英砂岩和岩屑砂岩。须家河组二段砂岩纵向上自上而下依次分为 T_{3X2}^1 ~ T_{3X2}^{14} 14 套含气砂组，各含气砂组内又可细分数层砂体，其中 T_{3X2}^2 ~ T_{3X2}^8 七套含气砂组目前获得天然气工业气流。最浅一套及获工业气流的七套砂组 T_{3X2}^2 ~ T_{3X2}^8，又细分为 17 层砂岩，其中砂岩厚度以 T_{3X2}^{2-2}、T_{3X2}^{3-1}、T_{3X2}^{4-2}、T_{3X2}^5、T_{3X2}^6 最大，其余砂岩次之（表 1-2-1）。

表 1-2-1　新场气田须二段储层划分综合简表

层位		储层厚度/m	岩性岩相特征
砂层组	气层代号		
T_{3X2}^1	T_{3X2}^1	10~20	中粒岩屑石英砂岩。属三角洲平原分流间湾、分流河道、决口扇等微相
T_{3X2}^2	T_{3X2}^{2-1}	10~20	细-中粒岩屑砂岩。河口坝、叠置砂坝微相
	T_{3X2}^{2-2}	20~35	中粒岩屑石英砂岩。河口坝、叠置砂坝微相
	T_{3X2}^{2-3}	5~25	中粒岩屑石英砂岩。河口坝、叠置砂坝微相
	T_{3X2}^{2-4}	5~20	中粒岩屑石英砂岩。河口坝、叠置砂坝微相
T_{3X2}^3	T_{3X2}^{3-1}	10~40	中-粗粒石英砂岩。河口坝、远砂坝微相
	T_{3X2}^{3-2}	0~15	中粒岩屑石英砂岩。河口坝、远砂坝微相
T_{3X2}^4	T_{3X2}^{4-1}	5~30	粗-中粒石英砂岩。河口坝、叠置砂坝微相
	T_{3X2}^{4-2}	10~30	粗-中粒石英砂岩。河口坝、叠置砂坝微相
	T_{3X2}^{4-3}	5~35	粗-中粒石英砂岩。河口坝、叠置砂坝微相
T_{3X2}^5	T_{3X2}^5	10~45	中-细粒岩屑石英砂岩。属叠置河道微相
T_{3X2}^6	T_{3X2}^6	20~70	中粒岩屑石英砂岩。属属叠置河道微相
T_{3X2}^7	T_{3X2}^{7-1}	10~30	细粒岩屑石英砂岩。河口坝、远砂坝微相
	T_{3X2}^{7-2}	5~25	细粒岩屑石英砂岩。河口坝、远砂坝微相
T_{3X2}^8	T_{3X2}^{8-1}	0~20	细粒岩屑砂岩。属河口坝及远砂坝微相
	T_{3X2}^{8-2}	5~20	细粒岩屑砂岩。属河口坝及远砂坝微相
	T_{3X2}^{8-3}	0~5	细粒岩屑砂岩。属河口坝及远砂坝微相

2. 砂岩厚度及分布

新场气田须家河组二段纵向上发育多套砂组，下面仅将 T_{3X2}^2 ~ T_{3X2}^8 七套获工业气流的含气砂组厚度及分布特征作简要论述。

T_{3x2}^2 砂组由四套砂岩组成，位于须家河组二段中上部，砂体发育，一般厚 60.00~100.00m，平均 70.00m 以上，局部超过 110m，其中 T_{3x2}^{2-2}、T_{3x2}^{2-3}、T_{3x2}^{2-4} 是须家河组二段气藏主要含气砂层组之一，有 X2、XC8 和 L150 井等已钻获工业气流；该砂组在工区西部 CK1 井一带存在相变带，相变带以东该砂组含油气性良好。T_{3x2}^3 砂层组由两套砂层组成，位于须家河组二段上部，一般厚 20.00~50.00m，平均 35.00m，砂体较薄，该砂组以 X10 井-X11 井一线为界，以东主要为三角洲前缘河口坝-坝间沉积区，在 X201、X202、L150、CX560 等井坝间厚层泥页岩沉积特别发育，间夹煤层，为典型"腰带子"；X10 井-X11 井一线以西的孝泉地区主要为前三角洲沉积，在 CX93 井一带发育有远砂坝，已有 X2、XC8 井钻获工业气流。T_{3x2}^4 砂层组由三套砂层组成，位于须二段中上部；砂体发育、单层厚度较大，一般厚 60.00~80.00m，平均 60.00m 以上；西部(孝泉)、东部(罗江)地区主要为反韵律沉积特征，即砂组上段为细砂岩、砂组下段为细-粉砂岩，已有 X10、X851、X856、X2、L150、X11 等井钻获工业气流；主要有三套砂体，即 T_{3x2}^{4-1}、T_{3x2}^{4-2}、T_{3x2}^{4-3}，该时期孝泉及新场地区总体为三角洲前缘河口坝间夹坝间沉积，在新场—孝泉过渡带的 X10、CK1、XC12 井一带以及新场东南部的 CX565、XC8 及 X5 井一带沉积砂岩厚度较大，一般均在 50.00m 以上，据地震反演预测局部砂岩厚度可达 100.00m 以上，是须家河组二气藏主要含气砂层组之一。T_{3x2}^5 砂层组位于须家河组二段中部，工区西部较东部更发育，砂体厚 30.00~60.00m；中部 X853 井区砂岩厚 30.00~40.00m，实钻井平均 37.50m，该砂组在孝泉及新场地区主体钻井揭示均以三角洲平原叠置河道沉积为主，工区东部 X5 井附近以及西部 XC12 井以南属分流间沉积；已有 X3、X10 井钻获工业气流。T_{3x2}^6 砂层组位于须家河组二段中部，在工区的西部 CX565 井至 X3 井以西较厚，为 10.00~60.00m，工区的东部砂体较薄，厚度小于 20.00m，实钻井平均厚 29.80m；已有 X10 井钻获工业气流。T_{3x2}^7 砂层组位于须二段中下部，由两套砂层组成，在 CX565 井以北至 L150 井以北的工区西部较厚，为 10.00~60.00m，X10 井钻遇砂体厚 69.50m，工区东南部砂体较薄，厚度小于 30.00m，实钻井平厚 34.90m；该砂组在孝泉地区及孝泉—新场过渡带的 XC12 井、CK1 井、X10 井、X11 井、X203 井砂体厚度大，粒度相对较粗，以三角洲前缘河口坝沉积为主；而新场地区主体砂岩粒度较细，泥质含量较高，主要属三角洲前缘远砂沉积；X853 和 X5 井在 T3X27 砂组测试已获工业气流。T_{3x2}^8 砂层组位于须家河组二段中下部，在工区的中部 CX560 井至 X301 井以西较厚，为 40.00~60.00m，工区东部砂体较薄，厚度小于 30.00m，钻至该砂组的井较少，实钻井平均厚度 34.00m，砂体厚度相对较薄；该时期新场-孝泉地区中部以三角洲前缘河口坝、远砂坝及坝间沉积为主，工区东西两侧砂体欠发育，主要属前三角洲沉积；已有 X101、X11 井钻获工业天然气流。

(二)砂岩类型及成岩特征

1. 砂岩类型

薄片观察和统计结果表明，须家河组二段岩石类型差异不大，主要为浅灰色中—细粒岩屑石英砂岩、岩屑砂岩为主，次有粗粒岩屑砂岩，少量含钙质中~细粒岩屑石英砂岩、岩屑砂岩等。碎屑物成分以石英为主，含量 71.60%~79.60%，平均 73.90%；岩屑含量次之，含量 18.50%~26.00%，平均 21.10%；长石含量最少，一般 3.07%~8.00%，平均 5.16%。填隙物含量 1.00%~10.00%，平均值 6%，须家河组二段砂岩总体上杂基含量均不高，各砂组中填隙物最高的是 T_{3x2}^3，最少的是 T_{3x2}^4。胶结物类型复杂，有方解石、白云石、石英、绿泥石、伊利石、绿帘石等，胶结物平均含量最高的是 T_{3x2}^3、T_{3x2}^6、T_{3x2}^7，达 8.50% 左右，最

低的是 $T_{3X_2}^4$，含量不到 5.00%；碳酸盐胶结物含量最高的是 $T_{3X_2}^7$，超过 8.00%，最低的 $T_{3X_2}^4$ 只有 2.00% 左右，硅质胶结物在 $T_{3X_2}^4$ 中最高，其他砂组较低。砂岩呈孔隙-压结式胶结或压结式胶结，岩石较致密。

2. 成岩作用

须家河组二段砂岩经历的主要成岩作用有压实及压溶作用、胶结作用、溶蚀作用与裂缝化作用等。其中压实及压溶作用是导致砂岩致密化的主要原因；胶结作用微弱，对砂岩孔渗性的改善或破坏均起不到实质性的作用；后期的裂缝改造及溶蚀作用是改善砂岩孔渗性的关键因素，也是决定储层是否能获工业气流的最重要因素。

（1）压实及压溶作用

压实作用及压溶作用是破坏须家河组二段砂岩孔隙度、渗透率的最重要因素。须家河组二段砂岩中的填隙物含量平均值为 6.00%，假定岩石的初始孔隙度为 40.00%，以目前平均孔隙度普遍小于 4.00% 计算，则压实作用损失的孔隙度大于 36.00%，占损失储集空间的 90.00% 以上。之所以须家河组二段砂岩压实作用如此强烈，其主要因原因是砂岩碎屑物成分岩屑含量较高，为 10.00%～40.00%，平均 21.10%，其中千枚岩、泥质岩屑抗压强度低，较易塑性变形，加之上覆地层沉积速度较快、沉积厚度巨大，至使沉积物的易塑性变形的碎屑在未固化之前发生严重变形占据了原生孔隙，而使岩石致密化。随着埋藏深度逐渐增加，温度、压力相应增大，碎屑之间的接触面从发生机械塑性变形的物理反应逐渐演变为化学反应及物理化学反应，从而发生压溶作用，使岩石进一步致密；相反，石英、长石等抗压实作用较强的碎屑含量较高或孔隙中充满流体且无法向处排泄的条件下，岩石则能有效降低压实作用对孔隙的破坏，而有利于岩石原生孔渗性的保存。

（2）胶结作用

从现有的岩石薄片分析，须家河组二段砂岩胶结作用极其微弱，无论是有利于改善孔渗性的高岭石胶结、绿泥石胶结、石英胶结作用，还是对孔渗性有破坏的碳酸盐胶结作用均较微弱。碳酸盐岩胶结物平均小于 6.00%；石英胶结物平均小于 1.50%；高岭石胶结、绿泥石胶结更少均小于 0.50%。为此，须家河组二段砂岩的胶结作用对砂岩孔渗性的改善或破坏均起不到实质性的作用。胶结作用之所以微弱，其主要原因是压实作用太强烈至使沉积物孔隙内的水体迅速流动迁移；同时原生孔隙被变形的岩屑快速占据，两者同时作用使孔隙内残余水体变少、水体在孔隙内停留时短、活动空间变小，难以发生大量的化学反应形成矿物沉淀。由于所取岩石样品有限，不排除局部区域早期发育绿泥石环边胶结使岩石原生孔渗性得以保存，为后期溶蚀作用奠定了基础，这很可能是现今须家河组二段砂岩仍存在高孔渗储集体的主要因素之一。

（3）溶蚀作用

溶蚀作用是改善须家河组二段储层孔隙的建设性的成岩作用，区内分布广泛，溶蚀矿物主要有长石、中基性喷发岩以及黏土岩、碳酸盐岩、火山尘等，从溶孔充填物包裹体均一温度特征分析，须家河组二段砂岩发生溶蚀作用主要有四期，即晚三叠世末期、早侏罗世末期、中侏罗世末和晚侏罗世中晚期。溶蚀作用发生必须同时具备三个最基本的条件：其一有足够的空间供水体活动；其二水体活动的空间有适合水体的可溶物质；其三有足够的水体在不断渗流带走溶解物质。可见溶蚀作用较发育的层段，一般是原生孔隙较发育或构造裂隙较发育的部位。对于粒间溶孔而言，从形态上看貌似次生孔隙，而实际上它是由原生孔隙溶蚀发展而来的，目前没用任何技术方法能准确区别其中原生孔隙占多少，次生孔隙占多少。在岩石薄片、铸体薄片、电子扫描分析时，常常把溶蚀孔隙人为地夸大了。因此须家河组好的储层段应是原生孔隙和裂隙发育、富含酸性水体易溶的矿物、有大量水体运移通过的区域。

（4）裂缝改造作用

裂缝对于改善须家河组砂岩物性具有十分重要的作用，没有构造裂缝的改造，就不可能形成有效的储集空间，也就不可能形成工业气流。须家河组二段砂岩的裂缝密度一般在 6~7 条/m 以上，最高可达 24.5 条/m，多数裂缝宽度小于 0.30mm，少量宽度超过 0.30mm，缝内以无充填的开启状态为主，部分可见有机质残留或次生石英、碳酸盐矿物充填，有的呈闭合状态。而在裂缝不发育的层段，则多为致密层或差储层。T_{3X2}^2砂层组三孔隙度组合特征反映砂组致密，从目前所钻遇的井来看，有裂缝所伴生的储层相对较少，但有高角度裂缝发育的井则裂缝有效性好，如 X2、L150 井 T_{3X2}^2 砂组发育高角度裂缝，含气性较好。T_{3X2}^4 砂组电阻率及三孔隙度组合特征反映发育不同产状的裂缝高角度裂缝（图 1-2-5）、网状缝及低角度裂缝（图 1-2-6），并沿着裂缝的走向伴有溶蚀作用形成丰富的溶蚀孔、洞，含气性好，但位于构造低部位（CX560、CX565）有明显含水特征；平面上，西部（孝泉）、东部（罗江）地区，砂组下段发育低角度裂缝，裂缝有效性差。T_{3X2}^5、T_{3X2}^6砂层组位于断层附近，存在裂缝响应特征，如 X201、X202 以及 X5 井有低角度裂缝、斜交缝特征。T_{3X2}^7砂组在 X853 和 X5 井已钻遇到了较好的裂缝系统，测井曲线组合特征显示高角度裂缝极为发育，含气性较好。T_{3X2}^3、T_{3X2}^8砂组从钻遇井段分析，裂缝不发育。总体而言须家河组二段砂岩裂缝是否发育主要取决于所在构造位置，目前获高产工业气流的井均位于大断裂附近。

图 1-2-5　CX565 井 T_{3X2}^{4-1}砂组高角度裂缝发育，

有的被他形晶方解石充填

（据西南油气分公司唐立章等人，2010）

图 1-2-6　X101 井 T_{3X2}^{4-2}砂组低角度缝发育

（据西南油气分公司唐立章等人，2010）

（三）砂岩孔渗特征

1. 砂岩基质孔隙度特征

（1）孔隙类型及结构特征

须家河组二段砂岩孔隙类型主要包括原生孔隙、次生孔隙、微裂隙等 3 种。原生孔隙主要为残余粒间孔隙、胶结物矿物晶体之间的孔隙，次生孔隙包括粒间溶孔、粒内溶孔、铸模孔等。前已述及次生孔隙是由原生孔隙溶蚀发展而来的，两者很难严格区别，从铸体薄片、岩石薄片分析来看，现存孔隙多数具有被后期溶蚀改造的特征，占储集空间类型的 70.00% 以上，但这不等于次生孔隙有这么多，只能说明多数原生孔隙均被溶蚀改造过了，溶蚀作用具有一定的普遍性；纯的原生孔隙占储集空间的 21.00%，微裂隙对面孔率的贡献很小，仅占储集空间的 1.00%~4.00%。据铸体薄片统计，须家河组二段砂岩孔径均值介于 2.00~80.00μm 之间，其中孔径 2.00~50.00μm 的微孔~小孔占 50.00% 以上。据孔隙分级标准：大孔隙 $D>80μm$、中孔隙 $50μm<D<80μm$、小孔隙 $20μm<D<50μm$、微小孔隙 $D<20μm$，须家河组二段砂岩的孔隙以微孔为主，小孔次之。

须家河组二段砂岩因压实、压溶作用较剧，孔隙喉道普遍狭窄，以片状、弯片状为主。根据压汞资料分类进行"J"函数处理得出的平均毛管压力曲线所作出的孔喉分布频率直方图，以及用帕塞尔公式计算渗透率贡献值表明，砂岩孔喉半径主要集中在 0.01~0.42μm 之间，对渗透率贡献较大的孔喉大小分布集中在 0.06~0.26μm 之间。据喉道分级标准：粗喉 $R>10μm$、中喉 $4μm<R<10μm$、细喉 $1μm<R<4μm$、微喉 $R<1μm$，须家河组二段砂岩最大喉道半径亦小于 1μm 均属微喉。从孔喉组合关系看，须家河组二段砂岩以微孔—微喉、小孔—微喉为主。

（2）孔隙度特征

在须家河组二段砂岩孔隙度分布范围为 0.34%~12.28%，平均 3.17%；孔隙度分布直方图表明（图 1-2-7），孔隙度主要分布在 1.50%~4.50% 之间。各砂层组孔隙特征相近，T_{3X2}^2 砂组较致密，砂层平均孔隙度普遍小于 3.23%，工区西部和东部平均大于 2.00%，中部普遍小于 2.00%；T_{3X2}^3 砂组平均孔隙度 2.88%，在 CX565 井附近较高，局部可达 6.00%；T_{3X2}^4 砂层组平均孔隙度在 X856~L150 之间的工区中部相对较高，可大于 4.00%，平均 2.50%~3.50%；T_{3X2}^5 砂层组最大值可达 8.10%，平均 3.67%；T_{3X2}^6 砂层组平均孔隙度 3.04%；T_{3X2}^7 砂层组孔隙度低，整体平均孔隙度小于 3.00%，仅在 L150 以南的一个近南西向的条带和 XC882 井至 L150 以北的部分地区相对较高，可大于 3.00%。按孔隙度评价标准：特高孔隙储层的孔隙度（ϕ）≥30%，高孔隙度储层 25%≤ϕ<30%，中孔隙度储层 15%≤ϕ<25%，低孔隙度储层 10%≤ϕ<15%，特低孔隙度储层 ϕ<10%，可见须家河组二段砂岩属特低孔隙度储层。

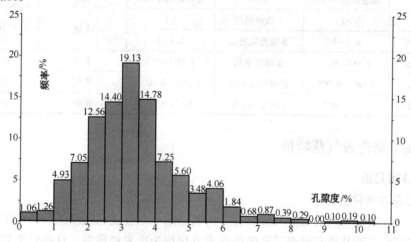

图 1-2-7　新场气田须家河组二段砂岩孔隙度直方图

（据西南油气分公司唐立章等人编修，2010）

2. 砂岩基质渗透率特征

据岩石样品的渗透率测试资料统计，须家河组二段气藏砂岩最大渗透率 526.488mD，最小渗透率 0.00019mD，平均渗透率 1.701mD，除去裂缝样品的影响，则为 0.064mD。从渗透率分布直方图看出（图 1-2-8），渗透率主要分布在 0.02~0.08mD 之间，渗透性差。从纵向上看，须家河组二段砂岩中上部渗透性相似，砂体基质渗透率普遍小于 0.100mD，平均 0.045mD；须家河组二段中部砂岩渗透率最小值仅 0.00237mD，渗透率最大值 0.9807mD，平均 0.074mD。按照国内外对致密储层和常规储层的划分标准（表 1-2-2），须家河组二段砂岩属典型的致密—极致密储层。由此可见，如果局部区域不发育高孔渗带又没有裂缝对储层进行有效改造，须家河组二段致密砂岩很难形成有效储集体，天然气难以运移、聚集、成藏。

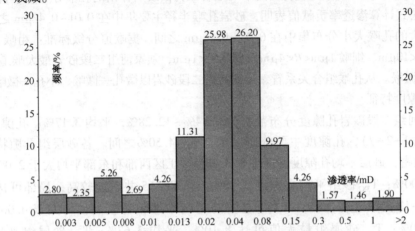

图 1-2-8　新场气田须家河组二段砂岩渗透率直方图
（据西南油气分公司唐立章等人编修，2010）

表 1-2-2　砂岩储层致密程度分类表

美国能源部		美国 Elkins		罗蛰谭	
名称	地层渗透率/mD	名称	地层渗透率/mD	名称	地层渗透率/mD
一般气藏	>1	I 级渗透层	>1	I 级	0.1~100
近于致密气藏	0.1~1	II 级近致密层	0.1~1		
标准致密气藏	0.005~0.1	III 级致密层	0.005~0.1	II 级	0.001~0.1
极致密气藏	0.001~0.005	IV 级很致密层	0.001~0.005	III 级	$10^{-5}~10^{-3}$
超致密气藏	$10^{-4}~10^{-3}$	V 级超致密层	$10^{-4}~10^{-3}$	IV 级	$10^{-9}~10^{-5}$

三、成藏条件及气藏特征

（一）成藏分析

1. 成藏基本条件优越

对于新场气田须家河组二段气藏而言，川西坳陷上二叠统马鞍塘组、小塘子组为主要烃源岩，须家河组二段及须家河组三段黑色泥岩及煤层为次要烃源岩，这些烃源岩有机质丰度高、品质好，在演化过程中生成了丰富的油气。马鞍塘组、小塘子组镜质体反射率 R_0 为 2.06%~3.78%，平均 3.05%，已达过成熟演化阶段，生烃强度为 $(5.00~110.00)×10^8 m^3/km^2$，生烃量为 $38.37×10^{12} m^3$，晚三叠世中期和中-晚侏罗世为主要生排烃期。须家河组二段烃源岩镜质体反射率 R_0 为 2.05%~3.11%，平均 2.47%，已达到过成熟演化阶段，生烃强度为 $(5.00~45.00)×10^8 m^3/km^2$，生烃量为 $12.88×10^{12} m^3$，主要生排烃期为晚三叠世中-晚期和中-晚侏罗世两个时期。须家河组三段烃源岩镜质体反射率 R_0 1.74%~2.91%，平均 2.06%，大部分处于过成熟演化阶段，局部处于高成熟演化阶段，主要生排烃期为晚三叠世中-晚期和中-晚侏罗世两个时期，生烃量为 $29.27×10^{12}m^3$。综上所述须家河组二段成藏的烃源岩丰富，已具备形成大中型气田的气源条件。

新场气田须家河组二段砂岩储层发育，自上而下依次分为 T_{3X2}^1 ~ T_{3X2}^{14} 十四套含气砂组，各含气砂组内又可细分数层砂体，其中 T_{3X2}^2 ~ T_{3X2}^8 七套含气砂组目前获得天然气工业气流，砂岩厚度以 T_{3X2}^{2-2}、T_{3X2}^{3-1}、T_{3X2}^{4-2}、T_{3X2}^5、T_{3X2}^6 最大，单套砂岩平均厚 35.00~70.00m。为多套进积型三角洲分支河道叠加毯状砂或河口砂坝，砂体呈厚层-块状，厚度分布稳定。虽然从所取岩芯分析资料或测井分析资料看岩石基质孔隙度、渗性率极低，为致密砂岩储层，但已经获高产工业气流井的事实表明，新场气田仍然存在高孔渗性的储层区域；同时也说明天然气运移期间砂岩仍具有良好的孔渗性，砂岩厚、分布广、稳定，为天然气成藏提供了有利的储集空间。特别是新场构造较高部位的砂岩，更有利于不同历史时期天然气的运移和聚集。

须家河组须二段砂岩既有优质的区域盖层，也有直接盖层。在须家河组二段之上发育700.00~1000.00m 厚的须家河组三段泥页岩层，从盖层的岩性、厚度与世界上最大的 16 个气田的盖层相比，封盖条件相当。须家河组二段的优质盖层，对须家河组二段的成藏和天然气的富集有显著的控制作用；其次须家河组二段砂岩内各砂组间发育厚度为 10.00~20.00m的泥页岩是各砂体的直接盖层，具有局部封盖作用；其三没有流体充填的砂岩，随着成岩作用的加剧，演变为极致密砂岩，对其相邻充满流体的高孔渗性砂岩具有有效的保护作用。

2. 生排烃时间与储层孔渗保存时间匹配较好

在保存条件具备的情况下，烃源岩排烃期、储层孔渗保存期、构造运动改造期三者的匹配是决定成藏的关键。就新场气田须家河组二段成藏而言，盖层发育保存条件优越，对天然气保存非常有利。须家河组二段砂岩能否成藏主要是看在天然气排烃期是否发育高孔渗砂岩，以及高孔渗砂岩经构造改造后能否进一步使天然气相对聚集。须家河组二段落砂岩的烃源岩主要是下伏地层马鞍塘组、小塘子组、须家河组二段及须家河组三段泥页岩，据前人研究成果主有两个排烃高峰期。马鞍塘组、小塘子组烃源岩第一个生排烃高峰期是晚三叠世中期，第二排生烃高峰期为中侏罗世；须家河组二段烃源岩第一个生排烃高峰是晚三叠世中期，第二个高峰期为中-晚侏罗世；须家河组三段烃源岩第一个生排烃高峰是晚三叠世中-晚期，第二个高峰期为中-晚侏罗世。生排烃高峰期只是相对而言，在两个高峰期之间肯定仍有不同数量的烃排出，因为生排烃是一个连续的过程。在生排烃过程中伴生的大量水体也相应排出，水体化学性质的变化及数量的变化对相邻砂岩的孔渗性的改造或破坏起到了关键作用。

须家河组二段砂岩成岩分析表明，须家河组二段砂岩粒间溶孔石英形成的温度在 52.00~65.00℃ 之间；剩余粒间孔中的石英形成温度比大多数次生石英边形成温度略高一些，形成时间稍晚，由于石英次生边的形成期次多，因此温度跨度较大。孝泉地区粒间溶孔中石英70.00~75.00℃ 的形成温度，略低于石英次生边的 76~88℃ 的形成温度，形成于 T_{3x4} 中期至 T_{3x4} 末期；粒间孔中的交代石英形成于 T_{3x4} 末期；粒间孔中一世代石英形成温度较低，为54.00℃，形成时间较早，在 T_{3x3} 晚期；石英愈合缝的形成时间紧接第一世代石英之后，在T_{3x4} 中期，接踵而来的就是粒间孔中的二世代石英。根据包裹体均一温度特征和通过同位素地质温度计得到的形成温度表明川西坳陷须家河组二段中砂岩碳酸盐胶结物的主要形成时期是自中侏罗世早期到晚侏罗世末期。孔隙中发育绿泥石等环边胶结的须家河组二段砂岩能有效阻止后期压实作用的加剧，有利于原生孔隙的保存，如果这一时期有大量的天然气充填，能有效阻止后期碳酸盐岩胶结作用的加剧，仍有大量的孔隙得以保存(图1-2-9)。

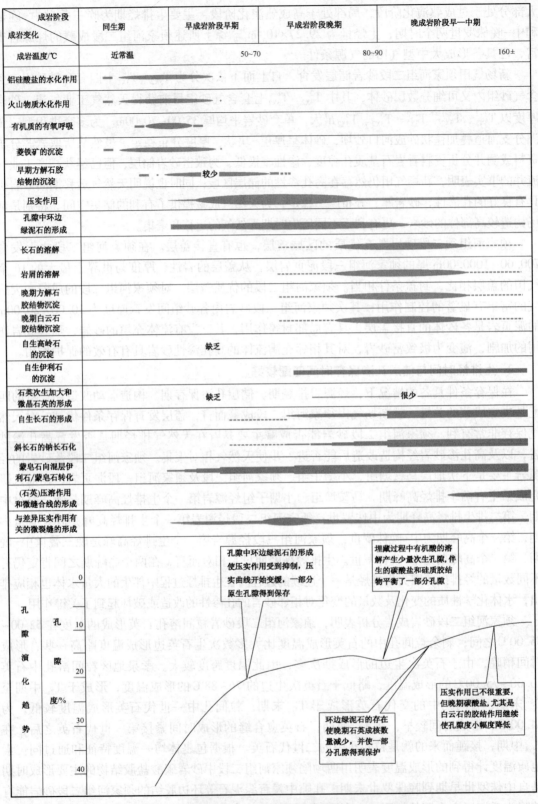

图 1-2-9　须家河组二段砂岩的成岩序列与孔隙演化图

(据西南油气分公司杨克明等，2006)

综合以上分析，晚三叠世中-晚期到中-晚侏罗世烃岩源均有大量天然气生成、排出，而砂岩成岩研究表明中侏罗世早期-晚侏罗世末期仍有大量孔隙存在，以此分析在之前的砂岩孔渗性肯定更发育。也就是说烃源岩大量生排烃时期，砂岩仍保持较好的孔渗性，砂岩完全具备储集天然气和相伴水体的地质条件。因此通过生、储时间匹配分析，不难得出这样的结论：与烃源岩较近、原生孔隙发育、构造位置较有利的砂岩将优先聚集大量天然气或伴生的水体，对后期的压实作用起到了抑制作用，有利于砂岩孔渗性的保存。这为后期须家河组二段砂岩仍保留高孔渗区聚集天然气成藏奠定了坚实基础。

3. 构造运动的多期性决定了须家河组二段砂岩具有多期成藏特点

就新场气田须家河组二段砂岩天然气成藏而言，构造运动主要起到四个方面的作用：其一加速烃源岩所生天然气的运移、聚集至高孔渗区砂岩成藏；其二改善已形成的原生气藏砂岩的孔渗性、扩大储气空间，进一步聚集天然气，形成天然气高富集区；其三分割原生气藏成若干个各自独立的小气藏；其四破坏原生气藏，使天然气运移、聚集至新的储集层，形成次生气藏。不同时期的构造运动，因其运动特点不同而表现出对气藏改造结果的差异。

新场须家河组二段构造奠基印支中晚期运动，尤其在须家河组三段沉积中后期受早期安县运动影响发生明显的褶皱，NEE向新场-合兴场-丰谷大型隆起带在该时期初具雏型，同时形成SN、EW、NE等不同方向的断裂，断层断面较陡。这一时期马鞍塘组、小塘子组、须家河组二段及三段的烃源岩正是第一个生排烃高峰期，所生成的天然气及伴生水体沿断层纵向或侧向运移、聚集至高孔渗砂岩区，这应是须家河组二段砂岩的第一次大规模运移、聚集成藏，这一次天然气运移、聚集虽然规模可能不大，但对抑制砂岩后期的致密化、保存砂岩的高孔渗性起到了关键作用。

印支晚幕运动使新场须家河组二段构造受到进一步改造，部分早期形成的断层进一步活动，并断达须家河组四段中上部，但该期运动变形强度较早期弱，没有形成大的褶皱和新的规模断层。这一时期马鞍塘组、小塘子组、须家河组二段及三段的烃源岩仍处于第一个生排烃高峰期，由于没有形成新的规模断层，烃岩源所排天然气主要沿着继承性断层进一步运移、聚集至高孔渗砂岩区，除使须家河组二段砂岩天然气进一步聚集，扩大聚集天然气范围之外，部分天然气可能运移至须家河组四段高孔渗砂岩中形成新的天然气聚集区。

早中侏罗纪-白垩纪的燕山运动导致新场须家河组二段构造发生较明显褶皱，新场须家河组二段构造多个局部高点基本成形，同时在新场地区东部的罗江形成走向近NNE、NE向的断层。这一时期的燕山运动早幕，马鞍塘组、小塘子组、须家河组二段及三段的烃源岩正处于第二个生排烃高峰期。该期所生成的天然气及伴生的水体运移主要有以下三个特点：其一天然气沿继承性断层或新断层运移、集聚至早期保存的高孔渗砂岩区，使天然气进一步富集成藏；其二这一时期，如果早期没有天然气或水体充填的须家河组二段砂岩已高度致密化，即使断层发育、位于构造高部位也不能形成天然气藏；其三早期天然气聚集区的天然气或二次排出的天然气沿新断层或继承性的断层运移至侏罗系高孔渗砂岩区形成次生气藏。

喜山期构造运动致使须家河组二段构造变形更为剧烈，形成现今构造形态，但构造主要以塑性变形为主，亦形成部分规模较小的NE向断层。该构造运动由于未形成新的规模断层，对前期形成的气藏总体改变不大，很难形成新的次生气藏，主要表现为对前期所形成气藏的内部调整，随着构造形变的加剧，使天然气在原来基础上进一步在有利构造部位聚集。

综上所述，须家河组二段成藏的最关键影响因素是印支中晚期须家河组二段砂岩中必须有天然气或伴生水体的聚集，它的作用是抑制后期压实作用的加剧，"维持"砂岩的高孔渗性为后期天然气或伴生水体的运移奠定了坚实基础，而断层与高孔渗砂体沟通是形成天然富集的前提；燕山运动使须家河组二段天然气藏进一步富集及分割或被破坏以至在上覆侏罗系高孔渗砂岩区形成次生气藏；喜山期构造运动致使须家河组二段气藏进行内部调整，使天然气在原来的基础上进一步在有利构造部位聚集成藏至今。这些成藏影响因素决定了须家河组气藏的复杂性：多期构造运动及早期高孔渗砂岩保存的随机性、横向上不连续性使须家河组气藏分成若干个各自独立的气藏；气藏无统一气水界面；含气性非均质性强。

（二）气藏特征

1. 气藏类型

气藏分类的目的是为天然勘探开发服务，根据勘探开发工作的不同需要一般按三大系列进行分类：为天然气勘探服务的分类，主要体现气藏形成机制及分布规律，以指导气藏的勘探及发现新藏；为开发服务分类，主要体现气藏储渗体与流体的内在联系，反映开发中动态的变化特征，以指导开发方案的制定；为经济评价服务的分类，主要体现气藏的规模、生产活动的难易程度，反映生产运行中的经济效益，为编制经济评价方案服务。下面仅从天然气勘探及开发两方面对新场气田须家河组二段天然气藏类型进行探讨。

新场气田须家河组二段气藏就形成机制而言，是受砂岩成岩作用和构造双重控制，在极致密砂岩背景下发育高孔渗带砂岩的非均质性气藏，断层与高孔渗带的沟通是形成天然气富集区的关键。X851 井、X856 井、X2 井获高产工业气流的井均为相互独产的高孔渗区、天然气高富集区，均位于构造高部位，均与断层距离较近，说明了天然气的富集与构造相关；X851 井已累计采天然气 $2.40 \times 10^8 \mathrm{m}^3$，X856 井已累计采天然气 $3.66 \times 10^8 \mathrm{m}^3$，累计产水 $10.26 \times 10^4 \mathrm{m}^3$，X2 井迄今为止，已经生产 6 年多，累计产气达 $5.67 \times 10^8 \mathrm{m}^3$，产水 $41.30 \times 10^4 \mathrm{m}^3$，但日产天然气量仍保持 $(18.00 \sim 19.00) \times 10^4 \mathrm{m}^3 / \mathrm{d}$ 的事实说明，井区应该存在高孔渗透带，不然无法解释巨大的产出物是怎么储集在极致密砂岩中的；另外 X851 井封井后，在同井场钻的 X853 井却产量较低，表明高孔渗带并不存在于 X851 井场，而应该存在于距井场较远的位置，天然气靠裂缝运移至此，因 X851 井封井时已把裂缝堵死或破坏，无法与较远的高孔渗带沟通，自然难以获高产工业气流；同样在构造高部位的 X3、X201、X202、X203 等井产气量较低或无工业气流，表明砂岩孔渗性、含气性并非完全受构造控制，砂岩孔渗性、含气性具有极强的非均质性。

新场气田须家河组二段气藏就动态地质特征而言：应属弹性水驱为主的气藏。主要理由有三：其一，最新开发的 X851 井 2000 年 11 月投产至 2002 年 2 月封井，生产 15 个月累计产天然气 $2.40 \times 10^8 \mathrm{m}^3$，封井之前日产量稳定在 $(41.00 \sim 43.00) \times 10^4 \mathrm{m}^3 / \mathrm{d}$，井口油套压仍稳定 59.40MPa，压力基本不降，只有用水体驱动不断补给能量才能解释这一现象。其二，气井无水采气期较短，且随着气井投产时间变晚，无水采气期相应变短。X851 井投产最早，生产 15 个月仍未产水，X856 井 2006 年 3 月投产无水采气期为 7 个月，X2 井 2007 年 6 月投产无水采气期为 5 个月。其三，气井进入有水采气阶段后，产出大量天然气的同时，产水量逐渐增加，特别是高产气井，产水量增加更明显。X856 井产水量从 $21.90 \mathrm{m}^3 / \mathrm{d}$ 逐渐增加 $170.00 \mathrm{m}^3 / \mathrm{d}$，最终水淹停产，X2 产水量从 $5.00 \mathrm{m}^3 / \mathrm{d}$ 逐渐增加至目前的 $293.00 \mathrm{m}^3 / \mathrm{d}$。综上所述须家河组二段气藏具有弹性水驱气藏的典型特征。

2. 气藏具有高压、高温特征

新场气田须家河组二段气藏原始地层压力系数为 $1.69 \sim 1.73$，属异常高压气藏，气藏埋深一般 $4800.00 \sim 5000.00 \mathrm{m}$，原始地层压力 $80.25 \sim 84.69 \mathrm{MPa}$（表 1-2-3），具有高压特征。

根据须家河组二段气藏气钻井实测地层压力数据，建立了须二气藏原始地层压力与埋藏深度关系（图1-2-10），随着气藏埋藏深度加大，气藏原始地层压随之增大。

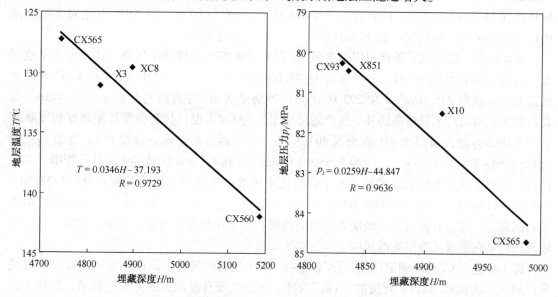

图1-2-10 新场气田须家河组二段气藏地层温度、压力与埋藏深度关系图
（据西南油气分公司唐立章等人图件编修，2010）

表1-2-3 新场气田须家河组二段气藏钻井地层压力统计表

井号	气层中部深度/m	原始地层压力/MPa	压力系数	资料来源
X851	4834.60	80.46	1.70	系统试井资料求取
CX565	4988.35	84.69	1.73	实测82.35MPa/4749.10m
CX93	4825.00	80.25	1.70	实测
X10	4912.60	81.50	1.69	压力恢复试井求取

新场气田须家河组二段气藏钻井实测地温梯度(2.33~2.44)℃/100m（表1-2-4），属正常地温系统，但因气藏埋藏深，气藏温度高达127.20~141.90℃，井口温度为62.00~90.00℃。根据实测地层温度数据，建立了须家河组二段气藏原始地层温度与埋藏深度关系（图1-2-10），随着气藏埋藏深度加大，气藏温度随之增大。

表1-2-4 新场气田须家河组二段地层温度统计表

井号	层位	测点井深/m	原始地层温度/℃	地温梯度/(℃/100m)	资源来源
CX565	T3X2	4741.5	127.20	2.35	实测
CX560	T3X2	5165	141.90	2.44	实测
X3	T3X2	4837	131.20	2.38	实测
XC8	T3X2	4896.5	129.90	2.33	实测

3. 气藏具有高产气、高产水特征及地层水具有高 Cl^- 含量及高矿化度特征

新场气田须家河组二段气藏钻获工业气流的井有16口，单井绝对无阻流量差异较大，分布在$(10.85~253.91)\times10^4 m^3/d$之间；投产初期单井产能差异也较大，分布在$(5.00~58.00)\times10^4 m^3/d$之间，目前在$(0.10~18.30)\times10^4 m^3/d$之间。但高产气的三口井均分布在

X2 井区：X851 井绝对无阻流量最高达 253.91×10^4m³/d，至封井时，单井产量稳定在 (41.00~43.00)×10^4m³/d，井口油套压十分稳定；X2 井绝对无阻流量 135.31×10^4m³/d，初期日产气 54.70×10^4m³/d，目前仍日产气(18.00~19.00)×10^4m³/d；X856 井绝对无阻流量 101.90×10^4m³/d，初期气产量 50.00×10^4m³/d，目前水淹停产。

须家河组二段气藏，除产出甲烷含量 94.74%~98.67%的优质干气外，还产出大量地层水。目前正常生产 5 口气井，日产水量为(25.00~293.00)m³/d，其中 X2 井和 X201 井产水量最大，分别为 235.00m³/d 和 293.00m³/d，特别是 X201 井测试时日产水量达 648m³/d，是目前为止测试产水量最高的井。所产地层水水型为 $CaCl_2$ 型，具有典型长期高度封闭状态下的水化学特征，地层水 pH 值为 5.80~7.01，为中到弱酸性水。地层水 Cl^- 含量高，为(51258.50~72971.00)mg/L，一般为 55000.00mg/L，高 Cl^- 含量的地层水对井下管串、采输流程的腐蚀及地层水的处理排放带来了新的技术挑战；地层水总矿化度高，为(85923.70~120033.44)mg/L，一般为 90000.00mg/L，且含有丰富的 Ca^{2+}、HCO_3^- 等易产生沉淀的阳离子和阴离子，随着开发过程中地层水产出的物理、化学条件发生变化，地层、井筒、地面集输流程均具有形成沉淀结垢的风险。

综上所述，X2 井区须家河组二段气藏生产井具有高产气量、高产水量、高压、高温及所产地层水高含 Cl^- 和高矿化度的"六高"特征，这给气藏开发的钻完井工艺技术、测试工艺技术、排水采气工艺技术、地面采输工艺技术、地层水处理工艺技术、防腐防垢工艺技术及气井日常生产管理提出了严峻的挑战，迫使川西采气工作者在开发生产过程中勇敢探索、实践、总结与之相适应的配套开采工艺技术及生产管理方法，最大限度地实现须家河组二段气藏生产井安全、正常生产，以提高气藏的采收率。

第三节　X2 井区裂缝系统气水储量及生产特征

一、X2 井区须家河组二段裂缝系统存在的依据

（一）构造裂缝发育特征

新场气田须家河组二段储层孔隙度、渗透率极低，天然气产能往往与储层中裂缝发育程度密切相关，究其原因主要有两个方面：其一断层或裂缝改善了砂岩基质的渗透率，已有研究表明裂缝对储层孔隙度贡献有限，但其对储层渗透性的改善作用十分明显，当储层中发育裂缝时，渗透率呈数量级倍数增加；其二更为重要的是裂缝不仅使孤立的孔洞得以连通，而且可能与我们未知的高孔渗储集区沟通，形成了以高孔渗带为主要储集空间、以裂缝为通道的有效储集体。如果没有裂缝对储层渗透性的有效改善或作为天然气运移通道，须家河组二段的许多储层难以成为有效储层。大量生产实践和研究成果表明，裂缝是川西地区须家河组须二段气藏获得高产的重要条件之一，X2 井区裂缝较发育，下面分别从裂缝的宏观、微观及测井裂缝响应特征三方面对该井区裂缝发育情况进行描述。

1. 裂缝宏观特征

岩芯中发育的裂缝对砂岩渗透率的改善具有决定性作用，岩芯观察裂缝发育的储层往往能形成高产工业气流。裂缝的分类很多，裂缝按其成因可分为构造缝、层理缝、异常高压泄压缝、压溶缝等；按裂缝倾角大小划分为高角度缝、低角度缝及水平缝；按力学性质可划分为张性缝、压性缝及剪切缝；按充填程度可分为充填缝、半充填缝和张开缝。

（1）裂缝的主要形态类型与特征

从现有钻井取芯的裂缝观察与统计表明，X2井区各井取芯段见各种类型裂缝，裂缝相互切割，缝与缝间连通性较好，延伸远，有利于储层的渗流。主要属低角度缝，次有高角度缝和直立缝，如X3井T_{3X2}^4（4930.72～4930.87m）井段岩芯发育平缝，缝宽1.00mm，缝长14.00mm，倾角3°（图1-3-1）；X201井T_{3X2}^4（4918.12～1918.32m）井段岩芯照片，以平缝为主，少量斜缝，缝密度6条/m，缝长17.00mm，切割岩芯，缝宽≤1.50mm，部分缝被泥质全充填或半充填（图1-3-2）。

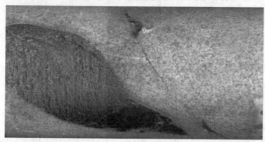 

图1-3-1　X3井T_{3X2}^4岩芯发育低角度裂缝　　　图1-3-2　X201井T_{3X2}^4岩芯发育近水平状裂缝

（据西南油气分公司唐立章等人，2010）

（2）裂缝发育定量统计

岩芯裂缝定量统计资料（表1-3-1）表明，新场气田须家河组二段砂岩以低角度裂缝为主，其发育密度大致是高角度裂缝的数十倍，在两类裂缝中的出现频率往往超过90.00%。无论是低角度还是高角度裂缝，须家河组二段储层中T_{3X2}^4、T_{3X2}^5裂缝密度最大，出现频率最高。

X3、X201井在须家河组二段砂岩中裂缝十分发育。X3井T_{3X2}^{2-1}取芯段裂缝密度6.38条/m，T_{3X2}^{4-2}取芯段裂缝密度1.29条/m；X201井T_{3X2}^{2-3}取芯段裂缝密度1.80条/m，T_{3X2}^{2-1}取芯段裂缝密度2.86条/m，T_{3X2}^{4-2}取芯段裂缝密度8.42条/m。

表1-3-1　新场气田须家河组二段岩芯裂缝统计表

层位	井号	岩芯长/m	裂缝数量/条			裂缝密度/（条/m）			频率/%	
			低角度缝	高角度缝	总量	低角度缝	高角度缝	总密度	低角度缝	高角度缝
T_{3X2}^{2-1}	X3	0.47	1	2	3	2.13	4.26	6.38	33.33	66.67
	X5	0.73	9	2	11	12.33	2.74	15.07	81.82	18.18
	X11	5.38	45	9	54	8.36	1.67	10.04	83.33	16.67
	小计	6.11	54	11	65	8.84	1.80	10.64	83.08	16.92
T_{3X2}^{2-3}	CX560	1.80	26	2	28	14.44	1.11	15.56	92.86	7.14
T_{3X2}^{2-3}	X201	1.67	3	0	3	1.80	0.00	1.80	100.00	0.00
T_{3X2}^{2-1}	X201	11.20	22	10	32	1.96	0.89	2.86	68.75	31.25
T_{3X2}^2		20.78	105	23	128	5.05	1.11	6.16	82.03	17.97
T_{3X2}^{4-1}	CX560	1.75	113	2	115	64.57	1.14	65.71	98.26	1.74
	X10	44.17	338	41	379	7.65	0.93	8.58	89.18	10.82
	X5	6.89	257	9	266	37.30	1.31	38.61	96.62	3.38
	小计	51.06	595	50	645	11.65	0.98	12.63	92.25	7.75

层位	井号	岩芯长/m	裂缝数量/条			裂缝密度/(条/m)			频率/%	
			低角度缝	高角度缝	总量	低角度缝	高角度缝	总密度	低角度缝	高角度缝
T_{3X2}^{4-2}	X3	2.32	3	0	3	1.29	0.00	1.29	100.00	0.00
	X10	8.00	241	10	251	30.13	1.25	31.38	96.02	3.98
	X201	0.95	7	1	8	7.37	1.05	8.42	87.50	12.50
	小计	11.27	251	11	262	22.27	0.98	23.25	95.80	4.20
T_{3X2}^4		62.33	846	61	907	13.57	0.98	14.55	93.27	6.73
T_{3X2}^{5-1}	X10	2.31	42	0	42	18.18	0.00	18.18	100.00	0.00
	X5	4.00	211	9	220	52.75	2.25	55.00	95.91	4.09
	合计	6.31	253	9	262	40.10	1.43	41.52	96.56	3.44
T_{3X2}^{4-2}	X11	6.13	35		35	5.71	0.00	5.71	100.00	0.00
T_{3X2}^5		12.44	288	9	297	23.15	0.72	23.87	96.97	3.03
T_{3X2}^{6-1}	CX565	3.63	82	18	100	22.59	4.96	27.55	82.00	18.00
T_{3X2}^{6-2}	X11	15.29	215	0	215	14.06	0.00	14.06	100.00	0.00
T_{3X2}^6		18.92	297	18	315	15.70	0.95	16.65	94.29	5.71

2. 裂缝微观特征

裂缝微观特征观察表明,微裂缝是孔隙之间的通道之一,它起到了喉道的作用。裂缝形态类型十分丰富,大致可分为定向-半定向微裂缝、粒内裂缝(纹)、粒(砾)缘微裂缝、溶蚀改造裂缝、缝合线。薄片观察表明 X2 井区须家河组二段储层微裂缝十分发育,如 X851 井在井深 4843.00m 处发育定向-半定向微裂缝,X856 井在井深 4854.00m 处发育溶蚀改造缝(图 1-3-3、图 1-3-4)。

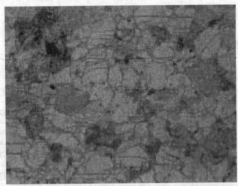

图 1-3-3　X851 井 4843m 薄片微裂缝发育　　图 1-3-4　X856 井 4854m 薄片具溶蚀改造缝
(据西南油气分公司唐立章等人编修,2010)

3. 裂缝测井响应特征及识别

运用常规测井、全波列测井及微电阻率扫描成像测井资料可以对高角度缝、网状缝、低角度缝、层间缝以及诱导裂缝等进行识别和分辨。裂缝测井响应特征表明,X2 井区须家河组二段储层裂缝十分发育。

X851 井主产层段的全波测井资料可以看出:井段 4831.00~4836.00m、4842.00~4846.00m、4850.00~4851.50m 纵横波能量幅度发生衰减,网状裂缝发育;4836.00~

4842.00m、4846.00~4850.00m纵波能量幅度衰减，横波能量较强，表明高角度裂缝发育（图1-3-5）。

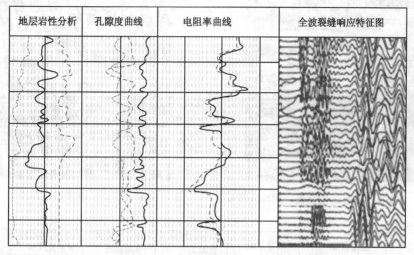

图1-3-5　X851井须二产层段常规测井及全波裂缝响应特征图

从X2井测井曲线（图1-3-6）可以看出，T_{3X2}^4砂组双侧向在井深4845.00m处呈尖状，低角度裂缝特征明显，该层中部低角度裂缝发育，下部网状缝发育，不同裂缝形态并存。

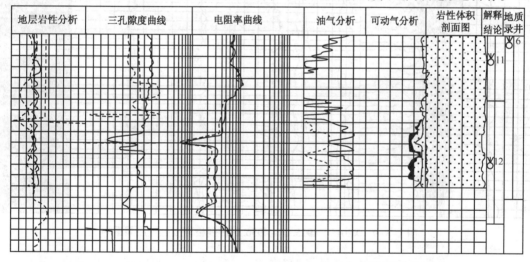

图1-3-6　X2井4841.00~4852.30m测井曲线成果图

X856井成像测井显示的裂缝影像特征（4821.00~4825.00m井段）如图1-3-7所示，该图下部为不同构造事件所形成的斜交缝，上部为低角度裂缝和网状缝。网状缝为多条裂缝相互交织成网状，裂缝间有切割现象。裂缝在图像上呈深纹。该段FMI图像反映斜交缝发育，右侧的探测范围较深，ARI图像上也存在交织在一起的斜交缝，可判别为有效的天然缝。

X201井T_{3X2}^4测井解释成果图，电成像显示4937.00~4943.00m发育斜交缝，可确定储层类型为裂缝-孔隙型储层（图1-3-8）；偶极声波处理成果显示4939.00~4940.00m纵横波、斯通利波明显衰减，反映含气性和渗透性较好，裂缝较发育（图1-3-9）。

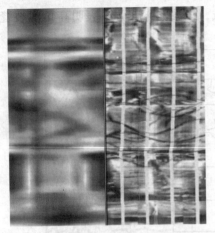

图 1-3-7　X856 井发育低角度缝、网状缝特征

图 1-3-8　X201 井电成像处理表明发育斜交缝

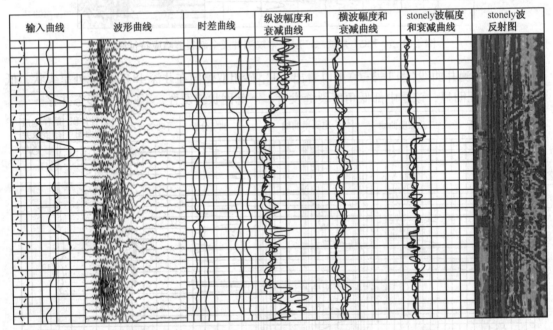

| 输入曲线 | 波形曲线 | 时差曲线 | 纵波幅度和衰减曲线 | 横波幅度和衰减曲线 | stonely波幅度和衰减曲线 | stonely波反射图 |

图 1-3-9　X201 井 4925.00~4956.00m 偶极声波处理成果图

（二）地层压力变化特征

1. 钻井揭开须家河组二段地层压力变化特征

从 X2 裂缝系统内气井原始地层压力变化（图 1-3-10、表 1-3-2）可以看出，投产越晚，地层压力越低，压降趋势一致。气藏内 X851 井投产时计算地层压力为 80.46MPa，2002 年 2 月关井时计算地层压力为 76.49MPa。2006 年 3 月 X856 投产时计算地层压力为 76.48MPa，与 X851 关井时测得地层压力一致。X856 井生产到 2007 年 6 月地层压力为 70.90MPa，而 X2 井 2007 年 7 月揭开地层时压力为 71.61MPa，与 X856 井相近，可以认为 X851—X856—X2 属同一压力系统；同时 X3 井 2007 年 11 月测得地层压力为 68.74MPa，与 X856 井压力下降趋势一致；X201 井 2009 年 3 月利用关井井口压力计算地层压力 69.50MPa；同年 X301 井测试，未关井求取地层压力，采用泥浆密度折算法评价出地层压力 71.82MPa，比实际情况偏

24

高，但较早期气井原始压力有所下降。以上几口井地层压力变化趋势总体上一致，可以认为 X851、X856、X2、X3、X201 及 X301 井为同一个大的裂缝系统。

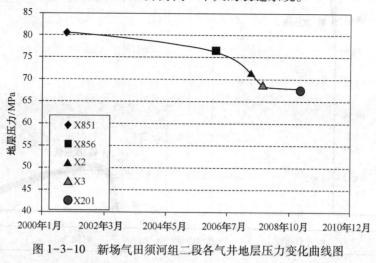

图 1-3-10　新场气田须河组二段各气井地层压力变化曲线图

表 1-3-2　新场气田须家组二段气藏地层压力统计表

井　号	时　间	计算地层压力/MPa	压力获取方法
X851	2000.11	80.46	系统试井计算
	2002.02	76.49	系统试井计算
X856	2006.03	76.48	系统试井计算
	2007.06	70.85	生产数据拟合计算
X2	2007.06	71.61	系统试井计算
X3	2007.11	68.74	实测
X201	2009.03	67.6	关井井口压力计算
X301	2009.09	71.82	泥浆折算，偏高

2. X3 井压恢压力变化特征分析

当正在生产的邻井波及范围与测试井波及范围相重叠的时候，就产生井间干扰。井间干扰现象在测试井压力动态上的反映有两点：一是关井之后，压力先恢复至最高点，然后再以较小幅度连续下降；二是在压力导数曲线上反映出与恒压边界类似的下掉趋势。X3 井在投产前分别在 2007 年 11 月 2～6 日，11 月 11～17 日分别进行了压力恢复试井，两次关井压恢的压力历史都出现一定程度的下降(图 1-3-11)。X3 井与 X856 井相距 2.4km，与 X2 井相距 3.7km。X3 井试井期间 X2、X856 两井日产气为 74.90×10⁴m³/d，推断 X3 井的压力历史下降是由 X856、X2 生产的干扰造成，从而可以认为 X3 与 X856、X2 井处于同一压力系统。

3. 气井关井压力特征分析

"5·12"大地震期间，X3 井和 X2 井于 5 月 13 日关井，井口压力达到稳定，X2 井井口压力 54.50MPa，X3 井井口压力 54.00MPa，由于两井关井后均表现为井口压力迅速恢复稳定，计算的井底压力可代表两井平均地层压力。利用井口压力计算井底压力得 X2、X3 井地层压力分别为 67.40MPa、67.10MPa，两井地层压力较为接近，表现为同步下降，说明 X2、X3 井为同一压力系统。

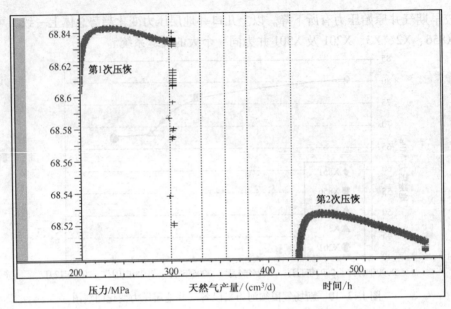

图 1-3-11 X3 井试井压力历史局部放大图

（三）裂缝系统内井间的连通关系

X2 井区裂缝发育特征、气井地层压力变化特征表明，该井区内 X851、X856、X2、X3、X201 及 X301 井总体上可划分为同一裂缝系统。但各井的生产动态表明，该裂缝系统气井间的连通程度差别较大，大裂缝系统内存在相对独立的小裂缝系统，如 X2、X201 之间的连通性较好，而 X856、X3 井在裂缝系统中相对独立，与其他井的连通性较差。

1. X2、X201 井之间的连通性较好

从钻开地层压力变化及气井的生产动态特征可以看出，X2 与 X201 两井间的连通性非常好，属联系较密切的一个小裂缝系统。

X2 井于 2007 年 6 月投产，2008 年 1 月开始产地层水，随后产水量急剧上升，产气量、压力急剧下降，且产水量一直呈不断增加之势。2009 年 10 月，X201 井开始排水，该井排水后，X2 井的产气量、压力、产水量趋于稳定，这说明 X2 与 X201 井的连通性较好。

2. X856、X3 井在裂缝系统中相对独立，与其他井的连通性较差

从钻开地层压力变化特征关系可以看出，X856、X3 井与裂缝系统其他井是连通的，属于同一个大的裂缝系统。但两井的生产动态表明，两井与其他井的连通性较差。

（1）生产动态表明，X856、X3 井与 X2、X201 井连通性差。

X856 井于 2006 年 3 月投产，2006 年 11 月开始产地层水，随后产水量急剧上升，产气量急剧下降，至 2010 年 11 月水淹。其间于 2009 年 4 月 28 日至 5 月 6 日实施车载膜制氮气举车连续气举，气井日产气量、日产水量没有较大变化，未能有效改善气井的生产状况。于 2010 年 12 月 25 日至 12 月 30 日对该井实施酸化作业，措施后开井生产，油压 1.66MPa，套压 4.45MPa，日产气量 $0.15 \times 10^4 \text{m}^3/\text{d}$，日产水量 $32.00\text{m}^3/\text{d}$，措施未取得预期效果。于 2011 年 4~8 月对其开展换管串、酸化压裂作业，仍然未能复活气井。

X3 井于 2007 年 10 月投产，2008 年 10 月开始产地层水，随后产水量急剧上升，产气量下降，表明该井排水困难，井底或井筒出现积液，期间主要采取泡排、气举工艺维护生产，但效果均不理想，至 2012 年 9 月水淹。

以上生产动态表明，X856、X3 井与 X2、X201 井的连通性较差。因为 X201 井排水后，X856 井、X3 井的生产形势没有得到根本改善，产量、压力一直呈不断递减的趋势，直至水淹停产。X201 井排水以来，至目前已经有 45 个月之久，但 X856、X3 井水淹后一直不能有效复活。由此说明，X856、X3 井与裂缝系统其他井是连通的，但连通性较差。

（2）流压监测资料表明，目前 X3 井地层压力变化与 X2、X201 井已非同步下降。

2010 年 6 月 24 日对 X201 井进行流压测井，在井口油压 27.00MPa，日产气 2.70×10⁴m³/d，日产水量 115.00m³/d 条件下，实测井底流压 62.80MPa，由于 X201 井的孔渗性较好，井筒周围压降较小，该值基本接近地层压力，与原始地层压力相比，仅下降 4.80MPa。同年 7 月 1 日对 X3 井进行流压测井，在井口油压 19.00MPa，日产气 3.10×10⁴m³/d，日产水量 8.00m³/d 条件下，实测井底流压 30.70MPa，估算地层压力 35.00~40.00MPa。2012 年 7 月对该井流压测井，在日产气 0.10×10⁴m³/d，基本水淹的条件下，测得井底流压 27.50MPa，估算地层压力在 30.00MPa。2012 年 7 月利用生产数据计算 X2 井地层压力为 58.80MPa。压力监测表明，目前 X3 井地层压力已远低于 X2、X201 井地层压力，从地层压力变化看，X3 井与 X2、X201 井的连通性已经变得较差。

（3）X3 井生产后期近井地带地层水锁，导致其与 X2、X201 井连通性变差。

X3 井水淹后，多数时间处于关井状态，偶尔间开生产，关井复压过程中，该井井口压力恢复较为缓慢。如该井在 2013 年 3 月 27 日开井生产，至 2013 年 4 月 7 日关井，关井时油压 1.45MPa，套压 6.70MPa，关井后压力缓慢恢复，至 2013 年 6 月 28 日，关井 72 天后，油压仅恢复至 8.10MPa，套压仅恢复至 12.60MPa，压力恢复极为缓慢，表现出地层物性极差的特点。与该井 2008 年 "5·12" 地震关井时压力迅速恢复的特点相比，该井物性已变得较差，分析可能原因是该井发育的裂缝本身有效性较差，主要以低角度缝、泥质充填缝为主，同时在生产过程中发生水侵后，水锁、结垢等导致地层渗透性大幅下降，在生产后期整个近井地层渗透性降低，与外部的连通性变差。这也是初期 X3 与 X2 井地层压力表现出同步下降，后期远低于 X2、X201 井地层压力的原因所在。

二、X2 井裂缝系统天然气及地层水储量

（一）出水类型及水窜模式

何晓东统计分析了一些出水井的动态资料，以各井出水初始时间为横坐标原点，作出相应的生产水气比变化曲线对比图。分析图中曲线，可以归纳为 3 种类型：第一类表现水气比上升缓慢，采用一次方方程（线形方程）便可以很好地描述趋势线，称作一次方型（线形型）；第二类表现水气比快速上升，需采用三次方以上方程描述趋势线，称作多次方型，X2 井水侵属此类型；第三类界于两者之间，可用二次方方程描述趋势线，称作二次方型。这 3 种出水类型反映了 3 种水侵特征，是储层物性特征的体现。对于多次方型，储层中存在中缝及其以上的大裂缝，分布集中，形成裂缝性高渗带；生产测井显示裂缝发育段产水，试井解释存在较大裂缝显示，包括裂缝在内的储层综合渗透率是基质渗透率的数十倍，属于非均质性储层裂缝高渗带产水。对于二次方型，储层中一般无中缝及其以上的大裂缝存在，小缝及微细网状缝发育，但分布不均，局部发育形成裂缝—孔隙型较好的渗透层，试井解释综合渗透率较大，与基质渗透率的倍数比多次方型小，一般在 10~20 倍。对于线性型，储层中微细网状缝发育，分布较均匀，与孔隙组成视均质储层，试井解释综合渗透率与基质渗透率的比值较小，一般在 10 倍以下。

边水气藏水侵过程的规律性与储层的渗流介质展布特征密切相关，具体表现为气井出水特征同井区储层相对高渗透带的展布有关，何晓东等人利用单井数值模拟方法，根据气藏非均质性特征建立了气藏水侵特征图版（图1-3-12），根据图版可以发现生产水气比变化特征同相对高渗带渗透率与储层平均渗透率比值有关，比值越大，气井见水后水气比上升越快；反之，水气比上升较缓。

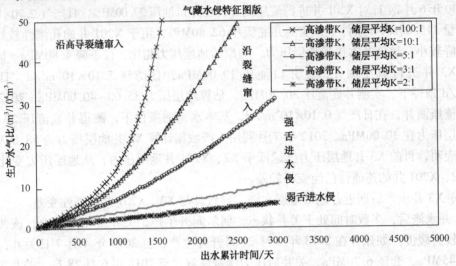

图1-3-12　气藏不同水侵类型特征图

（二）水驱气藏动态分析方法

X2井、X856井生产过程中产水量呈迅速增加趋势，地层压力下降缓慢，显现出该裂缝系统水体能量大，水侵强的特征。采用应用较多的视地质储量法计算该裂缝系统的水侵量及储量。

气藏的物质平衡通式可写成下式：

$$G_p B_g + W_p B_w = W_e + G\left[\left(B_g - B_{gi}\right) + B_{gi}\left(\frac{C_w S_{wi} + C_p}{1 - S_{wi}}\right)\Delta p\right] \tag{1-3-1}$$

式中　G——地质储量，10^4m^3；

$\quad\quad G_p$——累积产出气量，10^4m^3；

$\quad\quad W_p$——累积产出水量，m^3；

$\quad\quad W_e$——天然累积水侵量，m^3；

$\quad\quad B_g$——压力p下天然气的体积系数，小数；

$\quad\quad B_{gi}$——原始压力p_i下天然气的体积系数，小数；

$\quad\quad B_w$——压力p下地层水的体积系数，小数；

$\quad\quad C_w$——水的压缩系数，$1/\text{MPa}$；

$\quad\quad C_p$——岩石有效压缩系数，$1/\text{MPa}$；

$\quad\quad S_{wi}$——原始含水饱和度，小数；

$\quad\quad p$——地层压力，MPa。

若令：

$$F = G_p B_g + W_p B_w \tag{1-3-2}$$

$$E_g = B_g - B_{gi} \tag{1-3-3}$$

$$E_{fw} = B_{gi}\left(\frac{C_w S_{wi} + C_p}{1 - S_{wi}}\right)\Delta p \tag{1-3-4}$$

则式(1-3-1)可表示为：

$$F = W_e + G(E_g + E_{fw}) \tag{1-3-5}$$

或改写为：

$$\frac{F}{E_g + E_{fw}} = G + \frac{W_e}{E_g + E_{fw}} \tag{1-3-6}$$

对于正常压力系统气藏，由于可忽略 E_{fw}，上式可进一步简写为：

$$\frac{F}{E_g} = G + \frac{W_e}{E_g} \tag{1-3-7}$$

对于定容封闭性气藏，由于水侵量 $W_e = 0$，则上面两式可写为：

$$\frac{F}{E_g + E_{fw}} = G \tag{1-3-8}$$

$$\frac{F}{E_g} = G \tag{1-3-9}$$

由式(1-3-8)、式(1-3-9)可知，对于定容封闭性气藏，$F/(E_g + E_{fw})$ 或 F/E_g 恒等于原始地质储量 G 值，而对于水驱气藏，其等于原始地质储量与 $W_e/(E_g + E_{fw})$ 之和。所以可以将 $F/(E_g + E_{fw})$ 或 F/E_g 统称为视地质储量，记为 G_a。由于对于某一特定的气藏，原始地质储量为一常数，它与累积产气量 G_p 无关，在图上表现为一条直线。而水驱气藏由于边底水的侵入，视地质储量为一条上翘曲线（图1-3-13），两者之间的垂直距离为 G_p 时的水侵量 W_e，当 $G_p \to 0$ 时，水侵量$\to 0$，视地质储量则为地质储量。

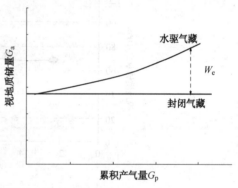

图1-3-13 水驱气藏视地质储量曲线图

（三）裂缝系统天然气储量及地层水储量

采用视地质储量法计算 X2 井裂缝系统地质储量及水侵量（表1-3-3）。根据取得的压力监测资料，计算了 10 个数据点。2000 年 11 月 2 日 X851 井投产时系统试井得到地层压力 80.46MPa，即该裂缝系统的原始地层压力；2006 年 3 月 6 日 X856 井系统试井取得的地层压力 76.48MPa，该阶段裂缝系统累产气 $2.4 \times 10^8 m^3$，累产水 $0.16 \times 10^4 m^3$，计算得到天然气视地质储量 $68.80 \times 10^8 m^3$，水侵量为 $4.50 \times 10^4 m^3$；2007 年 6 月 28 日 X2 井系统试井取得地层压力 71.61MPa，该阶段裂缝系统累产气 $4.80 \times 10^8 m^3$，累产水 $0.65 \times 10^4 m^3$，计算得到天然气视地质储量 $72.48 \times 10^8 m^3$，水侵量为 $6.13 \times 10^4 m^3$；2007 年 10 月 25 日 X3 井实测取得地层压力 68.74MPa，该阶段裂缝系统累产气 $5.79 \times 10^8 m^3$，累产水 $1.13 \times 10^4 m^3$，计算得到天然气视地质储量 $73.23 \times 10^8 m^3$，水侵量为 $10.14 \times 10^4 m^3$；2008 年 5 月 13 日 X2 井、X3 井地震关井取得的井口压力计算取得地层压力 66.38MPa，该阶段裂缝系统累产气 $7.32 \times 10^8 m^3$，累产水 $2.98 \times 10^4 m^3$，计算得到天然气视地质储量 $77.33 \times 10^8 m^3$，水侵量为 $24.20 \times 10^4 m^3$；2009 年 9 月 15 日 X2 井关井取得的井口压力计算取得地层压力 66.20MPa，该阶段裂缝系统累产

气 $9.18×10^8m^3$，累产水 $13.33×10^4m^3$，计算得到天然气视地质储量 $87.71×10^8m^3$，水侵量为 $54.49×10^4m^3$；2010 年 6 月 24 日 X201 实测流压计算取得地层压力 62.83MPa，该阶段裂缝系统累产气 $10.09×10^8m^3$，累产水 $21.25×10^4m^3$，计算得到天然气视地质储量 $100.93×10^8m^3$，水侵量为 $110.10×10^4m^3$；2011 年 7 月 15 日 X2 井历史生产数据拟合计算取得地层压力 60.93MPa，该阶段裂缝系统累产气 $11.22×10^8m^3$，累产水 $35.79×10^4m^3$，计算得到天然气视地质储量 $117.48×10^8m^3$，水侵量 $192.49×10^4m^3$。2012 年 8 月 20 日 X2 井历史生产数据拟合计算取得地层压力 58.80MPa，该阶段裂缝系统累产气 $12.47×10^8m^3$，累产水 $55.66×10^4m^3$，计算得到天然气视地质储量 $131.97×10^8m^3$，水侵量为 $322.94×10^4m^3$；2013 年 5 月 20 日 X2 井历史生产数据拟合计算取得地层压力 57.32MPa，该阶段裂缝系统累产气 $13.35×10^8m^3$，累产水 $70.22×10^4m^3$，计算得到天然气视地质储量 $146.05×10^8m^3$，水侵量为 $470.34×10^4m^3$。作各阶段计算得到的视地质储量与累计产气量关系曲线（图 1-3-14），当 $G_p→0$ 时，曲线外推与 Y 轴的交点即为该系统地质储量 $68.76×10^8m^3$，至 2013 年 5 月，水侵量已达到 $470.34×10^4m^3$。

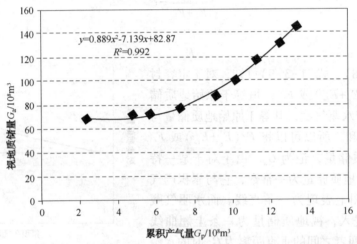

图 1-3-14 X2 裂缝系统视地质储量与累计产气量关系曲线

对水体系统建立物质平衡方程，水侵量应等于水体的弹性膨胀量和孔隙容积变化量之和，由此建立物质平衡关系：

$$W_e = N_w B_{wi}(C_w + C_f)(p_{wi} - p_w) \qquad (1-3-10)$$

表 1-3-3 X2 裂缝系统地质储量参数计算表

日 期	地层压力/MPa	累产气量/10^8m^3	累产水量/10^4m^3	视地质储 G_a/10^8m^3	水侵 W_e/10^4m^3	备 注
2000-11-02	80.46	0.00	0.00	—	0.00	X851 投产
2006-03-06	76.48	2.40	0.16	68.80	4.50	X856 投产
2007-06-28	71.61	4.80	0.65	72.48	6.13	X2 投产
2007-10-25	68.74	5.79	1.13	73.23	10.14	X3 投产
2008-05-13	66.38	7.33	2.98	77.33	24.20	X2、X3 地震关井
2009-09-15	66.20	9.18	13.33	87.71	54.49	X2 关井
2010-06-24	62.83	10.09	21.25	100.93	110.10	X201 实测流压

日　　期	地层压力/MPa	累产气量/$10^8 m^3$	累产水量/$10^4 m^3$	视地质储 G_a/$10^8 m^3$	水侵 W_e/$10^4 m^3$	备　　注
2011-07-15	60.93	11.22	35.79	117.48	192.49	生产数据拟合计算
2012-08-20	58.80	12.47	55.66	131.97	322.94	生产数据拟合计算
2013-05-20	57.32	13.35	70.22	146.05	470.34	生产数据拟合计算

式中　　C_w——地层水压缩系数，1/MPa；

$\quad\quad C_f$——岩石孔隙压缩系数，1/MPa；

$\quad\quad p_{wi}$——原始水体压力，MPa；

$\quad\quad p_w$——目前水体压力，MPa；

$\quad\quad N_w$——水体体积，$10^8 m^3$。

则：

$$N_w = \frac{W_e}{B_{wi}(C_w + C_f)(p_{wi} - p_w)} \quad\quad (1-3-11)$$

根据前面计算得到水侵量后，就可根据式(1-3-11)计算原始水体大小。

判断压力波是否传到水域边界为评价整个水域水体大小的先决条件。当压力未波及整个水体之前，随着压力的不断传递，参与流动的水域范围不断扩大，计算的水体体积不断增加；当压力波及到水体边界后，参与流动的水域范围恒定，计算的水体体积恒定，相邻两个测压点计算的水体体积大小之差 ΔN_w 等于0，此时计算的水体体积大小即为整个水域水体体积大小。采用该方法对 X2 井裂缝系统不同阶段的水体大小进行计算(表1-3-4)。各阶段计算的水体大小呈不断上升的趋势，表明压力波还没有传到水域边界，水侵还没有达到稳定。目前压力波及区水体为 $36001.00 \times 10^4 m^3$。

表1-3-4　X2 井裂缝系统水体参数计算表

日　　期	地层压力/MPa	累产气量/$10^8 m^3$	累产水量/$10^4 m^3$	水侵 W_e/$10^4 m^3$	水体大小 N_w/$10^4 m^3$
2000-11-02	80.46	0.00	0.00	0.00	
2006-03-06	75.99	2.40	0.16	4.50	2203.00
2007-06-28	71.61	4.80	0.65	6.13	1350.00
2007-10-25	68.74	5.79	1.13	10.14	1685.00
2008-05-13	66.38	7.33	2.98	24.20	3349.00
2009-09-15	66.20	9.18	13.33	54.49	7447.00
2010-06-24	62.83	10.09	21.25	110.10	13036.00
2011-07-15	60.93	11.22	35.79	192.49	20321.00
2012-08-20	58.80	12.47	55.66	322.94	28021.00
2013-05-20	57.32	13.35	70.22	470.34	36001.00

三、X2 井裂缝系统气井动态特征

（一）X2 井生产特征

X2 井于 2007 年 6 月 18~28 日对 T_{3X2}^{2+4} 显示层段进行了替喷测试，期间共进行 7 个工作制度的系统试井，计算平均地层压力 72.60MPa，测试获得绝对无阻流量 135.31×10⁴m³/d。6
月 28 日投产，初期井口油压 51.60MPa，日产气 51.41×10⁴m³/d，产水 5.00m³/d。目前井口
压力稳定在 37.20MPa，产气量 19.00×10⁴m³/d，水气比 14.60m³/10⁴m³，氯根含量
71000.00mg/L，历年累产气 5.67×10⁸m³，累产水 41.30×10⁴m³。X2 井投产以来产量变化较大，
总体上可分为三个阶段：无水采气期、保压控产采气期和邻井排水采气期（图1-3-15）。

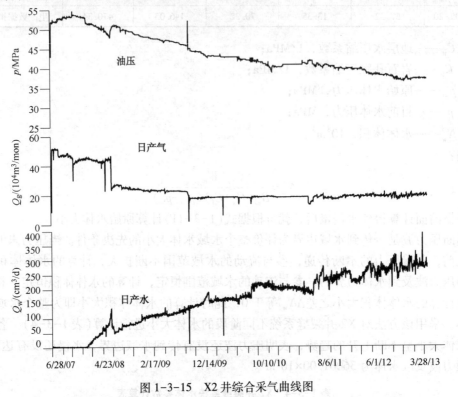

图 1-3-15　X2 井综合采气曲线图

无水采气期：2007 年 6 月 28 日~2008 年 1 月 27 日，天然气产量从投产初期 51.41×10⁴m³/d
下降至出水前的 45.46×10⁴m³，累产气 9905.79×10⁴m³，平均日产气 46.29×10⁴m³/d；该阶段井
口油压保持较稳定，稳定在 53.00MPa，该阶段单位压降采气量为 5503.00×10⁴m³/MPa，日产水量
稳定在 3.27m³/d，产出水主要为凝析水。

保压控产采气期：2008 年 1 月 28 日至 2009 年 10 月 29 日，气井开始大量出水，至
2008 年 6 月 15 日产水量增加到 133.50m³/d。为了控制气井水侵速度，两次降低工作制
度，产气量由初期的 45.50×10⁴m³/d 分别降至 24.00×10⁴m³/d、17.85×10⁴m³/d，气井的
产水量和油压下降趋势得到了较好控制，但产水量总体呈不断增加的趋势。期间累计产
气 17718.78×10⁴m³、产水 58317.65m³。井口油压从 51.84MPa 下降至 44.33MPa，下降
7.51MPa，单位井口压降产气 2359.36×10⁴m³/MPa。此时气井已产出 1.77×10⁸m³ 天然气，
地层能量理应损耗较大，但压降幅度却较小，说明外部水体能量较大，对气井地层能量
进行了有效补充。

邻井排水采气期：2009 年 10 月 30 日至今，在构造低部位实施 X201 井排水采气后，X2
井井口压力下降变缓，气产量较平稳，稳定在 18.50×10⁴m³/d 左右，产水量迅速增加的趋
势得到有效遏制。2011 年 9 月以来，由于地面流程频繁地更换油嘴，打破了气井的稳定生

产，导致 X2 井产水量逐渐增加，但总体上增加速度较慢，表明目前在低部位实施排水采气工艺对 X2 井的稳产起到了积极作用。

（二）X851 井生产特征

X851 井位于新场气田局部构造五郎泉高点，在须家河组二段 T_{3x2}^4 层井深 4823.2 ~ 4846.0m 钻遇良好的油气显示，测试获无阻流量 $151.40 \times 10^4 m^3/d$，原始地层压力 80.46MPa。于 2000 年 11 月 2 日投产，稳定输气，日产气 $42.28 \times 10^4 m^3/d$，日产水 $3.10m^3$，井口油套压分别为 57.38MPa、60.41MPa（图 1-3-16）；至 2002 年 2 月因井内油、套管安全隐患封井，封井前的最高日产气量达 $220.00 \times 10^4 m^3/d$，井口流动压力 36.80MPa，累产气 $2.40 \times 10^8 m^3$，累产水 $1625.19m^3$。封井前测试地层压力为 76.41MPa，地层压力仅下降了 4.05MPa，单位压降采气量为 $5926.28 \times 10^4 m^3/MPa$。封井

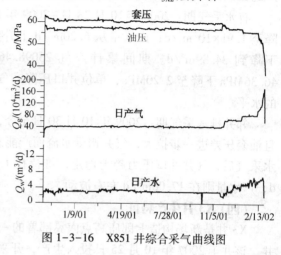

图 1-3-16　X851 井综合采气曲线图

前进行了产能试井，求得天然气绝对无阻流量 $253.91 \times 10^4 m^3/d$。

（三）X856 井生产特征

X856 于 2006 年 3 月 7 日 ~ 13 日对显示层段 T_{3x2}^4 进行了射孔测试，系统试井求得绝对无阻流量 $115.16 \times 10^4 m^3/d$，地层压力 76.48MPa。2006 年 3 月投产，2006 年 11 月见地层水，无水生产期 220 天。该井自见水后产气量大幅下降，产水量急剧上升后水淹，历年累产气 $3.66 \times 10^8 m^3$，累产水 $10.24 \times 10^4 m^3$。投产以来气井产量变化大，总体上可将气井生产分为三个阶段：无水采气期、带水采气期和邻井排水采气期（图 1-3-17）。

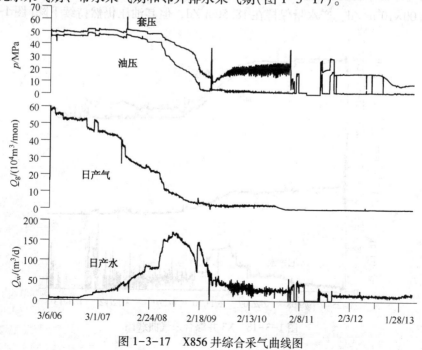

图 1-3-17　X856 井综合采气曲线图

33

无水采气期：2006年3月6日~2006年10月27日，天然气产量从投产初期的$59.59 \times 10^4 m^3/d$下降至出水前的$52.19 \times 10^4 m^3/d$，累计产气$12741.22 \times 10^4 m^3$，平均日产气$53.92 \times 10^4 m^3/d$。井口油压从初期的49.51MPa下降至43.36MPa，下降了6.15MPa，单位井口压降产气$2071.74 \times 10^4 m^3/MPa$。日产水量稳定在$3.91 m^3/d$，主要为凝析水。

有水采气期：2006年10月28日~2009年10月29日，天然气产量从$51.69 \times 10^4 m^3/d$下降至$1.91 \times 10^4 m^3/d$；产水量从$6.20 m^3/d$上升到$171.36 m^3/d$，经历过最大产水量后又逐渐下降到$34.89 m^3/d$。期间累计产气$23098.46 \times 10^4 m^3$、产水$78255.21 m^3$，井口油压从46.36MPa下降至2.20MPa，单位井口压降产气$523.06 \times 10^4 m^3/MPa$，远低于产出地层水前的水平。

邻井排水采气期：2009年10月30日至今，X856井在产出地层水后井口压力快速递减，且油套压差进一步拉大，气井遭受水淹而产能急剧下降。此时在构造低部位实施X201井排水采气后，气井井口压力趋于稳定，维持在1.90MPa左右，日产气量平均为$0.08 \times 10^4 m^3/d$，产水量则在$17.00 m^3/d$左右波动。

（四）X3井生产特征

X3井是新场构造七郎庙高点南翼部署的一口以须家河组二段为主要目的层的油气预探井。该井于2007年10月25日投入生产，开采层位新场须家河组气藏T_{3X2}^{4+5}，测试无阻流量$41.60 \times 10^4 m^3/d$，投产初期井口油套压分别为44.28MPa、45.99MPa，产气量$24.00 \times 10^4 m^3/d$，产水$1.45 m^3/d$，随后气井以$8.00 \times 10^4 m^3/d$的工作制度稳定生产，2008年10月见地层水，无水生产期371天。在无水采气期间，套压、产气量相对稳定，产水稳定在$2.60 m^3/d$，包括部分凝析水及地层返排液，该阶段单位压降采气量为$845.31 \times 10^4 m^3/MPa$。

2008年10月地层出水后，油套压差有所增加，日产水量上升，日产气量呈下降趋势。2009年8月后产水量大幅度上升，并呈两个台阶状，产水的台阶上升与产量的调增有密切关系，上调气井工作制度后气井压力下降迅速，产水量明显上升。2010年1月22日恢复工作制度到$6.00 \times 10^4 m^3/d$，产水量保持在$18.50 m^3/d$，但其油压仍然持续下降（图1-3-18）。

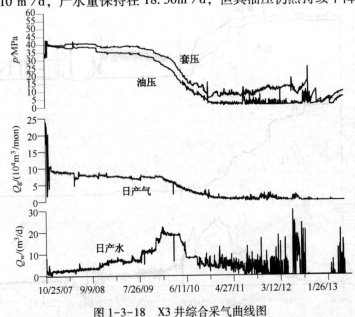

图1-3-18　X3井综合采气曲线图

2010年6月开始加注泡排药剂进行维护，加注 XH-2 药剂，加注量 50kg/次，药水比例1：3，加注周期7天。从加注药剂的实施情况来看，在前期阶段加注 30h 后泡排效果见效，瞬时压力明显上涨，但持续时间较短。随着一段时间的加注后，效果逐渐变差。9月7日，加注后产水量从 8.00m³/d 降至 5.00m³/d，表明该井排水困难，井底或井筒出现积液。为此，11月3日和12日采取了气举作业，但是效果都不明显。2011年2月分别采用了加注 UT-8 和 XHY-2 泡排药剂，效果不理想，逐渐水淹直至停产关井，目前油压 6.62MPa，套压 11.73MPa。累计产气 8000.15×10⁴m³，累计产水 11456.12m³。

（五）X201 井生产特征

X201 井位是西南分公司部署在四川盆地川西坳陷新场构造五郎泉高点北翼的一口以上三叠统须家河组须二段 $T_{3x_2}^4$ 砂组为主要目的层的开发评价井。2008年11月18日钻至井深5230.00m 完钻，完井方式为衬管完井。2009年3月16日~9月10日对 4713.30~5202.30m 井段进行替喷测试，敞井条件下获天然气日产量 5000.00m³/d，地层水日产量 648.00m³/d。

X201 井于2009年10月30日开井生产，对 X2 井裂缝系统进行排水采气，初期以60.00~65.00m³/d 的规模进行排水，生产过程中不断增加排水规模，于2011年12月达260.00m³/d，目前日排水量为 220.00m³。在增大排水规模的同时，X201 井的压力、产量也不断增加，油压由排水初期的 19.80MPa 最高上升至 27.20MPa，随后由于地层能量降低，井口油压缓慢递减，目前稳定在 16.40MPa，日产气量由最初的 0.50×10⁴m³ 逐渐增加至目前的 5.30×10⁴m³。该井排水采气取得了较好效果，自身产气量增加的同时也促进了 X2 裂缝系统其他气井的稳定生产（图 1-3-19）。至目前为止，X201 井产水量、产气量及压力较稳定，累计产气 4850.50×10⁴m³，累计产水 2.22×10⁴m³。

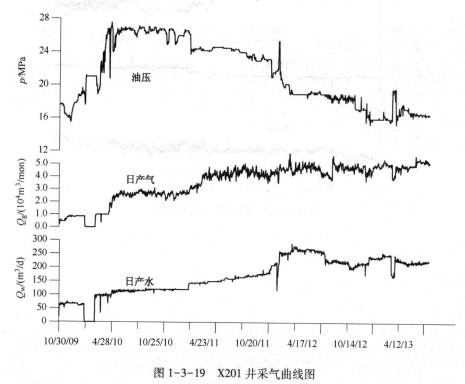

图 1-3-19　X201 井采气曲线图

（六）X301井生产特征

X301井是部署在新场构造五朗泉高点东翼的一口以评价新场须家河组二段 T_{3X2}^4 砂组为主要目的、兼探评价 T_{3X2}^2 及 T_{3X2}^7 砂组含气性的开发井。于2008年7月21日开钻，完钻井深5718.00m，完井方式为尾管射孔完井。2009年4月17日~4月30日对该井 T_{3X2}^2 5000.00~5144.30m井段进行中途替喷测试，累计排液29m³，产气7000m³，未进行进一步测试，未获流体产能。2009年4月30日~8月1日随钻观察。2009年8月1日~9月9日对该井 T_{3X2}^5 5414.89~5441.89m井段进行了射孔、试破测试。试破后在井底流动压力59.99MPa的情况下获天然气产量5.36×10⁴m³/d，产水20.30m³/d，天然气绝对无阻流量为10.94×10⁴m³/d。

该井于2009年9月2日投产，初期油套压分别为42MPa、48.77MPa，日产气5.20×10⁴m³，日产水18.70m³，没有无水采气期，氯根含量在57155mg/L。与X2系统其他井相比，产水量相对较小。气井自投产后压力、产气量、产水量均比较稳定，产水量随着产气量的增加略有上升，但气水比一直稳定在3.00m³/10⁴m³，压力平稳，生产形势较好（图1-3-20）。目前该井产气量稳定在9.00×10⁴m³，油压31.90MPa，套压34.10MPa，产水25.00m³/d，氯根含量稳定在96000mg/L，累计产气9159.80×10⁴m³，累计产水28194.25m³，单位压降采气量为907.36×10⁴m³/MPa。

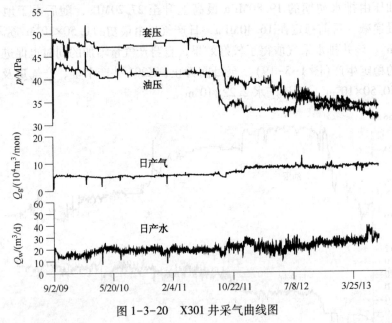

图1-3-20　X301井采气曲线图

第二章　钻完井工艺技术

新场气田是多层系气藏叠置的陆相碎屑岩气田，至上而下已发现浅层蓬莱镇组、中深层沙溪庙组、千佛崖组、白田坝组和深层须家河组等多个气藏。以埋深 5000.00m 须家河组二段为目的层的深井钻探往往要穿过岩石强度差异大的泥、砂岩互层和多套不同压力体系的异常高压气层及分布随机的多套水层。深层岩石硬度高、研磨性强、可钻性差，安全钻井液密度窗口窄：钻井液密度过高不仅污染油气层，不利于发现油气显示，而且使井漏复杂情况频繁发生；钻井液密度过低则易出现井涌、井壁掉块、井眼缩径等复杂情况。完井面临目的层埋藏深、高压、高温、含二氧化碳、储层致密、裂缝发育，气水关系复杂等问题。在对井下工程地质特征深入认识的基础上，形成了以井身结构优化技术、安全优快钻井配套技术、高酸溶性防漏堵漏储层保护技术为核心的钻井技术，以动态完井方式及配套完井工艺、高温高压含酸性气体气井测试及投产技术为核心的完井技术。

第一节　井下工程地质特征

天然气勘探开发涉及钻井、完井、投产和采气等工程作业环节，且作业过程与井下地质环境密切相关，对井下工程地质特征认识的深入程度直接决定了工艺技术方案选择的科学性。

一、岩石力学参数特征

（一）岩石力学参数

郭新江等人开展新场气田陆相蓬莱镇组、遂宁组、沙溪庙组、须家河组主要储层岩石力学参数抗张强度、抗压强度、弹性模量、泊松比、内聚力、内摩擦角测定（表 2-1-1），建立了这些岩石力学参数与测井参数声波时差或声波时差、岩石密度比值的关系式。

表 2-1-1　新场气田陆相储层岩石力学特征参数统计表（据郭新江，2008）

储层	抗压强度/MPa		抗张强度/MPa		内聚力/MPa		内摩擦角/(°)		静泊松比		静弹性模量/MPa	
	范围	均值	范围	均值	范围	均值	范围	均值	范围	均值	范围	均值
蓬莱镇组	25~174	117	2.3~6.4	4.2	9.1~32.4	18.9	27.1~32.5	30.8	0.22~0.31	0.27	6093~23294	15100
遂宁组	76~205	119	3.0~6.7	4.3	10.2~37.7	19.7	27.7~31.4	30.4	0.23~0.31	0.28	7993~26296	15341
沙溪庙组	33~223	118	3.2~6.2	4.3	11.8~27.8	19.5	27.1~31.3	30.4	0.22~0.31	0.28	8343~25063	15163
须五、四段	19~222	150	2.4~6.5	5.1	6.9~46.2	25.8	25.7~33.3	29.5	0.20~0.32	0.27	6992~28758	19317

储层	抗压强度/MPa		抗张强度/MPa		内聚力/MPa		内摩擦角/(°)		静泊松比		静弹性模量/MPa	
	范围	均值	范围	均值	范围	均值	范围	均值	范围	均值	范围	均值
须三段	38~219	157	3.5~7.9	5.3	6.7~43.2	27.2	26.5~32.8	29.1	0.21~0.32	0.27	7180~28964	20218
须二段	134~322	230	5.3~8.5	7.3	31.3~49.5	43.9	25.2~29.3	27.5	0.20~0.45	0.27	18827~31206	29476

1. 抗张强度

在劈裂法测定储层岩石抗张强度实验数据的基础上，建立了岩石抗张强度和声波时差的关系式：

$$S_t = 2.045 \times 10^{14} \Delta t^{-5.7474} \quad (R^2 = 0.6923) \tag{2-1-1}$$

式中　S_t——岩石抗张强度，MPa；

　　　Δt——声波时差，μs/m。

岩石抗张强度和声波时差、岩石密度比值的相关性更好：

$$S_t = 1.2723 e^{2.1624 \times 10^6 (\Delta t / den)^{-3.1444}} \quad (R^2 = 0.7554) \tag{2-1-2}$$

式中　den——岩石密度，g/cm³。

2. 抗压强度

在模拟地层条件下的岩石抗压强度实验数据的基础上，建立了岩石抗压强度和声波时差的关系式：

$$Co = 1E + 21\Delta t^{-8.0432} \quad (R^2 = 0.7261) \tag{2-1-3}$$

式中　Co——岩石抗压强度，MPa。

岩石抗压强度和声波时差、岩石密度比值的相关性更好：

$$Co = 9E + 14 (\Delta t / den)^{-6.5392} \quad (R^2 = 0.7661) \tag{2-1-4}$$

3. 弹性模量及泊松比

在模拟地层条件下的岩石静态弹性模量实验数据的基础上，建立了岩石抗压强度和声波时差的关系式：

$$E_S = 441370 e^{-0.0342(\Delta t / den)} \quad (R^2 = 0.8511) \tag{2-1-5}$$

式中　E_S——岩石静态弹性模量，MPa。

岩石静态弹性模量与动态剪切模量转换的关系式：

$$E_S = 0.716256 E_d - 5927.97 \quad (R^2 = 0.6580) \tag{2-1-6}$$

式中　E_d——岩石动态剪切模量，MPa。

岩石动静泊松比转换的经验公式：

$$\mu_S = 0.1268 + 0.25\mu_d \tag{2-1-7}$$

式中　μ_S——岩石静态泊松比；

　　　μ_d——岩石动态泊松比。

4. 内聚力及内摩擦角

内聚力及内摩擦角是衡量岩石抗剪强度的两个重要参数。实验室主要根据三轴抗压实验中抗压强度和围压的关系，利用应力摩尔圆来求取内聚力和内摩擦角。

在岩石内聚力实验数据的基础上，建立了岩石内聚力和声波时差的关系式：

$$C = 48591e^{-0.0341\Delta t} \qquad (R^2 = 0.7043) \qquad (2-1-8)$$

式中 C——岩石内聚力，MPa。

岩石抗压强度和声波时差、岩石密度比值的相关性更好：

$$C = 3E + 12 (\Delta t/den)^{-5.6623} \qquad (R^2 = 0.8511) \qquad (2-1-9)$$

在岩石内摩擦角实验数据的基础上，建立了岩石内摩擦角和声波时差的关系式：

$$\varphi = 8E + 10\Delta t^{-4.0069} \qquad (R^2 = 0.8655) \qquad (2-1-10)$$

式中 φ——岩石内摩擦角，(°)。

岩石内摩擦角和声波时差、岩石密度比值的相关性更好：

$$\varphi = 1E + 07 (\Delta t/den)^{-2.859} \qquad (R^2 = 0.8672) \qquad (2-1-11)$$

（二）岩石可钻性

郭新江等人根据17口井岩芯压入硬度、塑性系数、岩芯微钻时测定数据（表2-1-2），建立了与其测井参数声波时差或声波时差、岩石密度比值的关系式。

表 2-1-2　新场气田陆相储层可钻性参数统计表（据郭新江，2008）

地　层		代　号	岩　性	可钻性级值均值	压入硬度均值(MPa)	塑性系数均值
第四系		Q	泥岩、种植土	—	—	—
剑门关组		K_1j	细砂岩，泥岩，砾岩	—	—	—
蓬莱镇组		J_3p	泥岩，粉砂岩	4.06	368.03	2.10
遂宁组		J_3sn	泥岩，粉、细砂岩	4.49	496.93	1.87
上沙溪庙组		J_2s	泥岩，粉、细、中岩屑石英砂岩	4.42	462.39	1.86
下沙溪庙组		J_2x	泥岩，细、粉砂岩	4.52	510.38	1.95
千佛崖组		J_2q	泥岩，粉砂岩，岩屑砂岩，夹砾岩	5.21	727.31	1.66
白田坝组		J_1b	泥岩，粉砂质泥岩、细、粉砂岩，夹砾岩	5.94	985.51	1.51
须家河组	五段	T_3x_5	页岩，粉、细、中岩屑砂岩、煤线	4.62	564.42	2.02
	四段	T_3x_4	细、中、粗岩屑石英砂岩、页岩	6.11	1054.08	1.51
	三段	T_3x_3	页岩，粉、细、中砂岩、煤线	5.89	984.31	1.59
	二段	T_3x_2	细、中、粗岩屑石英砂岩、页岩	8.62	2001.35	1.07

1. 岩石硬度

岩石硬度与声波时差相关式：

$$H_y = 1.0691(6\times10^6 e^{-0.0408\Delta t})^{0.9998} \qquad (R = 0.78) \qquad (2-1-12)$$

式中 H_y——岩石硬度，MPa。

2. 岩石塑性系数

岩石塑性系数与声波时差相关式：

$$K = 7.0497\times10^{-7}\Delta t^{2.6901} \qquad (R = 0.93) \qquad (2-1-13)$$

式中 K——塑性系数。

3. 岩石可钻性

岩石可钻性级值与声波时差相关性较好：

$$K_d = 1.7683e^{25.676e^{-0.0141}} \qquad (R = 0.80) \qquad (2-1-14)$$

式中 K_d——塑性系数。

（三）岩石力学参数剖面

在上述岩芯实验成果基础上，郭新江等人建立了纵向连续的岩石力学参数剖面（图2-1-1）。

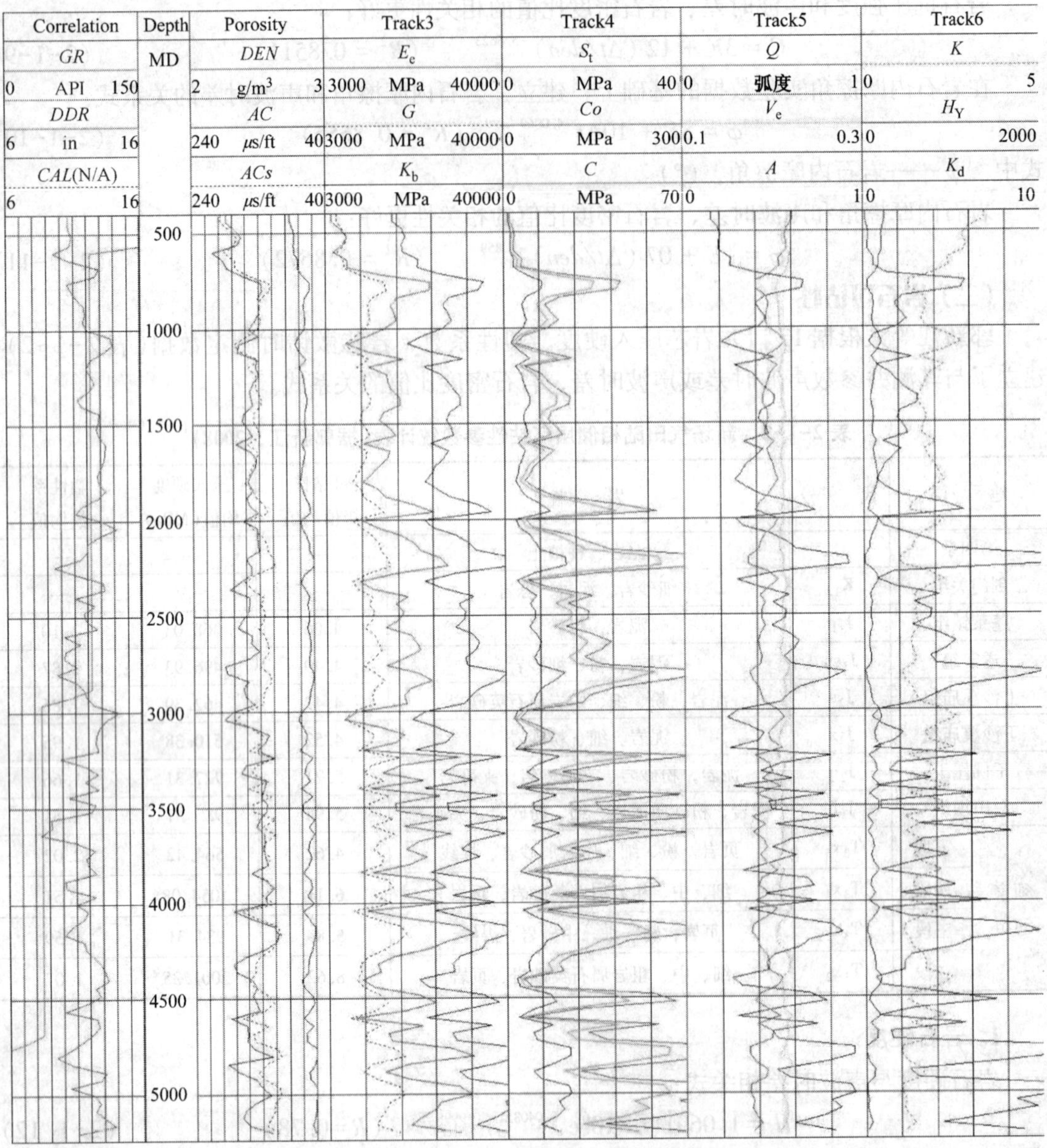

Correlation	Depth	Porosity	Track3	Track4	Track5	Track6
GR	MD	*DEN*	E_e	S_t	Q	K
0 API 150	2 g/m³ 3		3000 MPa 40000	0 MPa 40	0 弧度 1	0 5
DDR		*AC*	*G*	*Co*	V_e	H_Y
6 in 16	240 μs/ft 40		3000 MPa 40000	0 MPa 300	0.1 0.3	0 2000
CAL(N/A)		*ACs*	K_b	*C*	*A*	K_d
6 16	240 μs/ft 40		3000 MPa 40000	0 MPa 70	0 1	0 10

图2-1-1　CX560井岩石力学参数剖面图（据郭新江，2008）

注释：*GR*代表自然伽玛，*DDR*代表钻头尺寸，*CAL*代表井径，*DEN*代表测井密度，*AC*代表纵波时差，*ACs*代表横波时差，E_e代表静态弹性模量，*G*代表动态剪切模量，K_b代表动态体积模量，S_t代表抗张强度，*Co*代表抗压强度，*C*代表内聚力，*Q*代表内摩擦角，V_e代表泊松比，*A*代表孔弹性系数，*K*代表塑性系数，H_Y代表硬度，K_d代表可钻性级值。

二、地应力与三大压力特征

（一）地应力

地应力主要由地壳构造运动的动应力（古构造应力和现代构造应力）、上覆岩层压力和孔隙压力等组合而成。垂直应力由重力应力构成，水平应力由主要由构造应力构成。对地应

40

力大小和方向的定量表征，即为地应力的数值，包括最大水平主应力 σ_H、最小水平主应力 σ_h、垂直应力 σ_v 的大小和方向及最大剪切应力等。

地应力可通过差应变分析、凯塞效应测量等室内实验测定，也可通过小型水力压裂以及测井资料求取。目前利用测井资料连续估算水平地应力的方法、模型较多，包括 Newberry 模型(1986 年)、黄氏模型(1983 年)、斯伦贝谢模式、Anderson 模型(1973 年)等。

郭新江等人根据新场气田的实际，利用水力压裂资料求取储层段的地应力，辅以岩芯的凯塞声发射试验；再利用测井资料，采用斯伦贝谢模式连续估算整个井段的水平地应力。

斯伦贝谢模式的计算公式：

$$\sigma_H = \frac{v}{1-v}\sigma_v - 2\eta Pp + \left(\frac{E}{1-v^2}\right)\varepsilon_{H1} + \left(\frac{Ev}{1-v^2}\right)\varepsilon_{H2} \tag{2-1-15}$$

$$\sigma_h = \frac{v}{1-v}\sigma_v - 2\eta Pp + \left(\frac{E}{1-v^2}\right)\varepsilon_{H2} + \left(\frac{Ev}{1-v^2}\right)\varepsilon_{H1} \tag{2-1-16}$$

式中，$\eta = \frac{\alpha(1-2v)}{2(1-v)}$

$$\varepsilon_{H2} = \frac{\sigma_H - (A_1\sigma_v + 2\eta Pp + A_2A_3)}{A_2A_6} \tag{2-1-17}$$

$$\varepsilon_{H1} = \frac{(\sigma_H - \sigma_h)}{A_5} + \varepsilon_{H2} \tag{2-1-18}$$

其中，$A_1 = \frac{v}{1-v}$，$A_2 = \frac{E}{1-v^2}$，$A_3 = \frac{\sigma_H - \sigma_h}{A_5}$，$A_4 = \frac{Ev}{1-v^2}$，$A_5 = A_2 - A_4A_6 = \eta$

垂向地应力是由上覆地层重力引起的，随地层密度和深度而变化，因此可用密度测井资料求取垂向地应力：

$$\sigma_v = \int_0^H \rho(h) \cdot g \cdot dh \tag{2-1-19}$$

式中　h——地层埋藏深度，m；

$\rho(h)$——地层密度随地层深度变化的函数，g/cm^3；

g——重力加速度。

新场气田最大水平主应力梯度在 $3.00 \sim 3.10MPa/100m$ 之间，最小水平主应力梯度在 $2.35 \sim 2.45MPa/100m$，垂向主应力梯度在 $2.45 \sim 2.55MPa/100m$，地应力特征表现为水平最大水平主应力>垂向主应力>最小水平主应力。

（二）地层三大压力（孔隙/坍塌/破裂）特征

1. 地层孔隙压力（P_P）特征

确定地层孔隙压力的方法很多，包括地质分析法、地震预测法、dc 指数法、测井预测法等，但由于测井资料受人为影响小，且能随井深连续变化，是确定地层孔隙压力较理想的方法。通过地层压力预测方法及预测效果对比，优选伊顿法预测地层孔隙压力。

伊顿法计算地层孔隙压力是依据地层压实理论、有效应力理论和均衡理论，通过建立正常压实趋势线，并从正常压实出发计算泥岩地层在实际测井数据偏离正常压实趋势线时地层孔隙压力的大小。伊顿法计算地层孔隙压力 p_p 公式如下：

$$p_p = p_0 - (p_0 - p_n)(\Delta t_n / \Delta t)^c \tag{2-1-20}$$

式中　p_0、p_n——分别为上覆地层压力和地层水静液柱压力，MPa；

Δt、Δt_n——分别为地层实际声波时差和该深度点正常趋势线上的声波时差，$\mu S/ft$。

c 为伊顿常数，$c = \dfrac{\ln[(p_0 - p_p)/(p_0 - 1)]}{\ln(\Delta t_n/\Delta t)}$，根据实测地层压力资料求取。

以 CX560、CX565、X851 及 X855 等井的地层孔隙压力预测实例，各井正常压实趋势线关系式如下：

CX560：$\ln(\Delta t) = -0.00004 \times XH + 5.626$

CX563：$\ln(\Delta t) = -0.00013 \times XH + 5.742$

X851：$\ln(\Delta t) = -0.00006 \times XH + 5.638$

X855：$\ln(\Delta t) = -0.00019 \times XH + 5.585$

综合多口井的正常压实趋势线关系式，可以建立新场气田地层压力预测的正常压实趋势的综合关系式：

$$\ln(\Delta t) = -0.000108 \times H + 5.632 \qquad (2-1-21)$$

建立地层孔隙压力预测模型：

$$P_P = \sigma_V - (\sigma_V - 1)\left(\frac{\exp(-0.000108 \times H + 5.632)}{\Delta t}\right)^3 \qquad (2-1-22)$$

从新场气田实测地层压力及地层孔隙压力预测剖面(图 2-1-2)可以看出，新场气田地层孔隙压力具有以下特征：

① 地层孔隙压力整体上为异常高压。从浅层蓬莱镇组到深层须家河组，地层压力梯度整体上都大于 1.40MPa/100m，尤其进入沙溪庙组以后，地层孔隙压力梯度大于 1.60MPa/100m，在须家河组中上部地层孔隙压力梯度可达 1.90MPa/100m 以上，异常高压特征明显。

② 地层孔隙压力纵向上分段明显。地层孔隙压力在纵向上具有明显的压力分带特征：浅层为正常压力，进入中深层后，地层孔隙压力逐步升高，然后在须家河组下部地层孔隙压力又明显回落。具体可分为四个压力带：正常地层压力段，从地表第四系至蓬莱镇组上部，地层孔隙压力梯度小于 1.20MPa/100m；异常压力过渡段，从蓬莱镇组中部至白田坝组，地层孔隙压力梯度(1.40~1.80)MPa/100m；异常高压段，须家河组须五至须三段地层，孔隙压力梯度(1.70~1.90)MPa/100m；压力相对平衡段为须二段，孔隙压力梯度(1.50~1.70)MPa/100m。

2. 地层坍塌压力(B_P)特征

钻井过程中，钻井液替代了原井眼处的岩石，三个大小不等的主应力支撑的岩石被三向应力相同的流体替代，导致井壁应力集中，井眼地层应力变化使井周岩石变形，并可能引起井壁失稳。井壁失稳的一种情形是岩层剪切破坏引起井壁剥落或垮塌。保证井壁不发生剪切变形的钻井液柱压力极限即为井壁的坍塌压力。

对于井壁坍塌压力的计算，主要是井壁应力的分析，其次是描述剪切破坏准则的选取。目前用于剪切破坏的判定准则有 Mohr-Coumlomb、Drucker-Prager 及 Hoek-Brown 准则等，其中 Mohr-Coulomb 破坏判断准则在解析计算中应用广泛。

根据 Mohr-Coulomb 破坏判断准则：

$$\tau = \sigma\tan\varphi + c \qquad (2-1-23)$$

其中 σ、τ 分别为正应力和剪应力；φ 为内摩擦角；c 为内聚力。

在井壁稳定力学分析中，Mohr-Coulomb 破坏判据常常又表示为：

$$(\sigma_{max} - \alpha \cdot p_p) = (\sigma_{min} - \alpha \cdot p_p)\frac{1+\sin\varphi}{1-\sin\varphi} + 2c\frac{\cos\varphi}{1-\sin\varphi} \qquad (2-1-24)$$

或 $$(\sigma_{max} - \alpha \cdot p_p) = (\sigma_{min} - \alpha \cdot p_p)\,\mathrm{ctg}^2\left(45° - \frac{\varphi}{2}\right) + 2c\,\mathrm{ctg}\left(45° - \frac{\varphi}{2}\right) \qquad (2-1-25)$$

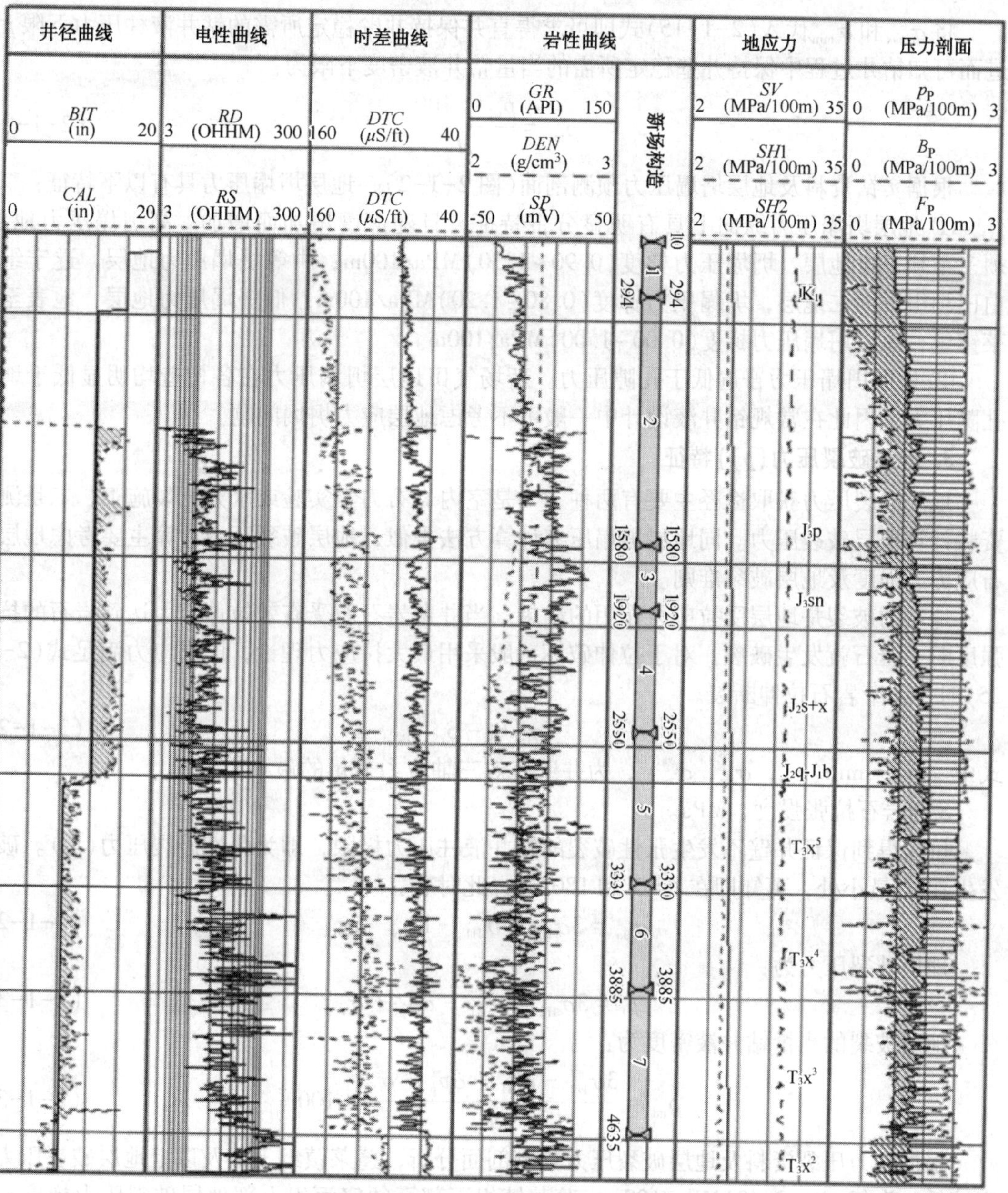

井径曲线	电性曲线	时差曲线	岩性曲线	新场构造	地应力	压力剖面
0　　BIT (in)　　20	3　　RD (OHHM)　　300	160　　DTC (μS/ft)　　40	0　　GR (API)　　150 2　　DEN (g/cm³)　　3		2　　SV (MPa/100m)　　35	0　　p_P (MPa/100m)　　3
					2　　$SH1$ (MPa/100m)　　35	0　　B_P (MPa/100m)　　3
0　　CAL (in)　　20	3　　RS (OHHM)　　300	160　　DTC (μS/ft)　　40	-50　　SP (mV)　　50		2　　$SH2$ (MPa/100m)　　35	0　　F_P (MPa/100m)　　3

图 2-1-2　X851 井地层孔隙压力、坍塌压力、破裂压力剖面图

式中　$\sigma_{\max}$、$\sigma_{\min}$——井壁最大、最小主应力分量；

$\quad\quad\quad p_\text{p}$——孔隙流体压力；

$\quad\quad\quad \alpha$——孔弹性系数。

由式（2-1-15）可看出，岩石剪切破坏主要受井壁最大和最小主应力的控制。$\sigma_{\max}$ 和 $\sigma_{\min}$ 的差值越大，井壁越容易坍塌。对于直井，井壁的三个主应力一般表示为：

$$\sigma_\text{r} = p_\text{wf}$$
$$\sigma_\theta = (\sigma_{H1} - \sigma_{H2}) - 2(\sigma_{H1} - \sigma_{H2})\cos 2\theta - p_\text{wf} \quad\quad (2\text{-}1\text{-}26)$$
$$\sigma_\text{z} = \sigma_\text{v}$$

$\sigma_{\max} = \max\{\sigma_\text{r},\ \sigma_\theta,\ \sigma_\text{z}\}$，$\sigma_{\min} = \min\{\sigma_\text{r},\ \sigma_\theta,\ \sigma_\text{z}\}$。

将 $\sigma_{\max}$ 和 $\sigma_{\min}$ 代入(2-1-15)式即可求得直井保持井壁稳定所需的钻井液柱压力下限 p_{wf}，进而可知钻井过程中保持井壁稳定所需的当量钻井液密度下限为：

$$\rho_{mc} = \frac{p_{wf} \times 100}{H} \qquad (2-1-27)$$

根据实钻资料及地层坍塌压力预测剖面(图2-1-2)，地层坍塌压力具有以下特征：

① 地层坍塌压力纵向上具有明显分带特征，且随深度增加而增加。高坍塌压力地层，须三至须五段地层，坍塌压力梯度(0.90~1.50)MPa/100m；中等坍塌压力地层，遂宁组至白田坝组及须二地层，坍塌压力梯度(0.80~1.20)MPa/100m；低坍塌压力地层，地表至蓬莱镇组，地层坍塌压力梯度(0.00~1.00)MPa/100m。

② 地层坍塌压力普遍低于孔隙压力。新场气田地层坍塌压力在各构造均明显低于地层孔隙压力，因此在常规钻井液设计中一般可不考虑地层应力坍塌问题。

3. 地层破裂压力(p_F)特征

地层破裂压力获取途径主要有两种，一是室内岩石力学实验或水力压裂施工，二是测井资料计算地层破裂压力。同地层坍塌压力计算方法类似，地层破裂压力计算主要考虑地层岩石应力、强度及地层破裂准则。

地层的破裂是地层受拉应力作用的结果。当井壁岩石所受有效拉伸应力达到岩石的抗张强度时，岩石就发生破裂。对于拉伸破坏一般采用最大拉应力理论，即当应力满足式(2-1-25)时，井壁岩石拉伸断裂。

$$\sigma_3 \le -S_t \qquad (2-1-28)$$

式中　$\sigma_3 = \min(\sigma_{re}, \sigma_{\theta e}, \sigma_{ze})$，为井壁有效三轴应力分量的最小应力；

S_t 为岩石抗张强度，MPa。

可以得到保证井壁不发生张性破裂的钻井液柱压力极限，即为张性破裂压力(p_f)。破裂发生在 σ_θ 最小处，可知即在 $\theta = 0°$ 和 $180°$ 处，此时有：

$$\sigma_{\theta e} = 3\sigma_{H2} - \sigma_{H1} - \alpha p_p - p_{wf} \qquad (2-1-29)$$

地层破裂压力为：

$$p_f = 3\sigma_{H2} - \sigma_{H1} - \alpha p_p + \sigma_t \qquad (2-1-30)$$

地层破裂的当量钻井液密度为：

$$\rho_{mf} = \frac{3\sigma_{H2} - \sigma_{H1} - \alpha p_p + \sigma_t}{H} \times 100 \qquad (2-1-31)$$

根据水力压裂资料及地层破裂压力预测剖面分析，蓬莱镇组上部及以上地层破裂压力梯度较低，为(2.20~2.40)MPa/100m；蓬莱镇组下部至须家河组上部地层破裂压力梯度相对较高，为(2.30~2.70)MPa/100m；须四底部至须二地层破裂压力梯度变化幅度较大，可低至2.00MPa/100m，也可高至3.00MPa/100m以上。同时，由于地层岩石较强的非均质性，现场施工取得的破裂压力具有较为明显的构造差异性与层间差异性。

(三)安全密度窗口特征

结合地层孔隙压力、坍塌压力、破裂压力剖面，安全钻井液密度窗口具有如下特征：

① 浅部地层安全钻井液密度窗口较宽，深部地层较窄。原因主要是浅层和深层破裂压力梯度变化小，但深部地层坍塌压力及孔隙压力都明显高于浅部地层。

② 须家河组各层界面附近安全钻井密度窗较窄，给钻施工增加了难度。原因除了地层孔隙压力高、坍塌压力高以外，还有岩性界面等薄弱地层破裂压力低的共同作用。如L150、CX565、X851、X853、X2等井在须家河组内分段界面处发生井漏。

③ 根据地层孔隙压力、坍塌压力、破裂压力剖面分布规律，安全钻井液密度窗口的上限为地层破裂压力当量密度值。如果采用控压钻井，则下限为坍塌压力当量钻井液密度值；如果不采用控压钻井，除部分井段外，安全钻井液密度窗口的下限为地层孔隙压力值，安全窗口相对较窄。

三、储层敏感性

新场地区陆相地层为三角洲、扇三角洲沉积，岩性以砂泥岩频繁互层为典型特征，砂岩平均厚度占地层厚度 50.00% 左右，优质储层以中-细粒砂岩为主。须家河组须四、须二段岩性以细-中粒砂岩为主，而须五、须三段以泥页岩、煤系地层为主。储层孔隙度、渗透率分布非均质性强。须家河组平均基质物性差，平均孔隙度 3.00%，基质渗透率 $0.10 \times 10^{-3} \mu m^2$ 左右，当裂缝发育时，渗流能力明显提高，渗透率可提高 1~3 个数量级。须家河组地层为致密-超致密，须二段储集类型主要为裂缝-孔隙型，须四段主要属孔隙型。

须家河组普遍含黏土矿物，须二段黏土矿物成分以伊利石为主（67.20%），绿泥石次之（27.60%），少量伊/蒙混层（5.20%）；须四段储层黏土矿物以伊利石和绿泥石为主；含少量伊/蒙混层，个别储层含高岭石。伊利石多呈片状或丝缕状分布于粒间，少量分布在颗粒表面；绿泥石多呈残余薄膜分布于碎屑颗粒边缘，或为孔隙衬边；高岭石多呈微晶糖粒状，少量蠕虫状，少部分为孔隙水中直接沉淀形成。同时，岩石中还存在方解石（6.93%）、白云石（2.43%）胶结物。

须家河组储层应力敏均为中等，酸敏均较弱，碱敏总体表明弱-中等；速敏须五、须二表现弱-中等，须四表现较强；水敏须五、须四表现较强，须二表现较弱；盐敏须五弱，须四、须二表现较强（表 2-1-3）。

表 2-1-3 新场气田须家河组气藏储层敏感性评价结果

项　　目	层　　位	敏感程度
应力敏	须五、须四、须二段	中等
速敏	须五段	弱-中等
	须四段	中等-强
	须二段	弱
水敏	须五段	强
	须四段	中等-强
	须二段	弱
酸敏	须五、须四、须二段	无-弱
碱敏	须五段	中等
	须四段	弱-中等
	须二段	弱-中等
盐敏	须五段	弱
	须四段	中等-强
	须二段	中等-强

四、井下工程地质问题

以须二为目的层的深井工程地质特征复杂性且具有不确定性，主要表现在：①纵向上地质特征差异较大；②地层可钻性差、研磨性强；③地压梯度高且差异较大；④气层发育较多；⑤地层不稳定性突出。

由于地质条件复杂，给钻完井工艺技术发展带来诸多挑战，主要难点表现在：

① 复杂压力系统下的井身结构优化难度大。须二气藏埋藏深，地层层系较多、压力系统复杂，且纵向上非均质性强，钻井过程易发生井塌、井漏、井喷与卡钻等复杂情况，满足安全快速钻井的井身结构优化难度大。

② 深层钻头优选困难。须家河组岩石致密且研磨性极强，可钻性差，钻头磨损严重，使用寿命短，加上频繁起下钻大大增加辅助作业时间，同时增加井下安全、及井控风险。经过多年的探索，选择与地层配伍性好的优质高效钻头困难较大。

③ 钻井方式选择难度大。由于地质构造、岩性和压力系统的复杂性，给钻井方式的优选带来很大难度。如采用常规转盘过平衡钻井，钻井液密度高，增加了井底压持效应和岩屑的重复切削，钻井周期长、套管磨损严重；当钻遇裂缝性地层时易发生裂缝性漏失，导致井漏、井喷以及储层污染等复杂问题；转盘钻井方式不能有效提高上部大尺寸井段及深部小井眼段机械钻速，导致深井施工周期长；由于中浅层存在地层不稳定性，气体钻井风险大，深部由于地层压力高，采用气体钻井风险很大等。

④ 钻井液性能要求高。沙溪庙—白田坝组地层泥岩易水化分散坍塌；须五、须三段夹炭质泥岩和煤层，易坍塌掉块，卡钻。由于地层压力高，高密度的钻井液性能维护困难，加上长裸眼段井壁稳定、深井段的携岩、悬浮和润滑问题，实现安全高效钻进仍是钻井液优控技术面临的主要难点。

⑤ 防漏堵漏材料质量要求高。安全钻井液密度窗口窄，合理的钻井液密度控制难度大，加上须家河组储层裂缝发育，易导致井漏，对防漏堵漏材料质量要求高，且裂缝宽度大，防漏堵漏难度大，漏失钻井液量大，储层污染严重。

⑥ 定向井、水平井施工难度大。要实施大斜度定向井或水平井需要解决井身结构、井眼轨迹控制、套管防磨、钻井液的携岩和润滑、井下工具等一系列问题。

⑦ 完井方式选择难、完井成本高。深层须二气藏高温、高压、含二氧化碳腐蚀气体（CO_2），气水分布关系复杂，储层裂缝发育、固井质量差，完井方式选择难，完井成本高。

⑧ 主要依靠裂缝自然投产。须二气层破裂压力随裂缝发育程度变化而变化，裂缝发育时储层破裂压力梯度可低至 $2.00MPa/100m$，裂缝不发育时储层破裂压力梯度超过 $3.00MPa/100m$，储层破裂压力往往超过目前压裂设备作业能力，地层仍然压不开。因此，须二气藏只能依靠裂缝自然投产，必要时采用解堵酸化或超高压压裂投产。

第二节　钻　井　技　术

通过工程地质特征研究、工程工艺技术的攻关与探索，开展了井身结构优化、常规钻井关键技术、特殊钻井工艺、钻头及井下工具优选、钻井液及储层保护等的实践，形成了川西深井钻井工艺配套技术，有效地提高了深井钻井速度。

一、井身结构优化技术

深井井身结构优化须遵循以下原则：①有效保护储层，②避免井内出现漏、喷、塌、卡等复杂情况，③避免下套管过程发生压差卡套管事故，④有效封隔不同压力系统。

（一）套管层次及下深确定

必封点确定是套管层次及下深确定的关键。

1. 根据压力剖面确定必封点

合理套管层次是在裸眼井段钻进中及井涌压井时不会压裂地层、不发生压差卡钻。按照压力平衡理论，从中间套管开始逐层向上确定套管下深，主要满足如下不等式：

$$\begin{cases} \rho_{pmax} + S_g + S_f + S_b \leq \rho_f \text{（正常起下钻）} \\ \rho_{pmax} + S_b + S_f + S_k \dfrac{H_{pmax}}{H_{ni}} \leq \rho_f \text{（发生井涌情况）} \\ (\rho_{pmax} + S_b - \rho_{pmin}) \times H_{pmin} \times 0.00981 \leq \Delta p_m \end{cases} \qquad (2\text{-}2\text{-}1)$$

将式 2-2-1 中前两项合并，进一步简化公式为：

$$\begin{cases} \rho_{pmax} + S_b + S_f + \dfrac{S_g}{2} + \dfrac{S_k}{2} \dfrac{H_{pmax}}{H_{ni}} \leq \rho_f \\ (\rho_{pmax} + S_b - \rho_{pmin}) \times H_{pmin} \times 0.00981 \leq \Delta p_m \end{cases} \qquad (2\text{-}2\text{-}2)$$

式中　ρ_{pmax}——第 n 层套管以下井段预计最大地层孔隙压力当量密度，g/cm^3；

　　　H_{ni}——第 n 层套管以下深度初选点，m；

　　　ρ_{pmin}——该井段内最小地层孔隙压力当量钻井液密度，g/cm^3；

　　　H_{pmin}——该井段内最小地层孔隙压力当量密度所处的深度，m；

　　　S_b——抽汲压力系数，g/cm^3；

　　　S_g——激动压力系数，g/cm^3；

　　　S_f——地层压裂安全增值，g/cm^3；

　　　S_k——井涌余量，g/cm^3。

按照新场气田地层三压力剖面(表2-2-1)，得到的井身结构工程设计系数如表2-2-2所示。

由表 2-2-1 可知，地层最大压力在须五段—须三段，采用式（2-2-2）计算应在500.00m 左右设置一必封点，使用一层套管封住上部承压薄弱地层。按理论计算，须二气藏深井可采用二开制井身结构，但考虑工程施工因素，还需根据井下复杂情况和施工水平等因素设置必封点。

2. 根据井下复杂情况确定必封点

井身结构设计理论上是以压力剖面为依据，按照井筒压力平衡理论确定套管层次和下深。但考虑到目前某些影响钻进的井下复杂情况还不能反映到压力剖面上，如吸水膨胀易塌泥页岩、胶结差的砂岩、盐层蠕变、膏层等；同时某些复杂情况的产生又与时间因素有关，如长时间浸泡下上部某些地层易发生膨胀、缩径、坍塌等情况。为此，需结合实钻资料所反映的井下复杂情况来确定必封点封隔某些特殊地层。

表 2-2-1　新场气田地层三压力剖面

层　　位	底界深度/m	地压梯度/（MPa/100m）	破压梯度/（MPa/100m）	坍塌压力梯度/（MPa/100m）
第四系	30	1.00	2.10	0.00
剑门关组	350	1.05	2.15	0.50
蓬莱镇组	1700	1.42	2.30	1.10
遂宁组	2000	1.48	2.35	1.20
上沙溪庙组	2500	1.68	2.20	1.20

层　位	底界深度/m	地压梯度/ (MPa/100m)	破压梯度/ (MPa/100m)	坍塌压力梯度/ (MPa/100m)
下沙溪庙组	2700	1.75	2.30	1.30
千佛崖组	2800	1.78	2.45	1.30
白田坝组	2950	1.80	2.35	1.40
须五段	3400	1.88	2.25	1.40
须四段	3950	1.85	2.30	1.40
须三段	4700	1.85	2.40	1.50
须二段		1.65	2.35	1.20

表 2-2-2　井身结构工程设计系数

抽汲压力系数/ (g/cm³)	激动压力系数/ (g/cm³)	正常地层压力 压差允值/MPa	异常地层压力 压差允值/MPa	井涌允值/ (g/cm³)	安全附加值/ (g/cm³)
0.06	0.07	17.00	22.00	0.06	0.03

（1）第一必封点的确定

在钻遇地层岩性剖面中，表层第四系为疏松植表土，易发生窜浆和垮塌，且居民生产生活用水主要来自第四系地下水，同时剑门关组含砾石层，易跳钻。因此，第一必封点应选在剑门关组，下入表层套管封过第四系及剑门关组地层，进入蓬莱镇组顶部，安装井控装置，为下部钻进创造条件，同时保护地表水。

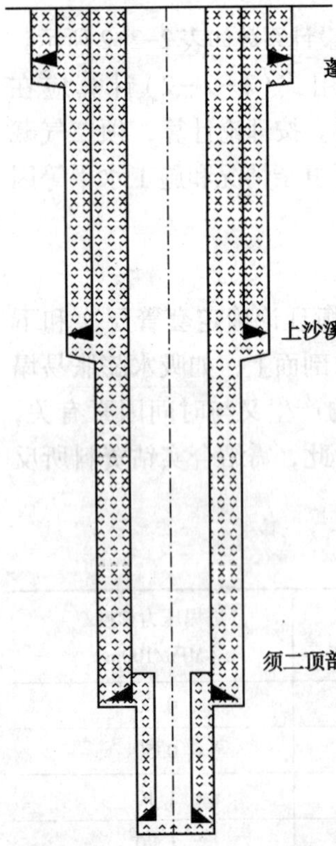

（2）第二必封点的确定

根据实钻资料分析，遂宁组以下地层地压梯度逐渐升高，遂宁组及以上地层基本为同一压力系统，据此确定第二必封点为遂宁组，下入技术套管进入上沙溪庙组顶部，封隔遂宁组及以上常压地层。

（3）第三必封点的确定

须二段比须三段地压梯度低很多，从 CX565、L150 等井实钻资料看，如果采用须三段钻井液密度钻须二段地层会发生井漏，且目的层须二气藏又主要依靠裂缝获产能，出于储层保护需要，要求工程上降低密度揭开须二气藏，须五段～须三段又含页岩夹煤层，裂缝较发育，易发生井塌、井漏。为此，第三必封点选择在须三段，下入油层套管至须二段顶部，目的层须二段挂尾管完井。

根据理论计算和考虑实际工程地质因素的影响，套管层次初步确定为：一开封过剑门关组、进入蓬莱镇组顶部，二开封过遂宁组，进入上沙溪庙组顶部；三开封过须三段，进入须二段顶部；四开钻达目的层完钻井深(图 2-2-1)。

图 2-2-1　套管层次及下深示意图

蓬莱镇组顶部

上沙溪庙组顶部

须二顶部

（二）钻头和套管尺寸优配

套管尺寸确定一般由内向外、自下而上依次进行。

首先根据油管尺寸优化结果确定生产套管尺寸，再确定下入生产套管井眼尺寸，然后再确定下入中层套管尺寸等，依此类推，直到确定出表层套管井眼尺寸，最后确定导管尺寸。即应按油管尺寸→生产套管尺寸→生产套管井眼尺寸→技术套管尺寸→技术套管井眼尺寸→表层套管尺寸→表层套管井眼尺寸的程序确定井身结构。

1. 油管尺寸优化

油管尺寸优化需综合考虑气井产能、携液、抗冲蚀、增产措施等要求。由井深5000.00m的压裂酸化管流摩阻与排量关系曲线可知（图2-2-2），需采取压裂酸化投产措施气井，应选 Φ88.90mm 及以上尺寸油管，对于直接生产井，要根据不同产量确定油管尺寸（表2-2-3）。

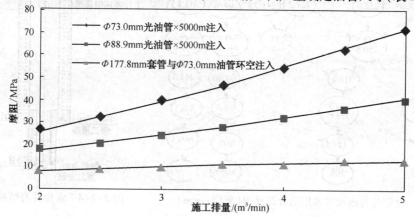

图2-2-2 井深5000m的压裂酸化管流摩阻与排量关系曲线

表2-2-3 川西须二气藏深井不同产量下推荐的投产油管尺寸

产量/（$10^4m^3/d$）	>80	50~80	<50	需投产措施
油管尺寸/mm	101.60	88.90	73.03	88.90

2. 油层套管尺寸确定

须二气藏深井生产套管要求能下入 Φ88.90mm 油管，根据表2-2-4要求生产套管尺寸大于 Φ168.30mm。

3. 套管尺寸和井眼尺寸的确定

选择套管与钻头系列必须满足：①套管与井眼间隙有利于套管顺利下入和提高固井质量，且能有效封隔目的层；②有利于确保井下安全提高钻井速度，缩短建井周期，减小生产成本；③套管和钻头规格基本符合 API 标准，并尽量采用国内常用系列产品。

在深井井身结构设计时，确定油层套管尺寸后，可依据套管与井眼尺寸常用组合选择套管和钻头尺寸（图2-2-3）。

表2-2-4 天然气井油、套管尺寸匹配表　　　　　　　　　　　　　　　　mm

油管外径	生产套管尺寸	油管外径	生产套管尺寸
≤60.3	127.0	88.9	168.3~177.8
63.5	139.7	101.6	177.8
73.0	139.7	114.3	177.8

据图2-2-3可知，新场气田须二深井钻头程序应为：$\Phi444.5mm+\Phi311.15mm+\Phi215.9mm+\Phi149.2mm$，常规组合套管程序：$\Phi339.7mm+\Phi244.5mm+\Phi177.8mm+$尾管、衬管或裸眼完井(图2-2-4)。

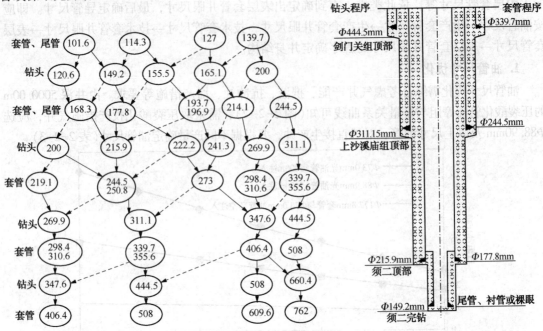

图2-2-3　套管与井眼尺寸常用组合选择图(单位：mm)　　　　图2-2-4　常规井身结构示意图

在套管与井眼尺寸常规组合中，规定的深井超深井套管与钻头系列比较单一，势必要采用小井眼完钻，而小井眼段存在着机械钻速低、不能满足采油采气和地质方面加深要求、后期修井难度大等很多弊端。借鉴国外深井超深井钻井的成功经验(表2-2-5)，结合国内套管、钻头及钻井设备实际情况，经过对比研究，推荐了几种新套管与钻头系列方案(表2-2-6)。

表2-2-5　国内外常用的套管与井眼尺寸配合表

套管尺寸/mm	井眼尺寸/mm	间隙值/mm	套管尺寸/mm	井眼尺寸/mm	间隙值/mm
914.4	1066.8	76.2	298.7	342.9~393.7	22.2~47.5
762.0	863.6~914.4	50.8~76.2	273.1	325.2~342.9	19.1~50.8
660.4	762.0~812.8	50.8~76.2	250.8	269.9~311.2	9.5~30.2
622.3	72.5.2~762.0	44.5~69.9	244.5	269.9~311.2	12.7~33.4
609.6	72.5.2~762.0	50.8~76.2	219.1	241.3~269.9	11.1~25.4
508.0	609.6~660.4	50.8~76.2	196.9	215.9~250.8	9.5~26.9
473.1	558.8~609.6	42.9~68.3	193.7	215.9~250.8	11.1~28.6
406.4	444.5~558.8	19.1~76.2	177.8	212.7~241.3	17.5~22.2
355.6	374.7~444.5	9.5~44.5	139.7	165.1~215.9	12.7~38.1
339.7	374.7~444.5	17.5~52.4	127.0	149.2~171.5	11.1~19.1
301.7	342.9~393.7	20.6~46.0	114.3	149.2~155.5	17.5~20.6

表 2-2-6 推荐的几套新套管与钻头系列方案

在 Φ508.0mm 和 Φ339.7mm 套管之间增加一层 Φ406.4mm 套管

套管柱类型	表层套管	技术套管	技术套管	技术尾管	目的层尾管	目的层尾管
套管尺寸/mm	Φ508.0	Φ406.4	Φ339.7	Φ244.5	Φ177.8	Φ127.0
套管类型	普通	普通	无接箍	普通	普通	无接箍
钻头尺寸/mm	Φ660.4	Φ469.9	Φ374.7	Φ311.2	Φ215.9	Φ149.2
套管间隙/mm	76.2	31.8	17.5	33.3	19.1	11.1
接箍间隙/mm	63.5	19.1	17.5	20.6	10.7	11.1

在 Φ339.7mm 和 Φ244.5mm 套管之间增加一层 Φ298.5mm 套管

套管柱类型	表层套管	技术套管	技术套管	技术套管	目的层尾管	目的层尾管
套管尺寸/mm	Φ508.0	Φ339.7	Φ298.5	Φ244.5	Φ177.8	127.0
套管类型	普通	普通	无接箍	普通	普通	无接箍
钻头尺寸/mm	Φ660.4	Φ444.5	Φ311.2×374.7	Φ269.9×311.2	Φ215.9	Φ149.2
套管间隙/mm	76.2	52.4	38.1	33.3	19.1	11.1
接箍间隙/mm	63.5	39.7	38.1	20.6	10.7	11.1

Φ508.0mm+Φ355.6mm+Φ273.1mm+Φ193.7mm+Φ139.7 套管程序

套管柱类型	表层套管	技术套管	技术套管	日的层尾管	目的层尾管	
套管尺寸/mm	Φ508.0	Φ355.6	Φ273.1	Φ193.7	Φ139.7	
套管类型	普通	普通	无接箍	普通	无接箍	
钻头尺寸/mm	Φ660.4	Φ444.5	Φ311.2	Φ241.3	Φ165.1	
套管间隙/mm	76.2	44.5	19.1	23.8	12.7	
接箍间隙/mm	63.5	31.2	19.1	12.7	12.7	

Φ508.0mm+Φ406.4mm+Φ301.6mm+Φ250.8mm+Φ193.7mm+Φ139.7 套管程序

套管柱类型	表层套管	技术套管	技术套管	技术尾管	目的层尾管	目的层尾管
套管尺寸/mm	Φ508.0	Φ406.4	Φ301.6	Φ250.8	Φ193.7	Φ139.7
套管类型	普通	普通	普通	普通	普通	无接箍
钻头尺寸/mm	Φ660.4	Φ469.9	Φ374.7	Φ269.9×311.2	Φ215.9	Φ165.1
套管间隙/mm	76.2	31.8	17.5	33.3	19.1	12.7
接箍间隙/mm	63.5	19.1	17.5	20.6	10.7	12.7

Φ609.6mm+Φ473.1mm+Φ355.6mm+Φ273.1mm+Φ193.7mm+Φ139.7 套管程序

套管柱类型	表层套管	技术套管	技术套管	技术尾管	目的层尾管	目的层尾管
套管尺寸/mm	Φ609.6	Φ473.1	Φ355.6	Φ273.1	Φ193.7	Φ139.7
套管类型	普通	普通	普通	无接箍	普通	无接箍
钻头尺寸/mm	Φ762.0	Φ558.8	Φ444.5	Φ311.2	Φ241.3	Φ165.1
套管间隙/mm	76.2	42.9	44.5	19.1	19.1	12.7
接箍间隙/mm	76.2	25.4	31.8	19.1	10.7	12.7

涉及的非常规标准尺寸钻头和套管较多，若现场应用需要订做，不仅成本高且可操作性也较差，借鉴目前四川地区广泛采用的探井非常规井身结构(表2-2-7)，形成了另一套新场气田深井非常规井身结构(图2-2-5)。

从图2-2-5中可知：这套井身结构是目前新场气田深井使用的钻头和套管系列，是一种井身结构方案，也是国内目前钻头、套管以及一些配套工具产品中最普遍、最齐全的一种钻头和套管系列，易于购买，可操作性强。

为了满足完井尺寸、增大中间钻头尺寸井段长度和缩短钻井周期的要求，采用图2-2-5所示非常规井身结构。直井下入 Φ139.7mm 尾管[图2-2-5(a)]；定向井(大斜度井)下入 Φ127mm 尾管[图2-2-5(b)]；由于水平井采用 Φ139.7mm 衬管贯眼完井，水平段需采用 Φ215.9mm 钻头完钻[图2-2-5(c)]。

表 2-2-7　四川地区深井非常规井身结构

开钻顺序	钻头程序	套管程序
	尺寸/mm	尺寸/mm
导管	Φ660.4	Φ508.0
一开	Φ406.4	Φ339.7
二开	Φ316.5	Φ273.1
三开	Φ241.3	Φ193.7
四开	Φ165.1	Φ127.0~146.1(尾管)

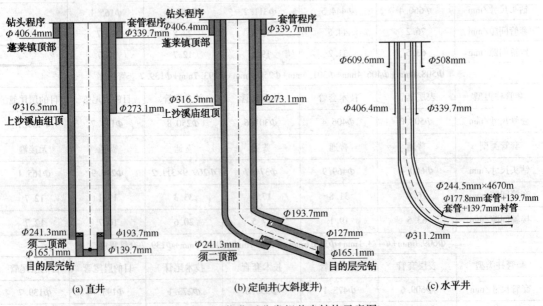

图 2-2-5　优化后非常规井身结构示意图

优化调整后的井身结构在新场气田得到应用和验证，X10 井平均机械钻速达到 2.95m/h，复杂及事故时效 0.47%，与前期完钻 X3 井指标(1.84m/h 和 24.56%)相比，平均机械钻速提高了 60.33%，复杂及事故时效显著下降。

52

二、安全优快钻井配套技术

通过技术攻关，消化、吸收并推广深井常规钻井技术，形成的全井段钻头选型、大尺寸井段复合钻井以及配合提速的钻井液优控等安全优快钻井配套技术，已作为成熟配套技术在新场气田深井施工中得到推广应用。

（一）高效钻头优选技术

国内外钻头选型方法较多，但遵循的基本思路均是首先根据测井资料解释建立岩石可钻性剖面，然后与岩石力学实验所获取的岩石声波时差、可钻性、抗压强度等参数进行修正、对比，并结合完钻井的钻头分析，综合优选与地层匹配的钻头型号，先后形成了适合于本地区地层特性的两种钻头选型方法。

1. 钻头选型的统计模式法

统计模式就是利用关键井实际使用钻头与测井提取的岩石特性对应关系，建立两种子模式：

（1）钻头选型子模式

选用实际机械钻速高、钻头使用效果好的不同井段地层的岩石可钻性和强度等参数作为钻头选型的子模式数据。

（2）钻头选型聚类中心模式

即根据钻头选型子模式，统计出关键井中各种钻头出现的概率及某种钻头的岩石可钻性和强度等参数的均值，构建二维数据表。

将钻头类型相同的地层抗钻参数加权平均后，便建立了具有较强代表性的地层抗钻参数——钻头类型中心统计模式。其中，各子模式对应的所有特征均值在高维空间中的点即模式的凝聚点，把各层（子样本）加入到中心模式中，该模式不但具有中心模式所代表的主要地层抗钻特性，而且还包含了关键井地层剖面的地层可钻性、岩石强度等参数，可很好地指导钻头选型。

2. 钻头选型的灰色关联法

以岩石可钻性、抗压强度、抗剪强度和硬度及研磨性等指标作为灰色关联分析输入信息，以钻头类型作为灰色判别输出值。采用灰色关联法优选钻头类型，就是把有钻头使用资料的井段看作一个包含已知因素（测井参数、评价标准、评价参数、权值）和未知因素（钻头类型）的灰色过程，采用灰色系统中的每一个灰数的统计值（统计确定出每个评价参数的标准），建立多参数钻头选型综合评价数学模型，然后用该模型通过求取待判样品与已知属性样品间的灰色关联度而进行样品的类别或属性（即钻头类型）预测。

3. 钻头优选应用技术

根据上述钻头优选方法，结合新场气田深井钻头实钻资料和测井分析资料，与钻头厂家合作，形成了新场气田深井钻头选型应用技术。

遂宁组以上地层为大尺寸井段，采用复合钻井技术进行提速，钻头选型配合螺杆性能参数，通过与钻头厂家合作，形成了五刀翼—六刀翼 PDC 钻头，应用效果显著（表 2-2-8）。其中 X10 井在蓬莱镇组—遂宁组采用 GP536D 钻头，机械钻速达到 19.44m/h。

表 2-2-8   蓬莱镇组—上沙溪庙组地层 PDC 钻头使用情况

井号	钻头型号	地层	进尺/m	纯钻时间/h	平均机械钻速/(m/h)
X5	TG535	蓬莱镇组—遂宁组	1639.00	138.00	11.88
X10	GP536D	蓬莱镇组—遂宁组	1601.00	82.33	19.44
X11	G605	蓬莱镇组—遂宁组	1535.34	198.08	7.75
X201	G604	蓬莱镇组	1254.72	99.25	12.64
	G605	蓬莱镇组—上沙溪庙组	408.28	39.00	10.47
X202	S5665A	蓬莱镇组—遂宁组	1657.00	78.80	21.03
X203	DS5665A	蓬莱镇组—遂宁组	1656.00	127.83	12.96
X301	GP536D	蓬莱镇组—上沙溪庙组	1499.00	160.39	9.35

上沙溪庙组—须三段地层，岩石研磨性逐渐增加，可钻性逐渐变差，井眼逐渐加深，钻头选型应兼顾进尺和使用寿命，通过与川石、贝克休斯等钻头厂家合作，配合液体欠平衡钻井技术以优选 PDC 钻头为主，兼顾高效牙轮钻头，机械钻速明显提高（表 2-2-9）。其中 X10 井在上沙溪庙组—须五、须四和须三地层采用进口高效 PDC 钻头，机械钻速分别达到 7.12m/h、2.59m/h 和 1.22m/h。

表 2-2-9   上沙溪庙组—须三段地层 PDC 钻头使用情况统计

井号	钻头型号	地层	进尺/m	纯钻时间/h	平均机械钻速/(m/h)
X5	TG526S	上沙溪庙组	301.82	66.25	4.56
	GP535ED	上沙溪庙组—白田坝组	739.21	195.36	3.78
	GP536D	白田坝组—须五段	119.67	113.28	1.06
	GP447SX	须五段	147.84	143.92	1.03
	GP1646SXD	须五段—须四段	102.28	73.92	1.38
X10	HCM505ZX	上沙溪庙组—须五段	1139.56	160.00	7.12
	HCM507ZX	须五段—须四段	776.70	299.67	2.59
	HCM507ZX	须三段	357.81	292.75	1.22
X11	HCM507ZX	须五段	364.50	173.17	2.10
	HCM507ZX	须四段	259.33	177.17	1.50
X201	HCM505ZX	上沙溪庙组—须五段	882.16	196.08	4.70
	HCM507ZX	须五段—须四段	729.47	183.42	3.98
		须四段	319.08	217.00	1.47
		须三段	259.29	174.83	1.48
X202	HCM505ZX	上沙溪庙组—干佛崖组	721.00	108.42	6.65
	HCM505ZX	白田坝组	146.00	45.20	3.23
	HCM507ZX	须五段	331.90	221.07	1.50
		须四段	57.60	42.21	1.37
		须三段	427.66	292.92	1.46
X203	HS853GSS	上沙溪庙组—干佛崖组	731.77	107.92	6.78
		白田坝组	107.38	15.00	7.16
	S5665A	须五段	429.17	146.58	2.93
	M-WHGE361P-B	须五段	103.00	67.67	1.52

须二地层研磨性极强，可钻性极差，同时以小井眼钻井施工为主、井下复杂事故多，钻头选型以提速和提效为目标，兼顾进尺和使用寿命，通过与贝克休斯公司、江汉油田合作，主要以牙轮钻头（贝克休斯 MX 系列及江汉 HA 系列）为主（表 2-2-10）。

表 2-2-10　须二地层钻头使用情况统计

井　　号	钻头型号	进尺/m	纯钻时间/h	平均机械钻速/(m/h)
X5	HJ 系列牙轮钻头	178.15	214.14	0.83
	MX-30DX	74.83	84.61	0.88
X10	STX-20DX	42.16	43.75	0.96
	MX-30DX	222.24	241.67	0.92
	HA517G	129.62	80.08	1.62
X11	HJT537GK	325.07	305.92	1.06
	MX-30DX	135.38	142.92	0.95
X202	HA517G	99.01	92.80	1.07
	MX-30DX	338.68	378.35	0.90

X10 井须二地层采用进口牙轮钻头，延长了钻头工作寿命，平均机械钻速 0.93m/h；在取芯井段间采用江汉牙轮钻头，平均机械钻速 1.62m/h，既满足了地质取芯要求，又满足了提速需要。

综上所述，根据各层段与钻头厂家合作，形成了新场气井全井钻头选型初步方案（表 2-2-11），已应用于 X301、X203 等井。

表 2-2-11　新场气田深井全井钻头选型综合推荐表

开次尺寸/mm	地　　层	推荐钻头型号
Φ406.4	第四系—剑门关组	SKH517/ST517GK
Φ316.5	蓬莱镇组—遂宁组	GP536D/G605/S5665A
Φ241.3	上沙溪庙组—须三	HCM(D)505ZX/HCM(D)506ZX/HCM(D)507ZX MX-S30GDX/MX-S280DX
Φ165.1	须二	MX-30DX/STX-20DX/HA517G

（二）复合钻井技术

新场气田 CX568 井首次在 842.72~1991.49m 的蓬莱镇组—遂宁组地层进行复合钻井试验，机械钻速仅提升 5.70m/h。在 X2 井裂缝系统中的 X3 井针对螺杆—钻头—地层匹配关系再次在蓬莱镇组—遂宁组进行复合钻井现场试验，通过优选大功率直螺杆、高效 PDC 钻头、优化水力参数，使得复合钻井技术在上部地层提速效果明显（表 2-2-12）。

在总结 CX568 井和 X3 井复合钻井试验的基础上，进行了复合钻井技术的适应性分析、螺杆钻具优选和钻头与螺杆优配，推荐了新场气田 X2 井裂缝系统复合钻井技术应用方案。

表 2-2-12　X3 井复合钻井提速指标分析

井号	X3 井钻速指标		与邻井相近层位对比	
	复合钻井	牙轮+转盘	CX565	X856
井段/m	519.59~1606.88	340.00~519.59	525.60~1627.00	600.00~1569.90
平均钻速/(m/h)	8.46	7.26	4.45	4.20
提速效果/%		16.53	90.11	101.43

1. 适应性分析

① 蓬莱镇组、遂宁组地层具有较好的可钻性，井浅，泵压较低，采用螺杆钻具复合钻进时，不会明显增加机泵负荷，适宜开展复合钻井。

② 沙溪庙组至须三段地层从以往实钻经验看，PDC 钻头在该地层使用效果不尽理想，但改进 PDC 钻头的抗研磨特性后，其工作寿命延长，以减少深井段起下钻等辅助作业时间，螺杆+PDC 钻头复合钻井提速潜力增大。

③ 须二地层井深，循环压耗大，造成钻头压降降低，破岩能量减小，不推荐采用螺杆+PDC 复合钻井。

2. 螺杆钻具优选

在保证环空有效携岩前提下尽量采用大功率长寿命螺杆，同时尽量缩短钻头与螺杆之间转换接头，避免井下事故发生。

3. 钻头优选优配

钻头优选原则上除与地层匹配外，还须与螺杆高转速相配套，原则上沙溪庙以上地层以提高机械钻速为主，下部千佛崖-须三地层以提高单只钻头进尺和行程钻速为主。

综上分析，新场气田复合钻井井眼尺寸-螺杆型号-钻头选型如表 2-2-13 所示。

表 2-2-13　新场气田复合钻井技术方案

井眼尺寸/mm	螺杆型号	钻头型号	层位
Φ406.4/444.5	Φ286.0mm 直螺杆	—	K_2j
Φ316.5	Φ244.5mm 或 Φ241.0mm 直螺杆	GP536D/S5665A	$J_3p \sim J_3sn$
Φ241.3	Φ197.0mm 或 Φ185.0mm 直螺杆	HCD505ZX/HCD506ZX HCD507ZX	$J_2s \sim T_3x_3$
Φ165.1	—	—	T_3x_2

X3 以后，新场气田又有 5 口深井上部地层 Φ316.5mm 井眼采用了复合钻井，平均机械钻速 11.37m/h，比 X3 井复合钻井机械钻速又提高了 34.40%（表 2-2-14），特别是 X10 井在蓬莱镇组（299.00~1537.08m）采用复合钻井，机械钻速高达 20.70m/h。

表 2-2-14　新场已钻深井复合钻井应用效果

井号	螺杆尺寸/mm	钻头型号	地层	进尺/m	纯钻时间/h	平均机械钻速/(m/h)	备注
X3	Φ346.1	GP526	蓬莱镇组	1087.69	131.83	8.46	对比井

井号	螺杆尺寸/mm	钻头型号	地层	进尺/m	纯钻时间/h	平均机械钻速/(m/h)	备注
X5		TG535	蓬莱镇组-遂宁组	1639.00	138.00	11.88	
X10		GP536D	蓬莱镇组	1228.08	59.33	20.70	
X11	Φ316.5	G506	上沙溪庙组	2070.54	311.66	6.64	试验井
X201		G605、G604	蓬莱镇组-遂宁组	1663.15	138.25	12.03	
X202		S5665A	蓬莱镇组-遂宁组	1657.15	78.80	21.03	
复合钻井平均指标				8257.93	726.04	11.37	

(三)钻井液优控技术

1. 前期钻井液方案

新场气田前期钻井液方案(表2-2-15):表层采用普通膨润土钻井液;中浅层采用两性离子/钾胺聚合物钻井液;深层采用钾胺/两性离子聚磺钻井液;须二目的层采用聚磺屏蔽暂堵钻井完井液。

表2-2-15 新场气田深井钻井液应用一览表

地层 \ 井号	L150、CX560	CX565、X856	X851、CX568	X2	X3	X10
完钻时间	2002、2004	2004、2006	2000、2006	2007	2007	2008
第四系	普通膨润土—钾胺聚合物	普通膨润土	普通膨润土	普通膨润土	普通膨润土	普通膨润土
剑门关组		钾胺聚合物	钾胺/两性离子聚合物	钾胺聚合物	钾胺聚合物	
蓬莱镇组	钾胺聚合物					"三低"聚合物
遂宁组						
沙溪庙组	钾胺聚磺	钾胺聚磺	钾胺/两性离子聚磺	两性离子聚磺	两性离子聚磺	两性离子聚合物
千佛崖组						
白田坝组						两性离子聚磺
须家河组 须五						
须家河组 须四						
须家河组 须三						
须家河组 须二	屏蔽暂堵	屏蔽暂堵	屏蔽暂堵	屏蔽暂堵	屏蔽暂堵	屏蔽暂堵

2. "三低"聚合物钻井液体系

为了配合钻井提速,在深入分析该地区地质特征基础上,X10井从蓬莱镇组-白田坝组应用低密度、低固相、低黏度"三低"钻井液体系,同时配合液体欠平衡钻井,延长了两性离子聚合物钻井液体系使用井段,其钻井液如表2-2-16所示。

表 2-2-16　新场地区分段钻井液一览表

分　层	钻井液体系	钻井液内容	备　注
第四系 剑门关组 蓬莱镇组 遂宁组 沙溪庙组 千佛崖组 白田坝组 须五段 须四段 须三段	普通膨润土钻井液	$80 \sim 100 kg/m^3 NV-1+4\% Na_2CO_3$（土量）+ $0.2\% \sim 0.4\% XC$	不同井选用的大分子聚合物有所不同
	"三低"聚合物、两性复合离子聚合物钻井液	$30 \sim 20 kg/m^3 NV-1+0.6\% MMAP+0.2\% \sim 0.3\%$　FA367+0.3% ~ 0.5%　XY27+0.5% ~ 1% KPAN + 0.5% ~ 1% NH4PAN + 0.5% ~ 1%　XK-01+0.2% ~ 0.4%　CaO	加入复合金子聚合物处理剂 MMAP 等维护聚合物钻井液"三低"特性
	两性复合离子聚磺钻井液	上部井浆+0.5% ~ 1% KCl+3% ~ 4%聚合醇（浊点 $60 \sim 80℃$）+3% ~ 5% SMP-1+3% ~ 5% SMC+1% ~ 3% SMT+1% ~ 2% FT-342+4% ~ 6% RH-220	白田坝转换为两性离子聚磺钻井液
须二段	两性复合离子聚磺屏蔽暂堵钻完井液	上部井浆+聚合醇（浊点 $80 \sim 100℃$）+3% ~ 4%暂堵剂	使用屏蔽暂堵剂保护须二目的气层

在 X10 井实钻中，由于井眼尺寸大、机械钻速快，钻屑多，泥岩易水化膨胀分散，控制固相含量难度大，且易受盐水和 CO_2 侵害，为保持"三低"聚合物钻井液性能，同时配合液体欠平衡钻延长两性离子聚合物钻井井段，其主要技术措施有：

① 定时补充 KPAN、NH4PAN 等处理剂，增强钻井液抑制性，保持钻井液良好流变性，并使用 CBJ-2、MMAP、FA-367 聚合物胶液强化钻井液抑制性能，严格维护聚合物钻井液"三低"特性。

② 聚合物钻井液井段振动筛目数≥80，严格控制振动筛、除砂清洁器、除泥清洁器、离心机等四级固控设备的开启时间，勤清理钻井液循环槽及沉砂箱，有效充分地清除钻井液中劣质固相，保持钻井液性能具有低固相、低密度、低黏切，以利于快速钻进。

③ 根据快速钻进及实钻需要，起钻前提高钻井液密度平衡地层压力，保证起下钻顺利，下钻到底正常钻进期间，降低钻井液密度利于快速钻进。

④ 基于高压盐水层的存在，通过加入 RSTF、SPNH 等抗盐降滤失剂以增强钻井液抗盐污染能力。

⑤ 控制润滑剂 RH-220 的加量，改善泥饼质量和降低钻井液摩阻系数，控制摩阻系数在 0.15 以下。

⑥ 针对聚合物钻井液可能受到 CO_2 的侵蚀，根据实验结果，向钻井液中加入石灰乳清除 CO_3^{2-} 及 HCO_3^- 污染，调整钻井液流变性，提高钻井液携带钻屑的能力，保持井眼清洁。

3. "三低"聚合物钻井液应用效果

X10、X201 井采用"三低"聚合物钻井液及配合液体欠平衡延长聚合物使用井段技术，在二开井段开展入井试验，主要井段在 3600.00m 以上地层，钻井中有效降低了钻井液密度、固相含量及黏度，极好地配合了钻井提速。

（1）性能特点

① 钻井液密度和固相含量降低

实钻井段 200.00 ~ 3600.00m，X201、X10 井钻井液密度大幅低于 X2、X3 井，平均降幅为 20.70%，最大降幅超过了 25.00%（图 2-2-6）。此外，加强固控处理措施，将聚合物、固控设备等化学、物理和机械处理手段相结合，尽可能除去钻井液中无用和劣质固相，尽量降低固相含量，蓬莱镇至须五段，X201 井钻井液固相含量明显低于 X2 井，降幅在 34.20% ~ 56.80% 之间（图 2-2-7）。

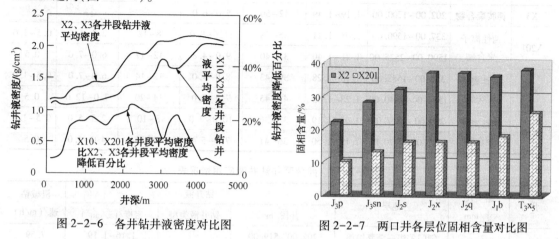

图 2-2-6　各井钻井液密度对比图　　　　图 2-2-7　两口井各层位固相含量对比图

② 钻井液黏度降低

X10、X201 井钻进过程中通过控制固相含量、利用聚合物等处理剂改善钻井液流变性，在保证施工安全情况下，有效降低了钻井液黏切以满足施工要求，在施工过程中未发生明显井眼清洁不良问题（图 2-2-8 和图 2-2-9）。

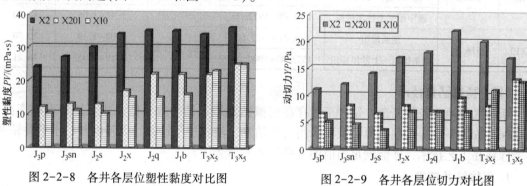

图 2-2-8　各井各层位塑性黏度对比图　　　　图 2-2-9　各井各层位切力对比图

（2）应用效果

① 延长了两性离子聚合物钻井液体系使用井段。X2、X3 井采用两性离子聚合物钻井液仅钻至遂宁组或上沙溪庙顶部，而 X11、X201 和 X10 井分别延长两性离子聚合物钻井液体系至 2443m、2525m 和 2770m，层位为沙溪庙中下部、白田坝组，平均延长了 900m。在延长井段施工中钻井液性能控制较好，未出现井段加深、温度升高后产生的钻井液性能难以控制的问题，钻井液黏切没有出现大幅上升现象，泥饼厚度处于规定范围内，失水量在控制范围之内（表 2-2-17）。

② 提高了机械钻速。"三低"聚合物钻井液抑制矿物水化分散膨胀能力比聚磺钻井液强，钻井液维护中有利于固相清除，工程上有利于机械钻速提高。X10 井采用"三低"聚合物钻井液，钻井液密度、固相含量和黏切比 X2、X3 井同层位明显降低，机械钻速显著提高（表 2-2-18）。

表 2-2-17　新场地区部分深井聚合物钻井液性能统计表

井号	钻井液类型	井段/m	密度/(g/cm^3)	FV/s	失水/mL	PV/($mPa \cdot s$)	YP/Pa	泥饼厚度/mm
X2	钾胺聚合物	202.00~1600.00	1.15~1.41	38~48	7.8~5.6	7~34	5.0~12.5	0.5~1.0
X3	钾胺聚合物	202.00~1700.00	1.19~1.49	42~50	5.0~6.0	—	—	—
X201	两性离子聚合物	337.00~1590.00	1.08~1.21	35~38	11.6~9.0	8~12	2.0~6.5	0.5~1.0
		1590.00~2525.00	1.21~1.40	37~40	9.0~4.8	12~17	6.0~7.0	0.5
X11	两性离子聚合物	352.00~1582.00	1.16~1.28	39~43	8.0~7.0	12~14	6.0~7.0	0.5~1.0
		1582.00~2440.00	1.28~1.55	42~45	7.5~6.0	14~20	7.0~12.0	0.5
X10	两性离子聚合物	299.00~1527.00	1.05~1.19	32~36	10.0~7.0	8~10	2.5~5.0	0.5~1.0
		1527.00~2770.00	1.19~1.50	36~41	7.0~5.4	10~13	4.0~5.0	0.5

表 2-2-18　部分深井钻井液应用情况表

井号	钻头尺寸/mm	地层	钻井液 井段/m	钻井液类型	密度/(g/cm^3)	机械钻速/(m/h)
X3	346.1	剑门关组—蓬莱镇组	202.00~519.00	钾胺聚合物	1.16~1.19	7.59
		蓬莱镇组	519.00~1606.00		1.19~1.49	8.25
		蓬莱镇组—上沙溪庙组	1606.00~1972.00		1.49~1.65	5.75
X2	346.1	剑门关组—蓬莱镇组	202.00~741.00	钾胺聚合物	1.20~1.35	5.80
		蓬莱镇组—遂宁组	741.00~1598.00		1.35~1.44	6.02
		遂宁组—上沙溪庙组	1598.00~1922.00		1.44~1.66	12.50
X10	316.5	蓬莱镇组	299.00~1527.00	"三低"聚合物	1.08~1.19	20.70
		蓬莱镇组—上沙溪庙组	1527.00~1900.00		1.19~1.35	16.21

（四）特殊钻井技术

新场气田地质条件复杂，钻井工程存在机械钻速慢、钻井效率低、井下复杂事故率高、储层保护效果不佳等难题，迫切需要采用气体钻井、液相控压钻井、大斜度井、水平井钻井等特殊钻井工艺技术，才能满足当前油气勘探开发形势。

1. 气体钻井技术

气体钻井具有及时发现油气层、提高采收率、解决工程难题和提高勘探开发综合效益等诸多优势（表 2-2-19），新场气田实施 4 井次，在设备配套与完善、钻井技术参数优化、钻头钻具选择以及处理恶性井漏事故等方面积累了一定经验，取得了良好的应用效果。

表 2-2-19　气体钻井技术优缺点对比表

优　点	缺　点
提高机械钻速	易引起井下起火和井下爆炸（空气、废气）
保护和发现储层	不适用于含大量地层水的井段
减少或避免井漏	不适用于高压高产油气层及含硫化氢的地层
延长钻头寿命	不适用于深井
减少卡钻等复杂情况	所需设备和工艺相对比较复杂
减少完井增产措施	不适用于易坍塌井段

（1）地层适应性

气体钻井主要适用于不出水坚硬地层、严重漏失地层、压力低且分布规律清楚的稳定地层和严重缺水地区，新场气田致密气藏开发面临着地层出水和井壁稳定性差两大问题。在CX488、X2、X3和X11井应用气体钻井技术，除CX488井顺利钻至设计井深外，其余各井因井壁垮塌严重和卡钻终止钻井，实践证明新场气田沙溪庙组以上地层采用复合钻井技术可以满足提速要求，以下地层推广应用还存在较大风险（表2-2-20）。

表2-2-20 新场气田主要气藏适应性分析表

地层	地层特征				气藏类型	压力系数	产量		气体钻井适应性
	岩性	研磨性	可钻性级值	地层级别			气/(10^4/d)	水/(m^3/d)	
蓬莱镇	砂泥岩	1.44～2.33	3.48～5.39	Ⅲ-Ⅳ	孔隙	1.30～1.50	1.0～8.0	少量	好
遂宁组	砂泥岩	2.56～2.79	3.76～5.54	Ⅳ		1.50～1.60		无	好
沙溪庙	砂泥岩	2.65～4.12	4.15～6.33	Ⅴ	孔隙	1.50～1.70	2.0～10.0	2.0～22.0	差
须家河组	须五、三泥岩，须二、四砂岩	2.00～8.32	4.96～7.49	Ⅴ-Ⅶ	孔隙	1.72～2.15	0.2～3.0	0.5～62.0	差
					孔、缝	1.60～1.86	7.0～56.0	8.5～85.0	

（2）气体钻井配套工艺技术

① 注气量参数优化设计

依据新场气田深井井身结构，采用修正 Angle 计算模型进行最小注气量优化设计（如表2-2-21所示），从表可知：气体钻井设备空气输出总量为180m^3/min 时，可满足 Φ311.2mm及以下尺寸井眼气体钻井需要；配备膜制氮设备后，氮气排量为 90m^3/min，可满足Φ215.9mm 以下尺寸井眼氮气钻井需要。

表2-2-21 井深与最小注气量关系表

井径/mm	注气量/（m^3/min）／钻杆尺寸/mm	井深/m 304.80	609.60	1219.20	1828.800	2438.40	3048.00	3657.60
215.9	114.3	40.60	46.20	51.80	59.90	67.20	72.80	79.80
	127.0	27.00	42.00	47.60	56.00	61.60	67.20	75.60
311.2	139.7	85.20	90.80	98.60	113.20	123.40	134.60	145.20
	168.3	72.8	78.40	84.00	95.20	103.60	116.20	126.00

a. 一开气体钻井注入参数

从图2-2-10可知，Φ444.5mm 井眼当空气注入量达到 150.00m^3/min 时，环空岩屑含量低于 0.50%，可以满足安全钻进要求。

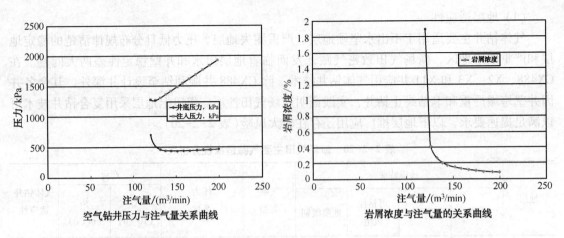

空气钻井压力与注气量关系曲线　　　　　　　岩屑浓度与注气量的关系曲线

图 2-2-10　Φ444.5mm 井眼的注气量与岩屑浓度和注气压力关系曲线图

b. 二开气体钻井注入参数

由图 2-2-11 和图 2-2-12 可知，Φ311.15mm 和 Φ316.50mm 井眼当空气注入量达到 120.00m³/min 时，环空岩屑含量在 0.50% 以下，可以满足安全钻进要求。

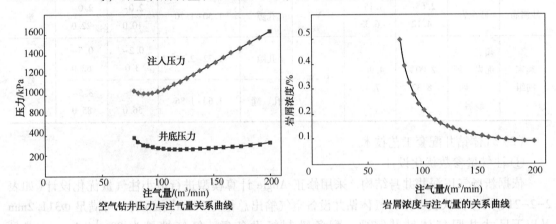

空气钻井压力与注气量关系曲线　　　　　　　岩屑浓度与注气量的关系曲线

图 2-2-11　Φ311.15mm 井眼的注气量与岩屑浓度和注气压力关系曲线图

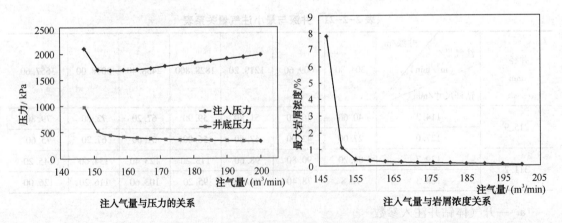

注入气量与压力的关系　　　　　　　　　注入气量与岩屑浓度关系

图 2-2-12　Φ316.5mm 井眼的注气量与岩屑浓度和注气压力关系曲线图

为了满足新场气田开展气体钻井作业，要求设备空气输出总量应不小于 180.00m³/min，氮气输出总量不小于 90.00m³/min，气体增压后输出压力不小于 15.00MPa。

② 设备配套技术。成套设备主要有：空气压缩机系统、增压机系统、膜分离制氮设备系统、雾化泵系统、泡沫发生器、化学药剂注入泵、连接管汇系统以及其他辅助设备，通过对这些设备进行不同组合，可以实现不同的气体钻井方式需求（表 2-2-22）。

表 2-2-22　不同气体钻井方式所需专用设备

主体配套设备	
钻井方式	需要配备的设备
干空气钻井	空气压缩机、增压机、连接管汇及其他辅助设备
氮气钻井	空气压缩机、增压机、膜分离制氮设备、连接管汇及其他辅助设备
空气雾化（泡沫）钻井	空气压缩机、增压机、雾化泵、泡沫发生器、化学药剂注入泵、连接管汇及其他辅助设备
氮气（泡沫）钻井	空气压缩机、增压机、膜分离制氮设备、雾化泵、泡沫发生器、化学药剂注入泵、连接管汇及其他辅助设备
轨迹随钻监测仪	
EM-MWD	地层物性参数和轨迹监测设备
辅助设备	
名称	需要配备的设备
管汇	气体集流管、气体控制管汇、旁通排放管、泄压管汇、排屑管汇
井口装置	方钻杆、旋转控制头、胶芯
仪表	气体流量计、便携式 H_2S 监测仪、天然气检测器、柴油流量计
安全设备	灭火器、空气呼吸器
点火装置	自动点火装置

（3）应用效果

除 CX488 井成功钻至预定井深外，其余井均因地层出水、井壁坍塌和卡钻等原因提前终止了气体钻井，但在提高机械钻速、保护储层、延长钻头寿命、节约钻头成本等方面取得显著效果，其气体钻井应用指标统计如表 2-2-23 所示。

表 2-2-23　X2 井、X3 井气体钻井应用指标表

井号	层位	井眼尺寸/mm	介质	钻头指标			总进尺/m	纯钻/h	机械钻速/(m/h)	备注
				钻头类型	钻头型号×只数	单只最高进尺/m				
X2	上沙溪庙	241.3	氮气	牙轮	ST537GK×1	259.03	259.03	24.01	10.79	坍塌埋钻终止
X3					HJ517GK×1	250.86	250.86	19.21	13.06	坍塌埋钻终止

2. 液相控压钻井技术

控压钻井技术是在欠平衡钻井基础上发展起来的，利用欠平衡钻井理论、方法和装备，通过改变回压、钻井液密度、流变性、排量，有效控制井内流体压力分布，实现窄密度窗口下安全钻进目的。液相控压钻井是通过有效控制井内液柱压力，实现安全快速钻进，及时发现和保护油气层。

（1）液相控压钻井技术方案

根据石油天然气行业标准 SY/T 6543.1—2005，结合工程地质剖面特征，深入分析动态欠压值、静态欠压值与地层压力梯度值三者之间关系，在确保安全钻井前提下，分析认为新场气田沙溪庙组—须五段地层实施控压钻井，动态欠压值取 1MPa，欠压值应根据实际工况进行合理调节，能确保安全快速钻进，如表 2-2-24 所示。

表 2-2-24　新场地区液相控压钻井推荐技术方案表

开次	层位	井段/m	地层压力梯度/（MPa/m）	地层压力当量密度/（g/cm³）	动态欠压值/MPa	环空循环压耗/MPa	静态欠压值/MPa	钻井液当量密度/（g/cm³）
二开	蓬莱镇组	500.00~1555.00	0.0105~0.0130	1.30	1.00	0.62	1.62	1.22
	遂宁组	1555.00~1885.00	0.0130~0.0160	1.60		0.80	1.80	1.53
	上沙溪庙组	1885.00~2360.00	0.0160~0.0175	1.65		0.90	1.90	1.60
	下沙溪庙组	2360.00~2565.00		1.70		1.00	2.00	1.65
	千佛崖组	2565.00~2635.00		1.75		1.10	2.10	1.71
	白田坝组	2635.00~2780.00	0.0175~0.0185	1.85		1.20	2.2	1.81
	须五段	2780.00~3280.00	0.0185~0.0195	1.95		1.45	2.45	1.91
	须四段	3280.00~3290.00	0.0180~0.0190	1.90		1.46	2.46	1.91
三开	须四段	3290.00~3860.00	0.0180~0.0190	1.80	0.70	1.53	2.23	1.76
	须三段	3860.00~3910.00		1.90		1.62	2.32	1.86

（2）应用效果

新场气田深井应用液相控压钻井技术配合高效长寿命 PDC 钻头，提速效果好（表 2-2-25）。由表 2-2-25 可知，新场地区沙溪庙组—须四顶部地层采用液相控压钻井，总进尺 7388.16m，纯钻时间 1846.95h，平均机械钻速达到 4.00m/h，提速效果明显。X10 井在沙溪庙组—须家河组四段顶部，采用液相控压钻井技术，机械钻速达到 4.17m/h。

表 2-2-25　新场气田深井液相控压钻井应用效果表

井号	井眼尺寸/mm	钻头型号	地层	井段/m	钻井液密度/（g/cm³）	进尺/m	纯钻时间/h	平均机械钻速/（m/h）
X5	Φ241.3	TG526S	上沙溪庙组	1968.00~2238.47	1.40~1.50	301.82	66.25	4.56
				2238.47~2269.82	1.50~1.55			
		GP536ED	上沙溪庙组—白田坝组	2269.82~2600.00	1.55~1.57	739.21	195.36	3.78
				2600.00~3009.03	1.57~1.75			
		指标统计		1968.00~3009.03	1.50~1.75	1041.03	261.61	3.98

井号	井眼尺寸/mm	钻头型号	地层	井段/m	钻井液密度/(g/cm³)	进尺/m	纯钻时间/h	平均机械钻速/(m/h)
X10	Φ241.3	HCM505ZX	上沙溪庙组—须五段	1903.45~3043.01	1.49~1.73	1139.56	160.00	7.12
		HCM507X	须四段	3043.01~3562.29	1.75~1.85	519.28	155.67	3.34
		HCM507X	须四段	3562.29~3819.71	1.85~1.95	257.42	144.00	1.79
	指标统计			1903.45~3819.71	1.49~1.95	1916.26	459.67	4.17
X201	Φ241.3	HCM505ZX	上沙溪庙组—须五段	2000.00~2882.16	1.35~1.55	882.16	196.08	4.70
		HCM507ZX	须五—须四段	2882.16~3611.63	1.55~1.74	729.47	183.42	3.98
		HCM507ZX	须四段	3611.63~3930.71	1.64~1.99	319.08	217.00	1.47
	指标统计			2000.00~3930.71	1.35~1.99	1930.71	596.5	3.24
XC21	Φ215.9	GP526LD	上沙溪庙组—千佛崖组	2164.87~2662.29	1.35~1.51	497.42	47.16	10.55
XC22	Φ215.9	AB1605	上沙溪庙组	2036.5~2402.16	1.40~1.45	365.66	73.50	4.97
		GP505	上沙溪庙组须五段	2402.16~2833.59	1.45~1.62	431.43	95.00	4.54
		GP536D	须五段	2833.59~3013.6	1.65~1.80	180.10	84.50	2.13
		G506		3013.60~3200.00	1.80~1.95	186.4	106.09	1.76
	指标统计			2036.50~3200.00	1.40~1.95	1163.59	359.09	3.24
X203	Φ241.3	HS853GSS	上沙溪庙组—白田坝组	2004.00~2843.15	1.38~1.77	839.15	122.92	6.83
液相控压钻井指标统计						7388.16	1846.95	4.00

3. 深井套管防磨减磨技术

为满足勘探开发形势的需要,大斜度井及水平井已成为新场气田深层开发主要井型,但套管磨损问题日益突出,给后期钻完井、测试及增产作业带来极大的安全隐患。

(1) 套管磨损与套管保护问题

须二气藏完钻10余口深井,多口井发生不同程度的套管事故,其中套管磨损占据事故总数的80.00%。针对套管磨损问题,初步开展了套管防磨减磨技术研究,以主动防磨和被动减磨为指导思想,采取了三项措施:①在确保井身质量前提下,提高钻井效率,缩短钻井周期;②优化井身结构,从源头上杜绝套管磨损;③采用FM系列防磨接头和套管头内防磨衬套。

由于新场气田深井地质复杂,深井段多为小井眼钻井,效率低下,施工周期长;同时为满足大斜度井、水平井开发需要,油层套管选型困难;FM系列防磨接头质量存在隐患(如X856井),因此有必要深入开展大斜度井及水平井套管防磨减磨技术攻关。

(2) 套管防磨减磨技术对策

结合工程地质特征,初步形成了大斜度井及水平井套管防磨减磨技术对策,除了优化井眼轨迹以外，还优选了几种套管防磨工具和减磨剂。

① 钻杆橡胶护箍

钻杆橡胶护箍(图2-2-13)外径大于钻杆接头外径，在钻进过程中，钻杆接头不和套管内壁接触，磨损作用在胶皮和套管上，能有效减缓套管和钻杆磨损，实验分析(图2-2-14)表明采用橡胶护箍对套管磨损普遍较小，磨损率小于3.00%，远低于耐磨带对套管的磨损(磨损率13.74%)。

图 2-2-13 橡胶护箍

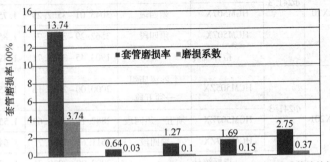

图 2-2-14 钻杆橡胶护箍对套管磨损分析

② WWT 非旋转保护套

WWT 非旋转保护套(图2-2-15)具有减震防磨、降低摩阻、保护钻杆和防止套管磨损的作用，其主要特点有：保护套采用特殊高分子材料，具有良好耐磨性、耐水性、耐霉菌性、耐酸、碱、油等，回弹性好，力学性能优良，适用于各种钻井液类型；卡箍采用特殊铝合金，重量轻，强度大；最高耐温150.00℃；结构简单，使用方便，拆卸容易。

③ 双效套管防磨技术

双效套管防磨技术采用机械防磨(非金属防磨接头)和化学防磨(钻井液用高效减磨剂)相结合，实现单点防磨与全井防磨。不仅有效克服了单点防磨的局限性，还避免了防磨接头安放位置不易确定带来的失误，从而对井下套管实现双重保护，使全井段套管及钻杆皆能有效减小磨损，还能增加钻井液润滑性，减小钻具磨阻、降低扭矩。

TFF 系列非金属套管防磨接头(如图2-2-16)使用新型表面材料和非金属材料，其主要特点有：摩擦系数极低，具有较强的自润滑性；耐磨性强；结构合理、无镶嵌件，使用安全可靠；整体式接头采用40铬镍锰钢或42铬钼钢，强度符合要求。

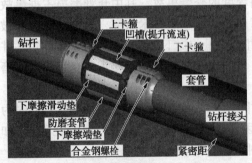

图 2-2-15 WWT 非旋转保护套示意图

图 2-2-16 TFF 系列套管防磨接头

高效减磨剂 AFC7101 由多种抗磨材料在高温下合成的有机产品，其含有的多种活性基团能迅速吸附在钻具和套管表面，形成高强度保护膜，钻进和起下钻过程中降低钻具对套管的磨损，起到保护套管的作用。其主要特点有：与钻井液配伍性好、耐温性能高（200.00℃以上）、可代替普通润滑剂、降低磨阻、减少修泵时间，延长固控设备的维修周期。

（3）X202 井双效套管防磨技术应用分析

X202 井采用 TFF 系列非金属防磨接头与高效减磨剂 AFC7101 相结合的双效防磨技术，通过对减磨剂与钻井液配伍性、防磨接头过流阻力以及摩阻和扭矩的综合分析，制定了 2.00%减磨剂加量+15 只防磨接头的技术方案，防磨减磨效果明显。

在井身结构基本相同情况下，X5 井四开使用 13 只金属防磨接头，纯钻时间 459.26h，X202 井四开纯钻时间 503.40h，试验录取数据对比如图 2-2-17 所示。

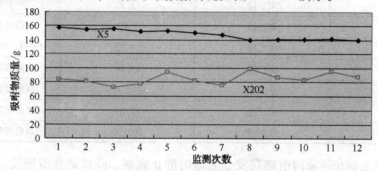

图 2-2-17　X5 井与 X202 井磁性吸附物对比曲线图

图 2-2-17 可知，X5 井虽采取了一定防磨措施，使用了金属防磨接头，但其磁性吸附物的量比 X202 井高 38.00%，X202 井双效防磨效果较 X5 井防磨措效果更好，平均磨失量降低率为 72.75%。

三、高酸溶性防漏堵漏储层保护技术

新场气田须二气藏发现井 CX93 井在须二 4780.00～4920.00m 井段成功应用了 QS-4+FT-1+LF-1 裂缝屏蔽暂堵技术，此后研制出系列非规则形态暂堵剂 F-XF、F-XQ、LF-1，将非渗透处理剂复合屏蔽暂堵剂使用进行储层保护，形成了定向钻井保护裂缝性气层工作液技术。

（一）裂缝性致密砂岩损害机理

新场气田深层须家河组储层多为孔隙—裂缝类型，具有致密、低孔、低渗及高含水饱和度等特征。须四、须二段长石溶孔呈孤立状，微缝、晶间孔常见，其中须二段储层平均孔隙度 3.00%左右，基质渗透率 $0.10 \times 10^{-3} \ \mu m^2$ 左右，储层裂缝发育，其产能主要靠裂缝沟通。须二段裂缝以斜缝—高角度缝为主，缝密度较低，0.75～3.00 条/m；CX164 井须四段砾岩和千佛崖组底部砂砾岩以网状裂缝为主，岩芯破碎程度高，裂缝密度约 166 条/m。成像测井解释表明，新场气田储层裂缝宽度主要为 0.01～0.18mm，最大可达 1.60mm，差异很大，非均质性极强。深部主要是裂缝固相堵塞伤害：

（1）储层具有极强应力敏感性、中等-强程度的水敏和碱敏损害趋势。

（2）钻完井液对储层损害是损害外因。实验研究表明，川西地区钻完井液中所选用处理剂、固相颗粒、膨润土、钻井液体系都对储层造成不同程度的损害。

（3）深井钻速慢，目的层浸泡时间长，易发生井漏，造成漏失性储层损害。

（4）后续作业技术难度大，并进一步对储层造成损害。

（二）高酸溶性防漏堵漏储层保护技术

新场气田深部须家河组储层裂缝发育，易发生井漏，其储层保护须遵循"以裂缝为重点，兼顾基块"的思路，实钻中多口深井须家河组储层发生漏失，采用多种不同堵漏措施成功堵漏（表2-2-26）。

表2-2-26 须家河组漏失情况

井号	漏失层位	漏失量/m³	堵漏措施
CX93	须二段	28.85	降低钻井液密度
X851	须二段	13.32	降密度，提黏切
X856	须二段	7.80	降低排量，静止观察
X853	须二段	13.32	LF-1、高效复合堵漏剂
X3	须二段	61.28	高酸溶防堵漏技术
X2	须二段	495.00	高酸溶防堵漏技术
X10	须二段	42.31	高酸溶防堵漏技术
X11	须四段	265.00	高酸溶防堵漏技术

X2、X3井之前在须家河组储层发生井漏时静止观察、降低钻井液密度、提高黏切力，最后采用LF-1、GD-1、核桃壳等常规或复合堵漏剂，堵漏方式被动单一，同时由于GD-1、核桃壳等堵漏材料酸溶率低，一旦发生井漏堵漏成功后将对储层造成不可逆转的损害。为解决上述问题，研制出了"防漏为主，堵漏为辅"的高酸溶防漏堵漏技术，自X2、X3井须二储层采用高酸溶防漏堵漏材料，即使发生恶性漏失，大量钻井液漏入裂缝，仍可进行酸化解堵和储层改造。

1. 高酸溶防漏堵漏基本配方

对DTR、LF-2、FD-2、FRD-1、FRD-2、QP1、SRD系列防漏堵漏材料酸溶性进行了检测，测得酸溶率实验数据（表2-2-27），所有检测材料均具有优良的酸溶率，同类产品酸溶性随颗粒尺寸增大而降低，这表明颗粒越细、表面积越大，酸化反应越充分，酸溶率就越高。配方实验中拟用来作为架桥粒子的骨架材料酸溶率相对较低，但仍比常规堵漏材料如花生壳和核桃壳高10.00%左右。

表2-2-27 防漏堵漏材料酸溶率实验数据

序 号	材料名称	酸溶率	备 注
1	DTR	36.00%	
2	LF-2	76.00%	裂缝暂堵剂
3	FD-2	65.20%	
4	SRD	95.73%	
5	FRD-1	50.06%	
6	FRD-2	81.38%	
7	QP1	91.98%	粉末状，填充材料
8	SD1	38.00%	粉末状，<120目，加固材料

序　号	材料名称	酸溶率	备　注
9	SD3	23.00%	长纤维状，加固材料
10	QD40	18.00%	20~40目，骨架材料
11	QD80	21.00%	60~80目，骨架材料
12	花生壳	9.45%	30目，骨架材料
13	核桃壳	7.00%	12目，骨架材料

注：酸溶率测定酸液配方；土酸溶液(18%HCl+6%HF)。

通过缝板模拟地层裂缝，砾石床模拟孔洞进行防漏堵漏实验、配伍性评价、暂堵率及其承压强度评价、酸化返排解堵率、泥饼酸溶率等多组实验和多口井的现场应用，形成了一套针对须家河组裂缝气层高酸溶性防漏堵漏技术，分为以下几种情况。

① 进入预测目的层时，采用防漏钻井液体系为：井浆+3%LF-2+2%FD-2+1.5%FRD-1。

② 若目的层发生井漏，采用堵漏钻井液体系为：

裂缝≤2mm时，

1.5%NV-1+3%FD-2+4%LF-2+2%FRD-2+3%DTR+6%QP1+6%SRD2。

裂缝2~3mm时，

1.5%NV-1+3%FD-2+4%LF-2+3%FRD-2+3%DTR+6%QP1+2%SRD2+6%SRD3。

裂缝3~5mm时，

1.5%NV-1+3%FD-2+4%LF-2+3%FRD-2+3%DTR+7%QP1+4%SRD2+3%SRD3+4%SRD5。

上述为高酸溶防漏堵漏钻井液类型，根据现场钻井液和漏失情况进行调配。

2. 高酸溶防漏堵漏实验性能

从表2-2-28、表2-2-29和表2-2-30可知，防漏钻井液与井浆配伍性好、暂堵率高、承压能力强、岩芯酸化返排解堵率高。由表2-2-31和表2-2-32可知，三种堵漏钻井液均能快速堵漏，且承压能力强；且堵漏浆高温高压失水形成的泥饼的酸溶性良好，酸溶率80.00%以上，有利于储层保护和改造。

3. 现场应用

高酸溶防漏堵漏技术在X2、X3等多口井须家河组储层段大量应用(表2-2-33)。其中，X2井在须二E、F层有大量钻井液漏失，对储层造成一定污染，通过使用高酸溶防漏堵漏材料降低了储层伤害，完井试气获得天然气绝对无阻流量131.50×10⁴m³/d，说明高酸溶防漏堵漏技术能很好地保护储层。

表2-2-28　防漏材料与井浆的配伍性

体系	实验条件	ρ/(g/cm³)	FV/s	PV/(mPa·s)	YP/Pa	G1/G2	FL/mL	K_f
井浆	老化前	1.60	50.00	32.00	9.00	2.00/8.50	2.00	0.1053
	16h×120℃老化后	1.60	58.00	38.00	5.00	2.50/9.50	1.60	
防漏浆	老化前	1.62	57.00	36.00	12.00	4.00/16.00	2.00	0.1099
	16h×120℃老化后	1.62	60.00	41.00	10.00	4.00/12.50	2.00	

表 2-2-29　防漏浆暂堵率及其承压强度

工作液	缝宽/μm	$KW_1/10^{-3}\mu m^2$	暂堵压差/MPa	驱压 ΔP/MPa	$KW_2/10^{-3}\mu m^2$	暂堵率/%
防漏浆	920.00	12379.31	1.00	6.8	0.002	99.99998
				8.8	0.003	99.99998
				10.8	0.004	99.99997
			3.00	6.8	0.002	99.99998
				8.8	0.002	99.99998
				10.8	0.001	99.99999

表 2-2-30　防漏钻井液酸化返排解堵率

体系	缝宽/μm	$KW_1/10^{-3}\mu m^2$	$KW_2/10^{-3}\mu m^2$	暂堵率/%	$KW_3/10^{-3}\mu m^2$	恢复率/%
防漏浆	120	1896.8290	0.0360	99.9981	1659.9150	87.51

注：暂堵所用岩芯为人造缝岩芯，KW_1 指初始渗透率，KW_2 指暂堵后渗透率，KW_3 指酸化返排解堵后渗透率。

表 2-2-31　堵漏实验结果表

实验编号	流动性	缝板/mm	实验压力/MPa	封堵时间/s	封堵漏失量/mL	稳压时间/min	稳压漏失量/mL	累计漏失量/mL	实验描述
②	流动好	2.00	0.00	3.00	2.00	10.00	0.00	2.00	能堵住、漏失量小、承压能力6MPa
			1.00	10.00	170.00	10.00	0.00	172.00	
			3.00	13.00	70.00	10.00	0.00	242.00	
			5.00	10.00	38.00	10.00	0.00	290.00	
			6.00	0.00	0.00	10.00	0.00	290.00	
③	流动好	3.00	0.00	3.00	40.00	10.00	0.00	40.00	能堵住、漏失量小、承压能力6MPa
			1.00	10.00	180.00	10.00	0.00	220.00	
			3.00	3.00	130.00	10.00	0.00	350.00	
			5.00	10.00	200.00	10.00	0.00	550.00	
			6.00	0.00	0.00	10.00	0.00	550.00	
④	流动好	5.00	0.00	10.00	400.00	10.00	0.00	400.00	能堵住、漏失量小、承压能力6MPa
			1.00	6.00	500.00	10.00	0.00	900.00	
			3.00	3.00	250.00	10.00	0.00	1150.00	
			5.00	3.00	180.00	10.00	0.00	1330.00	
			6.00	0.00	0.00	10.00	0.00	1330.00	

注：堵漏温度：常温；实验压力：1~6MPa，压力源为12MPa的标准氮气。

表 2-2-32　泥饼酸溶率表

样品名称	样品质量/g	滤纸质量/g	烘后总质量/g	酸溶率/%
按堵漏配方②配制堵漏浆形成的泥饼	24.0015	1.5109	5.5084	83.34

表 2-2-33　高酸溶防漏堵漏技术深井应用

井号	漏失地层井段/m	漏失量/m³	防漏堵漏基本配方	备　　注
X2	须二 4811.00~4855.00	495.00	堵漏浆 1.5%NV-1+3%FD-2+4%LF-2+3%FRD-2+6%DTR+10%QP-1+4%SRD-2+3%SRD-3+4%SRD-3 防漏浆：井浆+3%LF-2+2%FD-2+1.5%FRD-1	进行 7 次堵漏和随钻堵漏。现场根据堵漏情况调整堵漏材料配方量
X3	须二 4955.30~4982.00	61.28	防漏浆：井浆+2%LF-2+2%FD-2+2%FRD-2+2%FRD-1 堵漏浆：井浆+2%DTR+1%QP-1+0.5%SRD-2+0.5%SRD-3+0.5SRD-5、井浆+1%LF-2+1%FD-2+0.6%QP-1+1%SRD-2	根据现场情况调配堵漏材料种类
X10	须四 3776.30~3811.00	69.03	堵漏浆：LF-2+FD-2+FRD-1+DTR+QP-1	
	须三 3955.00~3960.00	45.00	堵漏浆：LF-2+FD-2+FRD-1+DTR+QP-1	循环加重期间井漏
	须二 4686.43	42.31	堵漏浆：LF-2+FD-2+FRD-1+DTR	Φ193.7mm 套管到底循环期间井漏

第三节　完井投产技术

裂缝是新场气田须二气藏气井获高产天然气的主控因素之一，针对裂缝发育的非均质性和气水关系的复杂性，逐渐形成以动态完井方式及配套完井工艺、高温高压含酸性气体气井测试及投产技术为核心的完井投产技术。

一、动态完井方式及配套完井工艺

（一）完井方式

1. 选择依据

合理完井方式选择一般遵循原则是：气层与井筒之间应保持最佳连通条件、尽可能大的渗流面积，使气层所受损害最小、油气入井阻力最小；能有效控制储层出砂，防止井壁垮塌，确保气井长期生产；能有效封隔气、水层，防止层间相互干扰；具备进行后期作业的条件。

根据上述原则，从气井产能、井壁稳定性、气水关系、后续作业等方面确定新场气田须二气藏合理完井方式。

（1）气井产能

完井方式优选需考虑不同完井方式对气井产能的影响，常用考虑表皮修正系数的二项式理论模型计算。须二气藏气井产量随着表皮系数的增加显著降低（图 2-3-1）；随着渗透率的增大急剧增加。因此不同的完井方式对气井产量有显著的影响，裸眼、衬管完井对气井产量有正面影响，射孔完井对气井产量有负面影响（图 2-3-2）。

71

（2）井壁稳定性

判断井眼力学稳定性的方法有考虑中间主应力的 Von. Mises 剪切破坏理论、忽略中间主应力的 Mohr-Coulumb 剪切破坏理论。基于岩石力学参数进行井壁稳定性判断，两种方法分析均表明须二井眼稳定性好（表 2-3-1）。这是基于原始地应力而没有考虑开采过程中渗流作用导致应力的重新分布的静态的条件下的结论。只有在不同生产压差的应力条件下，才更客观真实地判断井壁稳定性。

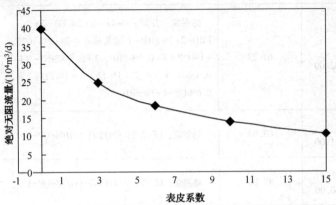

图 2-3-1　表皮系数对绝对无阻流量的影响

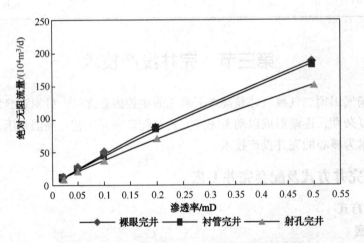

图 2-3-2　不同完井方式对绝对无阻流量的影响

表 2-3-1　Von. Mises 剪切破坏理论判断井壁稳定性结果表

井号	中部深度/m	剪切应力均方根/MPa	剪切强度均方根/MPa	判断结果
X101	5040.00	25.80	43.40	稳定
X3	4737.00	24.30	49.30	稳定
	4878.00	25.00	48.20	稳定
	4933.00	25.40	59.40	稳定

当地层在原地应力、孔隙压力和井筒内流体压力的共同作用下产生变形，变形量超过岩石的弹性变形极限后，将进入塑性变形阶段，当塑性变形超过某一数值时，岩石将会脱离母体而产生失效破坏。根据塑性力学理论，等效塑性应变可以用下式表示：

72

$$\varepsilon_{p} = \sqrt{\frac{2}{3}\left(\varepsilon_{p1}^{2} + \varepsilon_{p2}^{2} + \varepsilon_{p3}^{2}\right)^{2}} \qquad (2-3-1)$$

当 $\varepsilon_{p} < \varepsilon_{o}$ 时，地层不出砂；当 $\varepsilon_{p} > \varepsilon_{o}$ 时，地层出砂。

式中 ε_{p1}、ε_{p2}、ε_{p3}——分别为三个主应力方向的塑性应变。

ε_{o}——临界塑性应变值，为 0.30% ~ 0.80%，特定岩石的塑性应变临界值一般通过实验确定。

受地层孔隙压力差异的影响，须二气藏不同区块允许的生产压差有所差别，允许的生产压差值为 40.00 ~ 50.00MPa，均高于地层压力的 65.00%（图 2-3-3）。因此，正常生产情况下裸眼井壁力学稳定。

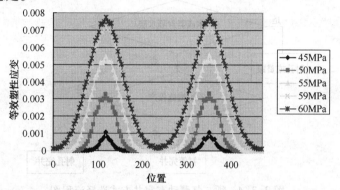

图 2-3-3　CX560 井不同生产压差下井眼等效塑性应变曲线

因此，须二气藏气井井眼稳定性问题主要考虑出水引起的化学稳定性及其力学化学耦合稳定性，跨度达 500.00 ~ 600.00m 的裸眼井段存在砂泥岩互层，遇水膨胀会导致井壁垮塌。

（3）气水关系

已投产井表明，须二气藏纵向上发育多套产层，气、水同处一个独立大型裂缝系统中，气水关系复杂且无统一气水界面，钻井、测井、录井中有不同程度的含水性显示，通过射孔完井便于控水排水。

（4）后续作业

已投产井表明，须二气藏气井高产、稳定情况与储层裂缝发育程度和规模相关，钻遇裂缝特别是高角度裂缝是获得高产的关键。因此，需要考虑裂缝钻遇情况优选完井方式：若钻遇有效裂缝系统，可采用衬管完井投产或酸化解堵投产；若未钻遇有效裂缝系统，射孔完井后才有利于后续压裂措施投产。

2. 选择流程

考虑气井产能、井壁稳定性、气水关系、后续作业等因素，形成须二气藏动态完井方式选择流程图（图 2-3-4）。

选择流程在应用中具体体现为：以地质、物探情况，结合钻井、测井和录井资料分析，确定合理完井方式的动态完井思路，即处于构造高位、测井无水显示、邻井也无产水历史且钻井过程中气显示好的井，为最大限度地保护储层、缩短完井周期，采用衬管完井；对于未获良好油气显示需压裂措施，或地层出水可能性较大需封隔水层的气井，采用射孔完井为后续作业提供有利井眼条件。动态完井方案确保了 X2、X3、X11 井获得理想工业产能（表 2-3-2）。

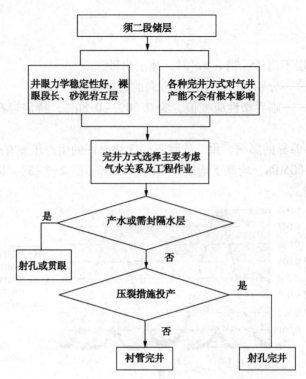

图 2-3-4　须二气藏动态完井方式选择流程图

表 2-3-2　须二气藏典型井完井方式及效果

井号	储层条件	完井方式	测试类型	无阻流量/(10^4m^3/d)
X2	构造高位、测录井油气显示好，无水显示	衬管	替喷	135.00
X3	构造位置相对较低，预测底层产水	射孔	射孔	41.60
X11	构造位置相对较低，未钻遇裂缝	射孔	压裂	12.77

（二）完井工艺

1. 衬管完井

衬管完井工序一般为上部套管固井后下入衬管，须二气藏使用的衬管有两种，一是割缝衬管，二是打孔衬管。

采用割缝衬管完井时，缝口宽度根据地层砂粒度分析数据进行合理选择，不大于占累计重量 10.00% 的对应砂粒度直径的两倍，对须二气藏气井衬管缝宽为 2.00mm±；缝眼数量应在保证衬管强度的前提下有足够流通面积，一般取割缝开口总面积为衬管外表面积的 2.00%～6.00%。

由于须二气藏部分井裂缝发育，为处理钻井过程中的恶性井漏往往采用较大尺寸的堵漏材料（X2 井采用了均值 4.00mm 的核桃壳进行堵漏），为保证衬管完井后堵漏材料能顺利排出，可采用打孔衬管完井，衬管孔眼尺寸、分布情况为：孔径 12.00mm、90°相位交错排列、20 孔/m。

2. 射孔完井

（1）固井工艺

须二气藏深井通常选择 Φ193.70mm 油层套管下至 4500.00～4750.00m 的须二地层顶部，Φ139.70mm 尾管下至 5100.00～5400.00m 目的层。由于环空间隙较小，尾管悬挂器结构比较复杂，作业工序比较多，注水泥排量受到限制，施工要求高。

① 工具及附件

管串结构：浮鞋+套管（1~2根）+浮箍+套管串+尾管悬挂器，套管选用气密封高扭矩型号，所对应的固井工具和附件主要有尾管悬挂器、浮箍、浮鞋装置和套管扶正器。

尾管悬挂器主要用于承载尾管重量、悬挂尾管于上层套管壁上，分为机械式和液压式两种悬挂器。前期尾管固井中多使用德州大陆架生产的尾管悬挂器，引进了国外公司的旋转尾管固井技术（图2-3-5）后，通过与斯伦贝谢公司合作成功完成了X101、X3和X10井固井施工，取得了较好的固井效果。

浮箍、浮鞋装置主要用于下入套管、保持回压，以及实现密封，防止液体倒流，主要使用德州大陆架生产的浮箍、浮鞋装置（图2-3-6）。

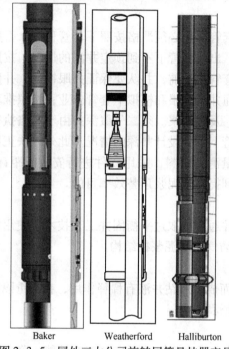

Baker　　Weatherford　　Halliburton

图2-3-5　国外三大公司旋转尾管悬挂器产品

图2-3-6　大陆架浮箍、浮鞋产品

套管扶正器主要作用是使套管能下至预定井深并促使套管位于井眼中心，以减小套管下放时阻力和发生粘卡的可能，有利于提高水泥浆顶替效率和固井质量。须二气藏深井主要使用刚性和弹性扶正器（图2-3-7和图2-3-8），其中X3井Φ127.0mm尾管固井中使用威德福生产的刚性聚脂螺旋扶正器（图2-3-9），保证了尾管下入到预定井深，提高了固井质量。

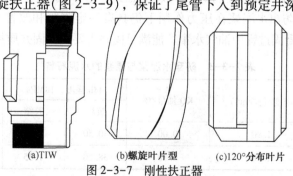

(a)TIW　　(b)螺旋叶片型　　(c)120°分布叶片

图2-3-7　刚性扶正器

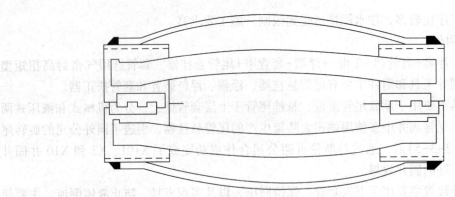

图 2-3-8 弹性扶正器

图 2-3-9 刚性聚脂
螺旋扶正器

② 下套管

须二气藏深井下套管作业必须严格按照下套管程序，否则容易出现井下复杂情况，出现套管下不到预定井深的情况。按照下套管作业标准，在下套管作业前，井队要保证井眼畅通，井壁稳定、无沉砂；并做好通井、划眼和模拟下套管作业；按照推荐套管最佳上扣扭矩上扣，及时灌浆。须二气藏深井由于严格执行下套管作业还未出现套管下不到设计井深的情况。此外，扶正器安放位置需利用井身质量测井资料，采用软件进行安放间距计算，以实现套管居中，达到提高水泥浆顶替效率目的。

③ 注水泥

须二气藏深井固井通常采取过平衡固井工艺技术，使用加重隔离液+冲洗水泥浆+防气窜水泥浆柱结构。

    a. 冲洗液

由 H_2O、降失水剂、减阻剂按一定比例混制而成，对钻井液有稀释作用，在加重隔离液前加一段冲洗液，防止加重隔离液与钻井液相混增稠。

    b. 加重隔离液

基本配方是重晶石+悬浮剂+减阻剂+H_2O，其主要改善加重隔离液流变性能，降低紊流临界流速，以实现前置液紊流顶替，提高水泥浆顶替效率和界面胶结质量。

    c. 防窜水泥浆

配方采用嘉华 G 级+1%SZ1-2+0.3%JZ-1+0.6%KQ-c，水泥浆性能见表 2-3-3。在相同条件下，防窜水泥浆体系抗压强度和胶结强度都比一般水泥浆高 21.00%~26.00% 和 9.00%~13.00%；而防窜水泥浆在压力作用下仍具有一定膨胀和改善水泥石孔隙压力作用，有利于防止水泥浆在凝固过程中油气水窜，能满足固井需要，但固井质量优质率仍不高。

表 2-3-3 防窜水泥浆与原浆的水泥石特性

浆体类型	密度/(g/cm³)	KQ 加量/%	48h 强度，18MPa		膨胀率/%	
			抗压	胶结	常压	试验压力
G 级原水泥浆	1.90	0.00	30.50	1.24	-1.30	-2.40
G 级防窜水泥浆	1.90	0.50	38.50	1.35	10.50	2.40

后期尾管固井使用斯伦贝谢公司提供的化学清洗液 CW100+MudPushII 泥浆隔离液体系以及 GasBlok 防气窜水泥浆体系，在 X3、X10 等井中取得了很好的应用效果（表 2-3-4）。

表 2-3-4 油层尾管套管固井质量对比

井号	套管尺寸/mm	固井质量				备注
		优	良	合格	不合格	
X853	127.00	1.13%	0.00	0.00	98.87%	
X856	127.00	0.00	57.30%	0.00	42.70%	
X3	127.00	17.30%	34.80%	71.70%	28.30%	旋转尾管、斯伦贝谢前置液和水泥浆体系
X10	139.70	48.96%	0.00	51.04%	0.00	旋转尾管、全程旋转
		第一界面固井质量		第二界面固井质量		
		优：49.00%；良：0.60%；合格：1.70%；不合格：48.70%		好：49.90%；中：2.10%；差：48.00%		

（2）射孔工艺

① 枪型

按须二气藏深井射孔经验及射孔规范要求，炸高一般在 6.00~10.00mm 较适宜，通过深层须家河组已射孔井毛刺情况分析，毛刺一般小于 5.00mm，因此 SQ89 和 SQ102 枪的应用较广泛。但对于部分大斜度井，由于管柱偏心等问题，为了减少射孔毛刺、提高穿深，采用盲孔射孔枪。

射孔枪按抗内压强度可分为 35.00MPa、70.00MPa 及 105.00MPa 三个压力等级，根据须二气藏埋深 4800.00~5200.00m、地层压力 76.48~84.69MPa，同时考虑射孔时井口附加压力，SQ89、SQ102 射孔枪均满足枪身抗内压强度 105MPa 的要求（表 2-3-5）。同时，通过抗压实验，盲孔枪不影响枪身的抗内压强度。

表 2-3-5 部分射孔枪抗内压参数表

射孔枪	抗压强度/MPa	厂家
SQ89	105.00	四川
SQ102	120.00	四川
SQ86	138.00	斯伦贝谢
SQ102	138.00	斯伦贝谢

② 弹型

射孔枪与射孔弹配套的性能参数见表 2-3-6 和表 2-3-7。为实现大孔径和深穿透的目标，在采用 SQ89 射孔枪的情况下推荐采用 DP38-46HMX-102 弹，在采用 SQ102 射孔枪的情况下推荐采用 SDP42-52HMX-102 弹。从表 2-3-7 看出，斯伦贝谢公司的 Powerjet 和

PowerjetOmega 弹具有更大的穿深。

表 2-3-6 Φ89mm 射孔枪配套射孔弹参数表

射孔枪	射孔弹	原始穿深/mm	原始孔径/mm	校正穿深/mm
Φ89mm 射孔枪	DP35HMX46-102	500.00	9.20	150.00
	DP38HMX46-102	680.00	10.00	204.00
	Powerjet	980.00	11.40	294.00
	PowerjetOmega	1123.00	11.20	336.90

表 2-3-7 Φ102mm 射孔枪配套射孔弹参数表

射孔枪	射孔弹	原始穿深/mm	原始孔径/mm	校正穿深/mm
Φ102mm 射孔枪	SDP43HMX52-102	780.00	12.00	234.00
	Powerjet	980.00	11.40	294.00
	PowerjetOmega	1313.00	12.20	393.90

③ 孔密

a. 产率比

从图 2-3-10 可以看出，气井产率比随孔密的增加而增大。

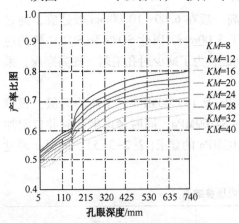

图 2-3-10 孔深和孔密-产率
比图关系曲线

b. 弹间干扰

随着射孔孔密的加大，弹间间距变小，会出现较为明显的弹间干扰。弹间干扰主要是由射孔爆轰引起的冲击波传播，使得压力场不对称引起的。弹间干扰将影响射孔穿深、孔眼圆度、射孔毛刺，从而严重影响射孔孔眼质量，不利于后期的储层改造。为了减少弹间干扰，通过打靶实验及理论研究，射孔弹的弹间间距一般应不低于 6.00mm，同时应注意装弹方式、弹的外形、装药量等因素，要求弹间干扰影响应 ≤20.00%。根据排弹工艺，在 SQ89 射孔枪采用 46mm 射孔弹径、SQ102 枪采用 52.00mm 射孔弹径的情况下，射孔孔密 ≤20 孔/m 时弹间干扰较小。

c. 套降系数

从表 2-3-8 可以看出，孔密的增加将导致套降系数的增加，套管强度的降低将影响后期的储层改造施工。按照射孔标准套降系数应不高于 5.00%，但是考虑到深井的固井难度，在须二气藏深井破裂压力高且固井质量无法保证的情况下，按油层套管抗内压强度 94.00MPa 并取安全系数计算，射孔孔密不高于 24 孔/m。

表 2-3-8　不同参数选择下套管强度降低系数表

射孔枪	射孔弹	孔密/(孔/m)	相位/(°)	套降系数
89	小 102	20	90	1.3%
		20	120	1.4%
		20	60	1.4%
		16	90	1.1%
		16	120	0.9%
		13	90	0.90%
		16	60	1.10%
		13	120	0.90%
		13	60	0.90%
102	小 1m	20	90	1.7%
		20	120	1.9%
		20	60	1.7%
		16	90	1.6%
		16	120	1.7%
		16	60	1.6%
		13	90	1.3%
		13	120	1.3%
		13	60	1.3%

d. 降低破裂压力

理论及实验分析表明，随着孔密的增大破裂压力逐渐降低，但破裂压力与射孔密度不是简单的线性关系，由于多孔应力集中效应的相互影响程度不随孔间距的缩小而均匀增大，破裂压力的变化一般分为几个阶段，当孔密在 13~20 孔/m 时，破裂压力随孔密的增加基本上不变化。

④ 相位

射孔相位对孔隙型气藏破裂压力的降低、裂缝型气藏的产能有着重要影响。对于孔隙型气藏，储层改造是获得高产的手段，地层破裂压力高是一大难题。研究证明，破裂压力随孔眼与最大水平主应力的夹角增大而增大，射孔孔眼沿着最大主应力方向可有效地降低破裂压力，利于后期的储层改造。对于裂缝性气藏，获得更大的自然产能是追求的目标，而射孔相位对产率比有着显著的影响。根据须二气藏物性参数及井况对相位与产率比的关系进行计算，其结果如图 2-3-11 所示，90°、120°、135° 相位所获得的产率比较大，其后依次是 60°、180°、45° 相位。

综上所述，根据须二气藏深井射孔技术优化

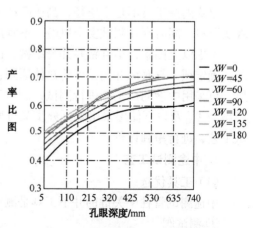

图 2-3-11　相位和孔深-产率比图关系曲线

思路：对于孔隙型气藏，主要采用"为增产而射孔"的思路，以降低地层的破裂压力；

对于裂缝型气藏，主要采用"为生产而射孔"的思路，力争通过射孔而获得最大的产率比。

因此，对于孔隙型气藏，采用 SQ89 射孔枪的情况下采用 DP38-46HMX-102 弹，采用 SQ102 射孔枪的情况下采用 SDP42-52HMX-102 弹，16 孔/m，60°相位；而对于裂缝型气藏，采用 SQ89 射孔枪的情况下采用 DP38-46HMX-102 弹、20 孔/m，采用 SQ102 射孔枪的情况下采用 SDP42-52HMX-102 弹、16 孔/m，90°相位。

二、高温高压含酸性气体气井测试技术

（一）测试工艺

须二气藏深井测试方式有中途测试及完井测试。中途测试具有以下四个方面的优点：① 及时发现或证实含油气层；②了解测试层位的流体性质及产能大小；③取得测试层流体的压力、温度、产量和部分地层参数；④为完井提供依据，减少下套管的盲目性。但受井筒条件和测试工具等因素影响，中途测试测试时间一般只有几小时，短时间开井一般不能使地层中的流体充分流动并解除污染，所以部分井在钻井过程中虽然见到了油气显示，但在随后进行的中途测试过程中却一无所获，不能达到准确评价产层的目的。而完井测试是在井完钻后对储层进行有针对性的测试评价，可采用的措施多，测试允许的时间长，能准确评价储层。鉴于中途测试及完井测试各有利弊，可根据测试目的和井况条件合理选择。

1. 测试方式

须二气藏气井纵向上发育多套产层、天然裂缝发育、自然产能差异大、气水赋存关系复杂。为准确获得气层压力、温度、流体性质、产能等评价参数，需在不同的建井阶段采取不同的测试方式。

① 须二储层岩性为细、中粒岩屑砂岩夹黑色页岩、炭质页岩，部分井在钻井、测试及生产过程中存在掉块、缩径、地层垮塌等现象，如 CX565、CX560 井出现了缩径和掉块，X2 井在 T_{3x4} 储层发生泥浆漏失。在此复杂井况下进行中途测试易发生卡钻、井喷等死故，导致测试失败。

② 须二气藏为异常高压裂缝-孔隙型致密砂岩气藏，非均质性强，气井产量差异大。由于提放式测试工具不是全通径，高压高产时会发生阻流，影响地层流动，也就不能获得地层真实资料，同时存在测试安全风险，不宜进行中途测试。

考虑以上因素，结合钻井井身结构，已完钻井的井壁、井径情况和前期测试技术使用情况，确定须二气藏深井测试评价总体原则：对于裸眼段不长、井壁稳定、产能较低的 T_{3x2}^2 储层，可采用中途测试工艺进行测试；而对于揭开后裸眼段较长，裂缝发育产能高，易井漏、垮塌的 T_{3x2}^4 及以下储层采用既可分步又可联作实施的射孔-（压裂酸化）-测试联作的完井测试工艺，进行单独评价。

2. 中途测试工艺

（1）工具优选

中途测试管柱中关键的井下工具是测试阀和封隔器。

① 测试阀

国内使用的提放式测试工具主要是 MFE（多流测试阀）和 HST（液压弹簧测试阀）。这两种测试工具主要由换位机构、延时机构、取样机构 3 个部分组成，都是通过上提下放测试管

柱来控制开关阀，操作简单。从工具规格和强度看，MFE和HST没有本质差别(其规格和强度见表2-3-9)，但这两种测试工具的测试阀在换位机构、液压延时机构、自由行程等方面有一定的区别。

a. 换位机构

MFE换位槽刻在心轴上，只有1个换位销，换位销受力不均匀，换位不平稳，有时换位销易被剪断；HST换位槽刻在外筒上，呈圆周分布，有3个换位凸耳，呈120°分布，受力均匀，换位平稳。

表 2-3-9　MFE、HST 测试阀性能参数

工具名称	测试阀	
工具规格/mm	95.25	127.00
外径/mm	95.00	127.00
最小内径/mm	19.00	23.8.00
最大工作压差/MPa	103.00	103.00
抗拉强度/kN	976.00	1870.00
抗内压/MPa	137.00	151.00
抗挤/MPa	107.00	106.00

b. 液压延时机构

MFE延时是靠阀和阀外筒间隙来控制。阀与阀外筒材质不同，膨胀系数不同，高温下铜阀性能不稳定，且易磨损，影响延时时间；HST延时是靠长短计量销和销套的间隙来控制，销与销套材质相同，且无相对运动，性能稳定，不易磨损，计量销子还有7种直径，可根据井温选择相应直径，调整时间。

c. 自由行程

MFE自由行程长254.00mm，换位行程短，自由下落25.40mm；HST自由行程152.40mm，还配有762.00mm伸缩接头，其自由行程共有914.00mm，自由下落31.40mm。

须二气藏气井井深、摩擦阻力大，会导致自由下落、井口显示不明显。结合MFE和HST测试工具性能，优选出合适的中途测试工具HST，应用该工具成功实现了X10井$T_3X_2^2$的测试。须二气藏地层压力70.00~85.00MPa，必须选择耐压70.00MPa及以上压力级别工具。

② 封隔器

最常用的套管测试封隔器是RTTS。RTTS是一种全通径套管封隔器(图2-3-12)，它本身带有圆形水力锚，下端有卡瓦，双向锁定，可将封隔器固定，保持胶筒与套管之间的密封，油扣用丝扣连接在封隔器上，不会出现油管与封隔器之间的相对移动，可用于测试、挤水泥和酸化压裂作业。也可以卸掉水力锚换上测试接头，用于一般测试作业。这种封隔器是可取式的，依靠上提下放坐封，只要上提管柱即可解封，用于逐层测试很方便。

RTTS型封隔器是机械压缩式的，靠管柱的压重而坐封。油

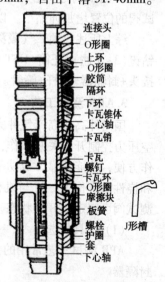

连接头
O形圈
上环
O形圈
胶筒
隔环
下环
卡瓦锥体
上心轴
卡瓦销
卡瓦
螺钉
卡瓦环
O形圈
摩擦块
板簧
螺栓
护圈
套
下心轴
J形槽

图 2-3-12　RTTS 封隔器

管必须采用特殊丝扣，如 3SB、VAM 和 SEC 等，有定位台肩，以满足封隔器坐封时的旋转。在整个测试过程中，必须保证封隔器的最小坐封力，才能使封隔器有效密封。对直井而言，在 Φ177.80mm 油层套管中测试，RTTS 型封隔器的有效压重必须大于 9.07t，用 Φ88.90mm 的油管，其最大有效压重大于封隔器密封最小坐封力，因此常采用外径 88.90mm 不同壁厚的复合油管能够满足压重要求；如果采用 Φ73.00mm 油管，由于其提供的有效压重小于封隔器最小坐封力，可以在管柱下部加一定数量的钻铤，以保证管柱对封隔器施加的有效坐封力大于封隔器的最小坐封力，使封隔器密封可靠。

（2）管柱结构优化

常用的提放式 HST 测试管柱结构是：钻杆+加重钻杆/钻铤+反循环阀+托筒+HST 测试阀+伸缩节+托筒+旁通+伸缩节+托筒+震击器+安全接头+封隔器+钻杆+筛管。该管柱较为简单，仅能满足替喷测试，HST 阀在入井之前处于关闭状态，HST 阀上部油管内采用低密度液体，封隔器坐封通过上提下放打开 HST 测试阀进行诱喷。

现场应用中发现的问题及解决办法：

① 须二气藏深井具有高温高压特性，其温度的增加会对下部管柱受力和井口操作产生较大影响，随着温度的增加，管柱会伸长并以弯曲的形式存在于测试管柱之中，加剧了管柱弯曲程度，并使下部管柱受到更大的压缩负荷，当上提管柱进行开、关井操作时，弯曲积聚的变形能很快释放，从而增加"自由点"的判断难度。结合现场施工情况及操作经验，发现在方余处作记号的办法上提 HST 换位，准确性相对较高。

② 在 5000m 的深井中，HST 的开关是通过上提下放进行的，但是由于弯曲、温度等效应，上提时往往会出现开关井困难的问题，主要是因为 HST 上部管柱给 HST 施加的压力不足造成的。为了克服这个问题，结合中途测试的经验，可在 HST 上加 3~5 柱钻铤保证开关井时对 HST 的加压。

③ 由于井深、温度等影响，开关井操作时，提放式测试工具稍不注意就会发生封隔器被提松，甚至移位的现象（CX565），为了降低这个风险，结合深井中途测试经验，在封隔器与 HST 测试阀之间增加 2~3 柱钻铤，并且在封隔器与 HST 测试之间、紧挨封隔器和 HST 测试阀的位置增加伸缩节，以保证开关井时封隔器的坐封效果。

综上所述，须二气藏深井中途测试的基本管柱结构：钻杆+加重钻杆/钻铤+反循环阀+钻铤（3~5 柱）+托筒+HST 测试阀+伸缩节+钻铤（2~3 柱）+托筒+旁通+伸缩节+震击器+安全接头+封隔器+钻杆+筛管。

3. APR 测试工艺

国内外高压高产气井完井主要采用 APR 测试管柱。APR 测试工艺具有以下特点：用环空压力控制开、关井操作，用于高温高压含硫气井、定向井（水平井）和复杂井的测试，操作方便，性能可靠，成功率较高；全通径，用于高产井测试可在测试管柱内进行电缆、钢丝和挠性油管作业，可与机械式和压控式引爆系统配合，进行 TCP 联作，可用于挤注作业；测试阀可锁定在开井状态，循环点可以降低到测试管柱底部，作业更安全、方便。

（1）工具优选

APR 测试工艺常用的井下工具主要包括 OMNI 阀、RD 安全循环阀、RD 循环阀和 RTTS 封隔器。

① OMNI 阀

OMNI 循环阀是一种全通径、由环空压力操作、循环孔可多次开关的循环阀。向环空加压至预定操作压力，稳定 1min 后泄压，便可操作该循环阀进行换位，通过加压、泄压操作，可循环该阀至预定位置。循环换位 1 周需要 15 次加压、泄压操作，其中 7 次处于测试位置，4 次处于循环位置，其余 4 次处于不通位置。该循环阀作为第一反循环阀，应用于套管井地层测试，还可应用于酸化、挤注液垫、管柱试压等特殊作业类型。

OMNI 循环阀主要由氮气室部分、油室部分、循环部分和球阀部分组成。OMNI 循环阀的核心部分是换位总成。当环空反复加压、泄压时，在换位总成控制下，OMNI 循环阀进行不同位置之间的相互转换。根据井底温度和静液注压力查表可计算出 OMNI 循环阀操作压力，与 LPR-N 测试阀同时入井时，两者充氮压力相同，操作压力也相同。

对于高温高压地层，OMNI 阀下部一般不带球阀，由于球阀在高压下的开关操作难度大，时间长且密封性不能得到保证；但对于低压或常压地层，压井过程中常常出现地层漏失的现象，此时采用 OMNI 阀球阀可在循环孔打开之前关闭球阀，隔断 OMNI 循环阀下部油管内空间，以防止地层的漏失。

② RD 安全循环阀

RD 安全循环阀是一种破裂盘压力控制循环阀（图 2-3-13），依靠环空操作压力一次性打开破裂盘沟通循环孔，同时推动球阀转动至关闭位置实现井下关井。RD 安全循环阀同时具备循环阀和一次关井阀的作用，操作简单、安全可靠。

RD 安全循环阀主要由循环部分、球阀部分和动力部分组成，如果将 RD 安全循环阀的球阀部分卸去，换上一个下接头，此工具就变成了一个单作用的 RD 循环阀。由于 RD 安全循环阀结构上的球阀和循环孔，在测试结束后可井下关井进行关压恢、循环压井等作业，较为广泛地应用于高温高压、含硫气井的 APR 测试管柱中。相对于 RD 安全循环阀，RD 循环阀的主要作用是建立环空与封隔器下部油管内的连通，达到后期循环压井的目的。

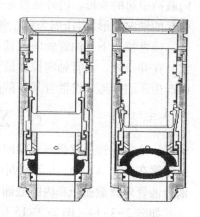

图 2-3-13　RD 安全循环阀

由于 RD 安全循环阀和 RD 循环阀在操作上都是采用破裂盘的形式，破裂盘压力计算公式：

$$p_{tp} = p_{sp} \frac{K_{rt}}{K_{st}} \qquad (2-3-2)$$

式中　p_{tp}——理论计算实际破裂压力，MPa；

p_{sp}——破裂盘标定压力，MPa；

K_{rt}——实际温度系数，无量纲；

K_{st}——标定温度系数，无量纲。

在正常的压井情况下，打开 RD 安全循环阀和 RD 循环阀时的井内介质情况并不相同，因此在破裂盘的设计中除了要考虑意外打开的情况，还要满足套管承压能力。对于只进行射孔测试的管柱，破裂盘的压力值可适当降低，减少测试过程中井口油压控制的难度。

③ RD 循环阀

RD 循环阀在结构上与 RD 安全循环阀相同，只是少了下部的球阀。在操作方式上 RD 循环阀依靠破裂盘的形式，操作方便可靠。

④ RTTS 封隔器

由于 RTTS 封隔器在测试中的突出特点，除了在 HST 中途测试中应用，还在 APR 测试中广泛采用。

（2）管柱结构

① 管柱力学分析

高温高压气井测试/生产管柱受力分析是基于气藏压力、温度、产量、井深等条件，考虑射孔、储层改造、生产、动态监测等工况需要，根据管柱受力分析理论，确定不同工况下管柱的受力与变形情况，进行管柱强度校核，确定管柱安全性的薄弱环节，并在保证管柱安全的前提下，优化施工参数、简化管柱结构，最终确定出一套安全、高效、经济的管柱结构和施工方案，为管柱设计和施工工艺优化提供依据。

根据力学分析，管柱轴向变形的主要影响因素是管柱轴向受力、管柱内外压力以及管柱上温度的变化，在这些影响因素作用下，管柱产生变形。目前认为管柱轴向变形主要包括轴向载荷引起的变形、内外压鼓胀效应引起的轴向变形、螺旋弯曲引起的轴向变形和温度变化引起的轴向变形（以压缩为负，伸长为正），这几种效应同时存在，相互影响。

通常情况下，油管轴向载荷主要由油管自重和所受的浮力引起，自井底至井口逐渐增大，在井口处，油管轴向拉力最大。管柱上部受拉力作用发生拉伸变形，下部可能受到压力而产生压缩变形。设油管某一截面上的轴向力为 F_a，则其一起的附近油管轴向变形为：

$$F_a = \sum qL\Delta L_1 = -\frac{1}{E(A_o - A_i)} \int_0^L F_a(L)\,\mathrm{d}L$$

式中，F_a 为油管任意截面处轴向拉力，kN；q 为单位长度油管在内外液体作用下的重量（包括接箍在内），kN/m；L 为截面以下的油管长度，m；E 为油管的弹性模量，MPa；A_o、A_i 分别为油管外圆截面积和内圆截面积，mm^2；ΔL_1 为管柱在轴向力作用下的变形量，m。

如图 2-3-14、图 2-3-15 所示，如果向油管柱内施加压力，只要内压大于外压，水平作用于油管内壁的压力就会使管柱的直径有所增大，管柱长度变短，我们把这种鼓胀效应叫做正鼓胀效应；反之，如果向环形空间施加压力，只要外压大于内压，则油管柱直径有所减小，管柱长度增加，我们把这种效应叫做反向鼓胀。

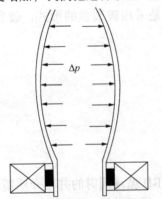

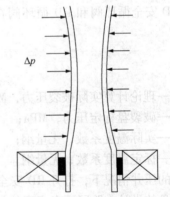

图 2-3-14　正膨胀效应作用下管柱缩短　　图 2-3-15　反膨胀效应作用下管柱伸长

由油管内外压力作用引起的轴向变形为：

$$\Delta L_2 = \frac{2\mu}{E(A_o - A_i)} \left[A_o \int_0^L p_o(L)\,\mathrm{d}L - A_i \int_0^L p_i(L)\,\mathrm{d}L \right]$$

其中，μ 为油管的泊松比；p_o、p_i 为油管内外的压力，MPa；其他参数同前述。

由于地温梯度存在，井筒温度是随井深增加而升高的，管柱入井后，温度随之升高，直到与井中流体相等；由于井筒流体流动过程伴随着热传导，在注入、生产等存在流体流动的工况下，井筒温度会发生较大的变化，管柱温度随之发生变化。管柱因为温度降低而缩短，温度升高而伸长的物理变化被称为温度效应。在进行管柱受力分析时，对于下封隔器时管柱受热引起的长度变化一般不予考虑，主要研究封隔器坐封以后，管柱受温度影响产生的变形量。设管柱长度为 L，初始温度为 $T_o(L)$，由于热传导作用，温度变为 $T(L)$，则对应的温度效应为：

$$\Delta L_3 = \alpha \int_0^L \left[T(L) - T_o(L) \right] \mathrm{d}L$$

其中，α 为材料的热膨胀系数，一般取 $1.15 \times 10^{-5} \mathrm{m/°C}$。

管柱屈曲分为两种，一是正弦屈曲，通常认为这种屈曲发生在一个平面内，当使得管柱屈曲的力去掉后，管柱能够恢复成原来的直线状态；另一种为螺旋屈曲，这种屈曲发生在三维空间，并且管柱端部作用力去掉后不能恢复至直线状态。当轴向压力达到屈曲临界载荷后管柱将会发生屈曲，屈曲以后的管柱与井壁之间的摩擦力与扭矩增大，增大的摩擦力与扭矩又对管柱的进一步屈曲产生影响，管柱屈曲与接触载荷的耦合关系如图 2-3-16 所示。

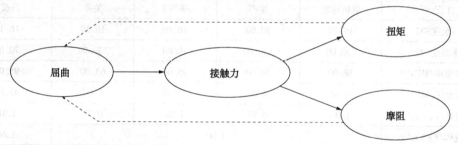

图 2-3-16　管柱屈曲与接触载荷的耦合关系

关于管柱在垂直井眼中屈曲临界力的计算模型，很多学者进行了研究，目前比较常用的判断管柱在垂直井眼中屈曲状态的公式为：

$$\begin{cases} F_a < 2.55 \sqrt[3]{EIq^2} & \text{直线稳定状态} \\ 2.55 \sqrt[3]{EIq^2} \leqslant F_a < 5.55 \sqrt[3]{EIq^2} & \text{正弦屈曲状态} \\ F_a \geqslant 5.55 \sqrt[3]{EIq^2} & \text{螺旋屈曲状态} \end{cases}$$

其中，EI 为油管的抗弯刚度，其他参数意义同前。

通常所说的屈曲效应是指管柱因螺旋屈曲引起的轴向缩短量，其计算公式为：

$$\Delta L_4 = -\int_0^L \left[\frac{1}{2} \left(r \frac{\mathrm{d}\theta}{\mathrm{d}L} \right)^2 - rK(1 - \cos\theta) \right] \mathrm{d}L$$

其中，r 为油管外径与套管(或井眼)内径的距离，m；θ 为管柱屈曲后产生的偏转角；K 为屈曲段管柱的曲率；其他参数意义同前。

管柱在井下所受的主要应力包括：内外压作用下产生的径向应力 $\sigma(r, L)$ 和环向应力 $\sigma_\theta(r, L)$；轴力作用产生的轴向拉、压应力 $\sigma_F(L)$；井眼弯曲和屈曲产生的弯曲应力 $\sigma_M(L)$；剪力产生的横向弯曲应力 $\tau_\sigma(L)$。因此，一般情况下，完井管柱上的任一点的应力状态都是复杂的三向应力状态，在进行强度校核时应按照第四强度理论进行应力校核。根据第四强度理论，完井管柱的相当应力为：

$$\sigma_{xd}(r, L) = \sqrt{\frac{1}{2}\left[(\sigma_F + \sigma_M + \tau_\sigma - \sigma_r)^2 + (\sigma_r - \sigma_\theta)^2 + (\sigma_F + \sigma_M + \tau_\sigma - \sigma_\theta)^2\right]}$$

取 $\sigma_{max} = \max\left[\sigma_{xd}(r, L)\right]$，许用应力为 $[\sigma] = \dfrac{\sigma_s}{n_s}$（$\sigma_s$ 为材料的屈服极限，n_s 为许用安全系数），则完井管柱的强度条件为：$\sigma_{max} = [\sigma]$。

针对须二藏高温高压特征，优选井筒压力温度计算模型，按油套环空充满密度为 1.00g/cm³ 的清水，模拟气井可能面对的恶劣井况并进行管柱力学分析计算（表 2-3-10）。结果表明管柱在生产工况下伸长 3.02m，管柱及封隔器满足安全系数要求；在挤酸井口油压 95.00MPa、套压 45.00MPa 情况下管柱缩短 1.21m，管柱顶部受到拉力为 737.80kN，封隔器受 275.93kN 拉力作用，该工况条件下完井管柱的抗拉安全系数为 1.64，小于规范要求，因此需要增加伸缩节；通过管柱受力和变形计算，为保证管柱满足抗拉安全系数达到 1.8 的要求，需要配置 0.61m 的伸缩节进行长度补偿。若环空充满密度为 1.60g/cm³ 的泥浆，在挤酸施工中管柱抗拉安全系数为 1.81，满足规范要求，可以不下入伸缩节。

表 2-3-10 须二气藏气井管柱力学分析表

工况	剪切球座	生产	挤酸 1	关井	挤酸 2
井口温度/℃	16.10	90.00	16.10	16.10	16.10
井下温度/℃	130.00	130.00	70.00	130.00	70.00
井口油压/MPa	48.00	50.00	95.00	63.00	95.00
井口套压/MPa	0.00	0.00	45.00	0.00	45.00
油管流体/(g/cm³)	1.00	0.57	1.10	0.57	1.10
环空流体/(g/cm³)	1.00				1.60
顶部受力/kN	527.62	384.50	737.80	604.99	664.80
管柱运动/m	0.374	3.02	−1.21	2.25	−0.81
封隔器受力/kN	223.80	−12.10	275.93	230.63	215.93
抗拉安全系数	2.29	3.15	1.64	2.00	1.81
压差/MPa	48.00	31.60	54.31	44.60	28.44

② 管柱结构选择

管柱结构选择的依据是：其一，保证射孔安全和成功，管柱中增加压力起爆器、射孔枪和纵向减震器；其二，确保低产情况的替喷和储层改造时的替液作业，管柱中增加可多次开关进行循环的 OMNI 阀；其三，新场须二气藏埋藏深、井眼轨迹复杂，井下工具遇卡可能存在，需增加震击器；其四，根据管柱力学分析需增加 1.75m 的伸缩短节。

于是须二气藏深井完井测试管柱结构：锥管挂+双公+油管+伸缩节+油管+定位油管+保护油管+OMNI 阀+RD 安全循环阀+压力计托筒+RD 循环阀+液压旁通阀+震击器+RTTS 安全接头+RTTS 封隔器+筛管+纵向减震器+油管+压力起爆器+射孔枪（图 2-3-17），其中 RD 循环阀、液压旁通阀、RTTS 安全接头位置可以根据需要进行调整，RD 循环阀和液压旁通阀根据需要取舍。管柱特点：(a)管柱在整个测试过程中均通过环空来进行压力控制，操作相对简单；(b)考虑高温高压高产井的压井问题，采用 RD 循环阀和液压旁通阀在后期压井方面实现了双保险；(c)在关压恢方式上采用 RD 安全循环阀进行一开一关；

（d）管柱中加入OMNI阀用于前期替液和后期的液氮助排，具有多次开关的功能；（e）替酸操作时要控制好替浆压力，避免出现替浆过程中压力过高打开下部RD安全循环阀和RD循环阀；替酸时要注意酸液用量的控制，避免替入酸液过多进入套管环空从而腐蚀套管；（f）既可进行射孔储层改造测试联作，又可分步实施，即OMNI阀关闭状态下入井，油管加压完成射孔测试，取得地层原始资料后再环空操作打开OMNI阀进行替酸，替酸后关OMNI阀进行酸压测试施工。若分步实施，则储层改造—测试联作管柱中去掉射孔枪、起爆器和减震器。

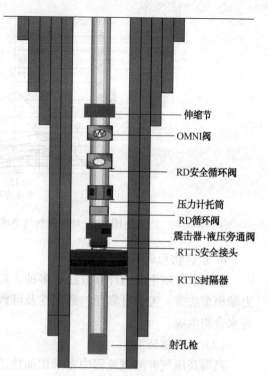

图2-3-17　APR测试管柱结构图

伸缩节
OMNI阀
RD安全循环阀
压力计托筒
RD循环阀
震击器+液压旁通阀
RTTS安全接头
RTTS封隔器
射孔枪

（二）地面安全控制技术

须二气藏高温高压气井地面安全控制要求高，主要体现在压力控制、水合物防治、气水分离及其他配套工艺等方面。

1. 压力控制

（1）流程级数

地面流程的级数设计的原则：以最大关井压力为依据，最大关井压力高于50.0MPa时采用三级节流，最大关井压力小于50MPa时采用二级节流，节流压降的控制程序参考表2-3-11。

（2）管汇台

管汇台压力级别设计的思路：一级管汇与井口压力级别相同，二、三级节流管汇满足不同节流段承压的要求。测试流程管汇通常采用"丰"形管汇，采输流程管汇采用"回"形管汇，也可根据实际需要设计组合式。

表2-3-11　不同井口压力下的节流压力

井口压力/MPa	75.00	70.00	65.00	60.00	55.00	50.00	45.00	40.00	35.00
一级节流后压力/MPa	<41.00	<38.30	<35.50	<32.80	<30.10	<25.30	<20.70	<20.90	<19.10
二级节流后压力/MPa	<19.10	<19.10	<17.50	<16.40	<15.30	<9.00	<6.00	<6.00	<6.00
三级节流后压力/MPa	<9.00	<9.00	<8.00	<7.00	<6.40				
节流级数	三级	三级	三级	三级	三级	二级	二级	二级	二级

2. 水合物预测及防治

（1）水合物预测

要判定某工况下是否会形成水合物，一是要准确判断环境温度，二是预测水合物的形成温度。

a. 环境温度

在测试流程中，天然气经过节流阀时将产生急剧的压降和膨胀，从而造成温度的骤然降低，可利用天然气节流压降与温度降关系图（图2-3-18）判定节流后的实际温度。

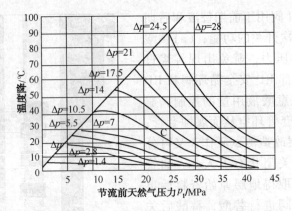

图 2-3-18 天然气节流过程中压力降与温度降关系图

b. 水合物形成温度

预测水合物生成的计算方法有多种，常见的有固相平衡计算法、波诺马列夫法、分子热力学模型法等。考虑可靠性、通用性及可数值求解等多方面因素，常采用统计热力学方法求解水合物生成。

（2）水合物防治

高温高压气井测试流程中常采用加热法和药剂法防治水合物生成。

a. 加热法

所需水套炉加热量可由下式计算：

$$q = 0.1744Q \times r_g \times c_p \times (T_2 - T_1) \tag{2-3-3}$$

式中　q——加热天然气所需的热量，kJ/h；

　　T_1、T_2——天然气加热前后的温度，K；

　　Q——管线输气量，m^3/d；

　　c_p——天然气定压比热容，kJ/(kg·K)；

　　r_g——天然气相对密度。

b. 药剂法

常见的药剂有很多种，其中甲醇、乙二醇应用最为广泛。甲醇具有中等毒性，可用于任何温度的操作场合，但由于其沸点低，更适合温度低的情况，其挥发进入气相的部分不再回收，进入液相的部分可蒸馏后循环使用。对于那些没有上注乙二醇流程和设备的井，或是正规生产流程尚未建成的井，或是低温季节需要防止水合物生成的井，若不考虑回收甲醇，注甲醇工艺仍可采用。乙二醇无毒，沸点比甲醇高得多，蒸发损失量小，适合天然气处理量大的站场。

注入方式有平衡罐滴注和计量泵注。采用平衡罐滴注，设备简单，管理方便，但不能保证连续注入，调节注入量也不方便；而采用计量泵注入，可以方便地调节注入量，且药剂均匀分布在天然气中，也能获得较好的防冻效果，但设备较复杂，投资和管理成本较高。

3. 气液分离

根据工作原理气液分离器主要可分为重力式分离器和旋风分离器。由于测试对分离效率和精度的要求不是特别高，体积小、便于搬运和安装且分离量大的分离器因此成为首要选择，旋风式分离器就更适合作为测试用分离器。其计算公式为：

$$D=3.39\times10^{-5}K(TZQ/p)^{0.5} \tag{2-3-4}$$

式中　D——分离器内径，m；

　　　p——分离器工作压力，MPa；

　　　T——分离器工作温度，K；

　　　Z——在 p 和 T 条件下的压缩系数；

　　　Q——天然气产量，m^3/d；

　　　K——修正系数，一般取 $K=1.266$ 或 $K=1$，也可根据公式

$$K=(\rho_g \cdot C_D/\Delta p)^{0.25} \tag{2-3-5}$$

式中　C_D——水阻力系数，为180；

　　　Δp——分离器的压力损失，MPa；

　　　ρ_g——在 p 和 T 条件下的气体密度。研究认为，颗粒在离心力下的沉降速度要比在重力下的沉降速度大 $(r_\omega^2/g)^m$ 倍，其中在层流状态下取值为 1，在过渡流状态下取值为 0.71，在紊流状态下取值为 0.5。

4. 其他配套工艺

（1）防冲蚀措施

高压高产气井在排液和求产期间，由于油嘴的节流作用导致节流后的低压区的流动速度极高，经油嘴节流后的速度比高压区的流速高出几倍甚至几十倍，对管线和设备的短期冲蚀损害不可忽视，解决这一问题的关键在于降低测试流体流速和改善管线抗冲蚀能力。

经过实践证明，通过伴水放喷的方式可有效降低测试流体的流速，起到低速流体阻挡高速流体喷流速度的效果。同时，最易发生冲蚀的地方是管线的弯角和油嘴堵头，通过优选堵头、弯头的方式可增加管线的抗冲蚀能力，目前常用的堵头或弯头有直角堵头弯头、堵塞三通、旋流弯头等，其作用原理各不相同，根据实践证明管线拐弯处，使用堵塞三通较好，而在有油嘴直接冲击的地方，用直角堵头较好。

（2）环空压力监测与控制

深井固井质量很难保证，在固井质量不佳的情况下往往出现环空压力激增的显现，X851 井由于固井质量不达标导致测试过程中 $\Phi177.80mm$ 套管与 $\Phi339.70mm$ 环空压力激增至 47.00MPa，超过套管抗内压强度，$\Phi244.50mm$ 套管被憋破。针对这样一个问题，在后来的测试过程中采用环空监测管汇进行压力监测和控制，具体做法是测试前在油层套管与表层套管的环空间连接 KQ-35MPa/65 管汇台，并由管汇台接出二条备用放喷管线，可随时监控环空压力，若出现异常情况，可随时泄压，有效避免像 X851 井的恶性事故发生。

三、高温高压含酸性气体气井投产技术

（一）投产方案

须二气藏储层非均质强，天然裂缝对于气井产能具有举足轻重的作用，钻井过程中的钻井液漏失易对储层造成较严重伤害，压井作业也会对储层产生难以逆转的伤害。在完井过程中应尽量减少压井次数，避免对产层造成污染，影响单井产能，投产方式都选用联作方式。

完井投产方案：①钻、测、录井显示好的气井，衬管完井后，下带封隔器完井管柱，测试、生产一体化；②钻遇裂缝网络、不需要储层改造就可满足配产的气井，射孔完井后，下带射孔枪的光油管完井管柱，射孔、生产联作；③针对需要压裂措施才能投产的气井，射孔、压裂、生产联作。

（二）生产管柱优化

1. 油管尺寸选择

油管尺寸的选择主要根据投产方案选择性的考虑气井产能、携液、抗冲蚀及增产措施等方面的要求。

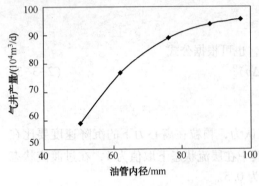

图 2-3-19　油管尺寸对气井
产量影响关系图

（1）气井产能

根据气井井筒压力梯度预测模型式（2-3-6）可知，在其他条件（地层压力、温度及井深等）不变的情况下，油管尺寸大小是影响井筒压降的主要因素。管径越小，油管内的摩阻造成的压降越大，井筒中的压力损失就越高，气井能通过最大的气量就降低。根据油管尺寸与产量的节点分析（图 2-3-19），气井的产量随油管尺寸的增加而增加，但增加的幅度越来越小。针对深层须家河组气藏，尤其对于高产气井，在选择油管尺寸时，应首先根据气井的测试产量情况，选择合适的油管尺寸。

$$\frac{\mathrm{d}p}{\mathrm{d}z} = \rho_{\mathrm{m}}g\sin\theta + \frac{f_{\mathrm{m}}\rho_{\mathrm{m}}v_{\mathrm{m}}^2}{2D} - \rho_{\mathrm{m}}v_{\mathrm{m}}\frac{\mathrm{d}v_{\mathrm{m}}}{\mathrm{d}z} \qquad (2\text{-}3\text{-}6)$$

（2）携液

最常用的气井临界携液流量的计算模型是 Turner 模型（1969 年），该模型假设气液两相流动中的液滴为球形，由此推导出能连续携液的最小天然气流速，即气井临界携液流速表达式为：

$$v_t(\mathrm{Turner}) = 5.5 \times \left[\frac{(\rho_{\mathrm{L}} - \rho_{\mathrm{g}})\sigma}{\rho_{\mathrm{g}}^2}\right]^{1/4} \qquad (2\text{-}3\text{-}7)$$

李闵在 Turner 模型的基础上进行了修正，认为井筒中气液两相流动中的液体应呈扁平状，由此得到气井临界携液流速表达式为：

$$v_t(\mathrm{Limin}) = 2.5 \times \left[\frac{(\rho_1 - \rho_{\mathrm{g}})\sigma}{\rho_{\mathrm{g}}^2}\right]^{1/4} \qquad (2\text{-}3\text{-}8)$$

可由下式计算气井临界携液流量：

$$q_{\mathrm{sc}} = 2.5 \times 10^4 \frac{pAv_t}{TZ} \qquad (2\text{-}3\text{-}9)$$

式中　V_{g}——气井排液临界流速，m/s；

σ——气液表面张力，N/m；

ρ_{L}——液体的密度，kg/m³；

ρ_{g}——天然气密度，kg/m³；

q_{sc}——产气量，m³/d；

p——压力，MPa；

A——油管截面积，m²；

T——温度，K；

Z——P、T 条件下的天然气偏差因子。

从公式看出，气井的临界携液流量与气井的油管尺寸成正比，通过一定油管尺寸下的携液流量与气井的配产相比较，可以优选出满足气井携液的最大油管尺寸。对比两种临界流速公式看出，李闽公式计算的结果仅为 Turner 公式的 45.00%，根据新场气田实际测试情况，Turner 公式计算的临界产量往往大大高于气井的产量，气井仍然保持正常生产状态。因此，根据开发实际情况，对于气井不产水情况，气井最小携液流量可按李闽公式进行计算，对于产水气井，最小携液流量可结合气井生产实际情况及两种公式计算结果进行对比综合判断。

（3）抗冲蚀

考虑长期生产的需要，尤其对于深层高产气井，生产管柱须满足抗冲蚀要求。高速气流在管内流动时产生明显冲蚀作用的流速称为冲蚀流速。管柱发生冲蚀会严重影响管子的使用寿命，影响气井的正常生产，因此，对于生产管柱，在确定油管尺寸时，必须考虑管柱的冲蚀问题。

计算冲蚀流速采用 API 标准。

临界冲蚀流速方程：

$$V_e = C/\rho_g^{0.5} \tag{2-3-10}$$

式中　ρ_g——天然气密度；

　　　V_e——气体冲蚀临界流速，m/s；

$$\rho_g = 3484.4 \frac{\gamma_g p}{ZT} \tag{2-3-11}$$

C=常数，100~150。一般对于采用普通材质的井，如 J55、N80 等，C 值一般取 122。对于采用 13Cr、HP1-13Cr 或 HP2-13Cr 材质的井，C 可取到 150。根据深层须二气藏采用的油管材质，冲蚀计算 C 值可取 150。

气井中不同的位置产生的冲蚀程度不同，一般冲蚀管柱尺寸发生改变的地方冲蚀最严重。如井底节流处，井口等都可能是冲蚀最严重的地方，因此可以根据气井的井口压力大小，计算其位置下的不同油管尺寸的抗冲蚀流量，结合气井的产能大小，确定满足气井抗冲蚀的最小油管尺寸。

须二气藏深井开发实践表明，对于生产管柱，在选择油管尺寸时，油管的抗冲蚀能力不容忽视。如 X851 井，由于该井初期产量估算出现较大偏差，导致气井井内采用的管柱尺寸无法满足气井长期生产的需要，该井生产一年后出现重大事故并进行了压井和封井。根据该井的物性参数，结合该井实际生产情况，对 X851 井抗冲蚀进行计算（表 2-3-12），计算结果表明，在产量>120.00×10⁴ m³/d 时 Φ88.90mm 油管尺寸已无法满足管柱抗冲蚀能力。因此，根据生产历史曲线判断，该井产量突然增加后对管柱会产生较大的冲蚀作用。事故后分析高速气流的对管柱冲蚀非常严重，是造成安全事故的重要原因之一。

表 2-3-12　X851 井冲蚀计算

油管尺寸/mm	密度/（mg/cm³）	井口压力/MPa	气井产量/（10⁴m³/d）	临界冲蚀流量/（10⁴m³/d）
Φ88.9	0.5868	57.50	41.20	137.40
		55.70	82.80	131.50
		50.00	123.00	126.00
		47.30	143.00	124.00

（4）增产措施

对于须二气藏，天然裂缝是影响产能的关键因素。实践证明，钻遇裂缝性储层，极易在钻井、完井过程中遭受污染损害，需要通过储层改造解除储层污染，恢复和提高储层的产能；而如未钻遇裂缝或裂缝不发育，对于特低孔致密储层，则需要通过储层改造，扩大储层渗流面积，沟通远井区域的天然裂缝系统或高渗带，提高气井产能。在水力加砂压裂时，对施工压力和排量有较高要求，而排量较高或油管尺寸过小必然引起压裂液在井筒中流动时具有较大的摩阻，引起过高的井口压力及压裂车的无效功率损耗而不能将地层压开，造成施工失败。根据流体力学公式，可以推导出水力压裂施工时所需的井口泵压计算式为：

$$p_p = \alpha H + 2.3 \times 10^{-7} f \frac{H \times Q^2}{D^5} - \frac{\gamma \times H}{100} \qquad (2\text{-}3\text{-}12)$$

式中　p_p——压裂或酸压施工时所需的井口泵压，MPa；

　　　α——破裂压力梯度，MPa/m；

　　　H——气层中部深度（井深），m；

　　　f——摩擦阻力系数，无因次，可根据流体力学公式计算；

　　　Q——泵排量，m^3/min；

　　　D——油管内径，m；

　　　γ——压裂液或酸液相对密度，小数。

从式（2-3-12）可以看出，井口泵压与油管内径的 5 次方成反比，在相同条件下，考虑从油管注入方式进行压裂，油管尺寸越小，引起的井口压力越高，则井口和地面设备长时间处于高压下，造成的安全隐患越大，而为保证施工安全将限压施工，又会导致压不开地层，因而选择油管尺寸必须满足增产作业的要求。

以 X3 井为例，根据该井的产能预测，Φ73mm 油管的测试管柱能够满足该井的产能、携液、抗冲蚀要求，但考虑措施需要，地层破裂压力梯度按 0.025MPa/m，酸化压裂施工排量按 4.00～5.00m^3，计算不同管径、不同排量时的摩阻和井口压力值（表 2-3-13）。从计算结果看出，Φ73mm 油管内摩阻高达 108.94MPa，Φ89mm 油管内摩阻只有 Φ73mm 油管的38%左右。因此，从储层改造角度考虑，最大程度地降低施工沿程摩阻，保证施工顺利进行，需采用 Φ89mm 油管或以上油管尺寸。

（5）应用

根据上述方法，对深层须家河气藏油管尺寸进行选择：气井产能>150.00×$10^4 m^3$/d，采用 Φ89mm 以上的油管才能满足测试要求；气井产能>50.00×$10^4 m^3$/d 及<150.00×$10^4 m^3$/d，采用 Φ89mm 油管能够满足测试要求；气井产能<50.00×$10^4 m^3$/d，考虑储层改造，采用 Φ89mm 油管，不考虑储层改造，采用 Φ73mm 油管即可满足测试要求。

统计须二气藏典型井的油管尺寸（表 2-3-14）看出，上述油管尺寸选择原则选择的油管尺寸能满足气井测试或长期生产的要求。

表 2-3-13　压裂时油管内径与摩阻计算表

油管外径/mm	摩阻/MPa		
	排量 4m^3/min	排量 4.5m^3/min	排量 5m^3/min
60.00	210.58	256.04	303.44
73.00	76.42	92.02	108.94
88.90	29.30	34.76	40.65

表 2-3-14　须二气藏典型井油管尺寸统计表

井号	气井产能/$(10^4 m^3/d)$	油管尺寸/mm
X856	101.9	$\Phi89$
X2	131.04	$\Phi89$
X3	34.62	$\Phi89+\Phi73$

2. 材质选择

油管是天然气从地下采出的流体通道，准确合理的油管材质选择是气井安全生产的重要保证。以前完钻投产的须二气藏深井普遍采用普通材质油套管生产，生产管柱由于受 CO_2 腐蚀的影响，开采过程中经常会出现腐蚀穿孔、油管落井等问题。

（1）CO_2 腐蚀机理及影响因素分析

CO_2 对油管的腐蚀，主要是天然气中 CO_2 溶于水生成碳酸而引起电化学失重腐蚀所致，总的腐蚀反应可以用方程式来描述：$CO_2+H_2O+Fe\rightarrow FeCO_3+H_2$。影响 CO_2 腐蚀的因素很多，主要有 CO_2 分压（p_{CO_2}）、温度（T）、Cl^- 含量等。水是产生腐蚀的重要因素，CO_2 必须溶于水才能够对金属产生腐蚀，但汽水比对腐蚀的影响并不是成简单的线性关系。据 SY/T5127—2002 标准 CO_2 分压>0.21MPa 有中度到高度腐蚀，CO_2 分压 0.05～0.21MPa 有轻度腐蚀。温度是影响 CO_2 腐蚀的一个重要参数，在 60.00～110.00℃腐蚀突出。在无氧环境中，氯离子浓度范围在 $(1～10)\times10^4$ ppm 时，腐蚀速率随氯离子浓度升高而升高，在温度高于 60.00℃时趋势加剧。

（2）油管材质选择

须二气藏气井工况条件恶劣，具有高温、高压的特点，地层压力 80.00MPa，地层温度 130.00℃，CO_2 含量高达 1.38%，普遍存在地层水且气水关系复杂、无统一气水界面，矿化度较高（23.00×10^4 mg/L），腐蚀环境恶劣，因此油管材质选择必须考虑 CO_2 的腐蚀。西南油气分公司经过近几年的探索和研究，已经形成了一套合理的油管材质选择思路，选择了合理的油管材质，保证了气井的安全生产。

须二气藏气井油管材质选择，需满足强度和防 CO_2 腐蚀两方面的要求，需考虑温度、分压、Cl^- 诸多方面的因素。对于抗 CO_2 腐蚀，Cr 是公认的最有效的元素。从图 2-3-20 可以看出，在试验条件下，随着材质中 Cr 含量的增加，CO_2 腐蚀速率显著下降，当 Cr 含量达到 13.00%时，在温度 120.00℃以下几乎不发生腐蚀，即使在温度达到 150.00℃时，腐蚀速率也可控制在较低的水平。根据材质选择流程，结合须二气藏腐蚀性流体的性质，防腐材质应选择 13Cr 合金钢（图 2-3-21）。

13Cr 材质由于其优异的抗 CO_2 腐蚀性能（表 2-3-15），已经在含 CO_2 的油气田环境中得到了广泛的应用，但是由于普通 13Cr 合金钢只能达到 95 钢级，不能满足须二气藏高温高压条件下的强度要求，因此现场普遍使用的是改良型的 HP1-13Cr 合金钢管材。该材质由于添加了镍、钼，且降低了碳、硅、锰的含量，因此比普通 13Cr 具有更优异的抗 CO_2 腐蚀性能（表 2-3-16），也具有更高的强度，可达到 110 钢级。

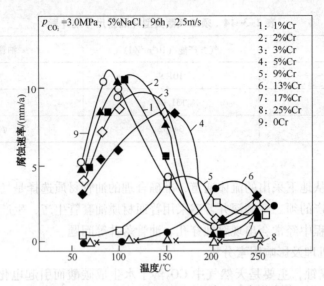

图 2-3-20　温度和 Cr 含量对 CO_2 腐蚀速率影响图

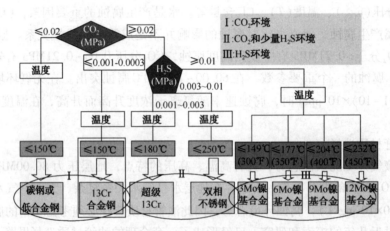

图 2-3-21　管材材质选用流程图

表 2-3-15　不同管材试样在高温高压下的腐蚀实验结果

钢　级	腐蚀速率/(mm/a)	备　注	试验条件
P110	4.0851	有较厚的腐蚀产物膜	p_{CO_2}: 0.7MPa; p_{H_2S}: 0.003MPa,
3Cr-110	2.0452	有较厚的腐蚀产物膜	Cl^-: 91000mg/L;温度:100℃
HP1-13Cr-110	0.0075	表面光亮	流速:3m/s;试验时间:7d

表 2-3-16　13Cr 与 HP1-13Cr 的腐蚀速率对比

工况			腐蚀速率/(mm/a)		备　注
p_{CO_2}/MPa	温度/℃	流速/(m/s)	普通 13Cr	HP1-13Cr	
3.00	150.00	0.50	0.2502	0.0395	试验时间 7 天;
4.50	150.00	0.50	0.3810	0.0689	Cl^-: 20g/L
3.00	150.00	2.00	0.3298	0.0515	

　　X851 井完井管柱材质为 HP1-13Cr(图 2-3-22),经受住了高温、高压、高产考验,

X856、X2 等井采用 HP1-13Cr 油管安全平稳输气（图 2-3-23）。

图 2-3-22　X851 井 HP1-13Cr
油管腐蚀检测情况

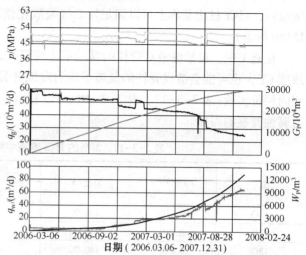

图 2-3-23　X856 井开采动态曲线

3. 酸液对生产管柱的影响

　　须二气藏高温高压高产工业气井，普遍采用完井—测试—生产一体化管柱，储层改造普遍采用酸化、酸压工艺，在酸化、酸压施工作业中，酸液对完井管柱也产生严重的腐蚀，如 CX565 井 4940.00～4997.00m 井段酸化后，起出的 HP1-13Cr 油管腐蚀严重（图 2-3-24），13Cr 材质在不同酸性环境中的室内腐蚀实验结果见图 2-3-25。

　　国际上判别材质能否用做酸化管柱的标准为：全面腐蚀速率≤45.00mm/a，且点蚀级别≤2。

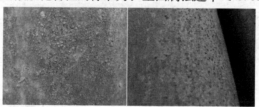

图 2-3-24　CX565 井 HP13Cr 油管酸化后的照片（外壁）

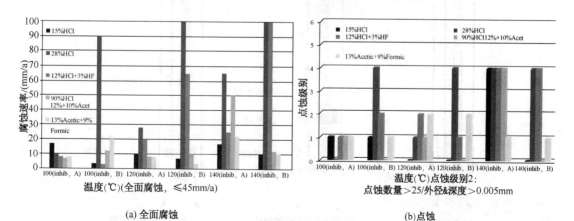

(a) 全面腐蚀

(b) 点蚀

图 2-3-25　酸液对 13Cr 材质的影响

从图 2-3-25 可以看出，由于酸化、酸压施工周期较短，在酸液环境中若能选择合适的缓蚀剂，13Cr 材质基本上可以满足须二气藏酸化使用要求，但需尽量控制 pH 值 ≥3.5（ISO 15156 标准）。

在施工中，虽然酸液对管柱的腐蚀不会对管柱的使用性能造成太大的影响，由于有较高浓度 Cl⁻，也可能会造成管柱的氯离子应力腐蚀开裂。通过 13Cr 材质在酸液中的抗腐蚀性能室内评价实验（表 2-3-17、表 2-3-18）可以看出，在高温下 13Cr 材质可以满足抗氯离子应力腐蚀开裂的需要。

表 2-3-17 28%的 HCl 溶液中材料的腐蚀评价实验

编号	p_{H_2S}/MPa	温度/℃	U 型环实验	金属挂片实验	
			SCC	点蚀级别	腐蚀速率/(mm/a)
13Cr	0.010	100.00	No	2	0.100
13Cr	0.010	120.00	No	1	0.070
13Cr	0.010	140.00	No	1	0.280
13Cr	0.001	140.00	No	2	2.315

表 2-3-18 12%HCl+3%HF 溶液中材料的腐蚀评价实验

编号	p_{H_2S}/MPa	温度/℃	U 型环实验	金属挂片实验	
			SCC	点蚀级别	腐蚀速率/(mm/a)
13Cr	0.010	120.00	No	2	0.950
13Cr	0.001	50.00	Yes	0	4.767
13Cr	0.001	140.00	No	3	6.220

4. 管柱结构优化

为了满足不同的投产需要，形成了三种生产管柱结构设计思路：①普通碳钢的光油管柱 [图 2-3-26(a)]，满足中低产气井的投产需要；②HP1-13Cr 材质的永久式封隔器管柱 [图 2-3-26(b)]，满足高产气井的投产需要；③普通碳钢的可取式封隔器管柱 [图 2-3-26(c)]，满足压裂投产气井的需要。

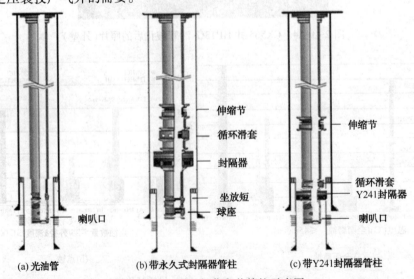

(a) 光油管　　　(b) 带永久式封隔器管柱　　　(c) 带 Y241 封隔器管柱

图 2-3-26 须二气藏完井管柱示意图

（1）高产气井完井管柱

① 高产气井完井管柱优化原则

高产气井完井管柱优化原则：满足须家河气藏开发方案中的投产方式、资料录取等需要；必须有安全控制装置；结构尽可能简单；尽可能减少管柱中的橡胶密封，特别是滑动密封。

② 管柱结构

a. 井下安全阀

新场气田人口密集，气田开发过程中安全、环保要求高，为确保井口或井下失控时，人员安全、保护环境、气藏安全，做为气井的第二道也是最后一道安全屏障，井下安全阀是管柱中必不可少的部分。

井下安全阀的压力级别应根据气井最大关井压力进行选择。新场须二气井最大关井压力 62.35~69.80MPa，需选择承压能力 70.00~80.00MPa 的井下安全阀。液控管线的承压能力应大于井口最大关井压力与井下安全阀地面开启压力之和，因此液控管线压力级别推荐为 105.00MPa。

井下安全阀的内径应与油管尺寸相匹配，以避免井筒内出现节流效应。井下安全阀主要技术参数如表 2-3-19。

表 2-3-19　井下安全阀主要技术参数表

适用油管外径/mm	型号	最大外径/mm	最小内径/mm	工作压力/MPa
73	威德福 WP(E)-10	129.5	58.8	70
89	威德福 WP(E)-10	143.51	72.89	70
	威德福 WP(E)-10	141.5	71.5	70
	威德福 WPE-10	147.57	71.37	80

b. 伸缩节

伸缩节能有效地补偿因井内温度、压力等效应导致的管柱伸长或缩短，避免管柱变形。其内外同心管之间的密封元件为滑动密封，在高温高压含腐蚀介质的情况下该滑动密封为潜在的渗漏点。因此，在管柱强度和变形能满足安全测试和生产需要的前提下，则不下入伸缩节。

c. 循环阀

循环阀依靠内外滑套的开关来达到油套连通和密封，同样，也存在滑动密封，在高温高压含腐蚀介质的情况下也是潜在的渗漏点。根据须二气藏开发模式和产能情况：对于气井生产压力相对较低，采用一次性射孔测试完井联作管柱，生产过程中具有后期压井作业的可能（如地层出水需修井或更换管柱等），推荐下入循环阀；对于高压高产气井，气井能量充足、生产压力通常较高，管柱设计主要考虑确保气井长期稳定安全生产，同时在较高压力下下入绳索工具成功开启滑套的可能性较小，为简化管柱结构、减小高压高产气井管柱泄漏的可能性，推荐不下入循环阀。对于高温高压气井规范要求采用压力控制式循环阀，如 CMPA 滑套等（表 2-3-20）。

d. 封隔器

高温高压气井广泛使用是液压坐封永久式插管封隔器、锚定式封隔器和锚定插管封隔器，但在施工操作程序、施工时间上具有不同的特点：锚定式封隔器，如 SB-3 封隔器，其管柱、封隔器及球座一次下入，投球憋压坐封并憋掉球座即可。油管需采用切割或倒扣方式起出，封隔器需用磨铣工具进行磨铣和打捞，修井难度较大。

表 2-3-20　循环阀技术参数表

厂　　家	名　　称	通径/mm	最大外径/mm
Baker	CMPA	71.42	134.87
哈里伯顿	SSD	71.45	115.70

自由插管封隔器，如 BWD、BWH 和 DB 封隔器，先用送放工具将封隔器和下部管柱先下入井内，投球憋压坐封封隔器并丢手，起出送放工具后再下插管插入封隔器密封筒内。需先上提将插管提出后，再下磨捞工具捞出封隔器。

锚定插管封隔器，如 HPH、MHR、SAB-3 封隔器（表 2-3-21～表 2-3-23），管柱、封隔器及球座一次下入（带锚定密封）。解封时先旋转管柱，再提出密封插管，然后下入回收工具打捞出封隔器（HPH 封隔器）或磨铣封隔器。

表 2-3-21　HPH 封隔器参数表

套管尺寸/mm	套管重量/(kg/m)	最大外径/mm	最小内径/mm	压力、温度范围
177.80	38.69~47.62	150.36	96.52	可达 105MPa、232 ℃
	43.16~47.62	150.36	94.48	
	43.16~47.62	150.36	98.55	
	47.62~52.08	147.82	94.48	
193.68	70.08	155.57	84.32	

表 2-3-22　MHR 封隔器参数表

套管尺寸/mm	套管重量/(kg/m)	封隔器外径/mm	上密封筒/mm	组合密封/mm	下密封筒/mm	组合密封/mm	压力、温度范围
177.8	25.30~34.22	156.97	107.95	80.52	82.55	59.69	80MPa 温度级别 150 ℃
	25.30~29.76	158.75	127.00	98.43	101.60	73.03	
	34.22~47.62	149.23	127.00	98.43	101.60	73.03	
	34.22~56.55	144.45	107.95	80.52	82.55	59.69	
	47.62~65.48	138.89	107.95	80.52	82.55	59.69	
	39.29~58.04	161.93	127.00	98.43	101.60	73.03	
193.7	50.15~67.41	158.75	127.00	98.43	101.60	73.03	
	50.15~70.39	156.97	107.95	80.52	82.55	59.69	

表 2-3-23　SAB-3 封隔器参数表

套管尺寸/mm	套管重量/(lb/ft)	封隔器外径/mm	上密封筒外径/mm	上密封插管外径/mm	下密封筒外径/mm	下密封管外径/mm	压力、温度范围
177.80	26.00~29.00	149.20	123.80	80.52	104.70	59.69	70MPa 150 ℃
193.70	24.00~33.70	165.10	120.60	98.40	98.60	63.50	

考虑须二气藏气水关系复杂、储层非均质性强，从同时满足高压高产条件下安全生产及出现复杂情况时利于修井作业的角度考虑，推荐选用 HPH、MHR 或 SAB-3 锚定插管封隔

器。新场气田须二气藏地层压力在 50.00~80.00MPa，选用承压级别 70.00MPa 的封隔器能满足气井安全生产的要求。

e. 坐放短节

用于坐放井下测试仪器，管内封堵产层，便于起出上部管柱进行后期修井作业。同时，该工具还可在球座失效的情况下应急坐封封隔器，因此，通常情况下选择下入。

f. 配套工具

包括流动短节、球座、磨铣延伸筒、堵塞器、开关工具等。根据完井工具的下入情况选用。

综上所述，针对须二气藏气井，通过对以上管柱结构优化，形成了"以井下安全阀、封隔器为主体结构，伸缩节、循环阀根据工程需要选取"的高产气井完井生产管柱结构，利于气井长期安全生产和节约成本。

③ 应用实例

X2 井完钻井深 4855.00m，完钻层位 T_3x_2，衬管完井。通过管柱力学分析，考虑安全、经济因素，采用了 Φ88.90mmHP1-13Cr110 油管带 70.00MPa 井下安全阀、70.00MPaSB-3 永久式封隔器的完井管柱，未下入伸缩短节及循环滑套（图 2-3-27）。

a. 考虑该井最高井口关井压力较高，产能可能较高，此工况下绳索工具下入难度大，不能打开滑套内套，无法建立循环压井，因此，鉴于该井可能高温高压高产，为简化管柱结构，减少井下泄漏点，避免造成井下情况复杂化，确保长期安全生产，完井管柱不设计循环滑套。

b. X2 井管柱力学分析表明，封隔器抗拉安全系数最低为 1.81，封隔器承受最大压差为 41.40MPa，因此不下入伸缩短节时管柱及封隔器所承受的力在安全范围内，为简化管柱结构，保证管柱安全，X2 井未下入伸缩短节。

（2）中低产气井管柱

管柱结构优化设计主要考虑以下几个方面：

① 强度：综合考虑管柱自重、后期可能的储层改造等因素下的抗拉要求，安全系数不小于 1.80；

② 通径：满足生产测试需要，要求管柱保持全通径，下部带喇叭口。

中低产气井管柱结构为：Φ89mm × δ9.52mm P110EUE+Φ89mm×δ6.45mmP110EUE+变丝+Φ73mm× δ5.51mmP110EUE+喇叭口。

（3）措施投产气井完井管柱

① 优化原则

管柱结构优化时主要考虑以下几点：其一满足措施投产的要求；其二满足须二气藏开发方案中的投产方式、资料录取等需要；其三满足缓蚀剂防腐和动态监测需要。

② 管柱结构

a. 封隔器。要求封隔器应是可取式的，以满足逐层评价、修井更换管柱需要；应具有大于

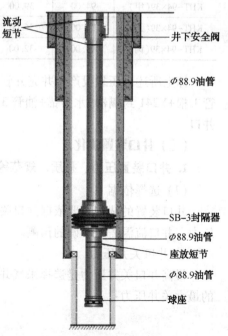

图 2-3-27　X2 井完井管柱结构示意图

60.00MPa 的额定工作压力,耐温大于 150.00℃。通过须二酸化、压裂实践,Y241 封隔器具有液压坐封、上提解封可靠的特点,适合直井或斜井的单层或双层压裂和测试作业,得到了较为广泛的应用。技术参数如表 2-3-24 所示。

表 2-3-24　Y241 型封隔器参数表

最大外径/mm	最小通径/mm	工作压力/MPa	工作温度/℃	坐封压力/MPa	解封负荷/kN	卡瓦张开最大外径/mm	长度/mm
115	54	60	150	15~20	15~20	130	1427
148	62					165	1695

　　b. 伸缩节。根据井内介质、温度、井口压力情况,对坐封隔器坐封、验封、试破、挤酸、关井等关键工序进行管柱受力和变形量计算,据此确定相应的施工参数和是否下入伸缩节及伸缩节长度。通过对比优选,SS-110 伸缩节能满足川西须家河组气藏需要,参数见表 2-3-25。

表 2-3-25　SS-110 伸缩节主要参数表

工具长度/m	最大外径/mm	最小内径/mm	开启压力/MPa	工作压力/MPa	最大补偿距/mm	工作温度/℃
2710.00	110.00	62.00	21.00~24.00	70.00	1500.00	150.00

　　c. 滑套。下入滑套利于进行循环压井、气举排液等,KHT 滑套参数见表 2-3-26。

表 2-3-26　滑套的性能参数表

型号	最大外径/mm	最小通径/mm	启动钢球直径/mm	销钉剪断压力/MPa	总长/mm	工作压力/MPa	工作温度/℃
KHT-94×39(甲)	94.00	39.00	45.00	12.00	600.00	75.00	150.00
KHT-94×39(乙)	94.00	36.00	38.00	12.00	600.00	75.00	150.00
KHT-94×39(丙)	94.00	32.00	35.00	12.00	600.00	75.00	150.00

　　综上所述,压裂投产气井完井管柱结构:喇叭口+油管+坐封球座(芯子可打至井底)+油管 1 根+Y241 封隔器+水力锚+油管 3 根+滑套(通径大于 40mm)+油管+伸缩补偿管+油管至井口。

(三) 井口装置优化

1. 井口装置压力、材质、规范等级别

(1) 选择依据

井口装置的选型主要依据井口关井压力、井口流温以及流体性质等因素,其中井口关井压力、井口流温需要准确的预测。

① 井口关井压力

最高井口关井压力是选择采气井口装置必不可少的重要参数。可采用以下方法预测井口的最大关井压力:

$$p_G = \frac{p_B}{e^{\left[\frac{0.03415\gamma_g L}{T_{CP} Z_{CP}}\right]}}$$

(2-3-13)

式中　p_G——井口压力,MPa;

100

p_B——精确井底压力，MPa；

γ_g——天然气相对密度；

L——气层中部深度，m；

T_{CP}、Z_{CP}——井筒平均温度（K）、平均压缩系数。

须二气藏地层压力 76.48～84.69MPa，地层温度 127.20～141.90℃，气体相对密度为 0.5746，地层中部深度在 4800.00～5000.00m。根据式（2-3-18）预测 X2 最大关井压力为 70.00MPa，根据安全阀意外关闭后，安全阀打开压力推算最大关井压力为 71.00MPa，两者相差不大。

② 井口温度

井口流温预测是对测试流程采取合理保温系统的基本依据，也是确定井口装置及测试流程管线材质的重要参数，可采用考虑产层温度、产量、地面温度因素的公式进行井口温度预测：

$$t'_0 = (t - t_0)(1.21295 \times 10^{-2} q_g - 4.6919 \times 10^{-5} q_g^2) + t_0 \qquad (2-3-14)$$

式中 t'_0——井口常年平均气温，℃；

t_0——地面气产量为 q_g 时井口最高温度，℃；

t——气层中部温度，℃；

q_g——测试时的地面气产量，$10^4 \text{m}^3/\text{d}$。

式（2-3-14）预测值与实际值相差不大（表 2-3-27）。根据须二气藏已完钻井资料，地层温度 127.20～141.90℃，按单井测试产能 20.00×10^4m^3/d，预测井口流温为 40.00℃ 左右，按单井测试产能 40.00×10^4m^3/d，预测井口流温为 60.00～70.00℃，若按单井测试产能达 100.00×10^4m^3/d，预测井口流温则为 100.00～110.00℃。

表 2-3-27 预测井口温度和实测温度对比表

井号	预测流温/℃	实测流温/℃	地面气产量/(10^4m^3/d)
X851	63.00	75.00	42.00
	78.00	80.00	60.00
	91.00	85.00	82.00
	98.00	90.00	100.00
X2	68.00	66.28	45.60

（2）选择思路

根据《API 井口装置和采油树设备规范》（图 2-3-28，表 2-3-28、表 2-3-29）选择井口装置压力、材质、规范等级别。

表 2-3-28 井口装置的温度类别

温 度 类 别	适用温度范围/℃	温 度 类 别	适用温度范围/℃
K	-50.00～82.00	T	-18.00～82.00
L	-46.00～82.00	U	-18.00～121.00
P	-29.00～82.00	X	-18.00～176.00
R	4.00～49.00	Y	-18.00～343.00
S	-18.00～66.00	Z	-18.00～380.00

须二气藏深井地层压力 76.48～84.69MPa，地层温度 127.20～141.90℃，CO₂ 含量 0.65%，最大关井压力 71.00MPa，流温 40.00～100.00℃。须家河气藏腐蚀气体主要为 CO_2，从防腐方面考虑套管头应选择 FF 级材质，压力级别 105.00MPa，温度级别 P–U、性能级别 PR2、规范级别 PSL3G，根据井身结构选择两级或三级套管头。但是 FF 级井口装置价格较高，考虑到完井后将下入封隔器保护套管和井口装置，套管头本体不会和流体接触，所以套管头可以选择 EE 级。

由于采气树直接要和井内流体长期接触，后期要进行酸化和压裂改造，必须考虑，酸液和 Cl⁻ 影响，所以选择 FF 级材质，压力级别 105.00MPa，温度级别 P–U、性能级别 PR2、规范级别 PSL3G。

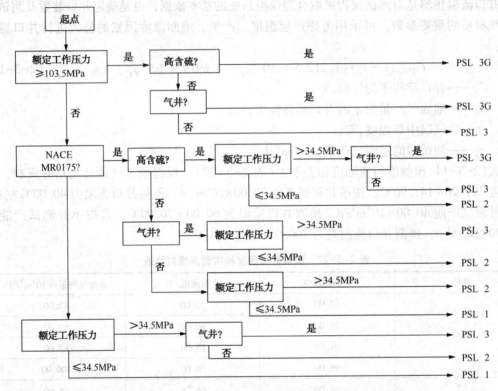

图 2-3-28　API 推荐的井口和采油树主要部件的产品规范与等级

表 2-3-29　采油(气)井口装置主要零件材料选择表

材料类别	材料最低要求	
	本体、盖和法兰	控压件、芯轴式悬挂器
AA 一般使用	碳钢、低合金钢或不锈钢	碳钢或低合金钢
BB 一般使用		不锈钢
DD 一般使用	碳钢或低合金钢	碳钢或低合金钢
EE—酸性环境		不锈钢
FF—酸性环境	不锈钢	
HH—酸性环境	抗腐蚀合金	抗腐蚀合金

2. 井口装置组合形式选择

须二气藏深井前期井口装置由国产套管头和进口采气树组成，这种组合最大的优点是可以节约成本，但在连接上存在一定问题，由于生产的厂家不同，悬挂器的直径和油管头的通径不同，导致不能密封。X2井在安装井口时就出现了类似情况。通过对材料分析，应力计算，在不改变功能和违反规范的前提下，把尺寸统一，解决了连接问题。虽然上述组合能节约一定的成本，但还是较贵，而且外国产品供货周期较长，一般为30~50周，密封配件不能和国内产品互换，供货周期和配件的互换问题是完井周期较长的主要原因。

国内原材料及加工业等方面有了飞速的发展，热处理、加工精度、检测手段都接近达发国家先进水平，国产井口装置完全能满足改造、生产等要求。目前在X10井、DY101井等井已成功使用了国产套管头和采气树，完成了测试和改造并进行输气生产。

3. 悬挂器的选择

悬挂器不仅要悬挂井内套管和油管，还要和套管头或油管头形成密封，此处是拉应力最集中部位，井内管柱断裂或密封件泄漏一般在该部位，所以悬挂器的材质和热处理工艺要求及密封件性能较其他部位高。由于须家河工况较恶劣，所以对该部位各部件的要求就更高。

（1）套管悬挂器

常用的套管悬挂器有卡瓦式和芯轴式。卡瓦式安装方便，但密封件采用橡胶元件，温度、压力、井内流体对其影响较大；芯轴式安装时要求套管必须下到位，否则无法安装，密封件采用金属密封件，密封可靠。

卡瓦式悬挂器密封件一般为高饱和氢化丁腈橡胶，丁腈橡胶耐油性和综合性能良好，但不耐高温。长期使用温度为100.00℃，使用寿命一般为10年，即使过氧化物硫化的丁腈橡胶长期使用温度也只能在120.00℃，X851井套管副密封采用的是丁腈橡胶，在开采2年后密封件损坏产生了泄漏。芯轴式悬挂器密封件为金属密封件，金属密封件具有受环境影响小、抗腐蚀强、密封可靠等特点，特别适合高温、高压井、高含腐蚀介质井中使用。根据须家河气藏高含CO_2性质，从安全、长期生产等方面考虑，一般采用芯轴式悬挂器，密封件选用0Cr18Ni9材质不锈钢。

芯轴式悬挂器的密封形式有悬重激发式和外力激发式密封两种（图2-3-29）。悬重激发式密封，它主要靠管柱的重量产生向下的拉力，使金属密封环涨开双唇实现密封。优点在于结构紧凑，下拉力大，送入较方便。缺点是密封损坏，更换时必须提出井内管柱，若是固井后，对于套管悬挂器金属密封几乎没有补救措施。

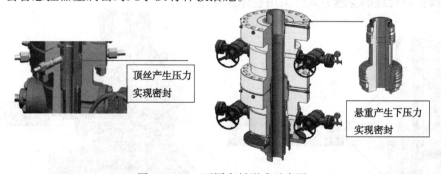

顶丝产生压力实现密封

悬重产生下压力实现密封

图2-3-29 不同密封形式示意图

采用外力激发式密封可以避免上述问题。外力激发式密封，主要是通过旋紧顶丝施加下压力，张开密封环，实现密封。从操作、后期维修等方面考虑密封方式选用外力激发式密封。

（2）油管悬挂器

油管悬挂器主要用来悬挂井内油管，并形成油套空间，在选择时主要考虑材质和密封问题，X851井油管悬挂器断裂，主要原因就是悬挂器材质和油管电位差太大，加速了腐蚀，所以悬挂器应选择和油管电位差小的材质。

油管悬挂器由橡胶或金属密封，橡胶密封也面临着与套管悬挂器相同的问题。金属密封件硬度大，由于要受较大的外力挤压，靠自身变形才能实现密封，拆卸后易在本体密封面上留下划痕，修复时对工艺要求较高。若划痕太深，修复后原密封件尺寸就会太小，满足不了密封需要。现场就发生过拆卸后采气树本体密封面被金属密封件划伤(图2-3-30)，必须修复后才能使用。

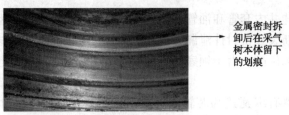

图2-3-30　金属密封件对采气树本体造成的划痕

须二气藏深井作业程序复杂，在作业过程中要多次进行起下管柱和拆装采气树作业，油管悬挂器会进行多次拆卸，因此应该准备两套密封件，一套为金属密封，一套为橡胶密封，下生产管柱前安装橡胶密封件，可避免密封面不会被刮伤，也便于拆卸，短期内也能满足施工要求。下生产管柱时安装金属密封保证长期密封效果。

4. 井下安全阀控制管线穿越方式

高温、高压气井普遍要下入井下安全阀，而在悬挂器上加工液控管线通道将导致悬挂器强度的降低和泄漏点的增多。

井下安全阀控制管线的穿越形式有非整体穿越和整体穿越两种(图2-3-31)。非整体穿越式是指液控管线在出井口前须切断，虽然拆卸和安装简单，但增加了密封泄漏点；整体式穿越具有保持井下安全阀液控管线的完整性和泄漏点少的特点，X2井采用该种方式，因此井下安全阀控制管线的穿越方式应采用整体式穿越。

图2-3-31　控制管线穿越方式示意图

5. 采气树类型选择

须二气藏深井都使用"十"字双翼采气树[图2-3-32(a)],特点是结构较简单,某部分损坏后可以在井上进行更换,维修较容易,但漏点较多。"十"字单翼采气树[图2-3-32(b)]不推荐使用,主要是一旦泄漏,维修较困难。"Y"型采气树[图2-3-32(c)]采用整体锻造,漏点少,抗冲蚀能力强,适用于$(60.00\sim90.00)\times10^4 m^3/d$的气井;整体式采气树[图2-3-32(d)],适用于$90.00\times10^4 m^3/d$以上的气井。"Y"型和整体式部件损坏后维修困难,考虑到须二气藏单井稳定产量低于$60.00\times10^4 m^3/d$,选择性价比高的"十"字双翼型采气树。

综上所述,须二气藏深井井口装置套管头应选择EE级材质,压力级别105.00MPa,温度级别P-U、性能级别PR2、规范级别PSL3G,根据井身结构选择两级或三级套管头。采气树应选择FF级材质,压力级别105MPa,温度级别P-U、性能级别PR2、规范级别PSL3G。采用国产套管头和采气树,套管悬挂器密封形式采用外力激发式,密封件采用金属密封。油管悬挂器橡胶件和金属密封件各准备1套,闸阀背密封件选用进口优质密封件,井下安全阀控制管线的穿越方式采用整体式穿越,采气树选用"十"字双翼型。

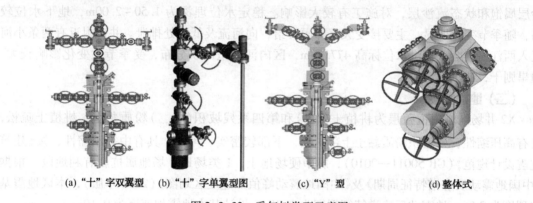

(a) "十"字双翼型 (b) "十"字单翼型图   (c) "Y"型   (d) 整体式

图2-3-32 采气树类型示意图

第三章　采输流程工艺技术

第一节　临时采输流程设计

一、站场概况

(一)井场地理位置

X2 井位于德阳市德新镇长征村四组。井场地貌单元属沱江水系之一级阶地,沱江冲洪积扇的上段,地形较为平坦,场地主要分为耕植土—粉土—中沙—中密卵石层,粉土下的中沙层属饱和状态流沙层,对施工有较大影响。稳定水位埋深为 1.50~2.00m,地下水位较高,随季节变化明显,主要接受大气降雨补给,向河流及低洼处排泄。井口附近有两条小河汇入西江河,会入口洪水位标高 477.59m,区内河渠呈网状分布,受季节性变化影响较大,遇旱则干,遇洪则涝。

(二)地震烈度

X2 井场区域内覆盖层为耕植土(Q_{pd})和第四系残坡积(Q_{dl+el})粉质黏土。耕植土疏松,具有高压缩性,残坡积粉质黏土上部疏松,下部较密实、可塑,具有中等压缩性,按《建筑抗震设计规范》(GB 50011—2010),属中硬场地土,I 类场地。场地属抗震有利地段。根据《中国地震动反应谱特征周期》及《中国地震动峰值加速度区划图》(2001 年版),本区地震基本烈度为 7 度。地震动反应谱特征周期为 0.35s,设计基本地震加速度为 0.10g。

二、临时流程工艺设计

1. 设计依据

(1) 西南油气分公司《X2 井集气站工程设计委托书》。

(2) 西南油气分公司《X2 井工程基础资料》。

(3) 与 X2 相关的其他工程地质资料。

2. 设计原则及遵循的标准规范

(1)设计原则

① 认真贯彻国家基本建设方针政策,本着"以安全环保为前提、效益为中心,质量为重点"的思路,力争在安全环保的条件下节约基建投资,提高经济效益。

② 结合本工程的具体情况,采用先进成熟的技术、设备和材料,确保工程的安全平稳运行。

(2) 遵循主要规范

《石油天然气工程设计防火规范》(GB 50183—2004)。

3. 设计参数

X2 井所用参数以参考临井同气藏气 X856 井为依据。井底压力 85.00MPa;井口流动压力 60.00~65.00MPa；井口流动温度 85.00~100.00℃；产气量（30.00~60.00）×10⁴m³/d；出站压力 2.00~3.00MPa；出站温度 25.00℃。

4. 临时流程总体布局

根据《石油天然气工程设计防火规范》的要求，该站的临时流程为五级，因此在满足工艺要求的前提下，考虑方便生产管理，节约用地；在满足防火规范的条件下，平面布置力求紧凑、合理。

X2 临时流程总图建筑物主要为活动房、独立厕所等；构筑物包括污水罐、消防棚、临时值班室、道路及回车场、工艺区地坪、水井等；设备装置包括水套炉撬块，卧式分离器，污水罐等。

总图布置充分考虑测试和试采工艺要求，功能分区明确、安全管理方便、对外联系快捷等特点，站场毗邻公路，以方便车辆出入，场地处于相对平坦地形，场地内地坪排水坡度为0.5%。场地雨水排入邻近水沟。

5. 临时流程工艺

X2 井从井口出来的高压天然气不节流，经高压管道直接进入管汇台进行一级节流，天然气压力从 65.00MPa 节流至 30.00MPa，温度从 85.00℃降至 70.00℃后进入水套加热炉进行二级加热节流（水套炉一级节流阀后压力为 10.00MPa，水套加热炉二级节流阀后压力为2.00~4.00MPa，温度为 20.00℃），再进入卧式分离器进行分离，分离后的天然气经计量后外输进入输气管网，分离出的液体进入储水罐，定期用汽车拉运至气田地层水处理站。

为保证在检修管汇平台的节流油嘴时不影响气井的正常生产，设计了两套管汇平台，与采气树的两翼相连，互为备用（由于试油队配合投产已使用采油树一翼，因此建设时只能建1 台管汇台），两套水套加热炉和分离器则并联使用。正常情况下 1 台管汇平台检修时，另 1套可满足生产需要。由于水套加热炉的热负荷低，处理量仅为 30.00×10⁴m³/d，因此如其中1 台检修时，应降低气井产量以保证在节流过程中气体不会形成水合物。为保证站内设备管道的安全，在每台分离器上各安装 1 只安全阀。

气井开采初期不含气田水，故分离器设置手动放液装置，由操作人员视液量多少进行手动排液。同时全站只设置就地仪表，投产后业主可根据需要设置自控系统。加热炉用气和生活用气来自分离器分离后的天然气，经水套加热炉加热后节流至 0.03MPa 供水套加热炉燃烧。生活用气经气体过滤器净化后，再经调压计量后，供集气站内生产、生活用气。为保证集输气流程工作的连续性、易操作性和装置的安全性，流程上设有安全泄压系统、放空系统和排油污水系统。流程中分离出的杂质和残液排入排污罐，放空和泄压系统设立放空立管。

为便于安装、拆除和搬迁，主要设备均设计为撬装块。全站共设撬装块 6 套，其中管汇平台撬装 2 套，水套加热炉撬装 2 套、分离器撬状 2 套。X2 井管汇平台设计压力70.00MPa，单套处理量 60.00×10⁴m³/d，水套加热炉设计压力 60.00MPa，单套处理量30.00×10⁴m³/d，分离器撬装设计压力为 6.30MPa，单套处理量 60.00×10⁴m³/d。撬状块均由业主委托具有相应设计制造资质的生产厂设计制造，并将仪表阀门安装在撬上。如 X2 井投产后产气量大于 60.00×10⁴m³/d，由于管汇平台每套均有 2 个预留头，因此只需增加水套炉撬装块和分离器撬状块即可。若 X2 井投产后井口流动压力大于 65.00MPa，则采气树针形阀应进行节流且应增设相应的安全阀。

6. 站内管线吹扫、试压

设备及管道安装完毕、无损检验、吹扫合格后，进行试压。

（1）吹扫试压前的要求

管道系统安装完毕后，在投产前必须进行吹扫和试验，清除管道内部的杂物和检查管道及焊缝的质量；埋地管道在试压前不回填土，地面上的管道在试压前不进行刷漆；试压用的压力表必须进行校验合格，并且有铅封。其精度等级不得低于1.5级，量程范围为最大试验压力的1.5倍；试压用的温度计分度值不小于1.00℃；制定吹扫试压方案时，须采取有效的安全措施，并经业主和监理审批后实施；吹扫前，系统中计量仪表、调压阀、节流阀必须拆除，用短接、弯头代替连通；试压前，须将压力等级不同的管道、不宜与管道一起试压的系统、设备、管件、阀门和仪器隔开，按不同的试验压力进行试压。

（2）吹扫

系统试压前应进行吹扫；吹扫气体在管线中流速应大于20.00m/s，但吹扫压力不得超过管线的设计压力；管道吹出的脏物不得进入设备，设备吹出的脏物也不得进入管道；当吹出的气体无铁锈、尘土、石块、水等脏物时为吹扫合格；吹扫合格后须及时封堵。

（3）试压

试压压力强度试验介质用水，严密性试验介质用压缩空气；试压强度试验压力为设计压力的1.5倍，严密性试验压力按设计压力进行；试压操作，升压应缓慢，达到强度试验压力后，稳压10min，检查无漏无压降为合格；然后将压力降到设计压力，进行严密性试验，稳压30min，经检查无渗漏无压降为合格；各阶段试压必须达到表3-1-1的要求。

表3-1-1　各阶段压力系统试验压力统计表

试 压 区 段	强度试验/MPa	严密性试验/MPa
井口至采气平台之间管线	105.00	70.00
采气平台至水套炉之间管线	48.00	32.00
水套加热炉撬至分离器撬之间管线，分离器撬至与外输老管线碰口处	7.50	5.00
燃料气管线、燃料气低压放空管线	0.15	0.10

7. 主要设备优选

根据气藏的"六高"显著特点，参照同层位气井流程设备选型经验，设计中主要参考X2井区的X856井资料所有的设备、阀门、管材按抗CO_2设计，设备仍选择材质、规模相当的设备作为临时流程的主要设备，因此X2井临时流程水套炉选用SSL600/20型撬块，分离器选用PN6.4MPa、DN800型撬块，井口至水套炉选用高压锅炉钢，其余管线采用20#钢。

设计压力：生产管汇台区105.00MPa；水套加热炉区60.00MPa；水套加热炉出口至出站60.00MPa；自耗气系统设计压力1.60MPa；高压放空35.00MPa；中压放空管、排污管6.4MPa。

X2井临时流程采用一套管汇，两套水套炉、两套分离器并联。流程采用管汇台油嘴一级节流后，分别经过两套水套炉两次节流，再进入分离器分离、计量后外输。

（1）管汇台

管汇台（图3-1-1）共有25只阀门，其中22只平板阀，2只针阀；1只固定式节流阀。

① 平板阀（PN105MPa、DN65）（图3-1-2）。主要由阀

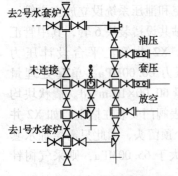

图3-1-1　X2井临时流程管汇连接示意图

（图中标注：去2号水套炉、油压、套压、木连接、放空、去1号水套炉）

体、阀盖、阀座、阀板、阀杆、尾杆和密封元件组成。

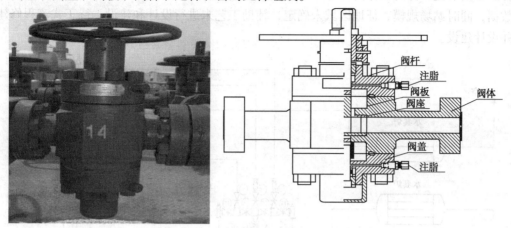

图 3-1-2　X2 井临时流程平板阀示意图

② 固定式节流阀（图 3-1-3）。是通过更换油嘴大小实施节流调产的节流装置。其中 X2 临时流程使用固定式节流阀，油嘴由硬质合金钢加工而成。

（2）水套炉

采用人工点火，易调试，操作简单。节流采用孔板式节流阀。

① 点火装置。临时流程点火装置通过燃气调压柜后将压力调至 0.15MPa，进入水套炉燃气管线；利用风门前截至阀调节气量。

② 孔板式节流阀（图 3-1-4）。孔板式节流阀，通过调节 2 个半圆形界面通道达到节流作用。

图 3-1-3　X2 井临时流程固定式节流阀示意图

图 3-1-4　X2 井孔板式节流阀示意图

（3）分离器

主要由疏水阀、高级孔板计量装置两部分组成。

① 疏水阀。疏水阀（TSS43H）型号为 $PN6.3MPa$、$DN50$，使用于 200.00℃ 以下，在 3.00MPa 工作压力下，每小时排量 10.00m³/h。

② 高级孔板计量装置。设计时要求双波纹表及雨棚大小合理，平衡阀位置适合方便现场操作。

8. 临时投产工艺流程建设

根据以上设计思路，X2 井临时投产工艺流程，在投产前完成建设。临时投产流程采用 1 套管汇，2 套水套炉、分离器并联（图 3-1-5）。该流程采用管汇台油嘴一级节流后，经过水套炉 2 次节流，分离器分离计量后外输。由于气井实际压力级别、产能大小等无法得到准确数据，同时站场规模、征地区域未确定，辅助工艺未进行设计和建设，待正式流程修建时一并设计建设。

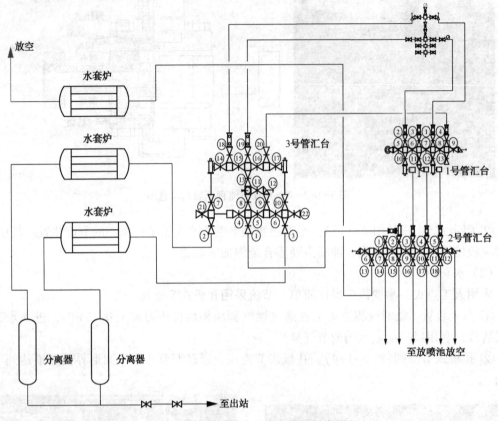

图 3-1-5　X2 井临时投产流程示意图

第二节　正式采输流程设计

一、流程设计思路

（一）集气方式和集输气量论证

1. X2 井测试概述

根据替喷测试，计算产层中部垂深（4803.65m）地层压力为 71.90MPa，地压系数为 1.52，属异常高压压力系统；实测产层中部垂深（4803.65m）处温度 120℃，地温梯度为 2.17℃/100m，属常温压力系统；在产层中部垂深（4803.65m）流动压力分别为 42.46MPa、49.69MPa、56.14MPa、60.17MPa、62.89MPa、65.68MPa、67.80MPa 的情况下进行系统试井，分别获天然气日产量 $100.53 \times 10^4 m^3/d$、$92.71 \times 10^4 m^3/d$、$84.52 \times 10^4 m^3/d$、$78.56 \times 10^4 m^3/d$、$66.76 \times 10^4 m^3/d$、$52.49 \times 10^4 m^3/d$、$39.33 \times 10^4 m^3/d$，在井口平均油压 52.00MPa 的情况下输气观察期间产泥浆和水的混合物 11.00m³，折算地层水（凝析水）产量为 1.91m³/d。系统试井分析计算获天然气绝对无阻流量为 $131.56 \times 10^4 m^3/d$。

110

2. X2 井集气方式

根据以上测试结果数据，X2 井地层压力为 71.90MPa，关井最高压力 58.30MPa，天然气井口高压来气进入生产管汇台（设计压力 105.00MPa）节流，节流方式以油嘴为主，管汇台节流后压力≤30.00MPa，然后进入水套加热炉（设计压力 60.00MPa）进行两级节流（水套加热炉一级节流阀后压力≤10.00MPa，水套加热炉二级节流阀后压力≤4.00MPa），再进入分离器分离出天然气中的游离水及固体杂质，分离后的天然气经计量后进入高压集输管网。流程中分离出的杂质和残液排入站内储水罐，定期用罐车拉运至地层水处理站进行处理。

3. X2 井集气量

系统试井分析计算获天然气绝对无阻流量为 $131.56×10^4m^3/d$，按其 1/4 折算千米产能为 $6.85×10^4m^3/(d·km)$；根据测试无阻流量情况和充分利用新建设施、设备，X2 井站集气量按照天然气集输能力为 $100.00×10^4m^3/d$ 设计。

（二）总图布置

1. 总平面布置原则

（1）遵循国家现行法规和标准的规定，严格执行有关防火防爆有关要求。

（2）充分利用地形条件，消防通道顺畅，竖向有足够的净空高度。

（3）建筑朝向合理，满足采光和通风要求；场地标高合理，满足排水要求。

（4）总体布局与周围环境尽量保持协调，即要美观大方，又要经济合理。

2. 总图布置

X2 井总图构筑物为实体围墙、大门，设备基础、消防沙池等。总图布置充分考虑工程的工艺要求，具有功能分区明确、安全管理方便、对外联系快捷等特点。井站新建员工生活及办公区、井口装置区、工艺装置区，员工生活区位于站场大门左侧，员工办公区位于站场中间靠上侧，井口装置区位于井口正上方，工艺装置区位于站场大门右侧，站场大门正对乡村水泥路。

二、X2 井正式采输流程设计

（一）设计依据

X2 井根据临时流程运行情况和气井测试结果数据，川西采气厂委托胜利油田胜利工程设计咨询有限公司进行设计，该公司主要设计依据主要有以下几点：

① 中国石化股份公司西南分公司工程技术研究院《X2 井集气站工程》设计委托书。

② 中国石化股份公司西南分公司提供的其他与本工程相关的资料。

（二）设计规模、内容

1. 设计建设规模

根据委托书要求：新建 X2 井集气站 1 座，天然气集输能力 $100.00×10^4m^3/d$。

2. 设计建设内容

① 新建 X2 井采集气工艺装置 1 套（包括生产管汇台、水套加热炉、分离器、污水罐等）；

② 新建与主体工程相关的供电、供水、通信、土建等配套设施。

（三）设计原则

根据《油气集输设计规范》中有关规定，结合 X2 井所在地区的地貌、环境、交通等具体情况，工程设计主要遵循以下原则：

① 气田地面建设统一规划，布局合理，考虑构造本身及其周围区域天然气资源新发现和新突破的可能。

② 确定合理的集、输气压力，充分利用气田的压力能量。

③ 站场布置要有利生产，方便生活，便于管理，并兼顾中后期开采，建成后不再搬迁。

④ 工程设计应遵循"以安全环保为前提、经济效益为中心，以工程质量为重点"的原则，采用先进适宜技术和设备、合理的工艺流程，以安全、可靠、实用、经济作为基本设计原则，严格执行国家、地方及行业有关规范、规定。

⑤ "三废"治理方案应满足环境保护要求，投资省，见效快，经济可行。"三废"排放要符合国家规定的标准；安全工程、消防设施、环境保护与水土保持必须与主体工程"三同时"；搞好各站场的绿化规划设计。

⑥ 尽可能节约用地，综合考虑建站用地和外界条件，以达到既节约土地，又少花投资的目的。对站外公路必须纳入建站工作一并考虑，少占良田好土。

（四）设计基本参数

1. 天然气参数

X2 井在测试期间取天然气样品化验，取得了气体分析资料（表 3-2-1），从表中资料看出，所产天然气不含 H_2S，CO_2 含量也不太高，但考虑到地质条件的复杂性及同层位其他井（如 X851）中曾有较高的 CO_2 含量存在的情况，本工程仍按含较高 CO_2 含量和微量 H_2S 气质考虑（H_2S 腐蚀环境低于 SSC3 区），所有设备、阀门、管材按抗 CO_2、H_2S 设计。

表 3-2-1 天然气分析组分表

分析项目	摩尔分数/%	分析项目	摩尔分数/%
甲烷 CH_4	94.94	二氧化碳 CO_2	0.24
乙烷 C_2H_6	2.58	氧+氩 O_2+Ar	0.11
丙烷 C_3H_8	0.63	氮 N_2	1.18
正丁烷 iC_4H_{10}	0.109	氦 He	0.039
异丁烷 nC_4H_{10}	0.109	氢 H_2	0.00
正戊烷 iC_5H_{12}	0.032	硫化氢 H_2S	0.00
异戊烷 nC_5H_{12}	0.021	相对密度	0.5844
己烷以上 C_6^+	0.013	临界温度	194.61K
重烃总量	3.494	临界压力	4.5924MPa
压缩因子	0.998	热值	37851kJ/M³

2. 设计压力

从测试情况可以得出该井地层压力为 71.90MPa，关井最高压力 58.30MPa，同时考虑临时流程运行情况设计压力如下：

① 生产管汇台区：105.00MPa；

② 水套加热炉区：60.00MPa；

③ 水套加热炉出口至出站：60.00MPa；

112

④ 自耗气系统设计压力：1.60MPa；

⑤ 高压放空：35.00MPa；

⑥ 中压放空管、排污管：6.40MPa。

（五）设计遵循的主要规范及标准

(1)《油气集输设计规范》(GB 50350—2005)；

(2)《石油天然气工程设计防火规范》(GB 50183—2004)；

(3)《天然气地面设施抗硫化物应力开裂和抗应力腐蚀开裂的金属材料要求》(SY/T 0599—2006)；

(4)《钢制管道焊接及验收》(SY/T 4103—2006)；

(5)《高压锅炉用无缝钢管》(GB 5310—2008)；

(6)《输送流体用无缝钢管》(GB/T 8163—2008)；

(7)《现场设备、工业管道焊接工程施工规范》(GB 50236—2011)；

(8)《工业管道工程施工规范》(GB 50235—2010)；

(9)《石油天然气钢质管道无损检测》(SY/T 4109—2013)；

(10)《承压设备无损检测》(JB 4730.1~6—2005)；

(11)《钢制对焊管件规范》(SY/T 0510—2010)；

(12)《油气输送钢制感应加热弯管》(SY/T 5257—2012)；

(13)《涂装前钢材表面处理规范》(SY/T 0407—2012)；

(14)《油气田地面管线和设备涂色规范》(SY 0043—2006)。

（六）设备及管线防腐蚀

集气站内埋地管线采用石油沥青特加强级防腐，补口、补伤采用石油沥青。地面工艺设备和管线的防腐采用外壁涂刷聚氨酯防腐蚀漆底漆，防腐完后，在聚氨酯防腐蚀漆表面按《油气田地面管线和设备涂色标准》(SY 0043—2006)涂刷聚氨酯防腐蚀漆面漆的防腐蚀方法。

（七）计量设备及仪表

1. 计量设备、仪表

X2井生产控制以站控为主，不进行数据远传，川西采气厂和采气井站以有线电话方式进行数据、信息交换、生产调度及管理。站内对重要的工艺流程运行参数如压力、温度、流量设置仪表就地检测、指示、记录。压力检测采用弹簧管压力表就地检测，X2井流程上的压力表要求抗硫腐蚀。温度采用双金属温度计进行就地指示。流量检测采用普通孔板阀配双波纹管差压计进行检测、差压计安装在仪表间内。

双金属温度计在管道上安装时，应在管道上设保护套管，温度计保护套管制作图参见化工部设计通用图自控安装图册 HGJ516-87(HK01-014)。在安装双金属温度计前，应在保护套管中灌装导热油，以保证良好传热效果。压力表安装参见化工部设计通用图自控安装图册 HGJ 516—87(HK02-2)。

根据 GB 50493—2009，在配电室、值班室、仪表间、以及工艺装置区分别设置可燃气体报警装置，在仪表间实现可燃气体浓度检测、报警。可燃气体探测器的具体安装位置及安装高度可根据现场作适当调整。

2. 计量设备、仪表选型

流量计量的节流装置采用高级阀式孔板节流装置。为克服计量上游直管段长度不足可能引起的计量误差，计量装置上游按计量规范规定设置高精度管束整流器，站内所有仪表选用防爆型。

节流装置的计算,站场天然气计量的节流装置,根据《用标准孔板计测量天然气流量》(GB/T 21446—2008)要求,节流装置选用规格和计算成果见表3-2-2。

表3-2-2 节流装置规格表

计量名称	天然气流量/ ($10^4 m^3/d$)	设计压力/ MPa	操作压力/ MPa	公称通径/ mm	差压量程/ kPa	孔板孔径 d/mm	
分-1管路	35~50	6.40	2.50	150	100	$d_1=59.56$	$d_2=70.71$
分-2管路	35~50	6.40	2.50	150	100	$d_1=59.56$	$d_2=70.71$

(八) 安全和工业卫生

① 为保障职工生命安全,确保安全平稳采气,维护国家财产安全是本工程建设的一项重要内容,本工程生产输送的天然气为易燃易爆物品,因而安全和工业卫生防护至关重要,设计、施工和运行都必须以安全为主;

② 严格执行国家有关安全生产的标准、规定和规范;

③ 遵循以预防为主、防治结合的原则;

④ 工艺流程避免超压的可能,并在关键控制点设超压放空和切断装置。采用安全可靠、不易泄漏、低噪声的工艺设备,改善工人操作环境和劳动强度。

⑤ 对设备、材料质量和施工安装质量严格把关,使人为不安全因素降到最低,全部管材选用符合《高压锅炉用无缝钢管》(GB 5310—2008)、《天然气地面设施抗硫化物应力开裂和抗应力腐蚀开裂的金属材料要求》(SY/T 0599—2006)和《输送流体用无缝钢管》(GB/T 8163—2008)标准、有一定抗硫能力、加工性能好的20G高级锅炉用无缝钢管和20号钢无缝钢管。选用合格设备,所有设备、材料经检验合格才能使用,施焊焊工必须是合格的持证焊工,施工人员严格按照有关规范作业,确保工程质量。

⑥ 压力控制设安全阀限制压力,避免工艺流程出现超压的可能,操作人员培训合格上岗,按照操作规程操作,防止异常情况及操作造成危害,采气站进出点等设有放空管,并在分离计量区、自耗气调压区等分别设有安全阀、放空阀、便于紧急放空操作。

⑦ 严格执行有关设计规范、规定、法规,施工中要求严格执行有关施工及验收规范,在有气源区作业时,确认无危险,有安全保障措施后方可施工,以保证工程施工人员和管道设备的安全。

⑧ 按照HSE要求,站内凡进行有天然气外泄的工作,如维修、放空、施工作业等工作时,应有严格正确的防火防爆措施,制定安全值班负责人负责安全工作,设立安全警戒岗,不准无关人员靠近危险场所,日常生产操作、施工、维修、作业均应采取正确、安全的操作措施,天然气放空必须点火燃烧,不准直接排入大气。

(九) 环境保护和水土保持

1. 环境保护

① 环境保护设计依据《中国人民共和国环境保护法》、《四川省环境污染物排放标准》川Q356—82有关规定进行。

② 本工程可能出现的污染如下:管道发生破裂时产生的天然气泄放;阀门和可拆性管道连接部位因不完全密封而造成少量气体泄漏;完工清管和生产操作中定期清管排出的污物;站场检修时某些管道部位和设备的放空;站场检维修时清洗设备产生的检维污水;站场

114

值班人员的生活污水和场地冲洗水；工艺站场主要设备的噪声。

③ 本着"三同时"原则，无论在工艺方法的确定还是设备的选取，都必须同时考虑到环境保护和预防不安全生产造成环境污染，做到与主体工程同时设计、同时施工、同时投产使用，要坚持经济效益和环境效益相统一，采取经济合理的措施，有效治理工业"三废"，尽量减轻污染，切实保护环境，造福于人民。

2. 水土保持

X2采气站场施工范围属长江上游防护林地带，采气站场施工期间，将对地面造成不同程度的破坏，根据"谁开发、谁保护、谁造成水土流失谁负责治理"的原则，对本项目编制水土保持方案也是法定义务。

（1）建设项目水土流失特点

① 由于施工的扰动，使场地土壤结构和植被遭到破坏，降低了水土保持功能，加剧了水土流失。

② 弃石、弃土分散，易造成水土流失。

（2）防治措施

① 采集气管道埋地敷设，施工后恢复场地地貌和植被，同时做好护坡堡坎和排泄水设施。

② 本区地形较平，开挖时将开挖土集中堆放，不易冲刷。

③ 站内生活设施较少，仅有部分雨水场地排放，排水采用有组织排水系统，以减少对土壤的浸蚀。

④ 站场管道埋设后，恢复地形原貌，做好绿化设计和实施工作。

（十）节能

1. 能量消耗

采集气管道：管道输送压降，管道的维修安装、截断、超压放空，管道的过压保护措施等均有天然气耗损。

2. 节能措施

① 充分利用天然气自身能量输送。

② 选用密封性能好、体流动阻力小、性能优良的工艺设备，设备尽量与工艺要求匹配，减少设备的漏损和管道的堵塞。

③ 采、集气站天然气放空，工艺上考虑尽量地少。提高操作水平，加强事故分析和处理能力，防止人为的误操作，在事故状态下，采用安全可靠的操作措施减少天然气的放空量。

④ 提高管理水平，减少操作人员，站内自用气、水、电装表计量，降低能源消耗。

⑤ 各压力段落设置紧急截断阀，保证站场的安全运行，减少事故的发生。

⑥ 管道设备外壁防腐能减少管道腐蚀穿孔，使系统能长期安全运行，减少能源消耗。

（十一）辅助设施

1. 电气部分

（1）爆炸危险区域划分

有可能散发可燃气体的工艺装置区等场所均按防爆场所2区设计，选择此等级的防爆电器设备及配件（防爆灯、防爆开关、防爆插座等），工艺流程区配线采用穿钢管埋地敷设。

工艺装置区、放空区、污水罐区、井口管汇台区按爆炸危险性划分为 2 区爆炸危险环境。工艺装置区以最外缘法兰为释放源中心、半径 4.50m 范围为防爆 2 区；放空区以最外缘法兰为释放源中心、半径 4.50m 范围为防爆 2 区，放空立管中心，半径 3.00m 范围为防爆 2 区；污水罐区以开口为中心，半径 3.00m 范围为防爆 2 区。所有站房要求防爆。

（2）防雷、防静电接地

按照《城镇燃气设计规范》（GB 50028—2006）和《建筑物防雷设计规范》（GB 50057—2010）要求设置防雷接地。具体做法如下：

① 工艺装置区内所有汇气管和金属管道作防雷和放静电接地，接地电阻不大于 10.00Ω。埋地金属管道在管线两端做防静电和防感应雷接地，接地电阻不大于 30.00Ω。

② 架空和地上管沟敷设的管线及其相关设备始端、末端、分支处设防静电和防感应雷的接地装置，接地电阻不大于 30.00Ω。

③ 金属管道法兰间可靠连接。管线法兰盘连接处采用 RV-750mm² 铜芯软线跨接，安装见 GB-86D53。

④ 接地装置制作安装见图集《接地装置安装》，其中接地极采用 L50×2×2500 镀锌角钢垂直埋设，顶端埋深 0.70m 以下。接地母线采用 -40×4 镀锌扁钢和接地极可靠焊接，接地极间距 5.00m。并将站内工艺设备、管道等与之连接，形成防雷及防静电接地网。

⑤ 放空火炬作防雷、放静电接地，接地电阻不大于 10.00Ω。

2. 消防及通信

根据《建筑灭火器配置设计规范》（GB 50140—2005）配备相应的消防器材。在工艺装置区、仪表间、值班室等位置设置手提式干粉灭火器。施工时应建立现场安全责任制度，配备相应的安全消防器材，严格遵守动火制度，确保工程安全。值班室内设防爆电话 1 部。

（十二）站场工艺

1. 站场工艺方案

（1）地面工艺

X2 井口高压来气设计压力 65.00MPa，生产管汇台设计压力 105.00MPa 节流，节流方式以油嘴为主，管汇台节流后压力 ≤30.00MPa，然后进入水套加热炉（设计压力 60.00MPa）进行两级节流（水套加热炉一级节流阀后压力 ≤10.00MPa，水套加热炉二级节流阀后压力 ≤4.00MPa，），再进入分离器分离出天然气中的游离水及杂质。分离后的天然气经计量后进入集输管网。流程中分离出的杂质和液体排入站内储水罐，用罐车拉运至地层水处理站处理。

（2）安全及放空系统

为保证采集气工艺装置的连续性及安全性，防止采、集气过程超压造成危害，各压力控制段都须安装安全放空阀和放空系统，保证气井生产安全。在出站前设置天然气流量计量系统，并对水套加热炉的水温控制及火焰状态进行监视、报警、熄火自动联锁。在分离器上设置液位检测、显示和报警系统和控制。

按《石油天然气工程设计防火规范》（GB 50183—2004）；有关规定，本集气站按照最大放空量计算约为 $4.00 \times 10^4 m^3/h$ 时，但由于工程区域地势较平坦，不易找到较高的放空位置，确定放空火炬高度为 20.00m，放空火炬在站区边界或围墙外的距离不小于 40.00m，并处于井场最小频率风向的下风侧。

116

（3）撬装设计

为便于安装、拆除和搬迁，主要设备均设计为撬装。全站共设撬装设备 5 套，其中生产管汇台撬装 1 套，水套加热炉撬装 2 套，分离器计量撬装 2 套。X2 井生产管汇台设计压力 105.00MPa，处理量 100.00×10⁴m³/d，水套加热炉设计压力 60.00MPa，单套处理量 50.00×10⁴m³/d，分离器撬装设计压力为 6.40MPa，单套处理量为 50.00×10⁴m³/d。撬块均由生产厂家设计制造，并将相应工艺的设备、阀门、仪表安装在撬块上。

2. 采气管线、管件强度及管材设计

正式流程建设工程高压采气管线选用材质为 20G 高压锅炉用无缝钢管，站内集气管线采用 20 号无缝钢管，采集气管线壁厚按《油气集输设计规范》（GB 50350—2005）中 8.1.4 公式进行计算，其站内管道壁厚按下式计算：

$$\delta = \frac{pD}{2\sigma_s F\varphi t} + C$$

式中　δ——管子的计算壁厚，mm；

　　　p——设计压力，MPa；

　　　D——管子外径，mm；

　　　σ_s——管子的规定屈服强度最小值，MPa；

　　　F——强度设计系数，站场内部管线取 $F=0.5$；

　　　t——钢管的温度折减系数，取 $t=1.0$；

　　　φ——焊缝系数，$\delta=1.0$；

　　　C——管线腐蚀裕量，$C=2$mm。

采气管道弯头采用与采气管道材质完全一致，加热炉后采用 90°弯头，曲率半径 $R=1.5D$。弯头壁厚按下式计算：

$$\delta_b = \delta \times m$$
$$m = (4R-D)/(4R-2D)$$

式中　δ_b——弯头管壁厚度，mm；

　　　δ——弯头所连接的直管管段壁厚度，mm；

　　　m——弯头管壁厚度增大系数；

　　　R——弯头的曲率半径，mm；

　　　D——弯头的外直径，mm。

（1）采气管线

高压采气管线，采油树及管汇台区设计压力为 70.00MPa，根据上述公式计算结果表明为高压采气管线采用符合《高压锅炉用无缝钢管》（GB 5310—2008）标准，规格为 $\Phi89\times22$ 的 20G 无缝钢管（表3-2-3）。

表 3-2-3　高压区管线强度计算机管材选择

类　型	材　质	管径/mm	屈服强度/MPa	设计压力/MPa	腐蚀裕量/mm	壁厚计算值/mm	壁厚选用值/mm
采气管线	20G	89.00	245.00	70.00	1.00	20.40	22.00

（2）集气管线

根据工艺区设计压力为 6.40MPa，按照上述公式计算结果表明，站内工艺管线选用 $\Phi159\times6$、$\Phi108\times6$、$\Phi89\times5$、$\Phi57\times3.5$ 和 $\Phi32\times3$ 的无缝钢管，且管材应符合《输送流体用无

缝钢管》(GB/T 8163—2008)标准，三通、弯头按《钢制对焊管件规范》(SY/T 0510—2010)标准执行，20G 弯管按《油气输送钢制感应加热弯管》(SY/T 5257—2012)（表 3-2-4）标准制作。

表 3-2-4　集气区管线强度计算机管材选择表

类　　　型	管径/mm	型号	屈服强度/MPa	设计压力/MPa	壁厚计算值/mm	选用壁厚/mm
分离器进出口管线	φ159	20 号	245.00	6.40	5.20	6.00
中压放空	φ108	20 号	245.00	6.40	3.80	6.00
	φ89	20 号	245.00	6.40	3.30	5.00
排污管	φ57	20 号	245.00	6.40	2.50	3.50
	φ89	20 号	245.00	6.40	3.30	5.00
自耗气	φ57	20 号	245.00	1.60	2.50	3.50
	φ32	20 号	245.00	1.60	1.8	3.00

3. 节流压降分配及水合物防止设计

（1）节流压力分配

由于 X2 井井口关井压力为 58.30MPa，根据各级设备的工作压力，须对流程各级设备进行合理节流压力分配。使各级设备发挥最合理功效，同时保障设备安全运行，人员操作方便。

根据工艺设计和设备选用情况，X2 井天然气井口高压来气先进入生产管汇台（设计压力 105.00MPa）节流，管汇台节流方式采用油嘴节流，管汇台节流后气流压力≤30.00MPa，然后进入水套加热炉（设计压力 60.00MPa）进行两级节流（水套加热炉一级节流阀后压力≤10.00MPa，水套加热炉二级节流阀后压力≤4.00MPa），水套加热炉节流后进入分离器外输至集输管网。

（2）水合物防止设计

① 天然气水合物生产条件

天然气水合物也称水化物。它是有碳氢化合物和水组成的一种复杂的、但又不稳定的白色结晶体。一般用 $M \cdot nH_2O$ 表示，M 为水合物中的气体分子，n 为水分子数。

天然气形成水合物是需要一定条件的，形成水合物的主要条件有两个：其一，天然气必须处于适当的温度和压力下；其二，天然气必须处于或低于水汽的露点，出现"自由水"。因此对于一定组分的天然气，在给定压力下，就有一水合物形成温度，低于这个温度将形成水合物，而高于这个温度则不形成水合物或已形成的水合物将发生分解。随着压力升高，形成水合物的温度也升高。如果天然气中没有自由水，则不会形成水合物。除此之外，形成水合物还有一些次要的条件，如高的水气流速、任何形式的搅动及晶种的存在等。

天然气形成水合物有一个临界温度，也就是水合物存在的最高温度，若超过这个温度，再高的压力也不能形成水合物（表 3-2-5）。

表 3-2-5　天然气组分形成水合物的临界温度

名　　称	CH_4	C_2H_6	C_3H_8	iC_4H_{10}	nC_4H_{10}	CO_2	H_2S
形成水合物临界温度/℃	21.50	14.50	5.50	2.50	1.00	10.00	29.00

② 天然气水合物的防止措施

为了防止天然气生成水合物，一般有四种途径：其一提高天然气的流动温度；其二降低

118

压力至给定温度时水合物的生成压力以下；其三脱除天然气中的水分；其四向气流中加入抑制剂（阻化剂）。其中最积极的方法是保持管线和设备不含液态水，而最常用的办法是向气流中加入各种抑制剂。根据川西气田气质条件和使用设备经验，目前川西气田使用最普遍、最有效的防止水合物生成的方法是提高天然气的流动温度，因此 X2 井防止水合物的方法仍采用井口设置水套加热炉，该方法具有运行费用低，操作方便，技术成熟的优点。

4. 管汇台的设计与优选

（1）管汇台压力级别的确定

根据 X2 井地层压力为 71.90MPa，关井最高压力 58.30MPa，正式流程只设计一级管汇台，管汇台压力级别选择 KQ-1050 撬装管汇台 PN105.00MPa、DN65，管汇台含 2 套四通阀组，18 只 PN105.00MPa、DN65 闸阀，6 只测温侧压套和 4 只节流阀（图 3-2-1）。

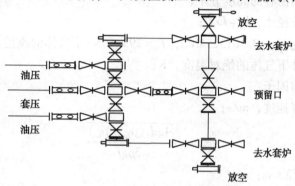

图 3-2-1　X2 井管汇台示意图

（2）管汇台阀门优选

X2 井正式流程管汇台由 18 支平板闸阀和 4 只节流固定式节流阀及测温测压套硬连接组成，气质条件和采气量设计，闸阀采用 PN105.00MPa、DN65 平板阀，主要参数：性能级别 PR1，规范界别 PSL3，材料级别 EE，温度类型 U。

（3）节流油嘴的优选

节流油嘴套是通过更换油嘴大小实施节流调产的节流装置，X2 井正式流程管汇台上共设计有 4 套节流油嘴套，油嘴采用硬质合金钢加工而成，其中 2 套高压节流油嘴套，2 套放空用节流油嘴套。

5. 水套炉的设计与优选

（1）水套炉压力级别设计及优选

为防止天然气在节流过程中形成水合物，井口设置水套加热炉，根据工艺设计 X2 井天然气井口高压来气先进入生产管汇台（设计压力 105.00MPa）节流，管汇台节流方式采用油嘴节流，管汇台节流后气流压力≤30.00MPa，水套加热炉压力级别可选择≤30.00MPa 的，但考虑到管汇台节流油嘴失效的情况，避免管汇台节流油嘴失效下游压力较高对下游设备造成影响，X2 井正式流程选择设计压力为 60.00MPa 的水套炉，同时考虑水套加热炉的分级降压和多级加热，水套炉采用两级节流和二次加热，水套加热炉一级节流阀后压力≤10.00MPa，水套加热炉二级节流阀后压力≤4.00MPa，节流方式采用孔板是节流阀节流。

（2）水套炉热负荷设计与优选

经过工艺计算炉管总功率为 223.00kW，并考虑 85.00% 的热效率和一定的裕量，可选用60.00MPa、250.00kW的单进单出水套炉橇块，型号为HJ250-Q/60-Q。水套炉橇块附件包括燃料气系统1套、阀门等相关附件。水套炉需经有资质单位检验合格方可使用。

6. 分离器设计与优选

（1）卧式重力分离器计算

按《油气集输设计规范》（GB 50350—2005），卧式重力分离器直径按下式计算：

$$D = 0.350 \times 10^{-3} \sqrt{\frac{k_3 q_v TZ}{k_2 k_4 p w_0}}$$

式中　D——分离器内径，m；

　　　k_2——气体空间占有的面积分率；

　　　k_3——气体空间占有的高度分率；

　　　k_4——分离器长径比，$k_4 = L/D$；

　　　q_v——标准状况（$p_0 = 0.101325$MPa，$T_0 = 293.15$K）下气体的流量，m³/h；

　　　T——操作条件下气体的绝对温度，K；

　　　Z——气体压缩因子；

　　　w_0——液滴沉降速度，m/s；

$$w_0 = \sqrt{\frac{4g d_L (\rho_L - \rho_G)}{3 \rho_G f}}$$

式中　d_L——液滴直径，m；

　　　ρ_L——液滴的密度，kg/m³；

　　　ρ_G——气体在操作条件下的密度，kg/m³；

　　　g——重力加速度，m/s²；

　　　f——阻力系数，用下式计算$f(Re^2)$，再查该附录B得f，$f(Re^2)$按下式计算：

$$f(Re^2) = \frac{4g d_L^3 (\rho_L - \rho_G) \cdot \rho_G}{3 \mu_G^2}$$

式中　μ_G——气体在操作条件下的黏度，Pa·s；

　　　Re——流体相对运动的雷诺数。

（2）计算结果

根据分离器选型计算结果（表3-2-6），并考虑一定的分离效率及分离液量，优选PN4.0MPa、DN800的卧式重力分离器进行分离，分离器自带高级孔板式节流阀进行计量。所用分离器橇块需经有资质的单位进行检验合格后方可使用。

表3-2-6　分离器计算结果表

井　　号	工作压力/MPa	工作温度/℃	分离气量/（10⁴m³/d）	分离器直径计算值/mm
X2	1.5	10.95	30	710

（3）设备选型

根据以上选型结果，为便于安装、拆除和搬迁，主要设备均设计为橇装，全站共设橇装设备6套，其中生产管汇台橇装1套选用设计压力105.00MPa，处理量100.00×10⁴m³/d，水套加热炉橇装2套，选用设计压力60.00MPa，单套处理量50.00×10⁴m³/d，分离器橇装2套选用设计压力6.40MPa、DN800，单套处理量50.00×10⁴m³/d，橇块均由业主委托具有相

120

应设计制作资质的生产厂家设计制造，并将相应工艺、设备、阀门、仪表安装在撬上。

7. 主要设备优选

X2井正式流程采用1套管汇，2套水套炉、分离器并联。该流程采用管汇台油嘴一级节流后，分别经过2套水套炉2次节流后外输。

（1）管汇台

管汇台压力级别选择 KQ-1050 撬装管汇台 PN105MPa、DN65，FF级，管汇台含2套四通阀组，18只 PN105MPa、DN65 闸阀，6只测温侧压套和4只节流阀。

（2）水套炉

水套炉采用自动点火，节流仍采用孔板式节流阀，点火装置由燃气管线、加热控制器、高能电子点火器、风门4个部分组成（图3-2-2）。水套炉自动点火装置在现场使用固然方便，但初期调试难度大、时间长，配件昂贵且易出现故障。X2井2号水套炉电磁阀调试期间便失效，出现无法实现自动点火的情况；点火装置燃气管线一级调压阀前无过滤器，调压阀容易出现故障。对此，预先制定了一系列保障水套炉自动点火装置正常运行的维护工艺技术措施和方法。

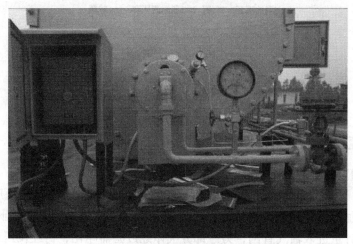

图 3-2-2　X2井正式流程水套炉

（3）分离器

采用 WQE0.8×6.4-6.0/A 气液分离器，该分离器主要由分离系统和排污系统两部分组成。分离系统的主在是气液在容器内靠重力进行天然气和液体的的分离。排污系统由自动排污与手动排污组成。其中自动排污系统由供气管线、指挥器、气动高压泄放阀、液位变送器组成。泄放阀的目的是制动控制液面，进而达到控制分离器内液面的高低。工作原理是GEN液位变送器感应液位高度，发出气信号，根据接收信号，泄放阀作自动排液。GEN液位变送器可以选择调节模式和开关模式输出信号。在调节模式，泄放阀的开启度大小随液位高度变化，排液是连续的；开关模式仅为开、关两种状态。在气井产液量较大且比较稳定的情况下，推荐使用调节模式。

综上所述，以气井实际的压力、产量、组分、温度等资料为基础，对管汇台、村质、水套炉、分离器等重要设备或材料进行科学的计算，最终优选出与气井特点相适应的设备或材质，确定了 X2 井的正式采气工艺流程（图3-2-3）。

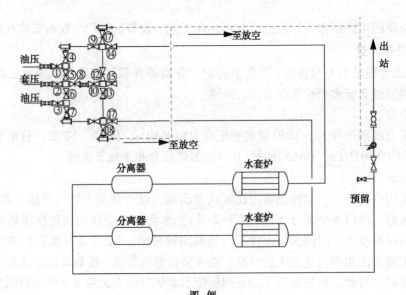

图 例

⊏ 油嘴套　◁▷ 闸阀　▭ 测温测压套　◁▷ 球阀

图 3-2-3　X2 井正式工艺流程示意图

第三节　采输流程建设及运行

一、采输流程施工组织方案制定

（一）工程概况及工程量

X2 井集气站设计为集气流程，地层压力在 80.00MPa 左右，井口流动压力 65.00MPa，进入水套加热炉加热后，经节流阀节流，压力调至 4.00~6.30MPa，进入卧式分离器分离、分离后的气体经计量进入输气管网，另一部分气体经过滤器净化，再经调压计量后，供集气站内生产用气。

气井流程建设单位是中石化西南分公司川西采气厂，监理单位是胜利油田胜利工程设计咨询有限公司，焊缝检测单位由绵阳新亚无损检测有限责任公司，施工单位是成都华川石油天然气勘探开发总公司油建工程分公司。开工日期 2007 年 12 月 18 日，竣工日期 2008 年 6 月 15 日。

工程所用设备设施：KQ-1050 撬装管汇台 1 套，HJ250-Q/60-Q 撬装水套加热炉 2 套，WQE0.8×6.4-6.0/A 撬装分离器 2 台，污水罐 20 方 3 台，DN150 放空火炬 1 个，DN150PN6.4 平板闸阀 2 只。焊接站内外各种规格管道；埋地管线整体防腐、补口补伤，流程区设备、管线涂装；浇筑设备基础开挖、浇筑，管沟开挖、回填，管墩开挖、浇筑；热处理 1 座，站场吹扫、试压 1 座，污水罐操作平台 1 套，仪表雨棚 2 个，污水罐清理 3 个。

（二）工程施工及检验标准

流程工程施工及质量检验严格遵循以下标准：《石油天然气钢制管道无损检测》（SY/T 4109—2013）、《工业金属管道工程施工质量验收规范》（GB 50184—2011）、《石油天然气管道安全规程》（SY 6186—2007）。

（三）工程材料供应方式

本工程主要设备、管材、管件由甲方提供，耗材由乙方提供。

（四）焊接方式及焊接工艺评定

本工程采用氩电焊焊接，即 H08Mn2SiA 焊丝打底，用低氢型焊条 CHE427、CHE507，ϕ2.5、ϕ3.2 填充、盖面，使用华川油建编制的《焊接工艺评定和焊接作业指导书》指导焊接。

（五）工程质量情况

在施工中，严把施工质量关；施工完成后，先由质检员进行自检，合格后由相关的责任师进行质量检查，发现问题及时改正，直到检查合格，符合设计施工技术要求。

二、采输流程建设

施工技术要求

1. 总则

（1）施工单位应按设计图纸和技术要求进行施工，施工中还应执行国家现行有关规范的规定，并编制施工组织设计，制定施工安全技术措施送生产单位审批。

（2）施工单位应按照预先制定的施工程序进行施工，每道工序应严格按照规定自检合格后，才能交下道工序验收，不合格则必须返工，验收合格后才能进行下道工序的作业。

（3）施工中要针对工艺流程以及高压气井的特点，制定保证正常生产和施工安全的具体方案。

（4）本工程施工严格按《石油工程建设施工安全规程》（SY 6444—2010）执行。

2. 阀门及管材验收

（1）采气井口装置、管汇台及配套产品（闸门、平板阀、节流阀等）按 SY5156 和 API Spec6A 标准设计制造，规范级别 PSL3。

（2）由于本工程按抗硫进行设计，因此本工程安装的压力容器、阀门、管子、管件等均必须使用符合国家或行业设计、制造规范的产品，产品应检验合格，有相关制造厂的产品合格证和质量证明书，并满足《天然气地面设施抗硫化物应力开裂和抗应力腐蚀开裂的金属材料要求》（SY/T 0599—2006）。

（3）本工程采气管线设计压力为 105MPa，管线选用 20G 高压锅炉用无缝钢管，制管标准按《高压锅炉用无缝钢管》（GB 5310—2008）执行。水套加热炉二级节流阀后的管线采用 20 号无缝钢管，所用管材应符合《输送流体用无缝钢管》（GB/T 8163—2008）。钢管的材质证明书项目应齐全。管子在使用前应进行外观检查，其表面应无裂纹、气孔、折叠、重皮等缺陷，无超过壁厚负偏差的锈蚀坑或凹陷。

（4）高压放空管线设计压力为 35.00MPa，管线选用 J55 油管，管材符合《石油天然气工业油气井套管或油管用钢管》（GB/T 19830—2011）的要求。

（5）管件、法兰、零配件

管件应具有产品合格证并符合《钢制对焊无缝管件》（GB 12459—2005）、《油气输送用钢制感应加热弯管》（SY 5257—2012）标准要求，无缝三通、弯头、大小头在使用前应核对制作厂的质量证明书，弯头、三通等管件外观应不得有裂纹、分层、皱折、过烧等缺陷。

（6）法兰密封面应光洁，不得有碰伤、径向沟槽、气孔、裂纹等降低强度和影响密封性能的缺陷，与进口阀门配套的法兰应与阀门密封面核对无误后再加工。

（7）螺栓、螺母垫片均应符合国家现行标准要求，并经检验合格方可使用。螺纹应完整、无伤痕、无毛刺，与螺母配合良好。

（8）阀门的材质、压力等级、公称通径等应符合设计要求，外观检查应无裂纹、砂眼、阀杆、法兰密封面应关节、无损伤，阀杆丝扣无毛刺或碰伤，其传动装置的操作机构应灵活。阀门按 JB/T 7928—1999《通用阀门供货要求》供货验收。

（9）阀门安装前应逐个进行强度、严密性试验检查。检查按出厂标准进行，试压合格的阀门应及时排尽内部积水和污物，密封面涂防锈油，关闭阀门、封闭出入口，做好标记并填写阀门检查记录。

3. 管道外壁防腐

（1）站场内埋地管道防腐采用石油沥青特加强级外防腐，补口补伤采用相同材质的石油沥青。

（2）管道外壁涂层涂敷前应对钢管外壁表面处理，质量应达到《涂装前钢材表面预处理规范》（SY/T 0407—2012）规定的 Sa2 级的要求。。

（3）防腐管拉运及布管、吊管时应用外套胶管的钢丝绳，绳子与绝缘管之间应加软垫作吊具，拉运及堆放时，防腐管之间应有软垫（草垫、麻袋）防腐管堆放高度和层数应以不压薄或损坏防腐层为原则。布管时不得采用拖、滚管的方式。

（4）站场内露空金属管道和设备外壁采用涂层防腐，涂敷前对管道设备外壁表面处理，质量达到《涂装前钢材表面处理规范》（SY/T 0407—2012）规定的 Sa2.5 级的要求。防腐层表面应平滑，无暗泡、无麻点、无折皱，厚度、色泽均匀，表面采用聚氨酯涂刷 2 遍，涂层颜色执行《油气田地面管线和设备涂色规定》（SY/T 0043—2006）。

4. 管道安装

（1）管道直管段两相邻环焊缝间距不得小于管子外径的 1.50 倍且不小于 150.00mm，钢管上的开口不得在焊缝上，开孔位置距离焊缝不得小于 100.00mm，钢管对接焊缝距管支架不得小于 50.00mm。

（2）当支管直径小于 DN50 时，可直接在主管上开孔与支管连接，但支管不得伸入主管内径。

（3）所有管件端部应加工焊接坡口，其坡口尺寸应与本设计选用管材完全匹配。

（4）管子端部的坡口采用机械方法加工，坡口切面应平整，表面不得有裂纹、夹层、重皮、毛刺、凹凸、熔渣、氧化物、铁屑等。切割平面和管子的轴线的垂直度允许偏差为管子外径的 1.00%，且不大于 1.00mm，管道焊口的坡口采用"V"型坡口，组对间隙严格执行表3-3-1 的设计标准。

表 3-3-1　坡口参数表

坡口名称形式	钝　　边	组 对 间 隙	坡　　　口
管道与管件、管道	1.00~2.00mm	1.00~2.50mm	70°±5°
骑座式三通接头支管	1.00~1.50mm	1.50~2.50mm	50°±5°

（5）当两对接管子的管壁厚度差超过 3mm 时，不得直接对接，采用切割内坡口或过渡短接的方式连接。

（6）外径、壁厚相等的管口组对时，内壁错边量不大于管子壁厚的 10.00% 且不得大于 1.00mm，管口圆度超标时，应予校圆，校圆时宜采用整形器调整，不得使用锤击方法，校正无效，应将变形分管段切除，若采用气割时，应将切割面的氧化层清楚干净。

（7）弯曲的管子应校直后才能使用，其直线度每米不得超过 1.50mm，全长不得超过 5.00mm。

（8）在修整消除有害缺陷时，打磨后的管子必须是圆滑过渡的表面，打磨后的实际壁厚不得低于管子公称壁厚的 90.00%，否则应将受伤部分管子整段切除。

（9）直管和弯头或直管和直管管口组对时内壁错边量不得超过管壁厚度的 15.00%，且不得小于 1.50mm。

（10）管道、管件、阀门、设备等连接时，不得采用任何方式强力对口或加热管道，采用加偏垫和多层垫等方法来消除接口的空隙、偏差、错口或不同心等缺陷。

5. 管道焊接

（1）焊材：焊接材料选用 E4316 交直流两用型手工电弧焊条，焊丝选用 H08MnSiA，焊材到货资料齐全完整，质量符合现行国家标准《强热钢焊条》（GB 5118—2012）、《焊接用钢丝》等有关规定。

（2）焊接施工前，根据本工程的焊接材料，焊接方法和焊接工艺等进行焊接工艺评定。对集气干线 L360NB ERW 焊接钢管与 20 号无缝钢管的焊接需单独进行焊接工艺评定。在焊接工艺评定合格后，根据焊接工艺试验结果编制焊接工艺说明书，施工按工艺说明书的要求施焊。工艺评定按《石油天然气金属管道焊接工艺评定》（SY/T 0452—2012）标准执行。

（3）焊缝还应满足《天然气地面设施抗硫化物应力开裂和抗应力腐蚀开裂的金属材料要求》（SY/T 0599—2006）中焊缝质量的规定。

（4）管道焊接应按相关工艺规程的要求进行，经热处理后，焊缝应按焊接工艺要求进行硬度检查，每处焊缝必须进行 1 次，其结果应满足 HB<235，硬度检查应包括母材、热影响区和焊缝。焊缝按焊接工艺评定要求进行应力消除热处理，设计压力≥16.00MPa 的管线采用焊前预热、焊后热处理。

（5）参加管道焊接的焊工，必须是经过焊工考试合格、持有劳动部门颁发的焊工资格证书者。焊工资格审查按《现场设备、工业管道焊接工程施工规范》（GB 50236—2011）第 5 章的规定执行；参加管道焊缝质量检查的探伤检查人员，必须经过《无损检测人员考试规则》考试并取得资证书，方可参加焊缝质量检查。

（6）焊条和焊丝应具有出厂合格证，在使用时按说明书和焊接作业指导书的要求进行操作，使用过程中应保持干燥，药皮应无脱落和显著裂纹。

（7）焊接管段应放置稳固，禁止移动或振动正在施工焊接的管道，避免产生附加应力，影响接质量。

（8）焊机接电线应用卡具与钢管接触牢固，不得产生电弧烧伤管子，焊工应在试板上进行焊接电流调试，禁止在管壁上或坡口上进行调试。

（9）焊接引弧应在坡口内进行，严禁在管壁上引弧，以免烧伤管道。

（10）凡被电弧烧伤造成的管壁伤痕均应采用砂轮磨平，磨平剩下管壁不得低于原管壁厚度的 90.00%，否则应将该部分管子切除，并重新加工坡口。

（11）焊道层间隔时间及层间温度控制应符合焊接工艺规程的规定。

（12）每道焊口必须连续一次焊完，每层焊道焊接完毕，将层间熔渣、飞溅物、焊接缺陷及焊缝凸起清除干净后，进行外观检查，合格后方可进行下一层焊接。

6. 焊缝检验

（1）所有焊缝成型后都必须进行内外质量检验，外表质量用目测和器械方法检验，内部质量用无损探伤方法检测，不得漏检。

（2）管道焊缝焊接完毕，清理干净焊缝表面，然后进行焊缝外观检查。

（3）焊缝表面不得有裂纹、气孔、夹渣、凹陷、未熔合等缺陷。

（4）咬边深度不得大于管壁厚度的 12.50% 且不得超过 0.80mm，焊缝两侧咬边长度之和不大于焊缝总长的 10.00% 且不大于 50.00mm。

（5）焊缝表面余高 0.00~1.60mm，局部不大于 3.00mm 且长度不大于 50.00mm，焊缝两侧应超过坡口 1.00~2.00mm。

（6）本工程管道环向焊缝均匀进行无损探伤，无损探伤按《石油天然气钢质管道无损检测》(SY/T 4109—2013)执行，X 射线检验应达到第 14 节中的 II 级标准；超声波检验应达到第 23 节中的 I 级标准，站场管道焊缝的无损探伤比例严格按要求执行表 3-3-2。

（7）用破坏性试验检验的焊缝，其取样、试验项目和方法、焊接质量要求应国家现行标准《现场设备、工业管道焊接工程施工规范》(GB 50236—2011)执行。

7. 试压

（1）管道投产前须进行试压，必须制定试压方案报技术安全部门审批。

（2）由于站场的操作压力较高，为了确保安全，采用介质为洁净水进行强度试压，强度试压应编制试压方案，考虑水源及排水措施。

（3）管道强度试压合格后方可进行严密性试压，试验压力为设计压力，介质为空气。

（4）试压前将压力等级不同的管道，不宜与管道一起试压的设备、阀门、仪表隔离。

表 3-3-2　站场无损探伤比例表

管　段	超声波探伤比例/%	射线探伤复查比例/%
生产管汇台至原料气出站阀门段的焊接管线	100.00	100.00
高、中压放空管线		100.00
排污管线	100.00	20.00
水管线		10.00
污水罐至装车口段		磁探伤 100.00%

（5）在环境温度低于 5.00℃时，水压试验压力应有防冻措施。

（6）试压合格后，两端连头处的焊口可不再进行试压，连头处的焊口必须进行 100.00% 的 X 射线探伤检查。

（7）试压过程中发现的管道缺陷应在卸压后进行修补并重新按前述要求检验，然后重新试压至合格为止。

（8）站场各级压力系统的试验压力严格按表 3-3-3 要求进行。

126

表 3-3-3　试验压力表

管段	设计压力/MPa	强度试验		严密性试验	
		压力/MPa	稳定时间/h	压力/MPa	稳定时间/h
井口至生产管汇台末级阀门前	105.00	157.5	4	105.00	24
生产管汇台末级阀门后至水套炉节流阀段	60.00	90.00	4	60.00	24
水套炉出口针阀至原料气出站阀门	6.40	9.60	4	6.40	24
自耗气系统一级调压阀后站场用气	1.60	2.40	4	1.60	24
高压放空(生产管汇台节流阀后)	35.00	52.50	4	35.00	24
中压放空(分离器及集输管线安全阀后)	6.40	9.60	4	6.40	24
排污管线(分离器后排污阀至污水罐进水阀门)	6.40	9.60	4	6.40	24

8. 氮气置换方案

工程试压合格后，立即用氮气对管道进行置换，将管线中空气置换为氮气。

液氮和氮气的换算，氮气按 1 个标准大气压，5.00℃状态计算：1T 液氮转化为 1 个标准大气压，5.00℃状态下的气体体积为 808.00m³，站场富裕系数 α 为 10。

$$M = \alpha \times \rho \times L \times \frac{\pi D^2}{4}$$

式中　M——注氮的质量，kg；

　　　L——代表所置换的管段长度，m；

　　　D——管子的内径，m；

　　　ρ——氮气在 20℃，101.325kPa 的密度为 1.2504kg/m³。

经计算，本工程需要液氮 0.5T。氮气置换空气时，当分析氮气置换气中含氧浓度小于 2%时(参照 SY/T 6320—2008《陆上油气集输安全规程》7.2.10 规定)为合格，应连续 3 次(每次间隔 5min)取样分析含量均小于 2.00%时，注氮置换合格。当连续 3 次(每次间隔 5min)取样分析含量均小于 1.25%时，注氮置换合格。

9. 竣工验收

工程竣工后，施工单位按照规定提交竣工资料，由建设单位组织有关单位进行竣工验收，单项工程竣工后施工单位与业主可先行中间交接验收。

工程建成验收后，应向业主提交如下资料：

(1) 施工说明书；

(2) 各专业竣工图，地下隐蔽工程竣工图；

(3) 设计更改通知单，设计变更联络单，材料联络单；

(4) 管道防腐绝缘施工记录；

(5) 超声波探伤综合报告；

(6) 射线探伤综合报告；

(7) 隐蔽工程记录；

(8) 试压记录；

(9) 设备、材料出厂质量证明书及复验报告；

(10) 主要验交实物工程量表；

(11) 单位工程质量评定表。

三、采输流程运行

（一）采输流程投运

由于 X2 井产层为须家河组二段气藏，气井根据现场流程情况先后进行了采气厂与测试中心配合投运及采气厂单独投运，因两种投运方式流程组成结构有所区别，所以在气井投运时步骤关键点也有所不同，下面就两种投运方式分别说明。投运阀门编号按照本章 X2 井与测试中心配合临时投产流程示意图进行编号。

1. 测试中心配合投运

为确保 X2 井安全顺利投运，初期投运时测试中心作为配合单位，主要负责井口至水套炉一级高压段的节流降压、保温防止水合物生成，使 X2 井口高压来气经一级节流后输至水套炉进行二级节流和低压分离计量段。因此测试中心配合投运时测试流程作为投运重点和关键部位来监控。

（1）投运前准备工作

为保障气井开井的正常投运，生产物资保障是关键，在开井前要准备好所需物资，对易损物质进行充分准备，以保障生产的正常运行以及应急处理。

① 人员准备。各岗位人员经过深井岗位技术培训并为中级或中级以上采气工，能熟练掌握本岗位工作程序和工艺流程，经理论和现场操作考试合格后，才能上岗；指挥小组必须组织有经验的地质、工程、计量、电气、安全等技术干部对上岗工人进行培训，主要培训 X2 井工艺流程、设计参数、流程设备操作规程、安全生产知识及生产中常见故障排除方法，并进行 X2 井安全应急预案演练。各岗位人员到已经投产的类似站场进行岗位实习，并提供相应的证明材料。投产试运期间，由测试中心、X2 井油建施工单位等共同组成投运保障组。投产试运期间，各保障单位负责人及保障组应在各自的岗位上负责本单位的保运工作。

② 设备及配套系统准备。易损件准备，主要包括管汇阀门密封圈、油嘴、节流阀、水套炉喷嘴、高压管汇阀门、高压 Y 型压力表针阀、调压阀密封圈、高压铜垫等易损件准备；配套专用工具准备，主要包括油嘴专用工具、防爆工具、节流针阀专用工具、内六角扳手 1套、普通工具 1 套等专用工具；计量物资准备：主要包括高级孔板阀密封圈、孔板胶圈、球阀、静差压笔尖、计量仪表墨水、合适配产的计量孔板、100.00MPa 精密压力表、6.00MPa防震压力表、10.00MPa 精密压力表、最大量程 100.00℃温度计、毛细管等计量物质的准备；安全物资准备，主要包括通讯设备、空呼器、消防器材、硫化氢检测仪、天然气泄漏检测仪等安全物质的准备；电气系统准备：完成系统联合调试，能给站内生产和生活设施正常供电，处于准备状态；仪表控制系统：完成安全阀、现场检测仪表的检验和调校；完成计量系统调试；水套加热炉：完成水套炉加水且处于准备状态；消防系统：按设计要求储备消防用水，完成消防调试，按设计要求配置消防砂、桶、消防锹、灭火器，完成干粉、二氧化碳等手提式灭火器，手推式干粉灭火器等的检查；流程设备准备：对 X2 井各油嘴、闸门、分离器、过滤分离器、汇管、计量系统以及配套的配件进行仔细检查，确保其能正常工作；准备其他应急设备，防爆应急灯、投产用车、急救用品、器械。

（2）进入生产流程检查准备投运设备

① 水套炉检查。检查水套炉水位是否满水位并检查是否有漏水现象；检查水套炉喷嘴是否符合要求，否则及时更换；检查流程区阀门，确保开关灵活，并对其进行保养，并做好记录。

② 管汇台检查。检查各连接部位，确保其连接牢固；安装合适的油嘴。

③ 检查阀门，确保开关灵活，并对阀门进行保养，并做好记录。

④ 检查各放空阀门，确保其关闭，并做好记录。

⑤ 检查安全阀，确保能打开，并做好记录。

⑥ 安装好各取压装置上的压力表，并做好记录。

⑦ 倒入管网气依次通过分离器—水套炉—至3号管汇台(7、13、8号闸门)和2号管汇台(2号闸门)，（注：3号管汇台全开闸门为：1、2、3、4、5、6、8、23、14、15、16、17；3号管汇台全关闸门为：21、22、7、9、10、11、12、13、18、19、20），打开流程气流通路。打开气流通路顺序：打开出站阀门—上流阀—水套炉针阀—水套炉截止阀—管汇台。

⑧ 水套炉点火烧水水温烧至80.00~95.00℃。

⑨ 检查计量仪表，安装合适孔板，将孔板阀提升至高级孔板阀上腔室内。

⑩ 开启水套炉上所有的闸阀，将针阀微开。

（3）投运操作程序

① 气流走向。由测试中心将井口气通过1号管汇台(1、7、6、10号闸门)油嘴节流后经2号管汇台(3、9、2号闸门)进入3号管汇台(1、4、5、6、3、2号闸门)，进入1、2号水套炉，通过水套炉节流后分别进入1、2号分离器后出站。

② 人员分配。由测试中心人员控制1、2号管汇台，负责向3号管汇台倒气(倒入后压力在水套炉额定压力的70.00%以内)；3号管汇台人员负责2号管汇台来气通路畅通进入1、2号水套炉；若2号管汇台来气超压(水套炉额定压力的70%)，则打开10、7、13号闸门，确保完全打开后，关闭4号闸门，关闭6号闸门，此时气流通路为图3-3-1所示。

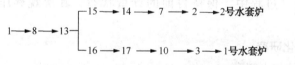

图3-3-1 测试中心协助投运气流走向图

③ 1、2号水套炉人员首先确保1、2号水套炉针阀适当开度。其次当3号管汇台来气并通过针阀时，观察3号管汇台来气压力与节流后压力，及时将压力情况向上反馈，并做好随时调整针阀开度；1、2号分离器人员首先确保孔板阀提升至高级孔板阀上腔室内，并做好计量准备。

2. 单独投运

（1）投运准备工作

投产前人员、物资、检查等投产前准备同试油队配合投产一致，但需特别注意以下内容。

① 检查3号管汇台两套油嘴，确保大小合适、完好无磨损。

② 确保3号管汇台1、2、3、4、5、6、7、8、9、10、15、16、18号闸门全开。

③ 确保3号管汇台21、22、11、14、17、13、19、20号闸门全关。

④ 开启水套炉所有闸阀，保持水套炉所有针阀微开。

⑤ 关闭双波纹计量仪器阀门。

（2）投运操作程序

① 气流走向。将3号管汇台13号闸门打开，让气流进入3号管汇台与采油树间管线，

直至压力与3号管汇台持平，再关闭8、18号闸门。按井口开关操作程序打开井口，直至18号闸门与井口压力持平，全开井口闸门。缓慢打开18号闸门直至全开。缓慢打开17号闸门，并与水套炉操作人员保持联系，确保无超压（水套炉额定压力的70.00%）时全开。关闭1号闸门。此时气流走向为图3-3-2所示。

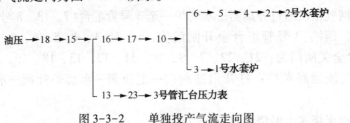

图 3-3-2　单独投产气流走向图

② 人员分配。安排好3号管汇台的人员组织。打开3号管汇台13号闸门，让气流进入3号管汇台与采油树间管线，直至压力与3号管汇台持平，再关闭8号闸门，关闭1号闸门8；开井口（按井口开井操作规程：由内向外）油压气至3号管汇台18号闸门，当压力持平后，全开采油树闸门；观察18号闸门前压力（测温测压套压力），当压力与井口压力持平时，且第Ⅱ步操作完成，缓慢打开18号闸门直至全开。观察3号管汇台压力，当管汇台压力与井口压力持平时，且第3步操作完成，并与水套炉操作人员保持联系，缓慢打开17号闸门，确保无超压（水套炉额定压力的70%）时全开。1、2号水套炉人员保持1、2号水套炉现有开度。当3号管汇台倒气过程中，观察3号管汇台来气压力与节流后压力，及时将压力情况向现场操作小组长反馈，并随时调整针阀开度；1、2号分离器人员在倒气过程中，保持目前的计量状态，其次观察压力，随时向现场操作小组长汇报。

3. 开井方式优化研究

（1）开井存在的技术问题

井口高压工况条件下，井口针阀无法人工开启；开井时将压力压至管汇台，人工开关该闸门管汇台闸门，安全隐患大，闸阀易刺坏；初期开井节流阀开度难以掌握，开井压力调配时间长，且容易出现油嘴节流压差太大现象，对流程冲蚀影响大；对高压低产深井，因油嘴节流压差大，管汇台油嘴有生成水合物，可能发生冰堵。

（2）工艺流程

X2井未建设正式流程之前，无论是测试中心配合投产还是川西采气厂单独投产，均采用深井投运典型流程（图3-3-3），采用管汇台油嘴节流后，通过2套加热节流装置并联外输。管汇台采用105.00MPa组合管汇台，利用合金油嘴节流。加热节流装置采用孔板式节流阀双进双出，然后分离计量外输高压管网，产量较低时，利用单套流程生产。

（3）生产异常关井后开井

投产前期X2井正常生产后出现7次关井、3次液控故障关井、3次管汇台闸门故障关井，1次水套炉闸门检修关井，均关闭了井下安全阀。开井过程中采用过以下三种方式：

① 采油树生产针法、闸阀全部关闭的情况下，打开井下安全阀。此时开井需在采油树生产针法与管汇台连接油压闸阀间（图3-3-4中的1号闸门）注入清水建立背压，方可打开针法。然后缓慢开启管汇台油压闸阀，油嘴背压（一级节流压力）建立后，可快速打开闸门。

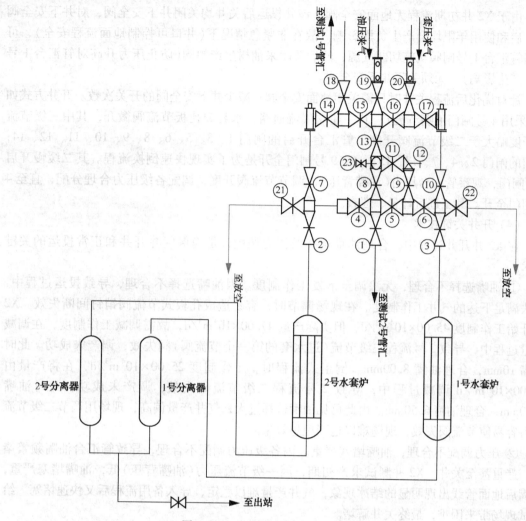

图 3-3-3　深井投运典型流程示意图

②采油树生产针法打开、生成闸阀关闭的情况下，打开井下安全阀。打开安全阀后，在缓慢开启采油树生产闸阀，将压力建立在 1 号闸门，然后缓慢开启 1 号闸门，直至全开。

③采油树针阀、闸阀均打开的情况下，打开井下安全阀，将压力建立在 1 号闸门，然后缓慢开启 1 号闸门，直至全开。

前两种方式均要操作井口闸门，然后把压力逐级建立在 1 号闸门，均按第三种方法操作开井。其中第一种方法因注入清水，对 1 号闸门的冲蚀减弱。三种开井方式的缺点：根据平板闸阀的使用规程，禁止半开半关，目前我厂深井流程井口无法节流，必须缓慢开启平板阀，建立油嘴背压，并进行调配。解决方法：在井口安装笼式节流阀，开井时可控制产量和压力。

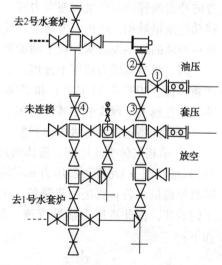

图 3-3-4　X2 井临时流程管汇连接示意图

131

由于 X2 井初期流程无地面安全阀,该井投运后关井均关闭井下安全阀,对井下安全阀的开启和使用年限均会产生负面影响。故在非紧急情况下(井口可控制地面流程安全),可关闭管汇台 1 号闸阀实施切断气源,然后关闭采油树生产闸阀(防止压力升高对管汇台 1 号闸阀产生影响),无须关闭井下安全阀。

针对优化后流程关井时只需关闭地面安全阀,减少井下安全阀的开关次数。开井方式如下(采用 4 号闸门油嘴节流):其一建立气流通路,水套炉孔板节流阀微开,其中三级节流阀开度略大于二级节流阀开度,管汇台开启的闸门 1、3、5、6、8、10、11、12、14;关闭的闸门 2、4、7、13、15、16;9 号闸门全开是为了实现快速倒换流程。其二缓慢开启 4 号闸门,观察管汇台压力(油嘴背压),调节节流阀开度,调配各级压力合理分配,直至 4 号闸门全开。其三进行计量、巡查。

(4) 开井关键技术

在 X2 井开井过程中,合理油嘴选择及压力调配,是确保气井开井和正常投运的关键技术。

① 油嘴选择不合理,无法调至下发工作制度。因油嘴选择不合理,导致投运过程中,无法满足下达的气井工作制度。在现场调节时,容易造成孔板式节流阀销钉间断失效。X2 井开始工作制度 $45.00 \times 10^4 m^3/d$,但实际产量 $47.00 \times 10^4 m^3/d$,故需调减工作制度,在调减产量过程中,导致 2 号流程二级节流(进水套的第一个节流阀)阀失效,调产未成功。此时油嘴 10mm,合理油嘴 8.00mm。倒正式流程时,工作制度 $25.00 \times 10^4 m^3/d$,在将产量由 $30.00 \times 10^4 m^3/d$ 调减过程中,导致 2 号流程二级节流阀失效,调产未成功,此时油嘴 7.00mm,合理油嘴 6.50mm。由此可见油嘴选择过大,气井产量偏高,现场用调节二级节流压力容易使节流阀失效,现场难以达到理想效果。

② 压力调配不合理,油嘴堵塞严重。因各级压力调配不合理,导致管汇台油嘴频繁堵塞,严重甚至关井。X2 井测试求产初期,因一级节流压力(油嘴背压)低,油嘴堵塞严重,油嘴后地面管线出现明显的结冰现象,气井产量难以稳定,导入备用流程后又快速堵塞,给测试现场带来困难,最终关井解堵。

③ 各级节流压差大,弯头冲蚀严重。冲蚀是高速气体在油管表面流动,气分子沿法线方向冲击油管表面产生压缩应力波,压缩波在晶体中传播,产生大量位错,因晶界阻碍位错移动造成错堆积,产生应力集中,导致裂缝萌生和扩展。在影响冲蚀的因素中,粒子动能是衡量冲蚀的最主要因素。粒子动能涉及粒子速度和粒径两项指标。

因三级节流压力调配不合理,水套炉上两只节流阀节流压差大、流速快,对各弯头造成严重冲蚀。2007 年 11 月 7 日和 2008 年 3 月 17 日,通过对 X2 井开展壁厚检测,得出节流阀节流压差越大、弯头壁厚减少越多、冲蚀越严重的结论。

(5) 油嘴选择及各级压力调配

① 单相气体嘴流原理。流体通过一圆形孔眼的流动,若上游压力 p_1 保持不变,气体流量(标准状态下)将随下游压力 p_2 的降低而增大。但当 p_2 达到某 p_c 值时,流量将达到最大值即临界流量。若 p_2 再进一步降低,流量也不再增加。此时出口端面的流速达到该端面状态下的音速,称此流速为临界流速。是否达到临界流速,据李士伦 2000 年研究其判断公式如下:

当 $\dfrac{p_2}{p_1} < \left(\dfrac{2}{K+1}\right)^{\frac{K}{K-1}}$ 时,为临界流。

132

当 $\dfrac{p_2}{p_1} \geqslant \left(\dfrac{2}{K+1}\right)^{\frac{K}{K-1}}$ 时，为非临界流。

p_1、p_2——分别表示油嘴入口、出口端面处压力，MPa；

K——天然气的绝热系数。

相对密度为 0.6 的天然气 $\left(\dfrac{2}{K+1}\right)^{\frac{K}{K-1}} = 0.546$。通常 $\dfrac{p_2}{p_1} < 0.55$ 时，就认为已达到临界流。

$$Q_{max} = \frac{4.066 \times 10^3 p_1 d^2}{\sqrt{\gamma_g T_1 Z_1}} \sqrt{\left(\frac{K}{K-1}\right)\left[\left(\frac{2}{K-1}\right)^{\frac{2}{K-1}}\right] - \left(\frac{2}{K-1}\right)^{\frac{K+1}{K-1}}}$$

d 一定时，取决于 p_1。

根据嘴流原理知，当深井工作制度确定后（最大流量），可以选择多个油嘴，且有一最小油嘴，即当气井产量达到气井工作制度时，油嘴处流态达到临界流，气体流量不再随油嘴后背压的降低而增加。对高压高产高温气井，节流后不会生成水合物，选择满足工作制度的最小油嘴，在现场容易调配各级压力。若气井工作制度偏低，井口温度低，管汇油嘴小，极易生成水合物。

② X2 井油嘴选择及压力调配。配产 25.00×10⁴m³/d。

其一，选择的油嘴最大产量即为气井工作制度。根据公式计算，满足该工作制度的最小油嘴为 6.50mm。选择 6.50mm 油嘴，三级节流压力初始假定为 10.00MPa（容易调节，节流压差小），根据公式计算其开度为 14.22mm。其各级节流压力、产量、节流阀孔径关系见表 3-3-4。

从表中看出只要二级节流的压力低于 29.00MPa，均能满足气井工作制度。二级节流压力越高，气井产量、压力调配越难。根据现场调减节流阀的难易程度，优选一级节流压力在 20.00MPa 左右，对 1、2 号水套炉节流阀的当量开度进行计算，结合现场经验，建议在开井初期水套炉的 1 级节流阀开度在 1 格，水套炉二级节流阀开度 1.5 格。对于更换油嘴或初次开井，孔板式节流阀的初始开度显得尤为重要。若气井孔板式节流阀的初始开度太小，气井产量无法达到气井工作要求，可能出现水套炉超压（70.00%额定压力），孔板式节流阀难以调节，产量调配难度大。若气井工作制度低于选择油嘴的最大流量，孔板阀的初始开度过大，瞬时产量可能超过指标要求，影响下游流程的安全。

表 3-3-4　X2 井 6.5mm 油嘴各级节流压力及节流阀孔径计算统计表

二级节流压力/MPa	二级节流孔径/mm	三级节流阀压力/MPa	三级节流孔径/mm	气井产量/(10⁴m³/d)
38.00	6.88	10.00	14.22	22.2925
37.00	7.07	10.00	14.22	22.878
36.00	7.25	10.00	14.22	23.3827
35.00	7.41	10.00	14.22	23.8128
34.00	7.58	10.00	14.22	24.1735
33.00	7.74	10.00	14.22	24.469
32.00	7.9	10.00	14.22	24.7029
31.00	8.05	10.00	14.22	24.8782
30.00	8.21	10.00	14.22	24.9974

二级节流压力/MPa	二级节流孔径/mm	三级节流阀压力/MPa	三级节流孔径/mm	气井产量/($10^4\mathrm{m}^3/\mathrm{d}$)
29.00	8.36	10.00	14.22	25.0626
28.00	8.51	10.00	14.22	25.0773
27.00	8.66	10.00	14.22	25.0773
26.00	8.83	10.00	14.22	25.0773
25.00	9.00	10.00	14.22	25.0773
24.00	9.19	10.00	14.22	25.0773
23.00	9.39	10.00	14.22	25.0773
22.00	9.60	10.00	14.22	25.0773
21.00	9.86	10.00	14.22	25.0773
20.00	10.07	10.00	14.22	25.0773

　　其二，选择的油嘴的最大产量大于气井工作制度。在水套炉现场使用过程中，其工作压力一般控制在额定压力的70.00%（42.00MPa）以内。以此为二级节流压力上限，计算其最大油嘴为7.30mm，现场仅能选择7.00mm，该油嘴最大产量达30.00×$10^4\mathrm{m}^3/\mathrm{d}$。三级节流压力初始假定为10.00MPa（容易调节，节流压差小），根据公式计算其开度为14.22mm。其各级节流压力、产量、节流阀孔径关系见表3-3-5。从表中看出，二级节流压力必须在41.00MPa左右才能满足气井工作制度。在现场调配过程中，因节流阀调节难度大，极易失效，节流阀销钉剪断而无法调配产量，难以达到气井工作要求。

表3-3-5　X2井7.0mm油嘴各级节流压力及节流阀孔径计算统计表

一级节流压力/MPa	二级节流孔径/mm	三级节流阀压力/MPa	三级节流阀开度/mm	气井产量/($10^4\mathrm{m}^3/\mathrm{d}$)
45.00	6.24	10.00	14.22	20.5902
44.00	6.54	10.00	14.22	22.0219
43.00	6.79	10.00	14.22	23.2815
42.00	7.04	10.00	14.22	24.3962
41.00	7.27	10.00	14.22	25.3854
40.00	7.48	10.00	14.22	26.2640
39.00	7.69	10.00	14.22	27.0430
38.00	7.88	10.00	14.22	27.7318
37.00	8.08	10.00	14.22	28.3361
36.00	8.27	10.00	14.22	28.8631
35.00	8.45	10.00	14.22	29.3170
34.00	8.63	10.00	14.22	29.7017
33.00	8.81	10.00	14.22	30.0204
32.00	8.98	10.00	14.22	30.2757
31.00	9.16	10.00	14.22	30.4700
30.00	9.33	10.00	14.22	30.6050
29.00	9.50	10.00	14.22	30.6821

一级节流压力/MPa	二级节流孔径/mm	三级节流阀压力/MPa	三级节流阀开度/mm	气井产量/($10^4 m^3/d$)
28.00	9.67	10.00	14.22	30.7031
27.00	9.84	10.00	14.22	30.7031
26.00	10.03	10.00	14.22	30.7031
25.00	10.23	10.00	14.22	30.7031

X2井倒正式流程初期,一、二、三级节流的各项生产参数按表3-3-6执行,其结果是油嘴节流压差大,管汇台节流声响大,冲蚀严重。后来经过实践探索总结,重新对一、二、三级节流的各项生产参数进行了优化、试验(表3-3-7),管汇节流声响减小,冲蚀有所降低。现场操作方法为调增一级节流压力进水套炉第1个节流阀开度),增加背压。因2号流程二级节流阀(进水套炉第一个节流阀)失效,三级节流压差大,三级节流阀(进水套炉第二个节流阀)同样难以调节,且对该弯头冲蚀严重,需加强壁厚监测。故对于油嘴节流不易生成水合物的高产深井,以满足工作制度的最小油嘴为优选油嘴。压力调配建议按以下优化方案实施:水套炉第一个节流阀需建立满足油嘴处是临界流量的背压,建议20.00MPa左右,二、三级节流压差以10.00MPa左右为宜。在采用图3-3-4所示的工艺流程的深井首次开井时,水套炉二、三级节流阀开度分别以1.0格和1.5格为推荐初始开度。

表3-3-6 X2井倒倒正式流程初期各级节流生产参数统计表

油压/MPa	井口温度/℃	一级节流压力/MPa	一级节流温度/℃	二级节流压力/MPa	二级节流温度/℃	三级节流压力/MPa	三级节流温度/℃	产气量/($10^4 m^3/d$)
50.70	77.00	11.70	50.00	8.70	45.00	2.16	28.00	11.50
50.70	77.00	11.70	50.00	10.20	45.00	2.30	28.00	15.00

表3-3-7 X2井倒倒正式流程优化各级节流压力调配后生产参数统计表

油压/MPa	井口温度/℃	一级节流压力/MPa	一级节流温度/℃	二级节流压力/MPa	二级节流温度/℃	三级节流压力/MPa	三级节流温度/℃	产气量/($10^4 m^3/d$)
50.70	77.00	23.60	64.00	11.30	50.00	2.38	28.00	14.50
50.70	77.00	23.60	62.00	23.20	62.00	2.28	28.00	12.00

③ 注意事项。组织好3号管汇台的人员。打开3号管汇台13号闸门,让气流进入3号管汇台与采油树间管线,直至压力与3号管汇台持平,再关闭井口至油压闸门;开井口(按井口开井操作规程:由内向外)油压气至3号管汇台闸门,当压力持平后,全开采油树闸门;观察3号管汇台闸门前压力(测温测压套压力),当压力与井口压力持平时,且第2步操作完成,缓慢打开3号管汇台油压闸门直至全开;观察3号管汇台压力,当管汇台压力与井口压力持平时,且第3步操作完成,并与水套炉操作人员保持联系,缓慢打开15号闸门,确保无超压(水套炉额定压力的70.00%)时全开;1、2号水套炉人员保持1、2号水套炉现有开度。当3号管汇台倒气过程中,观察3号管汇台来气压力与节流后压力,及时将压力情况向总指挥反馈,并做好随时调整针阀开度;1、2号分离器人员在倒气过程中,保持目前的计量状态,其次观察压力,随时向总指挥汇报。

(二) 采输流程操作及运行维护

1. 井下安全阀操作规程

(1) 打压操作

① 检查油箱内液压油液位是否在 1/3~2/3 之间，如不够，应将液压油补充够。

② 检查手压泵各部位是否渗漏。

③ 将"卸荷阀"关死，将"井下/地面切换阀"切换至"井下"，打开"井下控制阀"。

④ 平稳打压至试压值，检查各部位是否有渗漏。如渗漏，则停止打压，打开"卸荷阀"卸压，关闭"卸荷阀"，用扳手将渗漏处紧固；如仍渗漏，应及时上报队部。

⑤ 如不漏，平稳地将压力打至开启压力值。

⑥ 观察油压变化，确定"井下安全阀"打开后，关"井下控制阀"，打开"卸荷阀"卸压，压力卸掉后关上"卸荷阀"。

⑦ 若手压泵打压至略高于开启压力值时，"井下安全阀"还未打开，则需用水力车进行打平衡压力，以打开"井下安全阀"。

(2) 卸压操作规程

① 检查各接头是否上紧。

② 检查"卸荷阀"是否关紧。

③ 开"井下控制阀"，缓慢开"卸荷阀"，待压力落零，将"井下控制阀"关闭。

(3) 注意事项

① 对手压泵进行操作时，必须一人操作，一人监护。

② 必须保证液压油清洁无杂质，禁止在风雨天对手压泵加液压油。

③ 手压泵必须平稳操作。

④ 随时对手压泵及各接头进行擦拭，便于观察是否有漏失。

⑤ 井下安全阀控制压力应控制在开启压力值。

⑥ 井下安全阀控制压力低于开启压力值时要及时补压，高于规定值时要及时泄压。同时压力达到此控制范围后，应将"卸荷阀"关闭，泄压以保护手压泵。

⑦ 在打开井下安全阀时，要将采油树油管两翼外侧阀门关闭，待井下安全阀完全打开后才能开启生产阀门进行正常生产。

⑧ 正常生产情况下，手压泵控制压力会受温度的影响而变化，发现压力变化应及时补压、卸压，控制压力在开启范围值内。

2. 检查更换油嘴操作规程

(1) 操作过程

① 记录更换前油压、套压、回压、井温。

② 倒翼前检查另一翼油嘴、闸门正常，确保符合倒翼要求，符合要求后倒翼。

③ 倒翼时先打开另一翼针阀三分之一，再开外侧生产阀，同时关闭原生产翼外侧生产闸门，再全部打开另一翼针阀，关闭原生产翼针阀。

④ 倒翼后需将原生产翼油嘴前后压力泄尽，再卸下原生产翼油嘴套压盖。

⑤ 人站侧面，用通针通油嘴，确认油嘴内压力泄净。

⑥ 用油嘴扳手卸下油嘴。

⑦ 检查油嘴，并做好检查记录，更换后，上紧压盖。

⑧ 确认流程、闸门无误后倒回原翼生产。

⑨ 记录倒翼时间及倒翼后的油压、套压、回压、井温。

⑩ 整理工具，打扫现场卫生，待生产稳定后，方可离开井口。

（2）操作注意事项

① 现场操作人员必须穿戴好劳保用品。

② 开关闸门时操作人员站侧面，做到"先开后关，慢开快关"。

③ 新油嘴事先由班组长测量好，在更换油嘴时，值岗人员再复测一次，做到准确无误。

④ 安装拆卸压盖时，必须上牢，并验漏合格。

⑤ 泄压操作时人站上风口，不得造成污染。

⑥ 及时、准确录取操作中各项参数、数据。

3. 高压气井开井操作规程

① 开井前准备工作。提前1~2天对井口水套炉、井场水套炉温炉进行检查并倒通流程；检查油嘴、压力表、温度计及相关设备、装置是否符合要求；确认井口放空阀门关闭；确认采油树节流阀关闭；确认地面及井下安全阀处于开启状态，液控系统工作正常。

② 开井操作程序。记录好开井前油压、套压；通知集输站做好进站准备，打开相关阀门；加热保温；打开生产翼外侧生产闸门，缓慢开启针阀，控制井口回压至安全压力范围内，保证回压平稳缓慢上升。观察流程各装置、设备压力变化，防止容器、管线憋压；记录开井后井口、流程稳定压力等参数值—整理工具，打扫现场卫生，各项记录齐全后开始正常巡检。

③ 开井注意事项。操作职工必须穿戴好劳保用品；做好开井时间、压力、工作制度等参数的记录；开井后，做好井口、井场水套炉、分离器的调整工作；开采油气树阀门时，应由内到外完全打开，严禁用采油树阀门调节气量。开站场各级阀门时应先开低压，再开高压，一次进行，防止憋压，同时安全阀必须处于工作状态；各级控制压力不得高于工作压力，同时注意防止节流阀处形成水合物堵塞，造成站场堵塞。

4. 高压气井关井操作规程

（1）正常情况下关井

① 记录关井前的油压、套压、回压、井温。

② 缓慢关闭节流阀。

③ 关外侧生产闸门。

④ 对于流程中存有稠油的情况，从井口至阀组，对流程扫线。

⑤ 关回压阀门。

⑥ 关闭进站阀组闸门。

⑦ 记录关井时间、关井后油压、套压。

⑧ 如果长时间关井，则需要关掉井口水套炉温炉的炉火，并放掉炉内的水。

（2）紧急情况关井

① 采油树底部生产总阀以上部分发生渗漏和故障需关井时，关闭1号总闸或井下安全阀，切断油气来源而完成关井，进行抢修作业的同时及时上报。

② 采油树底部生产总阀以下部分发生渗漏和故障需关井时，紧急关闭井下安全阀和地面紧急切断阀，完成井下、地面关井，进行紧急处理的同时及时上报。

（3）关井注意事项

① 根据需要做好水套炉停炉等工作。

② 关井后观察油套压变化情况，检查采油树是否有刺漏情况，并做好记录。

③ 关井后地面安全阀仍处于工作状态。

④ 采油气树阀门关闭时应由外到内操作，并完全关闭。

⑤ 在发生紧急情况时，可以不经过相关科室，直接进行井口放空(要点燃放空)或关井处理，并及时上报，记录放空或关井时间、原因。

5. 巡回检查要求

① 定期检查节流油嘴，如果油嘴被刺坏，按高压气井更换油嘴操作规程执行。

② 勤巡查一、二、三级节流压力、温度，压力调配原则：一、二级压力调配压降一般在 15.00~20.00MPa，避免压降太大影响节流设备的使用寿命。

③ 注意观察井口油压、套压、环空压力、瞬时产量变化情况。

④ 通过井口高压气向流程各部位按规定压力范围倒入天然气进行流程试压，并检查整体流程各连接部有无泄漏。

6. 现场资料录取及要求

① 每天进行氯根滴定，并观察水样颜色变化情况、测试 pH 值，定期进行气样组分监测，每月作一次水样全分析。

② 按要求取全、取准生产数据。

7. 安全注意事项

① 进入生产区域要佩戴安全帽，穿长袖纯棉工作服。

② 加强各连接部位的验漏(30min1 次)。

③ 高压区域不得站在气流倒向正面。

8. 运行检查制度

为保证安全生产，及时发现问题、解决问题，值班人员必须在气井试运行过程中定时巡井检查，巡检线路为值班室—采油气树—井口控制柜—从井口到出站的地面流程设备—消防器材-值班室。

9. 采气流程检查

① 正常生产期间，生产班每 15min 巡检 1 次。当有异常情况时，根据需要，加密巡井次数，或按通知的要求进行巡查。巡查期间，要准确详实的录取资料。

② 严格按照高压至低压，井口至出站进行巡回检查，不得遗漏。

③ 巡查期间，对发现的问题要及时解决或上报，同时准确、详细地记录在安全检查记录本上。

(三) 生产过程中的问题分析及工艺技术改进

1. 流程腐蚀

对 X2 井更换的管汇台、阀门、测温测压套、油嘴套进行了拆解，流程各个部位腐蚀有如下特点。

(1) 采气管道直管段

X2 井高压采气管线选用材质为 20G 高压锅炉用无缝钢管(屈服强度为 245.00MPa)，规格为 Φ89×22。正式流程于 2008 年 7 月正式启用，2009 年 11 月 2 日更换井口法兰，2009 年 12 月 3 日更换井口至管汇台之间连接管线。根据对更换下来的管线进行检测，发现该段管线经过 17 个月使用，其壁厚由 22.00mm 减薄到 14.50~16.00mm(图 3-3-5)，腐蚀速率最高达到了 0.45mm/m。

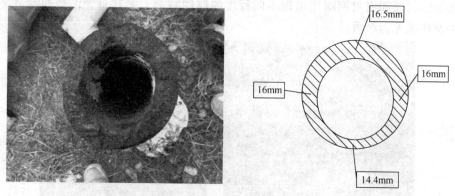

图 3-3-5　X2 井地面高压管线腐蚀形貌特征

2010 年 2 月 8 日，对 2009 年 11 月更换的高压端直管段进行了超声波壁厚测量，测量结果为 20.40mm 和 19.20mm，腐蚀速率最高达到了 0.90mm/m。井口连接管线处测量壁厚为 20.10mm，腐蚀速度也达到 0.80mm/m(图 3-3-6)。

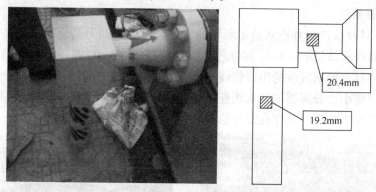

图 3-3-6　直管段壁厚超声波测量点

（2）密封钢圈

原 X2 高压流程中密封钢圈材质为 10 号碳钢，均产生了不同程度的腐蚀；连接变丝接头法兰钢圈使用 2 年重量减少 114.78g，测温测压套后法兰钢圈使用 2 年减少 94.37g，高压端阀门处法兰钢圈 2 年内减少 82.25g，节流油嘴高压端法兰钢圈在半年内减少 27.88g，低压端钢圈减少 17.35g。就腐蚀程度而言从井口沿管汇流程逐渐减轻，高压端的腐蚀较低压端更加严重。就腐蚀形貌而言，密封钢圈内部大面积产生沟槽状腐蚀，腐蚀不均匀；外侧存在黄色锈迹，腐蚀相对均匀；密封端面两侧存在点蚀、坑蚀、沟槽状腐蚀、台蚀，所有不均匀腐蚀特征均存在，颜色为铁灰色，偶见黄色锈斑。

（3）管汇阀组

管汇采用 35CrMo 钢材质；管汇部分法兰槽、连接端面均产生了严重腐蚀。与采油树相连接的法兰槽内端部厚度降低了近 5.00mm，而采油树与之相连接的法兰槽(材质为 HH 级)未腐蚀，管汇部分法兰槽内端面宽度减薄近 3.00mm；平板闸因腐蚀形成 10.00mm 的坑蚀，闸门体内被沉积物塞满(图 3-3-7)。但阀门本体、阀杆腐蚀并不严重。采气管线测温测压套与管汇台右翼连接处法兰发生刺漏，发现管汇台高压端截断阀也因腐蚀出现严重泄漏，无法完全截断。关井对管汇台进行解体，发现管汇台上测温测压套、高压端所有阀门的螺纹法兰等连接处密封面和密封钢圈均出现不同程度的腐蚀减薄，尤其是管汇台油嘴节流前高压端，腐蚀及冲蚀尤为严重。

图 3-3-7　X2 井管汇法兰盘腐蚀形貌特征

2009 年 11 月 2 日采油树油压左翼法兰发生泄漏；12 月 3 日采油树油压右翼法兰发生泄漏。上述两次泄漏均由腐蚀造成法兰与高压管线连接垫圈发生变形、穿孔造成。

2. 低压流程结垢

随着 X2 井持续生产气井产水量不断增加、井口温度不断升高，同时在高温环境下矿物质不断在分离器排水口（图 3-3-8）和排污管线管壁（图 3-3-9）四周吸附沉积，内径不断变小。在拆开分离器下部积液包的出口管线时，发现分离器排水管线和污水罐上水管线管壁已严重结垢，通径变小，分离器与疏水阀连接阀门堵塞严重，导致分离器排水困难，污水罐上水困难，严重影响正常生产并存在安全隐患。

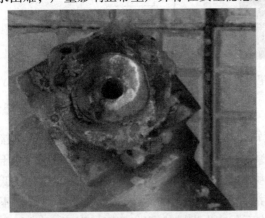

图 3-3-8　分离器排水口结垢　　　　　　　　图 3-3-9　排污管线结垢

3. 腐蚀原因分析

（1）CO_2 分压高，腐蚀严重

X2 井产气中 CO_2 体积百分含量达到 1.27%，目前国内外判断腐蚀速率与 CO_2 分压如超过了 0.21MPa，则视为存在严重腐蚀的可能。根据 10 次气样分析结果，2008 年 2 月井口 CO_2 分压最高，2009 年比 2008 年略有增加。CO_2 分压值约均在 0.50MPa 以上，大于 0.20MPa 产生严重腐蚀的界限值（表 3-3-8）。

（2）管汇台使用不当

原 X2 井采用的管汇台为 18 阀结构，该设计结构既可以让采气树两翼独立生产，也可以在不关井的情况下相互倒换两翼流程便于管汇台维护保养。

表 3-3-8　X2 井井口 CO₂ 分压统计表

年份月份	井口油压/MPa	CO$_2$摩尔百分含量/%	井口 CO$_2$ 分压/MPa	日产水量/(m³/d)	日产气量/(10⁴m³/d)
2008-01	52.87	1.05	0.50	3.50	44.90
2008-02	51.45	1.71	0.81	17.70	44.90
2008-09	49.74	1.21	0.60	76.40	25.00
2008-12	48.27	1.27	0.61	100.00	23.50
2009-02	47.67	1.32	0.63	109.20	23.20
2009-05	47.06	1.29	0.61	112.50	22.70

在正常使用时候,应关闭阀门(如图 3-3-10 所示),气流分别独立的从管汇台两翼独立进入水套炉,当一侧阀门因故障原因关闭时不影响管汇台另外一侧生产,仅关闭进/出口阀门就可进行更换,不需进行关井作业。

在实际使用时,管汇台气流流向如图 3-3-11 所示。这样原本应关闭的高压端阀门长期处于开启状态,导致容易被冲刷,阀腔内堆积沉积物,致使高压端阀门发生内漏关闭不严。当管汇台一侧阀门发生泄漏需要更换时,必须关井更换整个管汇台。

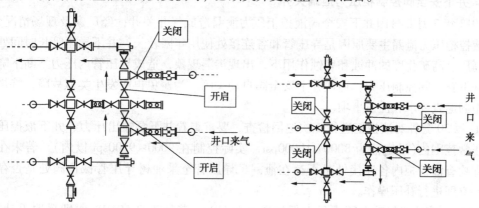

图 3-3-10　X2 管汇台正常使用示意图　　图 3-3-11　X2 管汇台实际使用情况示意图

(3)管汇台结构过于复杂

X2 使用的管汇台为 18 阀结构,原设计采用这种结构是为了方便采气树油管两翼不停气切换。但在使用中,此种结构的管汇台有以下三方面的弊端。

① 阀门及管件高度集成,导致管件、阀门之间空间狭小,不易更换配件。

② 管汇台集成阀门数量较多,连接端面也较多,导致阀门连接端受腐蚀冲刷而失效的可能性较大。

③ 管汇台结构较复杂,导致站场员工不能理解设计意图,未能正确操作管汇台阀门开关。

4. 管材选择不尽合理

X2 井下管柱采用抗腐蚀性较高的 13Cr 管材,套管管材采用 13Cr+P110,地面管汇均采用 35CrMo 钢,密封元件采用 10#碳钢,高压采气管道采用 20G 高压锅炉钢管,这些管材在 X2 井腐蚀条件下极易产生腐蚀。对 N80、P110、35CrMo、13Cr 材质进行井口腐蚀挂片实验表明，N80、P110、35CrMo 材质的试片都存在一定的腐蚀，其中 N80 材质试片腐蚀最为严重，呈现较多的坑点，而 13Cr 材质试片仍然光亮。

5. 无缓蚀剂加注防腐措施

我国对高 CO_2 油气腐蚀的研究始于 20 世纪 80 年代，由中国科学院金属腐蚀与防护研究所相继与华北油田、中原油田和四川石油设计院合作，研制出了一系列控制 CO_2 腐蚀的缓蚀剂，在控制 CO_2 引起的全面腐蚀方面已取得了一定的效果。由于 X2 井产水量较大（目前每天产水超过 300.00m³），一直未能实施加注缓蚀剂防腐措施，因此对 CO_2 腐蚀缺乏有效抑制。

6. 油嘴孔、油嘴丝扣刺坏

在生产过程中经常出现油嘴孔径刺大、油嘴丝扣刺坏和油嘴与油嘴内套粘贴无法更换的现象，造成气井产量压力不稳定，初步分析油嘴孔径刺大和油嘴丝扣刺坏主要与气井在油嘴处的高速、高温、高压等气流冲蚀有关，目前根据一级节流后压力来判断油嘴使用状况，若压力一级节流后较之前有所上升说明油嘴被刺大，根据现场情况制定了油嘴检查和更换周期，即一周检查一次油嘴、一月更换一次油嘴，同时研究采用其他高硬度的材料来制造高硬度油嘴来延长油嘴使用时间，保障气井正常平稳生产。

7. 井下安全阀控制柜压力泄漏关井

2013 年 7 月 6 日因井下安全阀液控柜压力泄漏造成气井关井，经厂家及现场情况分析，导致液控柜压力泄漏主要原因是导压管和各连接处使用年限较长，井下导压管长时间处于高温、高压、高矿化度的冲蚀和腐蚀作用下，出现渗漏现象，造成导压管内压力不断下降直至低于井下安全阀控制压力，迫使井下安全阀自动关闭。为避免再次发生类似故障，特规定了液控柜的巡查要求和注意事项。

① 每 30 分钟对液控柜进行 1 次巡回检查，要求查看井下泵输出压力、井下液控压力是否在正常范围内（设定值为 8000 ~ 10000psi，实际控制在 9000 ~ 9500spi 以内），若未在范围内立即检查液控柜内各连接处是否存在泄漏，导压管至采油树导压管截止阀处是否存在泄漏，并立即进行补压操作。

② 检查液控柜气动泵压力是否保持在 0.50MPa，若低于 0.50MPa 立即采取手动补压，直至补压至 0.50MPa。

③ 检查空压机控制压力是否在 0.6 ~ 0.9MPa 之间，设定压力低于 0.7MPa 时立即自动启动空压机进行补压操作。

④ 检查液控柜液压油箱油位高度是否有变化，若减少立即检查液控柜内各连接处是否存在泄漏，导压管至采油树导压管截止阀处是否存在泄漏，并添加液压油。

⑤ 检查采油树上液控柜导压管截止阀是否存在泄漏，并检查导压管上压力表是否有变化，若发现压力下降立即检查液控柜内各连接处是否存在泄漏，导压管至采油树导压管截止阀处是否存在泄漏。

⑥ 做好巡回检查记录和液压油加注量记录。

8. 测温测压套筒腐蚀穿孔

在高压一、二级管汇进口处都有两套测温测压套，在运行过程中出现了测温测压套筒腐蚀刺坏泄漏的现象（图 3-3-12），通过分析，测

图 3-3-12　测温测压套筒腐蚀刺穿

温测压套筒穿孔主要是由于长期处于高温、高压、高矿化度的冲蚀和腐蚀作用下，套筒表面不断腐蚀脱落逐渐减薄直至压力把套筒压裂泄漏，因此规定测温测压套筒每月检查1次，每季度更换1次。

第四节　采输流程设计优化

一、优化思路

原管汇台组成元件较多，结构复杂操作不便，因此在管汇台设计时尽量减少不必要的组成元件，方便操作和维护保养，由于 X2 井产水量增加井口温度高达 90.00℃，无需再用水套炉加热防止水合物生成，所以采用两套管汇台两级节流方式，取代 1 套管汇台和水套炉的三级节流方式，同时在原有两套并联分离器的基础上再增加两套并联分离器（便于检维修倒换使用）。随着 X2 井产水量的不断增加分离器污水出口管线由原来 DN50 改为 DN80，疏水阀排量改为 15.00m³/h，污水罐上水管线由原来 DN80 改为 DN150 增大流动通道使污水流动更加通畅，并增加阻垢剂加注撬块对一级管汇后进行阻垢。

二、总体布局

X2 井优化后流程主要由井口采气系统、两级节流系统、分离计量系统、安全放空系统、污水储存排放等系统组成。

流程优化后主要由采气井口、撬装管汇台、气液分离器撬装、输气管道及放空泄压系统、阻垢剂加注撬等组成。采气井口起控制井的作用，撬装管汇台不仅起采气井口作用，还起到节流、定产、放空的作用，分离器撬块集分离、净化和计量于一体，流程都使用撬装设备，结构紧凑，安装、拆卸、运输方便，可大大缩短流程建设时间。所有设备及阀门均采用手动方式，所有数据均由人员现场读取和记录，无电子设备及远传数据。

三、设备、管道压力级别及材质选择

因此根据流程运行情况设计压力如表 3-4-1：
① 采气井口区：105.00MPa，采气树材质选择 HH 级的不锈钢；
② 节流管汇台区：60.00MPa，管汇台材质选择 FF 级的不锈钢；
③ 节流管汇台出口、分离器井口至出站：6.40MPa，选用材质为 20 号无缝钢管；
④ 自耗气系统设计压力：1.60MPa；选用材质为 20 号无缝钢管；
⑤ 高压放空：35.00MPa，选用材质为 N80 的油管；
⑥ 中压放空管、排污管：6.40MPa，选用材质为 20 号无缝钢管。

表 3-4-1　X2 井集气流程设计压力

位　置	设计压力/MPa	位　置	设计压力/MPa
井口至二级管汇台出口阀门前的采气管线	60.00	二级管汇台出口阀门后的工艺管道设备	4.00
生活用气管道	1.60	高压放空管、中压放空管、排污管	35.00、6.40

四、优化设计方案

由于井口压力下降至 40.00MPa 左右,同时根据以往现场生产管理现场经验来看管汇台无需太多阀门来控制,即减少腐蚀元件也简化操作,因此无需再用 105.00MPa 的管汇台,重新选用简易 70.00MPa 的一级管汇台和 70.00MPa 的二级管汇台串联使用(若一级管汇节流失效承受和节流对下游设备进行保护),再增加一套备用二极管汇和备用分离器,井口至二级管汇台采用 $\Phi89$,20G 高压锅炉用无缝钢管,站内集气管线采用 20 号无缝钢管,高低压放空管线仍采用第一次流程设计压力强度的油管,外输和排污管线仍采用设计压力为 6.40. MPa 的 20 号无缝钢管。

1. 简化高压流程

针对目前 X2 井生产情况,简化管汇台设置并取消水套炉设置。新建两路二级节流流程(一用一备),第一级节流将来气压力由 43.00MPa 节流降压到 20.00MPa,第二级节流将来气压力节流降压到 2.00MPa。根据 Hysys3.2 计算工艺参数结果(表 3-4-2)可知,采用两级节流不会生成水合物进而造成管线堵塞。

上述设计加大了一级节流压差,最大限度缩短高压管段的长度。同时简化了高压流程的结构,减少高压端阀门和连接端面的个数,这样导致流程发生腐蚀泄漏或被刺穿的概率也大为减少。同时,两路完全相互独立的流程可实现在不关井条件下流程检修维护作业,也可减少现场操作人员误操作的可能性。

表 3-4-2　X2 井工艺流程热力计算表

热 力 参 数	一级节流后	二级节流后
运行压力/MPa	20.00	2.00
运行温度/℃	73.30	56.85
水合物形成温度/℃	23.23	19.32

2. 改进流程用管材、管件性能

目前 X2 井流程采气管线选用材质为 20G 高压锅炉无缝钢管(屈服强度为 245.00MPa),选用规格为 $\Phi89\times22$,所用阀门、管件多均为 EE 级。管材选择 X52(屈服强度 360.00MPa)等硬度更高的碳钢,进而减小管道壁厚,在相同管道外径的情况下扩大管道内径,这样不仅降低天然气流速,而且可提高管道腐蚀裕量,从而降低管材管件被气体冲蚀泄漏的可能性;同时将二级节流前的阀门防腐等级由 EE 级提高到 FF 级,将阀门通径由 $DN78$ 调整到 $DN65$ 便于阀门配选,减少变丝接头等连接件的使用;阀门垫圈也有 10 号钢更改为镍铬 18 材质。

3. 新增备用二级管汇台和分离器

当一级管汇节流后二级管汇台压力在 15.00~20.00MPa 之间,由于 CO_2 分压此时较高造成 CO_2 腐蚀较严重,从现场多次刺漏情况分析来看,二级管汇进口法兰和阀门连接处钢圈及法兰最易被腐蚀和渗漏,在流程优化时新增了一套备用二级管汇和两套分离器,方便二级管汇进口阀门后端至出站流程的设备更换和流程的检维修。

4. 采取加注阻垢剂阻垢措施

X2 井高温高矿化度的生产工况是长时间存在的,尤其在低压端,因此只有通过阻碍腐蚀介质与气井管柱的接触来保护井下油管,如涂层、加注缓蚀剂等方法。议针对 X2 井生产环境进行缓蚀剂优选，开展配伍性试验研究，研制或者筛选适用于该腐蚀环境的缓蚀效果优良的缓蚀剂。

5. 更换现有疏水阀为 15.00m³ 通径 DN80 规格

由于 X2 井产水量不断上升，目前使用的分离器配套疏水阀管径为 DN50，管线排量较小，无法满足排水要求，加之管线内部结垢使管径缩小加重了排水困难，因此将目前疏水阀撤除，重新安装 1 套 DN80 排量为 15.00m³/h 的疏水阀进行自动排水。

五、管汇台的设计与优选

本次流程再优化主要是对高压区的管汇台进行优化，因此管汇台的设计和选型是优化设计的核心和重点。

1. 管汇台压力级别的确定

X2 井优化流程采气井口仍使用原用井口采气树，管汇台分别由 2 支平板闸阀、2 只节流固定式节流阀及测温测压套硬连接组成的简易一级管汇台、9 支平板闸阀、2 支直角针阀、2 支固定式节流阀及测温测压套硬链接组成的二级节流管汇台组成，根据 X2 井气质条件和采气压力设计，闸阀采用 PN70MPa、DN78 平板阀，主要参数：性能级别 PR1，规范界别 PSL3，材料级别 FF，温度类型 U，一、二级管汇压力级别都设计为 60.00MPa。

2. 各级管汇台功能确定

优化后流程由两套管汇台组成，一级管汇为控制产量和节流降压，使压力小于 20.00MPa，二级管汇台为二级节流降压使压力降至 2.00MPa 左右，同时为一级管汇建立足够背压便于开井时阀门开关，并且防止一级节流失效保护后端低压流程设备，二级管汇台设有高压放空阀门可对一级管汇至分离器进口前进行泄压放空。

六、天然气计量设计及选型

天然气计量仍采用常用的 CWD-430 双波纹差压计，每台卧式分离器已配置的有 1 套天然气计量装置，采用高级孔板取压装置取压，通径选用 DN150。

气量计量的简化公式如下：

$$Q_n = K\varepsilon F_Z F_T PH\phi \qquad (3-4-1)$$

式中 Q_n——天然气标准状态下的地面产量，m^3/d；

      K——设计压力，MPa；

      ε——可膨胀性系数；

      F_Z——超压缩系数；

      F_T——流动温度系数；

      P——当天静压平均格子数；

      H——当天差压平均格子数；

      ϕ——生产时间系数。

外输管线是从 X2 井至 CX158 高压阀室进入新袁外输管网，管线为 DN273×11 的无缝钢管完全能够满足该井气量外输要求。

七、主要设备、阀门选择

流程再次优化主要涉及高压段，由于整个流程高压段管汇台起到最主要的节流降压、定产作用，因此管汇台后的低压流程区设备仍选用与之前相同型号的分离器、疏水阀、排污管线等设备。在设备和阀门的选择方面，主要还是依托国内的设备和阀门生产厂家。管汇台阀门选择材质为 FF 级不锈钢 DN78、PN70 的平板闸阀。二级备用管汇台阀门选择材质为 FF 级不锈钢的 DN65、PN70 的平板闸阀；气液分离器选用 WE0.8×4.0-6.3 气液分离器；备用分离器采用分离器为 DN800×6050、PN6.3 的气液分离器；管汇台上平板闸阀选用 DN78、PN70。疏水阀选用 TSS43H-40-DN80；高级阀式孔板节流装置选用 GKF-4.0；二级节流管汇台出口后至分离器再到外输管线采用 φ159×6 的 20 号无缝管。

八、流程优化示意图

综上所述，通过在生产中不断探索与实践，进一步优化了采输流程（图 3-4-1），建成了低成本、操作方便、安全有效的采输流程。

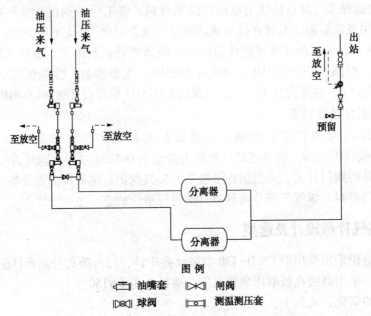

图 3-4-1　X2 采气工艺流程优化后示意流程图

第五节　采输气流程运行及跟踪评价

一、X2 井高压流程改进效果

X2 井高压端新流程于 2010 年 7 月 1 日碰口投入使用，新流程节流部分采用 35CrMo 钢材，垫圈采用镍铬 18 材质，采气管线仍旧使用 20G。整个流程通过管汇台成撬的形式组装成高、低压两部分，减少了焊接及法兰连接面。从现场使用反馈情况看，新的深井高压端流程具有结构简单、操作方便、安装维护工作量小以及制造费用低廉的显著优点，且管汇台阀门防腐等级由 EE 级提高到 FF 级后阀门、钢圈、及法兰连接处腐蚀渗漏现象明显减少，可推广到其他须家河组深井高压端流程使用。

二、流程再优化

流程优化无止尽，目前 X2 井流程主要由 1 套一级节流管汇台、2 套二级节流管汇台(一备一用)、2 套分离器(一备一用)、1 套放空系统以及井下安全阀控制柜等组成，由于井下安全阀使用年限较长、不宜经常操作调控，一旦井下安全阀失效，地面控制只能靠抢关井口采油树生产阀门，但井口采油树生产阀门不易操作，开关很慢，若遇紧急情况将不能快速关断气源。在一定程度上存在生产安全隐患。

因此，提出将目前一套一级节流管汇改为 2 套一级节流管汇台"一备一用"形式的优化方案(图 3-5-1)：从采油树两翼分别单独连接 1 套地面安全截断阀后再和单独的一级节流管汇台相连，同时 2 套一级节流管汇台出口分别和二级节流管汇台、分离器及外输管线单独相连。建成后由目前 1 套一级节流管汇同时连接 2 套二级节流管汇台变为单独连接一套二级节流管汇台，形成真正的一备一用独立流程，方便在不停产的情况下进行流程的检维修、设备清洗等作业，同时安装地面安全截断阀后，提高了地面流程设备的安全保障力度，减少了井下安全截断阀的使用，提高了气井的控制安全性。

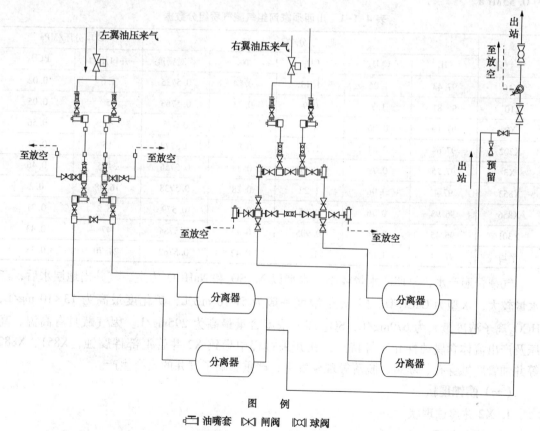

图 3-5-1　X2 井工艺流程再优化后流程示意图

第四章 采输管线维护工艺技术

第一节 地面采气管线防腐工艺技术

一、腐蚀现状及监测技术

须家河组气藏属有水气藏，地层压力高达 70.00~80.00MPa、地层温度 120.00℃左右，产出流体主要为天然气与地层水。产出气体主要以 CH_4 为主，CO_2 含量 0.90%~1.85%，平均 1.27%（表 4-1-1），属典型的干气气藏。但是由于压力高，CO_2 分压较高，平均为 0.33MPa。

表 4-1-1 川西须家河组气藏气质组分数据

井号	成 分/%					CO_2 分压/MPa	
	CH_4	C_2H_6	CO_2	N_2	相对密度	井口压力	PCO_2
X10	97.43	1.06	1.13	0.24	0.5735	1.6	0.02
X101	96.81	1.7	0.9	0.23	0.5763	5	0.05
X2	97.19	0.96	1.3	0.39	0.575	43	0.56
X202	97.64	0.84	1.39	0.83	0.5778	15	0.21
X3	97.25	0.79	1.47	0.33	0.5756	31.5	0.46
X853	97.4	0.96	1.22	0.28	0.5738	16.28	0.2
X856	96.93	0.76	1.85	0.31	0.579	38.2	0.71
X301	96.45	0.94	0.905	0.73	0.5784	47	0.43
平均	97.14	1.00	1.27	0.42	0.5762	24.70	0.33

气藏普遍产水，早期产水量较小，水型以 Na_2SO_4 和 $NaHCO_3$ 为主，气井出地层水后，产水量较大，水型为 $CaCl_2$ 型。Cl^- 离子浓度一般为 $5×10^4mg/L$，矿化度最高为 $13×10^4mg/L$，HCO_3^- 离子浓度最大为 679mg/L，SO_4^{2-} 离子浓度含量最高为 295mg/L。因气藏具有高温、高压及产出流体含腐蚀性介质等特点，在开采过程中导致 X2 井管汇部件腐蚀，X851、X882 等井油管腐蚀穿孔、断裂、脱落等现象发生，严重影响了气井的安全生产。

（一）腐蚀现状

1. X2 井腐蚀现状

（1）密封钢圈

该井密封钢圈材质为 10 号碳钢，均产生了不同程度的腐蚀（表 4-1-2）；连接萝卜头法兰钢圈使用 2 年质量减少 114.78g，测温测压套后法兰钢圈使用 2 年减少 94.37g，3 号阀处法兰钢圈 2 年时间内减少 82.25g，节流油嘴高压端法兰钢圈在半年时间内减少 27.88g，低压端钢圈减少 17.35g。就腐蚀程度而言，从井口沿管汇流程逐渐减轻，高压端腐蚀较低压端严重。就腐蚀形貌而言，密封钢圈内部大面积产生沟槽状腐蚀，腐蚀不均匀；外侧存在黄色锈迹，腐蚀相对均匀；密封端面两侧存在点蚀、坑蚀、沟槽状腐蚀、台蚀，所有不均匀腐蚀特征均存在，颜色为铁灰色，偶见黄色锈斑(图4-1-1)。

表4-1-2　X2井管汇不同位置密封钢圈质量表

密封圈位置	质量/g	使用时间	密封圈位置	质量/g	使用时间
萝卜头后	169.97	2年	测温测压套后	190.38	2年
3号闸阀处	202.50	2年	油嘴(高压端)	256.87	半年
油嘴(低压端)	267.40	2年	新密封圈	284.75	

| 密封钢圈：内部大面积坑蚀，腐蚀不均匀；外部存在锈迹，均匀腐蚀。 | 两侧端面：点蚀、坑蚀、沟槽状蚀、台蚀严重，主要表现为不均匀腐蚀；铁灰色，偶见黄色锈斑。 |

图4-1-1　X2井密封钢圈腐蚀形貌特征图

(2)管汇部件

X2井管汇采用35CrMo钢材质。管汇部分法兰槽、阀体均产生了严重腐蚀。与采油树相连接的法兰槽内端部高度降低了近5.00mm，而采油树与之相连接的法兰槽(材质为HH级)未出现腐蚀，管汇部分法兰槽内端面宽度减薄近3.00mm；平板闸因腐蚀形成10.00mm的坑蚀，闸门体内被沉积物塞满(图4-1-2)。

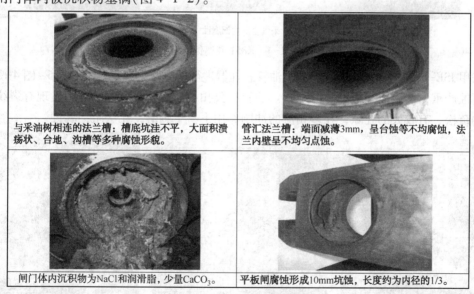

| 与采油树相连的法兰槽：槽底坑洼不平，大面积溃疡状、台地、沟槽等多种腐蚀形貌。 | 管汇法兰槽：端面减薄3mm，呈台蚀等不均匀腐蚀，法兰内壁呈不均匀点蚀。 |
| 闸门体内沉积物为NaCl和润滑脂，少量CaCO$_3$。 | 平板闸腐蚀形成10mm坑蚀，长度约为内径的1/3。 |

图4-1-2　X2井管汇部件腐蚀形貌特征图

(3)地面高压管线

X2井口至管汇部分地面管线材质为20G钢，该管线经过2年时间后壁厚减薄10.00mm，腐蚀速率达到了5.00mm/a(图4-1-3)。

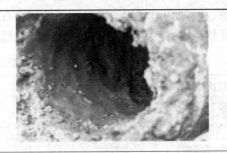

| 井口至管汇部分高压管线壁厚减薄10.00mm。 | 管线内壁大面积呈不均匀的台蚀、坑蚀。 |

图 4-1-3　X2 井地面高压管线腐蚀形貌特征

2. X851 井腐蚀现状

该井 2000 年投产，2002 年封井，封井后发现 KO-HP1-13Cr 油管及井口油管悬挂器、阀门体、接头等内壁均有不同程度腐蚀（图 4-1-4）。其中，油管悬挂器内壁大面积严重冲刷腐蚀，最大腐蚀深度达 5.00～6.00mm，连接处、变径处的腐蚀极为严重，阀门体、弯管存在部分腐蚀；节流针阀存在严重腐蚀，蚀坑裂纹 20.00mm，阀针也存在局部蚀坑；弯管、直管内壁存在部分腐蚀，深度 1.00～2.00mm。油管悬挂器的宏观腐蚀形貌为局部腐蚀。

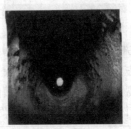

油管悬挂器腐蚀　　　　　采气主阀内部腐蚀　　　　　针阀内部腐蚀

图 4-1-4　X851 井腐蚀状况

采用 JSE-5900LV 扫描电镜对 X851 油管悬挂器进行微观形貌观察（图 4-1-5～图 4-1-7），发现腐蚀严重，内表面呈蜂窝、海绵状。油管挂公扣端断裂处截取的试样中发现有裂纹。腐蚀产物疏松、有较大的孔隙，在多相流的冲刷作用下易于剥落，无法阻挡腐蚀。

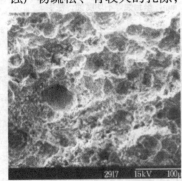

图 4-1-5　油管悬挂器内表面　　　图 4-1-6　公扣位置处裂纹　　　图 4-1-7　表面腐蚀产物

采用 X 射线分析 X851 井腐蚀产物中各元素的含量，腐蚀产物中主要含 Fe、C、O 元素，也有少量 Ca、Si、Ba、S 等（表 4-1-3）。

表 4-1-3　X851 井腐蚀产物中各元素含量统计

元素	摩尔分数/%	质量分数/%
C	72.64	47.54
O	12.42	10.79
Si	0.75	1.14
Ca	1.25	2.72
Cr	0.18	0.51
Fe	11.25	33.54
Ba	0.15	1.13
S	1.16	2.03

采用 X 衍射分析附着物中元素的存在状态结果表明，表面附着物以 $BaSO_4$ 为主，腐蚀生成物以 $FeCO_3$ 为主，其次有 FeS、Fe_2O_3（表 4-1-4）。

表 4-1-4　天然气过流面附着物和腐蚀产物的物相组成

项　目	物　相　组　成
表面附着物	主要物相 $BaSO_4$，其次有 $FeCO_3$、SiO_2、Fe_2O_3、$(Cu、Si、Zn)S$、$2Al_2O_3 \cdot SO_3 \cdot 12{\sim}15H_2O$、$FeS$
腐蚀生存物	主要物相 $FeCO_3$、其次有 FeS、Fe_2O_3

3. X882 井

X882 井在修井过程中发现井下油管严重腐蚀：井内油管断裂成 4 段，每个断裂面均在油管接箍处（Φ73mmN80 油管 1 处断裂点、Φ60.30mmP110 油管 3 处断裂点）；第 284 根和第 285 根油管（Φ60.00mmP110 平式油管）本体上出现穿孔（孔径约 12.00mm）；Φ73.00mmN80 油管丝扣完全腐蚀破坏。

（二）腐蚀监测技术与方法

为有效监测气井管线及各种设备腐蚀程度，采用了拆卸闸门、法兰盘及管线等直观的检查机制，为研究管线等设备的腐蚀提供了直观资料。同时，采用了铁离子浓度监测技术，根据铁离子浓度的变化情况，判断井筒及采输管线的腐蚀情况。本节主要介绍铁离子浓度监测技术方法。

1. 铁离子监测方法

须家河组气井产出水成弱酸性，气井管柱产生腐蚀后，主要以 Fe^{2+} 离子形态进入介质中；通过监测气井加注缓蚀剂前后产出水中铁离子浓度的变化情况，可以辨别井下管柱是否得到保护。Fe^{2+} 离子浓度监测主要采用分光光度法，其包括两种方法：邻菲啰啉分光光度法与磺基水杨酸显色法。

（1）邻菲啰啉分光光度法

① 实验原理

亚铁离子在 pH 为 3~9 之间的溶液中与邻菲啰啉生成稳定的橙色络合物，其反应式为图 4-1-8，此络合物在避光时可稳定半年。测量波长为 510.00nm，气摩尔吸光系数为 $1.10 \times 10^4 L \cdot mol^{-1} \cdot cm^{-1}$。若用还原剂（盐酸羟胺）将高价铁离子还原，则该法可测高价铁离子及中铁含量。

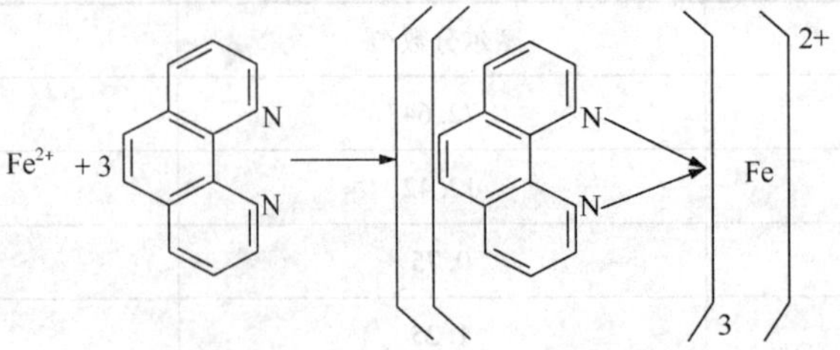

图4-1-8 亚铁离子与邻菲啰啉反应式

② 剂配置

a. 铁标准储备液，准确称取0.7020g硫酸亚铁铵，溶于（1+1）硫酸50mL中，转移至1000mL容量瓶中，加水稀释至标线，摇匀。此溶液每毫升含100μg铁。

b. 铁标准使用液：准确移取标准储备液25mL置100mL容量瓶中，加水稀释至标线，摇匀。此溶液每毫升含25.00μg铁。

c. （1+3）盐酸。

d. 10%盐酸羟胺溶液。

e. 缓冲溶液：40g乙酸铵加50mL冰乙酸用水稀释至100mL。

f. 0.50%啉菲啰啉水溶液，加数滴盐酸帮助溶解。

③ 步骤

a. 将含不同铁离子浓度的啉菲啰啉溶液在波长为400~700nm段进行扫描，确定最佳吸收峰。

b. 标准曲线绘制。

依次取铁标准使用液0mL、2mL、4mL、6mL、8mL、10mL置150mL锥形瓶中，加入蒸馏水至50mL，再加（1+3）盐酸1mL，10%盐酸羟胺1mL，玻璃珠2粒。加热煮沸至溶液剩15mL左右，冷却至室温，定量转移至50mL具塞比色管中。加一小片刚果红试纸，滴加饱和乙酸钠溶液至试纸刚刚变红，加入5mL缓冲溶液、0.50%啉菲啰啉溶液2mL，加水至标线，摇匀。显色15min后，用10mm比色皿，以水为参比，在最大吸收峰处测量吸光度，由经过空白校正的吸光度对铁的微克数作图。

④ 实验结果

a. 最佳测量波长的确定。分别配制二价铁含量为0.50mg/L、1.00mg/L、1.50mg/L的溶液，以0mg/L水样为参比溶液，使用分光光度计波长从700nm开始到400nm测量其吸光度（图4-1-9）。二价铁含量为0.50mg/L、1.00mg/L和1.50mg/L的标准液在不同的波长范围内具有不同的吸光度，在510nm附近出现吸收峰，且在该吸收峰下吸光度比价稳定，因此选择λ=510nm作为测定二价铁离子络合物吸光度的最佳测定波长。

b. Fe^{2+}离子标准曲线。配制一系列标准缓蚀剂溶液，以0.00mg/L溶液为空白溶液（参比液），在λ=500nm处测量其吸光度作出标准曲线（表4-1-5、图4-1-10）。对标准曲线进行线性拟合，可以得到吸光度与浓度的线性方程：

$$A = 0.2033 \times C + 0.0027, R^2 = 0.9997 \tag{4-1-1}$$

式中 R——相关系数；

C——三价铁离子浓度；

A——吸光度。

152

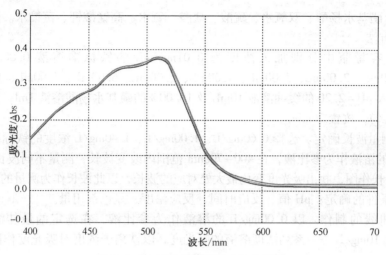

图4-1-9 吸光度随波长变化曲线图

从标准曲线的相关系数看，二价铁离子与吸光度关联度较高，根据吸光度测量二价铁离子浓度具有较强的可靠性。

表4-1-5 不同浓度Fe²⁺标液吸光度表

浓度/（mg/L）	0.00	0.50	1.00	1.50	20	2.50	30	3.50	4.00
吸光度	0.00	0.102	0.204	0.306	0.407	0.511	0.613	0.715	0.817

（2）磺基水杨酸显色法

① 实验原理

磺基水杨酸与 Fe^{3+} 离子形成的螯合物的组成因 pH 值不同而不同，pH ＝2～3 时，生成紫红色的螯合物，反应式为图4-1-11。

该紫色络合物在波长 500nm 处具有吸收峰，因此考虑通过分光光度法测量三价铁离子浓度。

pH 值为 4～9 时，生成红色的螯合物（有两个配位体）；pH 值为 9.00～11.50 时，生成黄色螯合物（有三个配位体）；pH 值大于 12 时，有色螯合物将被破坏而生成 $Fe(OH)_3$ 沉淀。

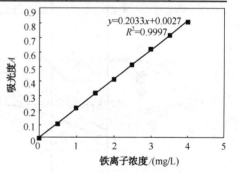

图4-1-10 Fe^{2+} 浓度测量
标准吸收曲线图

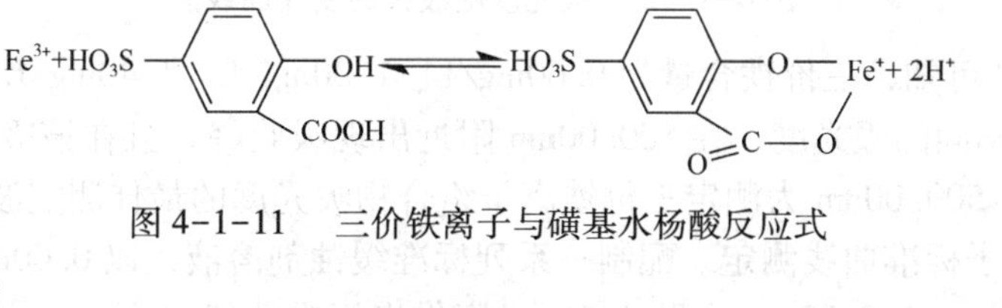

图4-1-11 三价铁离子与磺基水杨酸反应式

② 仪器及试剂

紫外-可见分光光度计，pH 计，分析天平（0.1mg），

容量瓶：1000mL，100mL，50mL，250mL；

移液管：10mL，5mL，2mL，1mL，25mL；

烧杯：500mL（2个），50mL（2个）

玻璃棒，擦镜纸，标签纸，

铁铵矾、磺基水杨酸、双氧水、硫酸、盐酸、氨水、高锰酸钾，蒸馏水。

③ 实验方法

在 50mL 容量瓶中分别加入浓度为 0.01mg/mL 的铁标准溶液 0.00mL、0.50mL、1.00mL、1.50mL、2.00mL、3.00mL、4.00mL、5.00mL、6.00mL、7.00mL；用蒸馏水稀释到 25mL，加入 pH=2.20 的缓冲溶液 10mL 及 10.00% 的磺基水杨酸溶液 1ml，并用蒸馏水稀释到刻度后摇匀，放置 20min。

a. 最佳测量波长确定。选择 0.60mg/L、1.00mg/L、1.40mg/L 浓度的铁标准溶液，分别以 0.00mg/L 的溶液作为参比液，在 400~700nm 范围内改变波长，测量不同波长下的吸光度，以吸光度对波长作图，找出吸光度变化最大处对应的波长，以此波长作为测量的最佳波长。

b. 显色条件的确定：pH 值、反应时间、反应温度、显色剂用量。

c. 标准曲线的制作。以 0.00mg/L 的溶液作为参比液，在选定的最佳波长下，测定 0.00mg/L、0.10mg/L 等一系列浓度溶液的吸光度，以铁离子浓度对吸光度作图得三价离子的标准曲线。

④ 实验结果与讨论

a. 最佳测量波长的选择。分别配制三价铁含量为 0.60mg/L、1.00mg/L、1.40mg/L 的溶液，以 0.00mg/L 水样为参比溶液，使用分光光度计波长从 700.00nm 到 400.00nm 测量其吸光度（图 4-1-12）。

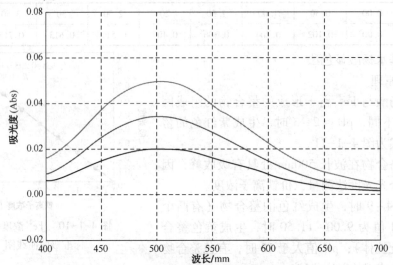

图 4-1-12　吸光度随波长的变化曲线图

由图 4-1-12 可知，三价铁含量为 0.60mg/L、1.00mg/L、1.40mg/L 的标准液在不同的波长范围内具有不同的吸光度，在 500.00nm 附近出现吸收峰，且在该吸收峰下吸光度较稳定；因此选择 λ=500.00nm 为测定三价铁离子络合物吸光度的最佳测定波长。

b. 三价铁离子标准曲线测定。配制一系列标准缓蚀剂溶液，以 0.00mg/L 溶液为空白溶液（参比液），在 λ=500.00nm 处测量其吸光度作出标准曲线（图 4-1-13）。通过图 4-1-13 对标准曲线进线性拟合，可以得到吸光度与浓度的线性方程：

$$C=0.0346+28.5692A \qquad r=0.999907 \qquad (4-1-2)$$

其中 r 为相关系数，C 为三价铁离子浓度，A 为吸光度。

从标准曲线的相关系数看，三价铁离子与吸光度关联度较高，根据吸光度测量三价铁离子浓度具有较强的可靠性。

154

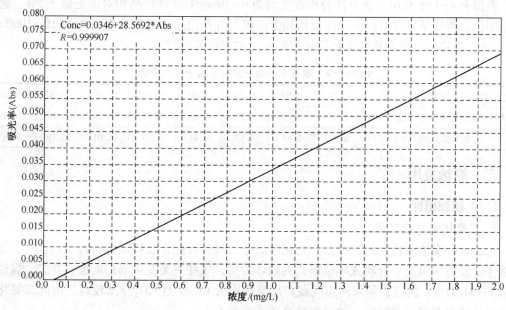

图 4-1-13　三价铁离子标准吸收曲线图

2. X2 裂缝系统产出水 Fe 离子浓度监测方法

邻菲啰啉分光光度法与磺基水杨酸显色法分别通过 Fe^{2+}、Fe^{3+} 与显色剂反应后形成特征吸收峰，最终对水样中中铁含量进行测量。邻菲啰啉分光光度法需要将水样中高价铁离子还原成 Fe^{2+} 离子进行测量，磺基水杨酸显色法需要将水样 Fe^{2+} 离子氧化成 Fe^{3+} 后进行测量。两种方法均能准确测量水样中铁离子含量（表 4-1-6），而邻菲啰啉分光光度法在含缓蚀剂的水样中进行测量时存在一定干扰，需要添加 OP-10 等表面活性剂对水样进行处理，缓蚀剂对磺基水杨酸法测量结果基本不存在干扰（表 4-1-7）。因此，在实验中一般采用磺基水杨酸显色法对川西须家河组气井产出水中铁离子浓度进行监测。

表 4-1-6　邻菲啰啉法与磺基水杨酸法测量数据表

测量方法	水　　样	测量浓度/（mg/L）	相对误差/%
邻菲啰啉法	1mg/L 标液	1.0053	0.53
磺基水杨酸法	1mg/L 标液	0.9935	0.65
邻菲啰啉法	新 2 井水样	23.156	—
磺基水杨酸法	新 2 井水样	22.823	—
邻菲啰啉法	含缓蚀剂水样	70.05	—
磺基水杨酸法	含缓蚀剂水样	68.76	—

表 4-1-7　HGY-9B 缓蚀剂对磺基水杨酸显色法测量铁离子浓度影响

HGY-9B 浓度	0.00	10.00	50.00	100.00	200.00	300.00	500.00	1000.00
用量/mg	0.00	0.50	2.50	5.00	10.00	15.00	25.00	50.00
用量/mL	0.00	0.05	0.25	0.50	1.00	1.50	2.50	5.00
吸光度	0.6857	0.7026	0.7146	0.7187	0.7445	0.7217	0.7230	0.7425
铁离子浓度/（mg/L）	19.63	20.11	20.45	20.57	21.31	20.65	20.68	21.25

根据表 4-1-8 看出，该方法分析浓度值为 0~10mg/L 含铁样品相对误差低于 5%，超过此范围值，测量结果误差较大。而川西须家河组气井产出水中总铁含量一般为 10~1000mg/L，因此，在进行水样分析时需将原水样稀释至该方法测量范围。

表 4-1-8　磺基水杨酸法测量铁离子浓度范围

二价铁离子标液浓度/(mg/L)	2.00	4.00	6.00	8.00	10.00	15.00	20.00	30.00
氧化后测量离子浓度/(mg/L)	2.17	4.15	6.27	8.03	9.73	13.34	15.56	16.16
相对误差/%	3.72	3.85	4.52	0.41	2.66	11.01	22.19	46.11

二、腐蚀成因

（一）腐蚀机理

1. 二氧化碳腐蚀机理

根据该井腐蚀产物形貌、腐蚀产物化学成分、气井管柱介质特征分析得出：其一，气井腐蚀主要以点蚀引发平台状或环状形式的损坏为主，气井主要发生局部腐蚀；其二，腐蚀产物以 $FeCO_3$ 为主；其三，须家河组气藏产出流体中含 CO_2，且 CO_2 分压较高。由此二氧化碳腐蚀性气体参与了气井腐蚀，并且腐蚀介质主要是 CO_2。

CO_2 溶于水后形成碳酸，碳酸是一种弱酸，在室温时，发生微弱的电离，电离率仅为千分之一。正是由于这个原因，H^+ 离子不可能成为主要的腐蚀去极化物质。关于 CO_2 腐蚀，其腐蚀机理不同于强酸，在相同 pH 值下，由于 CO_2 总酸度比盐酸高，因此它比盐酸更具有腐蚀性。当 CO_2 溶解在水中时生成碳酸就会引起对钢铁等金属的电化学腐蚀；整个腐蚀基本过程为：

腐蚀的阳极反应为

$$Fe+OH^- \longrightarrow FeOH+e$$
$$FeOH \longrightarrow FeOH^+ +e$$
$$FeOH^+ \longrightarrow Fe^{2+}+OH^-$$

阴极腐蚀过程主要存在两种观点：

（1）非催化的氢离子阴极还原反应

$$CO_2+H_2O \longrightarrow H_2CO_3$$
$$H_2CO_3 \longrightarrow H^+ +HCO_3^-$$
$$HCO_3^- \longrightarrow H^+ +CO_3^{2-}$$

pH<4 时，$H_3O^+ +e \rightarrow H_{ad}+H_2O$（ad 代表基材表面吸附的离子）

4<pH<6 时，$H_2CO_3+e \rightarrow H_{ad}+HCO_3^-$

pH>6 时，$2HCO_3^- +2e \rightarrow H_2+2CO_3^{2-}$

（2）表面吸附 CO_2，ad，氢离子的催化还原反应

$$CO_{2,sol} \longrightarrow CO_{2,ad}（sol 代表溶液中的粒子，ad 代表其表面吸附离子）$$
$$CO_{2,ad}+H_2O \longrightarrow H_2CO_{3,a}$$
$$H_2CO_{3,ad}+e \longrightarrow H_{ad}+HCO_{3,ad-}$$
$$H_3O_{ad+}+e \longrightarrow H_{ad}+H_2O$$
$$HCO_{3,ad-}+HO_3^+ \longrightarrow H_2CO_{3,ad}+H_2O$$

两种阴离子反应的实质都是 CO_2 溶解后形成的 HCO_3^- 电离出 H^+ 的还原过程。总的腐蚀反应为：

156

$$CO_2+H_2O+Fe \rightarrow FeCO_3+H_2$$

但 CO_2 水溶液绝大部分以 H^+ 和 HCO_3^- 存在，因此，反应生成物中大多数物质不是 $FeCO_3$，而是 $Fe(HCO_3)_2$；$Fe(HCO_3)_2$ 对金属有一定保护作用，但在高温下不稳定，随着时间的延长，$Fe(HCO_3)_2$ 会逐渐转化成与金属表面结合力较差的 $FeCO_3$ 而失去保护作用，从而引起金属的腐蚀（主要为点蚀）。$Fe(HCO_3)_2$ 的分解反应如下：

$$Fe(HCO_3)_2 \rightarrow FeCO_3+CO_2+H_2O$$

实际上，CO_2 腐蚀是一种典型的局部腐蚀。腐蚀产物（$FeCO_3$）或结垢产物（$CaCO_3$）在钢铁表面不同的区域覆盖度不同，不同覆盖度的区域之间形成了具有很强自催化特性的腐蚀电偶，CO_2 的局部腐蚀就是这种腐蚀电偶作用的结果。这一机理很好地解释水化学的作用和在现场一旦发生上述过程，局部腐蚀会突然变得非常严重等现象。

2. 矿化度腐蚀机理

矿化度腐蚀机理主要包括两部分：一是矿化度中氯盐的腐蚀；二是重碳酸根的腐蚀。

（1）氯盐腐蚀

氯盐腐蚀主要有两方面，第一方面是 Cl^- 的阳极去极化作用。Cl^- 与 Fe^{2+} 相遇就会生成 $FeCl_2$，Cl^- 能使 Fe^{2+} 消失而加速阳极过程。第二方面是 Cl^- 导致管线穿孔的局部腐蚀。Cl^- 为水质最稳定成分，由于半径小，穿透能力强，它容易穿透氧化膜内极小的孔隙，到达金属表面，降低金属电极电位，造成大阴极小阳极。孔隙内的 $FeCl_2$ 水解，酸性增强，孔隙腐蚀有自催化特性。

（2）重碳酸根的腐蚀

HCO_3^- 离子在低浓度时，对腐蚀起促进作用，其机理在于 HCO_3^- 可作为阴极去极化剂；HCO_3^- 在高浓度且有 Cl^- 存在时，会导致局部腐蚀；HCO_3^- 不仅可以与 CO_2 互相转化，而且离解后产生 H^+ 和 CO_3^{2-}，前者加速腐蚀，后者与 Ca^{2+} 成垢。

（二）腐蚀因素分析方法

CO_2 的腐蚀过程是一种错综复杂的电化学过程，CO_2 的溶解、电离、扩散、与金属离子的电化学反应，以及腐蚀产物形成后覆盖不均引起的电偶腐蚀等所有过程都将影响 CO_2 的腐蚀速率；而 CO_2 分压、温度环境、水的矿化度，水溶液中的 Cl^-、HCO_3^- 等的含量，pH 值、流速及流态、Fe^{2+} 含量、金属的微结构及金属的预处理又将影响以上过程。目前 X2 井管柱腐腐蚀特征得到了证明：①管汇高压端比低压端腐蚀严重；②温度高、流速大的腐蚀更严重；③管柱材质对气井腐蚀存在影响，采油树法兰（HH 级）未产生腐蚀，而与之相连的普通碳钢法兰腐蚀严重；④不同材质连接处腐蚀更严重。

以上腐蚀特征都是因为 CO_2 腐蚀过程中不同影响因素引起。因此有必要开展 CO_2 腐蚀影响因素分析，弄清气井管柱 CO_2 腐蚀规律，主要分析方法包括井口挂片试验、室内腐蚀模拟实验以及 CorrosionAnalyzer 腐蚀分析软件。

1. 井口挂片实验

选择 N80、13Cr、P110、35CrMo 等材质，制备成规格为 20mm×15mm×3mm 的试片，称重后悬挂在悬挂器上，将悬挂器放置在井口，在挂试片时，试片与试片之间、试片与悬挂器之间绝缘，试片平面与气流方向平行（图 4-1-14）。试验分两个周期，即试片挂入井口后，分两次，取出进行处理分析周期分别为半年、一年、每一周期每种材质各取一半现场观察并记录表面腐蚀及腐蚀物粘附情况，然后将试片进行试验室处理计算腐蚀速率，进行腐蚀评价。

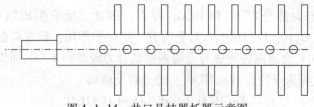

图 4-1-14 井口县挂器托器示意图

2. 室内模拟实验

室内实验主要通过失重法和电化学法对不同材质在不同环境条件下腐蚀特征进行研究。实验室配制川西须家河气井腐蚀模拟溶液，选用 N80、P110、13Cr、35CrMo 钢试片，在不同温度、CO_2 压力、离子浓度等条件下进行腐蚀实验，根据重量以及电流电压变化情况，分析研究气井腐蚀规律(表 4-1-9、表 4-1-10，图 4-1-15、图 4-1-16)。

表 4-1-9 钢样的化学成分   %

钢号	C	Si	Mn	P	S	Cr	Mo	Ni	Nb	V	Ti	Cu	Al
P110	0.225	0.310	1.020	0.017	0.008	0.958	0.350	0.042					0.033
N80	0.24	0.22	1.19	0.013	0.004	0.036	0.021	0.028	0.006	0.017	0.011	0.019	
13Cr	0.690	0.557	0.605	0.034	0.022	12.73	1.067	0.181					0.046
35CrMo	0.350	0.310	0.660	0.028	0.018	1.08						0.14	

表 4-1-10 腐蚀介质主要离子及其浓度

成分名称	K^+	Na^+	Ca^{2+}	Mg^{2+}	Fe^{2+}	Fe^{3+}	Cl^-	SO_4^{2-}	HCO_3^-	CO_2	pH	水型
含量/(mg/L)	11.30	442.50	51.22	0.31	41.5	3.92	757.16	5.00	238.05	86.08	6.00	$CaCl_2$

图 4-1-15 高压釜腐蚀实验装置图

图 4-1-16 电偶腐蚀试验装置图

3. CorrosionAnalyzer 软件分析

CorrosionAnalyzer 腐蚀分析系统是基于金属腐蚀理论及大量现场实际数据建立的灵活实用的模型，包括化学动力学和热力学分析计算模型、氧化-还原反应模拟计算分析模型、腐蚀预测分析模型等多个模型，不仅可以分析计算体系在各种条件之下的各种物理、化学、动力学和热力学参数，还可以分析计算各种金属在某一环境之下的腐蚀情况。软件还提供了强大的 OLI 公共数据库、Corrosion 数据库等，方便使用者查询了解所需物质的有关信息。CorrosionAnalyzer 腐蚀分析系统能够分析在环境温度、压力、pH 值、物质组成和流动状态等变化情况下金属的腐蚀情况。

158

（三）腐蚀因素分析评价

1. 材质的影响

根据 X2 井腐蚀特征，采用普通碳钢的管材发生了严重的腐蚀，而采用 HH 级的采油树法兰未产生腐蚀；因此使用管线材质不同，产生腐蚀程度也不一样。对目前须家河组气井使用的 N80、P110、35CrMo、13Cr、20G 材质分别在 L150、X301 井进行井口腐蚀挂片实验，试验数据表明：A 型（N80）、B 型（P110）、E 型（13Cr）、Y 型（35CrMo）、K 型（20G）材质的试片都存在一定的腐蚀（表 4-1-11~表 4-1-13）。其中 A 型材质试片腐蚀最为严重，呈现较多的麻点，而 E 型（13Cr）材质试片仍然光亮。研究表明少量 Cr 元素加入钢中可以提高钢材在 CO_2 介质中的抗腐蚀能力，在含 Cr 的材质中腐蚀产物膜以 $Cr(OH)_3$ 为主，该产物膜能有效阻碍阴离子穿透腐蚀产物膜到达金属表面，从而降低了膜与金属界面处的阴离子浓度。

表 4-1-11　L150 井单一材质新试片数据

编号	长/ cm	宽/ cm	高/ cm	试验前 质量/g	试验后 质量/g	失重量/ g	时间/ d	腐蚀速率/ （mm/a）	平均腐蚀速率/ （mm/a）
A032	1.982	1.425	0.336	7.1812	7.1391	0.0421		0.0149982	0.015154
A057	1.984	1.421	0.335	7.1081	7.0655	0.0426		0.0152126	0.015154
B091	1.865	1.393	0.267	5.2986	5.2622	0.0364		0.014835	
B151	1.864	1.39	0.265	5.1704	5.1256	0.0448		0.0183384	0.015392
B188	1.863	1.388	0.268	5.2198	5.188	0.0318		0.013002	
E471	2.011	1.43	0.287	6.3033	6.3026	0.0007	174	0.0002588	
E472	2.013	1.432	0.292	6.3346	6.3341	0.0005		0.0001836	0.000221
E478	2.011	1.432	0.292	6.3257	6.3251	0.0006		0.0002205	
Y137	1.931	1.561	0.27	5.8614	5.8123	0.0491		0.0177787	
Y170	1.931	1.47	0.264	5.6294	5.59	0.0394		0.0151384	0.01644
Y174	1.947	1.561	0.264	5.6975	5.6521	0.0454		0.0164037	

表 4-1-12　L150 井单一材质旧试片数据

编号	长/ cm	宽/ cm	高/ cm	试验前 质量/g	试验后 质量/g	失重量/ g	时间/ d	腐蚀速率/ （mm/a）	平均腐蚀速率/ （mm/a）
A001	1.916	1.365	0.251	4.9265	4.8888	0.0377		0.0155801	
A031	1.915	1.364	0.255	4.9695	4.9391	0.0304		0.0125279	0.0148245
A035	1.915	1.358	0.251	4.8514	4.812	0.0394		0.0163655	
B051	1.861	1.387	0.266	5.1451	5.1159	0.0292		0.0119818	
B056	1.863	1.39	0.266	5.1893	5.157	0.0323		0.0132153	0.0135034
B060	1.861	1.39	0.269	5.2531	5.2156	0.0375		0.0153132	
E017	2.006	1.432	0.29	6.2188	6.2186	0.0002	174	7.382E-05	
E426	1.963	1.419	0.29	6.0588	6.0584	0.0004		0.0001518	0.0001012
E430	1.962	1.42	0.26	5.4152	5.415	0.0002		7.808E~05	
Y122	1.94	1.466	0.265	5.6943	5.6635	0.0308		0.0118008	
Y124	1.9	1.469	0.26	5.5135	5.4789	0.0346		0.0135546	0.0128046
Y125	1.924	1.47	0.268	5.7455	5.7115	0.034		0.0130584	

注：表中 A 代表 N80，B 代表 P110，E 代表 13Cr，Y 代表 35CrMo。

表 4-1-13　X301 井腐蚀挂片数据表

编号	长/cm	宽/cm	高/cm	实验前质量/g	实验后质量/g	前后质量差/g	腐蚀率/(mm/a)	平均腐蚀率/(mm/a)
A005	1.940	1.461	0.295	6.3074	6.2709	0.0365	0.0264	
A044	1.930	1.450	0.284	6.1121	6.0848	0.0273	0.0201	0.0226
A067	1.941	1.451	0.291	6.2201	6.1910	0.0291	0.0212	
B001	1.976	1.508	0.327	7.4408	7.4160	0.0248	0.0166	
B003	1.977	1.508	0.328	7.4270	7.4034	0.0236	0.0158	0.0166
B004	1.999	1.501	0.324	7.4409	7.4146	0.0263	0.0175	
E203	1.957	1.413	0.291	6.0530	6.0528	0.0002	0.0001	
E225	1.997	1.432	0.295	6.2626	6.2623	0.0003	0.0002	0.0002
E230	1.961	1.431	0.295	6.1295	6.1292	0.0003	0.0002	
Y17	1.941	1.462	0.259	5.6123	5.5965	0.0158	0.0119	
Y208	1.921	1.463	0.259	5.6906	5.6695	0.0211	0.0161	0.0145
Y294	1.911	1.465	0.274	5.8514	5.8310	0.0204	0.0154	
K001	1.961	1.511	0.307	6.9449	6.9289	0.0160	0.0106	
K002	1.959	1.509	0.309	6.9726	6.9538	0.0143	0.0095	0.0096
K009	1.955	1.508	0.307	6.8814	6.8683	0.0131	0.0088	

目前川西须家河组气藏井下管柱仅有 X2、X3 采用 13Cr 管材，其余气井采用 P110、N80 普通碳钢或组合油管，地面管汇主要采用 35CrMo 钢、20G 钢、10 号钢；这些管柱裸露在腐蚀介质中都将产生严重腐蚀。

2. 腐蚀介质的影响

（1）CO_2 分压对腐蚀的影响

从 CO_2 腐蚀反应过程可看出，CO_2 对管材的腐蚀速率取决于 CO_2 在水溶液中的含量，其溶解度主要影响因素是分压。研究表明，在恒温 60℃下，调节 CO_2 分压，随着 CO_2 分压的升高，腐蚀速率逐渐增加，且 CO_2 的分压与腐蚀速率近似成线性关系（表 4-1-14）。这是因为 CO_2 分压升高后，增加了 CO_2 在水溶液中的溶解度，腐蚀介质的 pH 值也随之降低。有资料研究表明，在 40℃、CO_2 分压为 0.28kg/cm^2 时，pH 值可降到 4 左右，若温度、压力更高，pH 值还将进一步降低。pH 值的降低一方面可以加速碳钢的腐蚀，另一方面还会促进腐蚀产物 $FeCO_3$ 的溶解，保护膜溶解后，使新鲜的碳钢表面裸露于腐蚀介质中，促进了腐蚀。

表 4-1-14　60℃不同压力下的腐蚀速率

压强/MPa	腐蚀前重/g	腐蚀后重/g	失重/g	平均失重/g	腐蚀速度/(mm/a)
常压	4.3687	4.3356	0.0331	0.0325	1.5607
	4.3277	4.2959	0.0318		
0.3	4.3492	4.2837	0.0455	0.0563	2.0735
	4.4041	4.3362	0.0671		
0.6	4.3881	4.2989	0.0892	0.0886	4.2545
	4.3439	4.2559	0.0880		

压强/MPa	腐蚀前重/g	腐蚀后重/g	失重/g	平均失重/g	腐蚀速度/(mm/a)
0.9	4.4099	4.3064	0.1035	0.1028	5.0853
	4.3788	4.2794	0.1084		
1.2	4.3880	4.2519	0.1361	0.1187	5.700
	4.3819	4.2806	0.1013		

De Waard 和 Milliams 在实验研究基础上得出了碳钢及低合金钢在二氧化碳水溶液中的腐蚀速率与 CO_2 分压关系的经验公式（适用条件为温度低于 $60℃$，$p_{CO_2} < 0.2MPa$ 介质为层流状态）：

$$\lg V = 0.67\lg p_{CO_2} + C \tag{4-1-3}$$

式中 C 为与温度有关的常数，V 为腐蚀速率（mm/a）。

$$C = 7.96 - 2320/(t+273) - 5.55 \times 10^{-3}t \tag{4-1-4}$$

在温度大于 $60℃$ 时，由于腐蚀产物的影响，该式结果高于实测值。Waard 等以油田现场得到的数据，考虑到多种因素，建立了更切实际的腐蚀速率计算公式：

$$\lg V = 5.8 - 1710/T + 0.67\lg p_{CO_2} \tag{4-1-5}$$

X2 井管汇井口压力投产初期保持在 $50MPa$ 左右，CO_2 分压约为 $0.63MPa$，井口温度 $78℃$；通过计算，井口管汇的腐蚀速率为 $5.34mm/a$，与实际监测结果吻合。

根据大量研究成果，目前国内外判断腐蚀状况与 CO_2 分压有如下关系：

CO_2 分压 $>0.21MPa$，产生严重局部腐蚀；

CO_2 分压为 $0.0483 \sim 0.21MPa$，易发生不同程度的小孔腐蚀；

CO_2 分压为 $0.021 \sim 0.0483MPa$ 时，发生全面均匀腐蚀；

CO_2 分压 $<0.021MPa$，腐蚀不会发生或很少发生。

其中 CO_2 分压采用如下计算式：

$$井口 CO_2 分压 = 井口油压 \times CO_2 百分含量 \tag{4-1-6}$$

$$井下 CO_2 分压 = 饱和压力（或流压）\times CO_2 百分含量 \tag{4-1-7}$$

按照上述计算式计算气井的 CO_2 分压对气井的腐蚀状况进行诊断，多数气井井口将产生严重腐蚀（表4-1-15），按气井 CO_2 平均含量计算，当气井压力超过 $16MPa$，部分管柱将产生严

表4-1-15 部分气井井口 CO_2 分压及腐蚀情况

井号	井口压力/MPa	二氧化碳含量/%	井口二氧化碳分压/MPa	腐蚀状况诊断
X10	27.6	1.13	0.31	严重局部腐蚀
X101	9.33	0.9	0.08	易发生不同程度小孔腐蚀
X2	48.34	1.3	0.63	严重局部腐蚀
X202	25.2	1.39	0.35	严重局部腐蚀
X22	47.23	0.68	0.32	严重局部腐蚀
X3	51.53	1.47	0.76	严重局部腐蚀
X853	16.28	1.22	0.20	易发生不同程度小孔腐蚀
X856	38.2	1.85	0.71	严重局部腐蚀
DY101	33.86	1.67	0.57	严重局部腐蚀
CH127	3.75	1.415	0.05	易发生不同程度小孔腐蚀
CG561	45.18	1.48	0.67	严重局部腐蚀
CJ566	23.1	1.32	0.30	严重局部腐蚀
L150	31.2	1.20	0.37	严重局部腐蚀
DY1	37.6	1.74	0.65	严重局部腐蚀
平均	31.31	1.34	0.43	

重腐蚀。根据川西气田深井气样、水样分析,CorrosionAnalyzer软件进行腐蚀模拟分析,得到管柱腐蚀速率随压力变化曲线(图4-1-17),总体表现为随压力升高腐蚀速率上升的特征。图4-1-18反映的是气井在三相模拟状态下、静止流体中低温区 CO_2 含量与压力变化对碳钢腐蚀速度的影响。从图中看出:管柱腐蚀速率随着 CO_2 含量与气井压力(CO_2 分压)增大而升高,基本符合 De Waard 和 Milliams 研究结论,同时与上述井口腐蚀诊断结果相一致。结合 CO_2 腐蚀机理及须二气井油管腐蚀特征,综合腐蚀模拟可以得出:川西须二气藏气井 p_{CO_2} 高,气井产水后必然形成严重 CO_2 腐蚀,造成油管及地管线、设备的腐蚀。

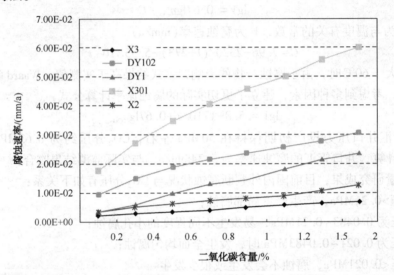

图 4-1-17　须家河组气井腐蚀与 CO_2 分压关系曲线

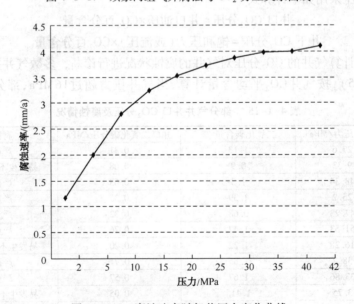

图 4-1-18　腐蚀速率随气井压力变化曲线

(2)温度对 CO_2 腐蚀的影响

模拟川西腐蚀介质特征,在压力为 4.50MPa 下,对饱和 CO_2 溶液中不同温度下普通碳钢 P110 的腐蚀规律进行研究。从图 4-1-19 中可以看出,P110 钢腐蚀率随着温度增

162

加，经历先增加后降低的过程。通过金相显微镜对腐蚀形貌进行了观察（如图 4-1-20、图 4-1-21 所示），从实验结果可知，在不同的温度条件下，试样的腐蚀速率差别很大。温度对腐蚀速率的影响，通过温度对气体及组成溶液的各种化学成分的溶解度的影响起作用，温度对腐蚀速率的最主要的影响体现在温度对腐蚀产物膜的影响。

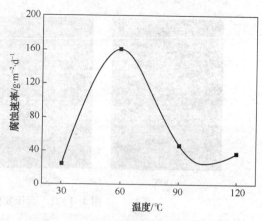

图 4-1-19　P110 钢在 4.5MPa 高压
不同温度下腐蚀规律

　　图 4-1-22 和图 4-1-23 分别是在不同温度条件下试样表层腐蚀产物和横截面腐蚀产物的形貌。随着温度的升高，试样表面腐蚀产物趋向于更加致密（图 4-1-24）。30.00℃时表层腐蚀产物较少且很松散地附着在材料表面。60.00℃时腐蚀产物增多，但是形成的膜层中含有大量的孔洞；在 120.00℃时，试样表面形成比较致密的腐蚀产物表层。图 4-1-23 显示在 30.00℃时试样表面腐蚀产物较薄，扫描电镜下可观察到大部分产物已经脱落，很难找到一块附着产物的区域；60.00℃时试样表面腐蚀产物很厚，且比较紧密地附着在材料表面；120.00℃时的腐蚀产物虽然也比较薄，但是密度相对较大，致密性很好。

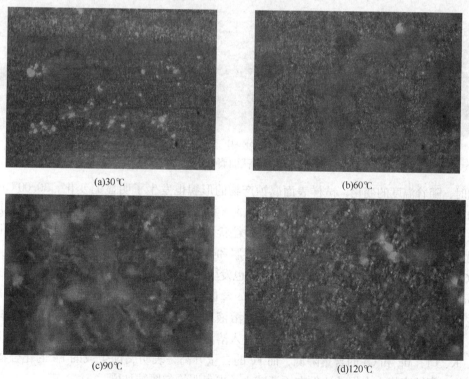

(a)30℃　　　　　　　　　　　　　(b)60℃

(c)90℃　　　　　　　　　　　　　(d)120℃

图 4-1-20　高压实验结束后 P110 钢金相照片

163

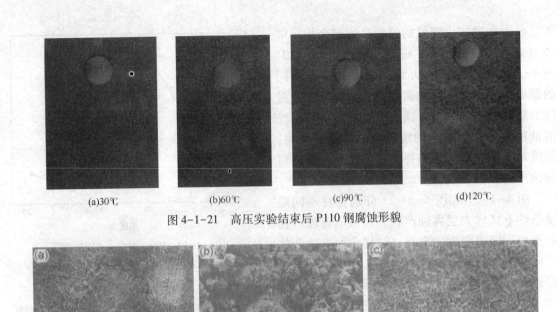

| (a)30℃ | (b)60℃ | (c)90℃ | (d)120℃ |

图 4-1-21　高压实验结束后 P110 钢腐蚀形貌

| (a)30℃ | (b)60℃ | (c)120℃ |

图 4-1-22　表层腐蚀产物的形貌

| (a)30℃ | (b)60℃ | (c)120℃ |

图 4-1-23　横截面腐蚀产物的形貌

　　同时,随着温度的变化,试样表面腐蚀产物的形貌也发生了明显的变化。30.00℃时的腐蚀产物类似于疏松的土壤,而 60.00℃时的腐蚀产物是颗粒状,120.00℃时腐蚀产物表层是类似于致密的黏土结构,而下层腐蚀产物还是颗粒状,这表明腐蚀产物的成分已经发生了明显变化。因此,对不同温度试样表面腐蚀生成物外层和最靠近基体处的内层分别进行能谱分析(表 4-1-16)可知,温度变化造成腐蚀产物的成分也发生了很大变化。30.00℃时腐蚀生成物表层和内层 Na、K、Cl、Mg 和 Ca 的含量很高,而 Fe 含量很低,表明此时均匀腐蚀较轻微,腐蚀生成物主要是沉积物。这是由于此时温度较低,溶液中的化合物的溶解度较低,所以沉积较多。同时,腐蚀反应进行得很少,溶解形成离子进入溶液的金属量很少。随着温度升高,腐蚀产物中 Na、K、Cl、Mg 和 Ca 的含量降低,而 Fe 的含量升高,表明腐蚀生成的 Fe 的化合物增多,而沉积物在腐蚀产物中占据的比例在逐渐减小,也表明均匀腐蚀加剧。

　　对不同温度点的试样表面腐蚀生成物进行 X 射线衍射指出,在 30℃时试样表面腐蚀生成物主要是 KCl,此外还有少量 $FeCO_3$。60℃时试样表面腐蚀产物主要是钙铁镁的碳酸盐,此外还有 KCl 和 Fe_2O_3。120℃时试样表面是 $FeCO_3$ 和少量的 KCl。

表 4-1-16　腐蚀产物组成表

元素	元素含量/%					
	30℃		60℃		120℃	
	外锈层	内锈层	外锈层	内锈层	外锈层	内锈层
C	22.45	27.84	41.85	22.30	19.29	26.89
O	13.47	16.85	24.04	31.15	23.49	34.15
Na	3.56	2.87	—	—	—	—
Mg	1.02	1.64	1.05	—	—	—
Al	0.11	0.88	—	—	—	—
Si	0.75	1.32	0.70	—	1.01	0.21
S	0.62	0.57	0.50	0.34	0.61	—
Cl	2.43	3.94	0.15	0.13	0.26	—
K	36.45	26.21	0.14	0.29	—	—
Ca	8.28	6.27	7.43	8.82	—	1.54
Mn	0.32	0.48	0.67	0.87	0.75	0.72
Fe	10.54	11.93	23.46	36.11	54.59	36.22

对60℃时腐蚀界面上的钙离子和氯离子分布在扫描电镜上做成分的面扫描(图4-1-24)。可见钙离子和氯离子的分布都是均匀的，不存在富集现象。

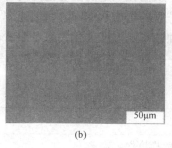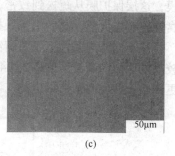

(a)　　　　　　　　　(b)　　　　　　　　　(c)

图4-1-24　60℃时腐蚀界面上的钙离子和氯离子分布

上述研究结果可知，温度变化造成腐蚀产物成分的变化，从而引起产物膜的孔隙率、厚度、致密度和附着性等随之变化。在温度较低时，由于腐蚀反应的电动势较低，材料的腐蚀进行得比较缓慢，$FeCO_3$不易生成，生成物主要是由溶液中的化合物沉积形成，以致产物粘着性较差，膜薄且疏松。随温度升高，材料的腐蚀加剧，$FeCO_3$在材料表面形核和生长的速度加快，从而腐蚀产物膜的厚度和致密性都增加。但是60℃时反应生成物主要是铁钙镁的碳酸盐，晶体结构的不规整，造成腐蚀产物膜虽然厚但是孔洞较多。在120℃时，极大的腐蚀推动力保证$FeCO_3$晶核在材料表面迅速形成且快速生长，形成薄而致密且粘着性好的腐蚀产物膜，保护材料表面不受强烈腐蚀。

通过以上实验可以看出，在温度较低时，主要发生金属活性溶解，碳钢主要发生金属溶解为均匀腐蚀，在中间温度区间，由于腐蚀产物在金属表面的不均匀分布，主要发生局部腐蚀；在高温时，在金属表面形成致密的腐蚀产物膜，从而抑制金属的腐蚀。应用CorrosionAnalyzer软件模拟川西须家河组须二段气井温度对腐蚀的影响(图4-1-25)。

从室内实验和软件模拟可以看出温度对CO_2腐蚀的影响存在三个温度区间，其规律为：

① 小于90℃的低温区，由于腐蚀产物膜疏松不致密，腐蚀速率随温度的增加而增大。

② 在100℃左右的中温区，由于$FeCO_3$膜产生粗松结晶，出现严重局部腐蚀，腐蚀速率达到一个极大值。

③ 在大于120℃高温区，由于生成了附着力强细致紧密的$FeCO_3$和Fe_3O_4膜，抑制了腐蚀，腐蚀速率下降。

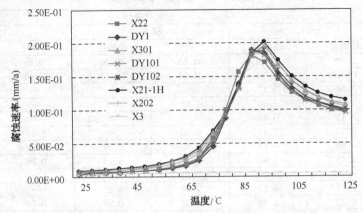

图 4-1-25　须二段气井腐蚀速率随温度变化曲线

出现上述复杂情况是因为 $FeCO_3$ 的溶解度随温度的升高而降低，在钢铁表面形成保护膜，这层保护膜从疏松到致密，从而在一定的温度范围内有一个腐蚀速率过渡区，出现一个腐蚀速率极大值，此后由于保护膜的生成和加固，腐蚀速率下降。

从不同压力条件下气井腐蚀速率随温度变化关系可以看出，随着压力的升高，腐蚀速率较高的区域向高温区偏移（图 4-1-26）；在其他影响因素不变的情况下，气井井底局部腐蚀更严重，井底腐蚀速率更高。

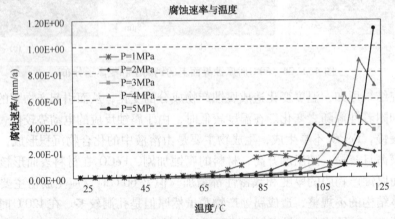

图 4-1-26　气井不同温度条件下腐蚀速率受压力影响关系

（3）离子浓度对 CO_2 腐蚀影响

关于介质中离子对 CO_2 腐蚀的影响已经达成一定的共识，普遍认为溶液中 Ca^{2+}、Mg^{2+}、HCO_3^-、Cl^- 及其他离子可影响腐蚀产物膜的形成及性质，从而影响钢的腐蚀特性。川西须家河气井产出水中不同离子在不同浓度条件下对 CO_2 腐蚀产生影响，对于此类多影响因素的试验问题，在科学研究上普遍采用正交试验法。川西气田须家河组气藏产出水中 K^+ 浓度为 $800.00 \sim 1400.00mg/L$，Ca^{2+} 浓度为 $3000.00 \sim 5000.00mg/L$、Mg^{2+} 浓度为 $250.00 \sim 450.00mg/L$、Fe^{2+} 浓度为 $10.00 \sim 250.00mg/L$、Cl^- 浓度为 $50000.00 \sim 70000.00mg/L$、$SO_4^{2-}$ 浓度为 $10.00 \sim 50.00mg/L$、HCO_3^- 浓度为 $300.00 \sim 500.00mg/L$；在其他工况条件不变情况下，通过正交实验对须家河组气井产出水中主要离子对腐蚀影响进行分析，实验离子为 Ca^{2+}、Mg^{2+}、Fe^{2+}、Cl^-、SO_4^{2-} 和 HCO_3^-，各离子的浓度均设 3 个水平，按照正交表 $L18(3^6)$ 来设计试验方案（表 4-1-17）。

表 4-1-17　　不同离子对 CO_2 腐蚀正交实验结果表

因素	$[Ca^{2+}]$/ (mg/L)	$[Mg^{2+}]$/ (mg/L)	$[Fe^{2+}]$/ (mg/L)	$[Cl^-]$/ (mg/L)	$[SO_4^{2-}]$/ (mg/L)	$[HCO_3^-]$/ (mg/L)	腐蚀速率/ (mm/a)
实验 1	3000	250	50	50000	10	300	0.3909
实验 2	4000	350	150	60000	30	400	0.3175
实验 3	5000	450	250	70000	50	500	0.4272
实验 4	3000	250	150	60000	50	500	0.3152
实验 5	4000	350	250	70000	10	300	0.1841
实验 6	5000	450	50	50000	30	400	0.0872
实验 7	3000	350	50	70000	30	500	0.1830
实验 8	4000	450	150	50000	50	300	0.1676
实验 9	5000	250	250	60000	10	400	0.3092
实验 10	3000	450	250	60000	30	300	0.1988
实验 11	4000	250	50	70000	50	400	0.4515
实验 12	5000	350	150	50000	10	500	0.4280
实验 13	3000	350	250	50000	50	400	0.1360
实验 14	4000	450	50	60000	10	500	0.2093
实验 15	5000	250	150	70000	30	300	0.1236
实验 16	3000	450	150	70000	10	400	0.3082
实验 17	4000	250	250	50000	30	500	0.1796
实验 18	5000	350	50	60000	50	300	0.1607
均值 1	0.369	0.255	0.295	0.247	0.232	0.305	
均值 2	0.176	0.252	0.235	0.277	0.252	0.182	
均值 3	0.218	0.256	0.233	0.239	0.280	0.276	
极差	0.193	0.004	0.062	0.038	0.040	0.123	

　　根据极差分析，在川西须家河组气井产出地层水中，Ca^{2+} 对 CO_2 腐蚀速率影响最大，其次是 HCO_3^-，其他离子的影响程度较小：①随着 Cl^- 浓度的增加，腐蚀速率先增大后减小，但是变化幅度不是很大。这是因为溶液中存在 Cl^- 时，Cl^- 能够减弱腐蚀产物膜与金属间的作用力，从而使保护膜失去对碳钢的保护作用，所以出现随着 Cl^- 浓度的增加腐蚀速率增加的现象，但是当 Cl^- 浓度达到一定数值后，由于 CO_2 在溶液中的溶解度下降，溶液腐蚀性降低，所以出现随着 Cl^- 浓度升高腐蚀速率下降的现象。②随着 Fe^{2+} 浓度的增大，介质的腐蚀速率降低。这主要是因为 CO_3^{2-} 浓度的增加影响了溶液的 pH 值从而影响 $FeCO_3$ 的溶解性，同时，溶液中也存在一定量的 HCO_3^-，会抑制 $FeCO_3$ 的溶解，促进钢表面 $FeCO_3$ 膜的形成从而降低了碳钢的腐蚀速率。对溶液中 Fe^{2+} 数量的影响，Hausler 等人认为，增加溶液中的 Fe^{2+} 浓度，将提高保护膜的渗透率，膜生长速度大于膜溶解速度，致使膜持续增厚，将大大降低腐蚀速率。③随着 SO_4^{2-} 和 Mg^{2+} 浓度的增加，腐蚀速率增加，但是 Mg^{2+} 的影响很小。这是由于这两种离子的加入提高了溶液的电导率，而溶液电导率增大又有利于电化学反应中的电子转移，从而能加速腐蚀。④随着 Ca^{2+} 和 CO_3^{2-} 浓度的增加，腐蚀速率先减小后增大。这是因为少量的 Ca^{2+} 的存在会在碳钢表面生成 $CaCO_3$ 垢层，$CaCO_3$ 垢层和腐蚀产物 $FeCO_3$ 对碳钢表面的覆盖使碳钢表面反应活性区减小，从而使腐蚀速率降低，但是随着 Ca^{2+} 和 CO_3^{2-} 浓度的增加会出现严重的局部腐蚀而使腐蚀速率加大。一般情况下，若不考虑保护性垢层的形成，水的矿化度越大，电化学反应越活跃，CO_2 腐蚀性越强，但是因为多重离子的交互作用或者协同作用，使得不同介质中的腐蚀速率有所变化。当 CO_3^{2-} 浓度不变时，随着 Fe^{2+} 和 SO_4^{2-} 浓度的增加，腐蚀速率降低；随着 Ca^{2+} 和 SO_4^{2-} 浓度的增加，腐蚀速率也有所降低。这可能是因为：

其一，随着离子浓度的增加，Ca^{2+}、Mg^{2+}、SO_4^{2-}、HCO_3^-更易形成有保护性的膜，使平均腐蚀速度降低；其二，Ca^{2+}、Mg^{2+}等的存在，增大了溶液的硬度，使离子强度增大，导致了CO_2在溶液中的亨利常数增大，使溶液中的CO_2含量减少，此外，这两种离子的存在会使介质的导电性增强，介质的结垢倾向增大，从而降低了腐蚀速度。

（4）pH值对CO_2腐蚀的影响

液体pH值是影响腐蚀的一个重要因素。pH值的变化直接影响H_2CO_3在水溶液中的存在形式：当pH值小于4.00时，主要以H_2CO_3形式存在；当pH值在4.00~10.00之间，主要以HCO_3^-形式存在；当pH值大于10.00时，主要以CO_3^{2-}存在。一般来说，pH值的增大，降低了原子氢还原反应速度，从而降低了腐蚀速率。

pH值对腐蚀速度的影响表现在三个方面：①pH值的增加改变了水的相平衡，使保护膜更容易形成；②pH值的增加改善了$FeCO_3$保护膜的特性，使其保护作用增加。当CO_2分压固定时，增大pH值将降低$FeCO_3$的溶解度，有利于生成$FeCO_3$保护膜。油气管道内pH值最佳值为大于7.00；③pH值的变化也影响金属材料在含CO_2介质中腐蚀的形态、腐蚀电位等。

通过腐蚀模拟研究发现：川西气田须家河组气藏气井流体的pH值越小，即酸性越强腐蚀速率越大；但当pH值大于8.00时，腐蚀速率基本不再随pH值变化而发生变化（图4-1-27）。目前气藏的平均pH值在6.00左右，油管处于弱酸性腐蚀环境，pH变化对气井腐蚀速率影响明显。

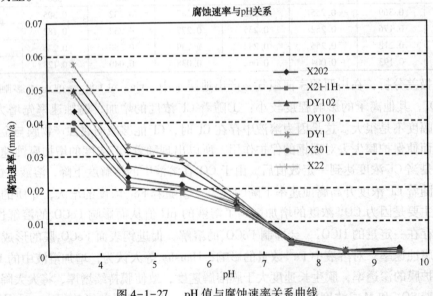

图4-1-27　pH值与腐蚀速率关系曲线

（5）流速对腐蚀的影响

流速影响腐蚀一般有两种形式，一种是流速诱导腐蚀，一种是磨损腐蚀。

流速诱导腐蚀。流速诱导腐蚀比较复杂，一般情况下，这种腐蚀主要是通过影响金属表面腐蚀产物膜和缓蚀剂膜的组成和厚度、腐蚀介质中氧的去极化作用、酸性气体和腐蚀性离子从溶液扩散到金属表面所需距离以及介质的流动区域和流态等作用来影响腐蚀速率的。

磨损腐蚀。磨损腐蚀是由于腐蚀介质与金属表面的相对运动引起的金属腐蚀和破坏现象。磨损腐蚀一般伴随着金属表面保护膜的机械磨损和腐蚀介质的电化学反应的联合作用。由于金属保护膜和腐蚀介质的冲刷力不均匀，因此受到该类腐蚀的金属表面并不均匀，其腐蚀形式一般表现为槽、沟、波纹、圆孔和山谷形，并常常显示有方向性。

由于高流速增大了腐蚀介质到金属表面的传质速度，且高流速会阻碍保护膜的形成或破坏保护膜，因而随流速增大，腐蚀速度增加。但在某些情况下，高流速会降低腐蚀速度，因为高流速会除去金属表面的炭化铁（Fe_3C）膜。因此流速对腐蚀的影响比较复杂，应视不同的流动状态分别予以研究。

① 表面无膜存在。流速对腐蚀的影响大小要视被输送的介质含水量的多少来决定。如果介质中含水量较高，那么腐蚀速度随着流速增加而增大，其原因是由于流速增加，加快了物质和电荷的传递速度，使得 $FeCO_3$ 膜很难形成；或是当流速提高到一定程度时，对金属表面的冲蚀作用增强，即使 $FeCO_3$ 膜暂时形成也会被逐渐溶解。如果介质中含水量降低，当流速小于临界流速时，随着流速增加，腐蚀速度增大；当流速达到临界速度时，腐蚀速度达到最大值；当流速大于临界速度时，腐蚀速度与流速关系不大。这是因为此时流速越低，管内壁的水膜越容易形成；流速太高时，管内介质呈紊流状态，水以液滴形式分布在介质中，腐蚀环境不易形成。

② 金属表面有膜存在。在较高温度下，由于表面膜的形成对物质传递起着屏障作用，因此腐蚀速度与流速关系不大。当表面产物膜受化学溶解或机械力作用，部分或全部受到破坏时，可以导致非常高的腐蚀速度，膜破坏的两种机理都与流速和内部的传递过程有关。应用软件模拟得到腐蚀速率随流速变化曲线表明川西须家河组气井井下管柱腐蚀受流速影响不大（图 4-1-28）。但地面流程所用的 10#、20G 管材受流速影响明显；因此，对于产量大、流速高的气井，需要重点关注地面高压管汇的腐蚀。

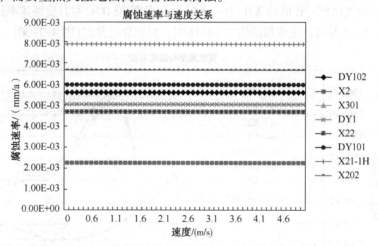

图 4-1-28　合金钢管材腐蚀速率随介质流速变化曲线图

（6）气水比对腐蚀的影响

无论在气相还是液相中，CO_2 腐蚀的发生都离不开水对钢铁表面的浸湿作用，采出气中的 CO_2 溶解在水膜中，降低了水膜的 pH 值使其呈酸性，水膜下的油管便发生腐蚀。因此，水在介质中的含量是影响 CO_2 腐蚀的一个重要因素。据于在宽等学者对文 23 气田研究表明，采出气含水量与腐蚀速率之间并非线性关系，当气井日产水在 $0.50 \sim 2.30 m^3$ 即水气比 $0.0001 \sim 0.001 m^3/m^3$ 之间时，油管才显示出较大腐蚀速率。气井早期为无水采气期，只产极少量凝析水，水气比在 $0.00 \sim 8.67 \times 10^{-6} m^3/m^3$ 之间，水基本以气体形式溶于天然气中采出，油管基本无腐蚀；进入产地层水阶段，单井产水 $3.00 \sim 180.00 m^3/d$，水气比在 $0.0001 \sim$

0.002m³/m³之间，地层水以游离态与天然气在油管中呈复杂多相流状态，CO_2溶于水中，造成油管腐蚀。根据气井产地层水阶段采用软件模拟不同温度下水气比变化对气井油管腐蚀的影响（图4-1-29）。

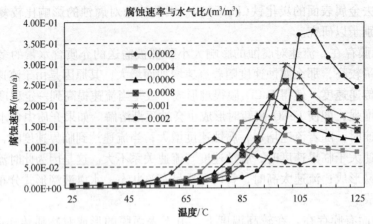

图4-1-29 水气比变化对腐蚀的影响曲线图

须家河组气井产地层水阶段水气比、温度及油管腐蚀存在如下关系。①在井口至井下70.00℃左右低温区，气井腐蚀速率随气液比增大而降低；在常温下或接近常温时各水气比的腐蚀速率基本相同。②在25.00~125.00℃气区间，随着液气比的增大，气井随温度变化的最高腐蚀速率向高温区偏移；随液气比的增加，气井腐蚀速率最高值越大。川西须家河组气井实际模拟结果满足以上规律，液气比相对较低的X21-1H、X22井在温度70.00℃左右腐蚀速率最高；而液气比较高的DY102、X301井腐蚀速率最高值为100.00℃，更加靠近井底（图4-1-30）。

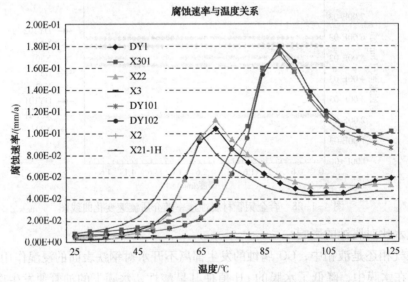

图4-1-30 川西须家河组不同气液比气井随温度变化关系

3. 电偶腐蚀

不同物质具有不同的电位能级，两种具有不同电位能级的材料在与周围环境介质构成回路的同时，也构成了电偶对。由于腐蚀电位不相等而有电偶电流流动，将产生电偶腐蚀，使电位较低的金属溶解速度增加；而电位较高的金属，溶解速度反而减慢。因此，须家河组气

井 CO_2 腐蚀也伴随着电偶腐蚀,当腐蚀膜或沉积垢受到各种因素影响而覆盖不均,或者不同材质管柱相连都将形成电位,加速气井管柱腐蚀。

（1）室内电偶腐蚀实验结果

在室内将13Cr分别与N80、35CrMo试片相连形成电偶,通过对比分析腐蚀率、电偶电流、产物膜,了解须家河组气井电偶腐蚀情况。根据实验数据可以看出在同一温度条件下,13Cr与N80、35CrMo连接后,有电偶电流产生,电偶电压负移,加速了两挂片的腐蚀;13Cr作为阴极腐蚀速率较小,而N80、35CrMo作为阳极加速了腐蚀（表4-1-18）。

表4-1-18　电偶腐蚀实验数据

项　　目	电偶对	试　片	实 验 温 度/℃			
			20	50	75	95
腐蚀率/ （mm/a）	13Cr-N80	13Cr	0.16	0.00204	0.00813	0.08281
		N80	0.83	1.69	0.76259	0.60477
	13Cr-35CrMo	13Cr	0.18	0.00136	0.02074	-0.00924
		35CrMo	0.71	1.44	1.96594	0.39121
电偶电流/ （μA/cm²）	13Cr-N80	13Cr-N80	5.80	16.64	34.01	10.68
	13Cr-35CrMo	13Cr-35CrMo	4.58	12.20	14.29	15.48
电压负移/ （mV）	13Cr-N80	13Cr-N80	-696	-714	-700	-739
	13Cr-35CrMo	13Cr-35CrMo	-677	-701	-695	-720

在不同温度下电偶腐蚀速率也不一样（图4-1-31）。20.00℃下,13Cr-N80与13Cr-35Cr电偶电流先增大,然后增速逐渐减小,到7d时基本稳定,而在50.00℃下,13Cr-35Cr

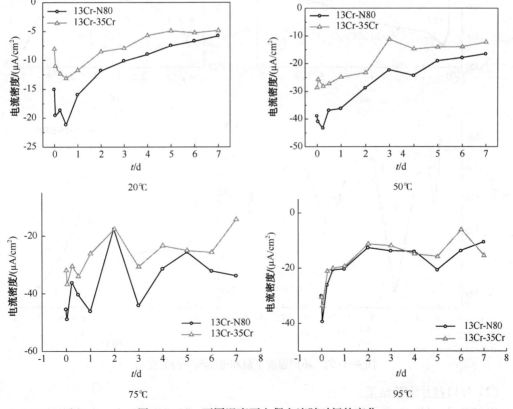

图4-1-31　不同温度下电偶电流随时间的变化

电偶电流先减小后增大，6h后其变化趋势基本与13Cr-N80相同；两温度下13Cr-N80的电偶电流都要比13Cr-35Cr的大。75.00℃下，13Cr-N80与13Cr-35Cr电偶电流先增大，2h之后电偶电流逐渐减小，24h后电流急剧减小，到7d时基本稳定，13Cr-N80腐蚀电流是13Cr-35Cr的2倍；95.00℃时，13Cr-N80和13Cr-35Cr电偶电流先增大，12h之后电偶电流逐渐减小，两者腐蚀电流相差不大。

20.00℃下，混和电压均是先减小后逐渐正移，到7d时基本稳定；在50.00℃下混和电压均先减小后逐渐正移，到2d时基本稳定，13Cr-N80的混和电压在7d时又发生负移，13Cr-35Cr的混和电压在6d时发生负移；两温度下13Cr-N80的混和电压要比13Cr-35Cr的负20mV左右；75.00℃，13Cr-N80与13Cr-35Cr两组试样时混和电压开始均是先减小，6h之后，混和电压逐渐正移，12h后又负移，到2d时达到最低，之后又急剧正移，75.00℃下13Cr-N80的混和电压与13Cr-35Cr相差5mV；95.00℃下13Cr-N80的混和电压要比13Cr-35Cr的负19mV左右，温度度升高时，无论13Cr与N80还是35Cr耦合时，其腐蚀速率均大大降低，而N80的腐蚀速率先增加后降低，在50.00℃时腐蚀最快，35Cr的腐蚀速率先升高后降低，在75.00℃腐蚀最快(图4-1-32)。

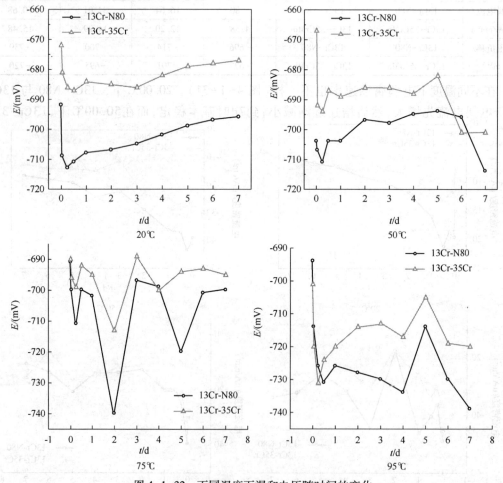

图4-1-32　不同温度下混和电压随时间的变化

（2）井口挂片实验结果

将13Cr分别与N80、35CrMo相连后，在L150井口进行挂片实验，实验数据如表4-1-

172

19、表4-1-20所示。

表4-1-19　连接材质新试片数据表

编号	长/cm	宽/cm	高/cm	试验前质量/g	试验后质量/g	失重量/g	时间/d	腐蚀速率/（mm/a）
A060	1.983	1.422	0.336	6.8565	6.8242	0.0323		0.0182125
E209	1.96	1.431	0.291	5.8706	5.8692	0.0014		0.0008547
A037	1.945	1.425	0.335	6.7109	6.6764	0.0345		0.0197723
E205	2.04	1.43	0.291	6.076	6.0751	0.0009		0.0005309
E201	2.01	1.431	0.29	6.058	6.057	0.001		0.0005981
Y206	1.928	1.472	0.273	5.7135	5.677	0.0365	174	0.0227938
E231	2.008	1.431	0.292	6.057	6.056	0.001		0.0005968
Y207	1.927	1.475	0.27	5.6507	5.6137	0.037		0.0231844
E451	1.965	1.421	0.292	5.8242	5.8231	0.0011		0.0006728
Y203	1.929	1.472	0.27	5.6717	5.6367	0.035		0.0219479

表4-1-20　连接材质旧试片数据表

编号	长/cm	宽/cm	高/cm	试验前质量/g	试验后质量/g	失重量/g	时间/d	腐蚀速率/（mm/a）
A007	1.92	1.367	0.25	4.722	4.6945	0.0275		0.0187479
E052	1.977	1.432	0.291	5.9521	5.951	0.0011		0.0006661
A023	1.908	1.358	0.244	4.535	4.5022	0.0328		0.0228344
E378	2.01	1.429	0.29	5.9773	5.9772	1E~04		5.99E~05
A085	1.913	1.36	0.251	4.7262	4.6919	0.0343		0.0235208
E048	2.005	1.43	0.292	6.0113	6.0105	0.0008		0.0004784
A124	1.913	1.36	0.254	4.7982	4.7658	0.0324	174	0.0221092
E295	2.01	1.429	0.291	6.0439	6.0436	0.0003		0.0001794
E060	2.01	1.431	0.29	6.024	6.0225	0.0015		0.0008972
Y217	1.94	1.461	0.266	5.4405	5.4061	0.0344		0.0217306
E379	1.963	1.411	0.29	5.7763	5.7756	0.0007		0.0004323
Y211	1.925	1.466	0.27	5.5388	5.5036	0.0352		0.0221879

从两种材质连接片监测数据可以看出：连接试样腐蚀速率均较单一材质腐蚀速率大。特别是 Y 型（35CrMo）材质与 E 型（13Cr）材质连接在一起，Y 型材质腐蚀速率变化明显。

4. 气井腐蚀主控因素

气井 CO_2 腐蚀影响因素复杂，气井所处的整个腐蚀系统各因素都将对气井腐蚀造成一定影响；而各因素的影响大小也不一样，某些因素将对气井 CO_2 腐蚀起到主控作用，通过对气井腐蚀主控因素研究将更深入认识川西须家河组气井腐蚀机理，使得气井腐蚀控制技术更具有针对性。在特定的产出流体环境中，采用正交实验法，模拟不同的气井压力、气体中 CO_2 含量、温度、流体 pH 值、流速及材质对须家河组气井腐蚀的影响，就各因素对气井腐蚀速率影响大小进行排序，确定气井腐蚀主控因素。由于川西气田腐蚀环境变化范围较大，对以上 6 个因素设 5 个水平，按照正交表 L25(5⁶) 来设计试验方案。根据正交实验数据(表 4-1-21)极差分析可以看出，各因素影响下气井腐蚀速率变化幅度较大，对气井腐蚀速率影响均较明显；各因素对气井腐蚀速率影响大小排序为：管柱材质>气井压力>CO_2含量>温度>pH>流速。气井生产管柱材质是影响气井腐蚀速率的最大因素，采用普通碳钢材质的气井管柱在相同条件下的腐蚀速率是采用抗 CO_2 腐蚀的 13Cr 管材的 150 倍；其次气井的压力和 CO_2 含量(即 CO_2 分压)是影响气井腐蚀速率另外一个重要因素，随着气井压力和 CO_2 含量的增加，腐蚀介质中溶解的 CO_2 量相对增加，气井腐蚀速率也随之增加；温度对气井腐蚀速率影响大小仅次于 CO_2 分压，主要由于温度影响 CO_2 在腐蚀介质中的溶解性和腐蚀产物膜；溶液 pH 值也是影响气井腐蚀速率重要因素，pH 值直接影响 CO_2 在溶液中的存在形式，随着腐蚀介质 pH 的升高，腐蚀速率降低；流速为所有影响因素中对腐蚀速率影响最小的，随着气井流速的增加，气井腐蚀速率有进一步加大的趋势。

表 4-1-21 各因素影响下 CO_2 腐蚀速率正交实验数据

因素	温度/℃	压力/MPa	CO_2含量	pH	流速/(m/s)	材质	腐蚀速率/(mm/a)
实验 1	30.00	10.00	0.60%	4	0.30	G10100	0.553284
实验 2	30.00	20.00	0.90%	5	0.60	13Cr	0.00369578
实验 3	30.00	30.00	1.20%	6	0.90	合金钢 304	0.008586
实验 4	30.00	40.00	1.50%	7	1.20	合金钢 316	0.00071246
实验 5	30.00	50.00	1.80%	8	1.50	A216	10.2985
实验 6	50.00	10.00	0.90%	6	1.20	A216	1.18416
实验 7	50.00	20.00	1.20%	7	1.50	G10100	1.85791
实验 8	50.00	30.00	1.50%	8	0.30	13Cr	0.00676074
实验 9	50.00	40.00	1.80%	4	0.60	合金钢 304	0.0620021
实验 10	50.00	50.00	0.60%	5	0.90	合金钢 316	0.00143831
实验 11	80.00	10.00	1.80%	8	0.60	合金钢 316	0.00357177
实验 12	80.00	20.00	1.50%	4	0.90	A216	6.93658
实验 13	80.00	30.00	1.80%	5	1.20	G10100	6.28860
实验 14	80.00	40.00	0.60%	6	1.50	13Cr	0.0180773
实验 15	80.00	50.00	0.90%	7	0.30	合金钢 304	0.248242
实验 16	100.00	10.00	1.50%	5	1.50	合金钢 304	0.0257854
实验 17	100.00	20.00	1.80%	6	0.30	合金钢 316	0.00601999
实验 18	100.00	30.00	0.60%	7	0.60	A216	3.87320
实验 19	100.00	40.00	0.90%	8	0.90	G10100	3.31765
实验 20	100.00	50.00	1.20%	4	1.20	合金钢 304	0.158078
实验 21	120.00	10.00	1.80%	7	0.90	13Cr	0.0957803
实验 22	120.00	20.00	0.60%	8	1.20	合金钢 304	0.0977115
实验 23	120.00	30.00	0.90%	4	1.50	合金钢 316	0.00990992
实验 24	120.00	40.00	1.20%	5	0.30	A216	7.62135
实验 25	120.00	50.00	1.50%	6	0.60	G10100	6.46581
均值 1	2.173	0.373	0.909	1.544	1.687	3.697	
均值 2	0.622	1.780	0.953	2.788	2.082	0.031	
均值 3	2.699	2.037	1.930	1.537	2.072	0.100	
均值 4	1.476	2.204	2.687	1.215	1.546	0.004	
均值 5	2.858	3.434	3.350	2.745	2.442	5.983	
极差	2.236	3.061	2.441	1.573	0.896	5.979	

三、防腐工艺技术

（一）抗腐蚀的管材、管件优选

气井井下管柱只要裸露在含 CO_2 的腐蚀介质中就将产生 CO_2 腐蚀。腐蚀程度主要取决于气井管柱本身材质和腐蚀环境。因此，气井防腐工艺可通过以下措施开展。

第一，提高井下管柱抗 CO_2 腐蚀材质级别来降低气井的 CO_2 腐蚀。根据主控因素实验模拟表明，气井管柱材质对腐蚀速率的影响最大，因此，提高气井材质级别是最直接有效的抗腐措施。文献调研表明采用合金钢可以较好地解决 CO_2 腐蚀问题；各种金属材料中合金元素的种类和含量会影响管材的腐蚀。不锈钢抗 CO_2 均匀腐蚀的能力随合金元素（特别是铬和锰）量的增加而增加。含 9.00% 的 Cr 合金在低硫凝析气井中有很好的抗腐性。含 9.00% Ni 的合金钢在高 CO_2 分压的腐蚀环境下耐蚀性能良好，但有时也有腐蚀开裂和坑蚀。但由于川西气田是贫矿低渗透气田，使用价格昂贵的 13Cr，一次性投资太大，从而限制了其在气田的广泛应用，目前仅 X2、X3 井采用 13Cr 管材，其余气井均采用普通管材。

第二，须家河组气藏开采中的 CO_2 分压、温度、产出流体离子含量等腐蚀环境是很难改变的，不能依靠腐蚀环境的改变降低气井管柱的腐蚀速率；因此只有通过阻碍腐蚀介质与气井管柱的接触来保护井下油管，如涂层、表面处理、加注缓蚀剂等方法。

腐蚀涂层主要是向井下管柱表面附着还氧型、还氧酚醛型或尼龙等系列的涂层，防止管柱与介质接触，达到保护井下管柱的目的；然而要实现目前须家河组生产井井下管柱涂层比较困难，且投资成本也较大。国内外实际经验表明，缓蚀剂防腐措施具有经济、有效且通用性强的特点，特别适合在油气开采过程中应用。通过缓蚀剂在阴极或阳极或阴、阳两极上的吸附，在钢铁表面形成一层连续或不连续的缓蚀剂吸附膜，利用缓蚀剂分子或缓蚀剂与溶液中某些氧化剂反应形成的空间位阻，阻碍酸性介质中的 H^+ 接近金属表面，减少电极反应活性位置，从而降低腐蚀速率。与其他通用的防腐蚀方法相比，缓蚀剂具备以下特点：①在几乎不改变腐蚀环境条件的情况下，即能得到良好的防蚀效果；②不需要再增加防腐蚀设备的投资；③保护对象的形状对防腐蚀效果的影响比较少；④当环境（介质）条件发生变化时，很容易用改变腐蚀剂品种或改变添加量与之相适应；⑤可同时对多种金属起保护作用。

国外从 20 世纪 70 年代开始对油气田实施缓蚀剂防腐，已经有比较成功的经验和完善的实验手段。我国对高 CO_2 油气腐蚀的研究始于 80 年代，由中国科学院金属腐蚀与防护研究所相继与华北油田、中原油田和四川石油设计院合作，研制出了一系列控制 CO_2 腐蚀的缓蚀剂，在控制 CO_2 引起的腐蚀方面已取得了一定的效果。然而，由于实际工业体系的复杂，在一个环境适用的缓蚀剂，在另一个环境就未必具有良好的防护效果。因此，为了解决须家河组气井的 CO_2 腐蚀问题，必须要研制或者筛选适用于该腐蚀环境的缓蚀效果优良的缓蚀剂。

（二）加注缓蚀剂工艺技术

不同的腐蚀介质应选用不同类型的缓蚀剂，才能达到有效保护作用。中性水介质多使用无机缓蚀剂，以钝化型和沉淀型为主；酸性介质则使用的缓蚀剂大多为有机物，以吸附为主。另外，还必须考虑溶解度问题。石油工业中的缓蚀剂在油相中应当有一定的溶解度，而对于气相缓蚀剂来说，则要求具有一定的挥发度，并且在金属表面的吸附能力要高。溶解度太低将影响缓蚀剂在介质中的传递，使它们不能有效到达金属表面，即使它们的吸附性很好，也不能发挥应有的缓蚀用。如何在品种繁多的候选缓蚀剂中快速、有效地优选出适合须家河组二段气井井况的最佳缓蚀剂是缓蚀剂优选需要解决的问题。因此，必须按照缓蚀剂评选程序开展优选工作(图 4-1-33)。

图 4-1-33 须家河组二段气井缓蚀剂评选程序图

1. 井况资料收集、分析

影响缓蚀剂性能的因素很多,一方面主要有与气井所处的环境相关的温度、压力、油气比、油水比、产水量、酸气含量及比例、地层水化学好性质、介质流速与流动状态、凝析液析出量及析出位置等参数;另一方面主要有与气井使用设备、管材的材质等因素。

2. 缓蚀剂品种调研

应用于油气井中抗 CO_2 腐蚀的缓蚀剂按其在金属表面的缓蚀作用机理可以分为成膜型缓蚀剂和吸附型缓蚀剂两大类。成膜型缓蚀剂主要是无机物(如铬酸盐,亚硝酸盐等),这些缓蚀剂往往用量较大,可行性差,而且当缓蚀剂用量不足反而会导致严重的局部腐蚀,并且一般都有毒,由于生态环境问题日益被重视,这类物质在许多环境下已被禁止使用,所以近年来对成膜型缓蚀剂的研究较少。目前国内外所使用的缓蚀剂基本上都是吸附型缓蚀剂,这些缓蚀剂类型有:有机胺、酰胺、咪唑啉、松香胺、季铵盐、杂环化合物和有机硫类等,研究应用较多的是酰胺、咪唑啉和季铵盐类。

(1)咪唑啉类缓蚀剂

油气井中抗 CO_2 腐蚀的咪唑啉类缓蚀剂是通过氮原子吸附,主要分为油溶型和水溶型两类。这类缓蚀剂一般由三部分组成,具有一个含氮的五元杂环,杂环上与 N 成键的支链 R(如酰胺官能团、胺基官能团、羟基等)和长的碳氢支链 R2(一般为烷基)。它是一种广泛应用于石油、天然气生产中的缓蚀剂,约占总用量的 90.00%,对含有 CO_2 的体系有明显的缓蚀效果。咪唑啉及其衍生物以其独特的分子结构具有优异的缓蚀性能,国外专家学者已经对其进行了广泛的研究。国外咪唑啉类缓蚀剂多为咪唑啉与酰胺的混合物,由此开发了一种名为咪唑啉酰胺(IM)的咪唑啉缓蚀剂。

国内此类缓蚀剂研究也比较多。张玉芳研制的咪唑啉类缓蚀剂 TG100 以及一种以咪唑啉含硫衍生物、有机硫代磷酸酯为主要组分、复配以炔醇类化合物、表面活性剂和溶剂的缓蚀剂 TG500,性能优良、无毒、无刺激性气味,适合于高含 CO_2、高 Cl^-、高矿化度、高含铁、低 pH 值的油气田环境。华中科技大学于 20 世纪 90 年代初开发了以咪唑啉为主、复配硫脲的 HGY 型缓蚀剂,能很好地抑制 CO_2 腐蚀,并且有一定的"后效性"。冀成楼等发现咪唑啉与硫化物、磷酸酯、季铵盐等复配,因协同效应而使缓蚀效率大幅度提高。黄红兵等研制的 CT2-4 水溶性有机成膜型油气井缓蚀剂,不仅可以有效地抑制或缓解高浓度的 H_2S、CO_2、Cl^- 引起的电化学腐蚀,而且可以显著抑制应力腐蚀。

一般缓蚀剂为液态缓蚀剂,虽有易于生产和使用方便等优点,但存在用量较大、消耗快、有效保护时间短等缺点,因此研究固态缓蚀剂具有重要意义。李国敏等研制的防止 CO_2

腐蚀的咪唑啉固体缓蚀剂，对碳钢在 CO_2 饱和 $3.00\%NaCl$ 溶液中具有较好的缓蚀效果。但其溶出速率会随时间而降低，如果随时间的延长，没有足够的缓蚀剂到达金属表面或修补保护膜，缓蚀剂的防腐作用就会丧失。陈普信等研制了固体状缓蚀性酰胺咪唑啉缓蚀剂 SIM-1，成功用于文东油田，该缓蚀剂是以控制阳极过程为主的混合型缓蚀剂，在 $60.00℃$ 常压 CO_2 饱和 $3.00\%NaCl$ 溶液中 $50.00\sim100.00mg/L$ 的 SIM-1 可有效保护 A3、N80 和 J55 钢材。尹成先等通过二聚酸与多胺反应合成的双烷基双环咪唑啉季铵盐在 $120.00℃$，转速 $60r/min$，CO_2 饱和条件下缓蚀率可达到 80.30%，与传统的双烷基单咪唑啉氯乙酸盐、单烷基单咪唑啉氯乙酸盐相比缓蚀效果较好，适合于高温、高 Cl^- 含量、含 CO_2 高矿化度环境。

（2）酰胺类缓蚀剂

酰胺类缓蚀剂属有机胺类缓蚀剂，分子中酰胺键的存在使之在较宽的 pH 值范围内耐水解性、稳定性良好，且毒性低、生物降解性好，可用于酸性介质、中性介质及大气腐蚀介质中，特别适合于油气田中抗 CO_2 腐蚀。制备酰胺类缓蚀剂的化学路线有多种，从目前研究的情况来看，以脂肪酸与氨反应合成脂肪酸酰胺的路线为主，在无催化剂存在时，脂肪酸与氨气反应合成酰胺需要在高温和高压下进行。国内关于酰胺类缓蚀剂研究较早的也是脂肪酸酰胺，即以脂肪酸为原料经酰胺化得到脂肪酸酰胺。比如说西安石油大学的李谦定等以混合脂肪酸和二乙醇胺为原料合成混合脂肪酸二乙醇酰胺缓蚀剂，研究结果表明该类缓蚀剂对钢材等金属制件有较好的缓蚀作用；目前国内油气田使用的酰胺类缓蚀剂有 CT2-4 油气井缓蚀剂、GP-1 缓蚀剂、KW-204 缓蚀剂。

（3）铵盐和季铵盐类缓蚀剂

这类缓蚀剂主要靠氮原子吸，广泛用于油气井中的防腐。原中国科学院金属腐蚀与防护研究所陈家坚等研制的炔氧甲基季胺盐在主成分上突破了目前国际缓蚀剂领域普通采用的有机胺、咪唑啉、酰胺、丙炔醇、杂环酮、季铵盐等单个有机化合物的混合，它是把具有较好性能的各类型缓蚀剂的典型官能团互相嫁接，集中反映在一个化合物中，使其在使用性能上能相互取长补短，在金属表面吸附时形成多个基团，同时吸附于金属表面的多中心吸附，大大提高其在铁表面上的吸附活性，显示出极优良的缓蚀特性，对均匀腐蚀和局部腐蚀都能产生抑制作用。这类化合物既含有 O、N 和大 π 链活性原子团，也含有具有协同作用的季铵阳离子和卤素阴离子，是一种用量少，效果好的水溶油分散吸附成膜型缓蚀剂。杨怀玉等研制了 IMC 系列缓蚀剂，对其缓蚀机理进行了研究，并在我国多个油田得到了应用。蒋秀等发现随着 IMC-80-Q（炔氧甲基季铵盐）和 IMC-871-W（咪唑啉）的加入，体系的阳极电流都明显减小，自腐蚀电位都明显正移，都存在阳极脱附现象和浓度极值现象；炔氧甲基季铵盐的浓度极值为 $150.00mg/L$，而咪唑啉的浓度极值为 $100.00mg/L$，二者的复配效果更好。华中理工大学郑家燊等研究出高温 $180.00℃$ 浓盐酸酸化缓蚀剂 8601-G（季铵盐复合物）和 $150.00℃$ 盐酸酸化低点蚀缓蚀剂 8401-T 及 8703-A（季铵盐化合物），分别在胜利、大庆油田应用获得成功。华中理工大学叶康民等研制了一种耐高温浓盐酸的缓蚀剂"7701"，其主要成分为烷基吡啶类的季铵盐，这种缓蚀剂对油井酸化的缓蚀性能好，经济效应显著，曾获得国家发明奖，已在华北、胜利、四川等油田作为油井酸化压裂缓蚀剂推广应用。

3. 缓蚀剂优选

针对川西须家河组气井腐蚀介质特征，引进了 IMC-80-N（主要成分是咪唑啉、炔氧甲基季铵盐）、IMC-80-ZS（主要成分是炔氧甲基胺和炔氧甲基季铵盐）、IMC-80-BH（主要成分是咪唑啉、芳香胺、炔氧甲基季铵盐）、IMC-871-W（主要成分是咪唑啉及其衍生物、炔氧甲基季铵盐）、IMC-871-GX（主要成分是炔氧甲基胺及醚类化合物）、HGY-9（主要成分是咪唑啉酰胺和有机胺类化合物）、HGY-10（主要成分是咪唑啉酰胺和脂肪酸）以及三种商业产品 BUCT-C（主要成分是咪唑啉）、UT2-1 水溶性缓蚀剂和 UT2-2 水溶性缓蚀剂（主要成分是高分子有机胺类化合物）进行研究筛选。

（1）常温常压下电化学法

电化学研究方法以电信号为激励和检测手段，常用于缓蚀剂研究的有极化曲线法和交流阻抗法。动电位极化法获得的极化曲线外推至自腐蚀电位，可以得到腐蚀电流密度及 Tafel 参数，阴极和阳极极化曲线的形状也能直观地反映出缓蚀剂的缓蚀作用机理。

交流阻抗法是用小幅正弦交流信号对电化学体系进行扰动，并观察体系的响应情况。交流阻抗是一种暂态测量技术，可以揭示电极表面的反应过程。交流阻抗法用于缓蚀剂研究可以分辨腐蚀过程的各个步骤，有利于探讨缓蚀剂对金属腐蚀过程影响。

① 实验方法

通过模拟川西气田腐蚀环境，采用 Parstat 2273 电化学工作站进行试验。工作电极在含有不同浓度缓蚀剂模拟川西气田腐蚀介质中浸泡 2h 后，首先测定开路电位，待开路电位稳定后进行交流阻抗和极化曲线测试。其中交流阻抗测试时，扰动电位为 5mV vs. OCP，频率范围 95kHz 到 10mHz；极化曲线测试时的扫描速度为 0.166mV/s，扫描方式是从阴极向阳极的全程扫描，扫描范围为 -200~200mV vs. OCP。

由计算机拟合可得到相应的 b_c、b_a 和 i_{corr}，然后根据公式：

$$\eta = (1 - i/i_0) \times 100\%$$

式中　i——加入缓蚀剂后工作电极的腐蚀电流密度（$\mu A/cm^2$）；

$\qquad i_0$——空白腐蚀介质中工作电极的腐蚀电流密度（$\mu A/cm^2$）。

利用极化曲线也可以分析缓蚀剂的缓蚀机理，这是因为缓蚀剂会阻滞电极的腐蚀过程，降低腐蚀速率，从而改变极化曲线的形状。因此，可以根据添加缓蚀剂后阴阳极极化曲线被改变的状况来判断缓蚀剂的类型。

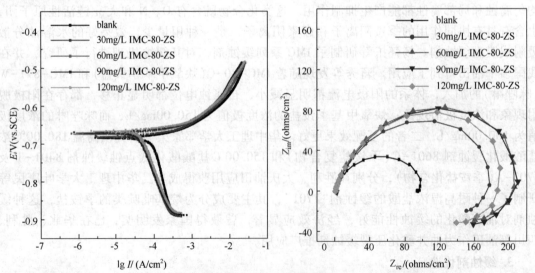

图 4-1-34　N80 钢在不同浓度缓蚀剂 IMC-80-ZS 饱和 CO_2 溶液中极化曲线和交流阻抗

② 试验结果与分析

a. IMC-80-ZS

实验表明 N80 钢在不同 IMC-80-ZS 缓蚀剂浓度下极化曲线可以看出（图 4-1-34～图 4-1-36），随着时间延长，体系自腐蚀电位负移而且腐蚀电流密度减少，在 52 小时后自腐蚀电流密度明显减小，此时缓蚀率达到 90.54%，同时，交流阻抗谱中的容抗弧明显增大，感抗弧半径减小随着浸泡时间的延长，缓蚀剂在钢表面形成的保护膜的覆盖度增大，所以能够达到比较剂理想的缓蚀效果。

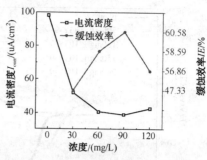

图 4-1-35 电流密度和 IMC-80-ZS
缓蚀效率随浓度变化

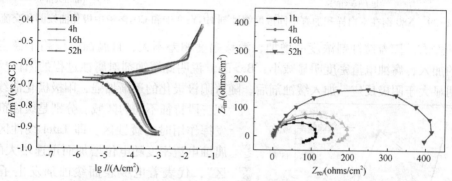

图 4-1-36 N80 钢在加缓蚀剂 IMC-80-ZS 的饱和 CO_2 溶液中极化曲线和交流阻抗随时间变化图

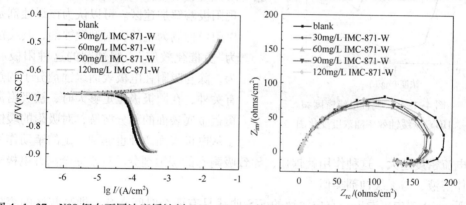

图 4-1-37 N80 钢在不同浓度缓蚀剂 IMC-871-W 的饱和 CO_2 溶液中的极化曲线和交流阻抗图

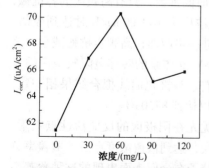

图 4-1-38 腐蚀电流密度随缓蚀剂
IMC-871-W 浓度变化规律

b. IMC-871-W

由图 4-1-37、图 4-1-38 可以看出，加缓蚀剂前后，体系的腐蚀电位几乎不变，腐蚀电流密度变化也不大，在自腐蚀电位下，加有缓蚀剂体系的电化学阻抗谱与空白液类似，具有两个时间常数，而且添加缓蚀剂后容抗弧半径并未加大，说明该缓蚀剂未起到缓蚀效果。

c. HGY-9

由图 4-1-39、图 4-1-40 可看出：在 CO_2 饱和模拟盐水中，与空白试验结果相比，随着缓蚀剂浓度增加，体系自腐蚀电位逐渐正移，拟合结果表明自腐蚀电位正移

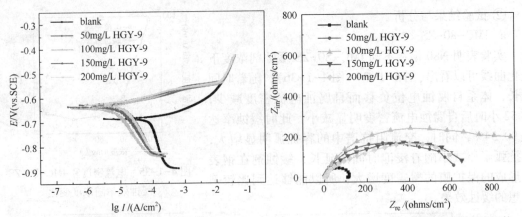

图 4-1-39　N80 钢在空白样和加有不同浓度缓蚀剂 HGY-9 饱和 CO_2 溶液中极化曲线图和交流阻抗

75.00mV 左右。随着缓蚀剂浓度的增加，漂移幅度相差不大，自腐蚀电位趋于稳定。随着缓蚀剂的加入，腐蚀电流密度明显减小，Bc>Ba，说明此缓蚀剂对腐蚀过程的阳极反应的抑制作用明显大于阴极反应。加入缓蚀剂后，随着阳极极化的逐渐加强，阳极极化曲线明显出

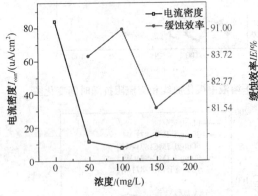

图 4-1-40　腐蚀电流密度和
HGY-9 缓蚀效率随浓度变化图

现三段特征不同的区域。分别是缓蚀剂存在并发挥作用时的缓蚀区，即 Tafel 线性区；阳极腐蚀电流密度随电位增加而迅速增大的"平台区"，代表着电极表面缓蚀剂发生了阳极脱附，为脱附区；随着极化电位的继续增加，出现阳极溶解加速区。可以认为该缓蚀剂是一种以阳极抑制为主的吸附型缓蚀剂，其缓蚀机理为"负催化效应"。缓蚀剂的这种阳极脱附行为，除与吸附在电极表面缓蚀剂分子的热运动有关外，在阳极极化足够大时，被吸附离子所覆盖金属表面的部分溶解，对吸附的缓蚀剂分子从电极表面离开也起到一定的牵动作用，阳

极溶解电流密度越大，这种作用就越强，导致吸附态的缓蚀剂分子近于完全离开电极表面而进入本体溶液，与无缓蚀剂类似。

从 Nyquist 图中可看出，空白溶液的 EIS 曲线具有两个时间常数，即高频区的容抗弧和低频区的感抗弧，添加 HGY-9 后体系的 EIS 曲线具有一个时间常数，只有高频区的容抗弧，且高频容抗弧半径随缓蚀剂浓度增加逐渐增大，到缓蚀剂浓度为 100.00mg/L 时达到极值，说明此时缓蚀剂达到了最佳缓蚀效果，而后随缓蚀剂浓度进一步增加，高频容抗弧减小，这与缓蚀剂的阳极脱附有关。在开路电位下，加有缓蚀剂 HGY-9 体系的转移电阻较空白的要大，当用量为 50.00mg/L 时其缓蚀率就能达到 85.00% 左右，与极化曲线拟合结果相一致。同时，失重实验结果表明，用量为 60.00mg/L 时缓蚀率可以达到 87.03%。

缓蚀剂 HGY-9 出现了浓度极值现象，这在于缓蚀剂优先在阳极区的反应活性点吸附，随缓蚀剂浓度增加，金属表面逐渐被吸附，覆盖率逐渐增大，达到极值浓度点后，覆盖率急剧下降，而后随缓蚀剂浓度增加覆盖率稍有增加。缓蚀剂分子在金属表面出现的这种覆盖率的变化有可能与缓蚀剂分子的吸附取向有关，即在缓蚀剂比较低时，平卧吸附在金属的表面，随缓蚀剂浓度的提高，其在金属表面覆盖面积逐渐增加，其覆盖度也逐渐增加。因此，

极化电阻和高频容抗弧半径随缓蚀剂浓度的增加逐渐增大，而在较高浓度时，由于分子之间的相互排斥力增大，缓蚀剂分子更倾向于垂直吸附于金属表面。相对于平卧吸附，垂直吸附时单个缓蚀剂分子所覆盖的金属表面发生剧烈的腐蚀，使腐蚀速率突然上升，出现线性极化电阻和高频容抗弧半径突然减小的现象。在极值浓度下，浸泡不同的时间，其交流阻抗图谱不同。随时间的延长，高频容抗弧半径逐渐增加，说明反应的阻力有所增加，这可能与缓蚀剂在金属表面逐渐吸附有关。添加缓蚀剂的体系的交流阻抗与空白溶液相比出现了 Warburg 阻抗直线，呈现扩散控制特征。同时，在成膜 20 小时后，

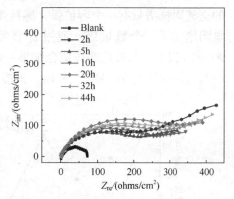

图 4-1-41　N80 钢在 100mg/LHGY-9 下饱和 CO_2 溶液中不同时间交流阻抗

EIS 中容抗弧半径最大，说明随时间的延长吸附膜不断形成和完善，20 小时后膜层已经比较致密(图 4-1-41)。

d. HGY-10

从图 4-1-42、图 4-1-43 可以看出：在 CO_2 饱和模拟盐水中，与空白试验结果相比，随着缓蚀剂浓度的增加，体系的腐蚀电流密度迅速减小，腐蚀电位逐渐正移，拟合结果表明腐蚀电位约正移 75mV 左右。这种漂移随缓蚀剂浓度的增加，漂移幅度不大，腐蚀电位趋于稳定。极化曲线的阳极部分出现一个"平台"，这是因为在阳极极化的情况下，没有被吸附粒子覆盖的金属表面部分不稳定，发生金属的阳极溶解过程。所以，吸附在金属表面的缓蚀剂分子除了因热运动脱附离开金属表面外，还会由于它所覆盖的金属表面原子阳极溶解而随之一起离开金属表面，这一过程叫做阳极脱附过程。阳极脱附的速度随着金属阳极溶解电流密度的增大而加快。吸附—脱附的平衡被打破，吸附速度跟不上脱附速度，吸附粒子在金属表面的覆盖率迅速减小，而这又导致金属阳极溶解电流密度增大。这种循环的影响最终导致金属表面上的吸附覆盖率趋近于零，金属表面就像没有缓蚀剂的溶液中那样成为裸表面。所以在加有缓蚀剂 HGY-10 的体系中，N80 钢的阳极极化曲线上，在阳极脱附开始后，就会出现一个阳极电流密度迅速增大的"平台"，然后与腐蚀金属电极在空白溶液中的极化曲线重合。

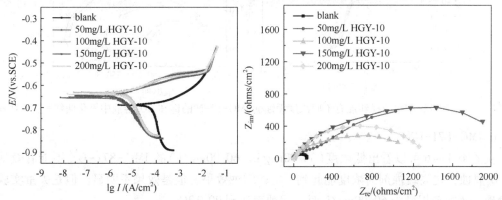

图 4-1-42　N80 钢在空白样和加有不同浓度缓蚀剂 HGY-10 的饱和 CO_2 溶液中的极化曲线图和交流阻抗

从 Nyquist 图可以发现，在自腐蚀电位下，空白液中试样的交流阻抗谱具有两个时间常数，由高频容抗弧和低频感抗弧组成，只是低频的感抗弧不明显，但是加入缓蚀剂后，试样

的交流阻抗谱只有一个容抗弧，感抗弧消失。加入缓蚀剂后的阻抗谱与空白液相比，其传递电阻增加了一个数量级。通过计算发现，在缓蚀剂浓度较低的条件下，缓蚀率也可达90.00%以上，与极化曲线拟合结果一致。同时失重试验发现，在 HGY-10 浓度 100.00mg/L 时其缓蚀效率达 94.04%。所以，该缓蚀剂可以用于该腐蚀介质并能有效地控制 CO_2 腐蚀。

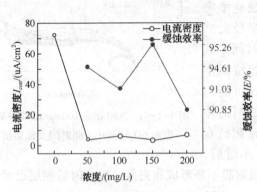 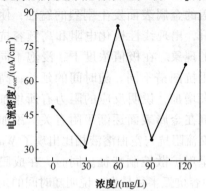

图 4-1-43　电流密度和 HGY-10 缓蚀　　　　图 4-1-44　腐蚀电流密度随缓蚀剂
　　　　效率随其浓度变化图　　　　　　　　　　IMC-80-N 浓度的变化图

e. IMC-80-N

从图 4-1-44、图 4-1-45 中可以看出，加入缓蚀剂 IMC-80-N 后，体系的自腐蚀电位略有提高但不明显，腐蚀电流密度没有明显的减小，甚至有时出现腐蚀电流密度增大现象，而且加有缓蚀剂 IMC-80-N 的 EIS 曲线和空白液的相似，都具有两个时间常数，而不同浓度下的容抗弧不同，与空白液相比有的增大（增大的幅度也不大），有的缩小，也表明该缓蚀剂不能有效地控制该腐蚀介质中 CO_2 腐蚀问题。但是失重实验结果表明，在 IMC-80-N 用量为 120.00mg/L 时缓蚀率为 82.72%。

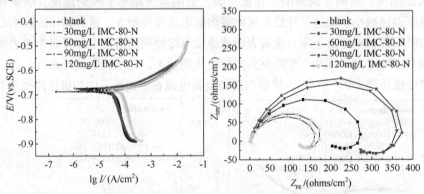

图 4-1-45　N80 钢在空白样和加有不同浓度缓蚀剂 IMC-80-N 的饱和 CO_2 溶液中极化曲线和交流阻抗

f. IMC-871-GX

从图 4-1-46 可以看出低浓度（30.00mg/L、60.00mg/L）的 IMC-871-GX 不能有效地控制 CO_2 腐蚀，提高缓蚀剂的浓度能起到一定的缓蚀效果，但是效果不明显。但是失重实验结果发现，缓蚀剂用量为 60.00mg/L 时，缓蚀率达到 90.19%。

g. IMC-80-BH

由图 4-1-47 可以看出，向空白液中加入该缓蚀剂后，体系的腐蚀电位负移，EIS 曲线与空白液的相似，都是由两个时间常数组成，但是容抗弧要比空白液的小，说明该缓蚀剂对该腐蚀介质未起到缓蚀效果。同时，失重试验发现，在 IMC-80-ZS 浓度为 60.00mg/L 时其缓蚀效率为 68.28%，缓蚀效果不理想。

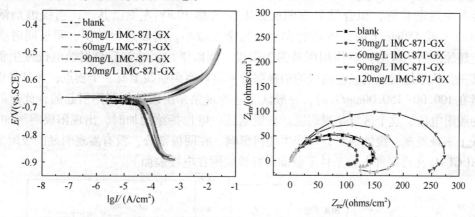

图 4-1-46　N80 钢在空白样和加有不同浓度缓蚀剂 IMC-871-GX 的饱和 CO_2 溶液中极化曲线和交流阻抗

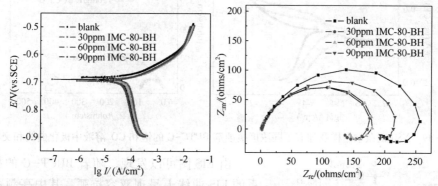

图 4-1-47　N80 钢在空白样及加不同浓度缓蚀剂 IMC-80-BH 饱和 CO_2 溶液中的极化曲线和交流阻抗

h. UT2-2 型水溶性缓蚀剂

由图 4-1-48 看出，在空白液中加入低浓度的 UT2-2 后，体系的腐蚀电位和腐蚀电流密度几乎不发生变化，而且在自腐蚀电位下，加有低浓度的缓蚀剂 UT2-2 体系的容抗弧半径与空白样的相比几乎没变化，说明该缓蚀剂在低浓度时对所研究的体系中未起到缓蚀效果。但是当 UT2-2 浓度达到 300.00mg/L 时，体系的容抗弧相对空白却增大很多，缓蚀率在 60.00% 左右。

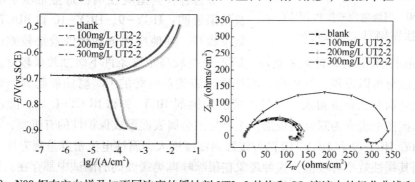

图 4-1-48　N80 钢在空白样及加不同浓度的缓蚀剂 UT2-2 的饱和 CO_2 溶液中的极化曲线和交流阻抗

I. BUCT-C

由图 4-1-49、图 4-1-50 可以看出：其一，在 CO_2 饱和模拟盐水中，与空白试验结果相比，缓蚀剂浓度为50.00mg/L时，体系的腐蚀电位正移，改变幅度不大，而且腐蚀电流密度较空白样的要减小很多；当缓蚀剂浓度增大到100.00mg/L或150.00mg/L时，体系的自腐蚀电位逐渐负移，拟合结果表明腐蚀电位负移30mV左右。其二，当缓蚀剂浓度为100.00mg/L或150mg/L时，体系的腐蚀电流密度减小，腐蚀过程的阴、阳极同时受到抑制；但缓蚀剂对阴极的抑制作用明显强于阳极，所以添加缓蚀剂后自腐蚀电位发生负移现象。其三，从添加缓蚀剂极化曲线的阳极部分可以观察到曲线上有一个拐点，尤其是缓蚀剂的用量在100.00~150.00mg/L时，一般认为这种现象是由缓蚀剂脱附引起的，此时的拐点电位为脱附电位，这个区域是脱附区。在脱附区，电位持续增加时，出现阳极溶解加速区，从曲线上不难发现，缓蚀剂对其不产生任何影响。在阴极部分，没有发现明显的吸附区，这表明BUCT-C在自腐蚀电位条件下就能很好地脱附在电极表面。

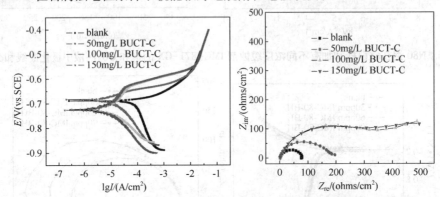

图4-1-49　N80钢在空白样及加有不同浓度缓蚀剂BUTC-C的饱和CO₂溶液中极化曲线和交流阻抗

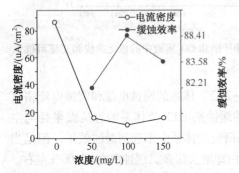

图4-1-50　腐蚀电流密度和BUCT-C
缓蚀效率随其浓度变化图

由EIS图可以发现，随着BUCT-C的加入，体系的EIS曲线上呈现双容抗弧，其中高频容抗弧表征法拉第过程，低频容抗表征膜与吸附物的特征，而空白液的EIS曲线是由容抗弧和不是很明显的感抗弧组成，同时高频容抗弧较空白液的增大，这说明缓蚀剂有一定的缓蚀效果。

③缓蚀剂优选结论

综合各种类型缓蚀剂在常温常压下的电化学试验结果表明：HGY-9、HGY-10和BUCT-C的缓蚀效果较好，其他缓蚀剂的缓蚀效果较差；IMC-80-ZS缓蚀剂随时间延长，缓蚀效果越好，UT2-2在较高浓度条件下缓蚀效果较好。从这些缓蚀剂的主要成分可以发现，咪唑啉、咪唑啉酰胺类对气井的CO₂腐蚀能起到一定的控制作用。其特点是向腐蚀介质加入一定量浓度的缓蚀剂HGY-9和BUCT-C后，随浸泡时间延长，交流阻抗图上表现为双容抗现象，主要是因金属表面形成保护性的有机膜，从而防护金属腐蚀。随着HGY-9和HGY-10两种缓蚀剂浓度增大，腐蚀电流密度呈现先增大后略减小趋势，说明其缓蚀效率有极值，这种现象在很咪唑啉类缓蚀剂的测试中都存在。这类化合物起缓蚀作用的官能团是唑环，其作用机理可能是这些化合物分子中含有孤对电子的氮原子，氮原子的孤对电子与铁离子以配位键络合，并最终形成聚合物吸附在铁的表面上成为保护膜。

实验发现缓蚀剂的交流阻抗的结果与极化曲线的结果相一致，比较可看出：在达到最佳缓蚀效率之前，随浓度增加，容抗弧半径逐渐增大，金属表面吸附的缓蚀剂分子逐渐增加，因而在电极表面的吸附覆盖度逐渐增加，屏蔽效应增强，缓蚀效率逐渐提高，在达到最大覆盖度（即饱和吸附）之前，缓蚀剂分子形成的保护膜便可阻止侵蚀性离子在金属表面吸附和氧原子扩散，从而起到保护金属电极的作用。在超过最佳浓度之后，体系的容抗弧半径出现了逆转的趋势，这是因为缓蚀剂的吸附机理不是"几何覆盖效应"，缓蚀剂在金属表面吸附不等同。金属表面可能存在吸附的活性中心，缓蚀剂分子优先吸附在这些活性的中心上，当活性吸附中心被这些分子占完后，多余的缓蚀剂分子就开始在非活性点和阴极区上进行吸附。当电极表面被完全覆盖后，再增加缓蚀剂浓度时，因缓蚀剂分子之间相互作用和水的竞争吸附，使处于活性区之外缓蚀剂分子开始脱附，所以出现了腐蚀电流密度增大现象。

HGY-9、HGY-10 和 BUCT-C 的阳极极化曲线上都存在阳极脱附现象，但在阴极部分没有明显吸附区，表明这三种缓蚀剂在自腐蚀电位条件下能很好地脱附在电极的表面。王佳研究发现，几乎所有吸附型缓蚀剂都有这种阳极脱附现象，只是在有些情况下阳极极化曲线上的"平台"并不那么明显，而类似于塔菲尔直线的一段直线，但它的斜率明显比阳极脱附开始前小，也明显比腐蚀金属电极在不加缓蚀剂的空白液中阳极极化曲线的斜率小。

另外，有机胺在铁表面上吸附对铁腐蚀电化学行为的影响由于溶液中氯离子的存在而发生明显的改变。在酸性介质中，有机胺和 Cl⁻ 在对铁的缓蚀作用存在协同效应，缓蚀和协同效应的大小与有机胺种类和溶液中氯离子浓度有关。HGY-9 的主要成分是咪唑啉酰胺和有机胺类，使得缓蚀剂 HGY-9 的效果明显好于其他缓蚀剂。

（2）失重法筛选缓蚀剂

失重试验法是最重要的缓蚀剂性能评价手段之一，该方法通过测量金属试样浸入腐蚀介质一定时间后质量变化来确定腐蚀速率，能反映出一段时间内平均腐蚀情况。

试验采用静态全浸悬挂法，每组实验中气相与液相分别选用 3 个试样作平行测试，25.00℃下实验周期为 7 天。不同浓度的缓蚀剂对饱和 CO_2 的模拟气田腐蚀介质中 N80 钢的失重试验结果（表 4-1-22）表明，能将腐蚀速率减小到 0.076mm/a 的缓蚀剂有 IMC-871-GX、HGY-9、HGY-10、IMC-80-BH、IMC-80-N 和 IMC-80-ZS，其中 IMC-871-GX、HGY-9 和 HGY-10 缓蚀效率很高，且试验过程中其溶解性也很好。

表 4-1-22 常温常压下的失重试验结果

编 号	气相中的平均腐蚀速率/（mm/a）	液相中的平均腐蚀速率/（mm/a）	气相缓蚀率/%	液相缓蚀率/%
Blank	0.09850	0.15742		
80mg/L IMC-871-GX	0.01860	0.01157	81.12%	92.65%
60mg/L HGY-9	0.04491	0.02042	54.41%	87.03%
100mg/L HGY-10	0.03384	0.00939	65.65%	94.04%
60mg/L IMC-871-GX	0.06070	0.01545	38.38%	90.19%
60mg/L IMC-80-BH	0.02697	0.04993	72.62%	68.28%
120mg/L IMC-80-N	0.01946	0.02721	80.24%	82.72%
40mg/L IMC-80-ZS	0.03555	0.02181	63.91%	86.15%
40mg/L IMC-871-W	0.09594	0.07717	2.6%	50.98%

结合电化学实验结果，室温下 HGY-9、HGY-10 和 BUCT-C 缓蚀效果最好。考虑到温度对 CO_2 腐蚀的影响，采用失重方法研究了这三种缓蚀剂在 50.00℃ 下的缓蚀效率，实验数据（表4-1-23）表明，温度对这三种缓蚀剂的缓蚀效率影响较小，说明这三种缓蚀剂的缓蚀效果比较稳定，达到了比较理想的效果。

表4-1-23 三种缓蚀剂在 50℃ 下的缓蚀效率

缓蚀剂品种	缓蚀效率/%
50mg/L HGY-9	84.14
50mg/L HGY-10	97.41
50mg/L BUCT-C	88.41

从缓蚀剂主要成分分析，发现咪唑啉类及其衍生物可有效抑制 CO_2 腐蚀，这主要是咪唑啉分子能通过 N 原子吸附在金属表面，被吸附缓蚀剂上的非极性基即环烷基团能在金属表面形成一层致密的疏水性保护层，阻碍与腐蚀反应有关的电荷或物质的转移，使得腐蚀速率减小，更重要的是形成缓蚀剂吸附层后能有效阻止去极化反应，从而减缓金属的腐蚀溶解。

（3）电感法（磁阻法）

磁阻法是一项金属腐蚀原位检测新技术，其基本原理是测量密封在探针内部线圈的电感变化，灵敏地检测出因腐蚀或磨蚀造成的金属试样尺寸的细微变化。美国 Cortest 公司的 Microcor 腐蚀速率快速测试系统是基于专利技术的磁阻法腐蚀检测系统。该测试系统对介质没有任何要求，可以是液相、气相、电解质、非电解质，也可以有悬浮物，且其响应时间比一般电阻探针快 2~3 个数量级。国内众多研究人员对该方法进行了研究并取得了众多研究成果，现已运用该方法模拟气田条件和研究现场高压采气管线腐蚀特点，并与失重挂片腐蚀速率进行对比，探讨磁阻技术在实际气田腐蚀检测、缓蚀剂加注中应用的可行性和可靠性。

试验采用美国热点监测分析技术公司生产的 Microcor（MT-9485）单通道腐蚀速率快速测量仪。

① HGY-9

图 4-1-51 是模拟气井腐蚀介质添加缓蚀剂 HGY-9 前后的 PLU-t 曲线。由图 4-1-51 可看出，添加 50mg/L 缓蚀剂 HGY-9 后，开始时，曲线上所反映的腐蚀速度与空白液的腐蚀速度相差不大，此时缓蚀剂尚未达到稳定吸附，其缓蚀作用还未发挥出来；随着时间延长缓蚀剂在探针表面形成吸附膜后，曲线基本上趋于水平，体系的腐蚀状况比较明显而且稳定，以 $\Delta T = 300min$ 绘制腐蚀速率曲线（图 4-1-52），对该腐蚀介质空白液测试表明，腐蚀速率为 15mpy 左右，添加缓蚀剂后，腐蚀速率先升高后平稳下降，16h 后该缓蚀剂达到稳定

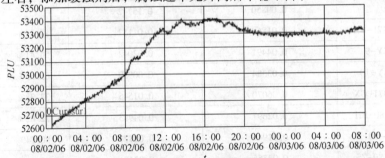

图 4-1-51 加有缓蚀剂 HGY-9 的饱和 CO_2 腐蚀介质中的 PLU-t 曲线

状态，体系最终稳定后的腐蚀速率为 0.3mpy(0.0075mm/a) 左右。由公式 $IE=(V_0-V)/V_0\times 100\%$(其中 V_0 和 V 分别表示未加缓蚀剂和加缓蚀剂后的腐蚀介质的腐蚀速率)计算可知，该缓蚀剂的缓蚀效率为 98.00%。

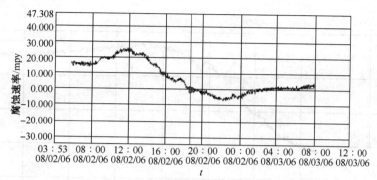

图 4-1-52　加有缓蚀剂 HGY-9 的体系的腐蚀速率变化趋势($\Delta T=300min$)

② HGY-10

图 4-1-53 是模拟气井腐蚀介质添加缓蚀剂 HGY-10 前后的 PLU-t 曲线，由图可看出，添加 50.00mg/L HGY-10 缓蚀剂后，开始时体系不稳定，所以曲线上表现有波动现象，过一段时间后体系的 PLU-t 比较稳定，以 $\Delta T=300min$ 绘制腐蚀速率曲线(图 4-1-54)。

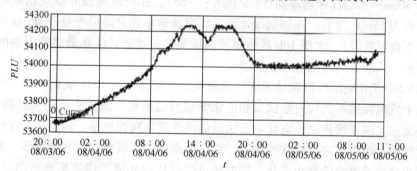

图 4-1-53　加有缓蚀剂 HGY-10 的饱和 CO_2 腐蚀介质中的 PLU-t 曲线

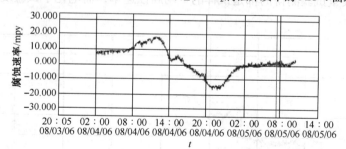

图 4-1-54　加有缓蚀剂 HGY-10 的体系的腐蚀速率变化趋势

在对该腐蚀介质空白液测试中看到，腐蚀速率为 10mpy，在添加缓蚀剂后，腐蚀速率先升高后平稳下降(这对应着 PLU-t 曲线上波动段)，15 个小时后该缓蚀剂达稳定状态，体系最终稳定后的腐蚀速率为 1mpy。计算该缓蚀剂的缓蚀效率为 97.00%。

③ BUCT-C

图 4-1-55 是模拟该气井腐蚀介质添加缓蚀剂 BUCT-C 前后的 PLU-t 曲线，由图可看出，添加 50mg/L BUCT-C 缓蚀剂后，体系腐蚀状况比较明显而且稳定，PLU-t 曲线逐渐

趋于水平，甚至由于形成吸附膜而出现轻微下降趋势。这是因为 BUCT-C 吸附膜与基体金属间有类似配位健作用，使得金属表面荷电状态发生较大变化，PLU-t 曲线出现下降的现象。因此，磁阻法测试系统除了测量腐蚀速度外，也能反映缓蚀剂的不同吸附作用和效果。

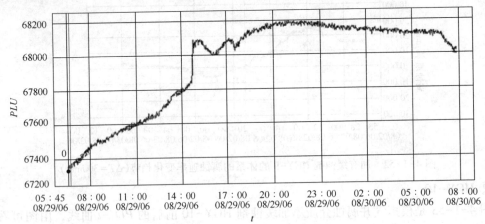

图 4-1-55　加有缓蚀剂 BUCT-C 的饱和 CO_2 体系中的 PLU-t 曲线图

以 $\Delta T = 300$min 绘制腐蚀速率曲线（见图 4-1-56），在对该腐蚀介质空白液的测试中看到，腐蚀速率为 16mpy 左右，在添加缓蚀剂后，腐蚀速率先升高后平稳下降（这对应着初加缓蚀剂时的不稳定阶段），大概 10h 后该缓蚀剂达到稳定状态，体系最终稳定后的腐蚀速率为 -2mpy 左右。该缓蚀剂的缓蚀性能优越。

采用 MICROCOR 磁阻探针腐蚀速度快速测试系统快速测试 1018 碳钢在含有饱和 CO_2 腐蚀介质中的平均腐蚀速率，与失重试验和电化学试验结果相一致。失重法虽然简单、可靠、直接，但是无法实现连续监测；电化学方法虽能快速测出腐蚀速率，但不适于在线检测；磁阻法响应时间快，可以实现连续在线检测，要比失重试验所需要的时间短很多，而且几分钟内就可以测出腐蚀速度率的微小变化，同时还可以在任何环境下快速准确地测量腐蚀速率。另外，磁阻法和失重试验测得的都是试样的平均腐蚀速率，而电化学试验反映的是金属试样的瞬时腐蚀速率。

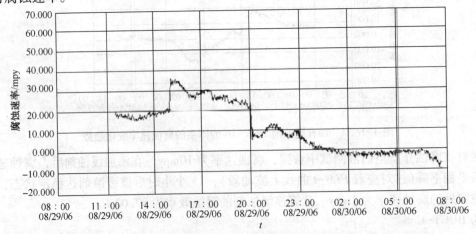

图 4-1-56　加有缓蚀剂 BUCT-C 的体系的腐蚀速率变化趋势（$\Delta T = 300$min）

188

通过电感法也可以发现这三种缓蚀剂(HGY-9、HGY-10、BUCT-C)的缓蚀效果比较理想，可以有效地控制该气井中 CO_2 腐蚀。缓蚀效果与失重试验结果以及电化学试验结果相一致。

4. 缓蚀剂配伍试验

（1）缓蚀剂配伍性评价的必要性

缓蚀剂属于高分子化合物，在井筒的高温条件下缓蚀剂的轻组分不断挥发、黏度增加、有效成分发生降解、失效甚至形成不溶性残渣、黏性沉积物，这些降解产物极易吸附在油管壁使油管气流通道变窄，起到节流作用；或者这些发生改变的高分子组分与腐蚀产物、地层砂粒、沥青状胶结物、地层产出液的固相颗粒一起堵塞油管和产层。轻微堵塞时，表现为油压降低，油套压差增加，在定产降压阶段，主要对油压造成影响，进入定压降产阶段，产量降低；堵塞严重时候，表现为油压和产量同步降低，直至气井生产管柱完全被堵死。重庆气矿因为加注缓蚀剂引起的生产异常或者油管堵塞将近 20 余口井。川西气田最初引进的 CT2-17 缓蚀剂，在 DY1 井试验中也产生了堵塞。DY1 井从 3 月 14 日开始加注缓蚀剂 CT2-17，6 月 23 日开始出现生产异常，油压压降，油压由 6 月 23 日的 38.40MPa 降为 2008 年 7 月 5 日的 33.00MPa，套压由 39.60MPa 降低为 39.40MPa，仅降低 0.20MPa，油套压差上升到 6.40MPa，出现明显堵塞症状。

通过实验分析（图 4-1-57、图 4-1-58），水溶性的缓蚀剂 CT2-17 与地层流体配伍性较差，缓蚀剂能够与水互相溶解，配伍性较差的表现为缓蚀剂与地层水中的固相颗粒和盐类容易形成絮状物和漂浮物。地层水固相颗粒越多，地层水含量越多，越容易产生絮状物和漂浮物，缓蚀剂浓度越低，出现絮状物和漂浮物的时间越短，在搅拌的状态下絮状物和漂浮物能够均匀分散在水中。由于 CT2-17 属于水溶性的缓蚀剂，能够与水互溶，但与地层水中产出的固相颗粒不配伍，在高温高压的条件下，

（前）　　　　　　（后）

图 4-1-57　CT2-17 与地层水 1:2
混合加热前后外观

有机分子与固相颗粒结合之后，从而形成了高黏絮状物以及漂浮物，造成油管堵塞。因此对缓蚀剂与地层水配伍性实验研究是必要的。同时，川西气田深井产水量较大，为了节约资源高压缓蚀剂泵面向多种药剂施工，难免造成缓蚀剂与其他药剂的混合；开展缓蚀剂与其他药剂配伍性评价也很必要。

（前）　　　　　　（后）　　　　　　（搅动）

图 4-1-58　CT2-17 与地层水 1:4 混合加热前后外观

（2）不同区块气井产出液与缓蚀剂配伍性评价

根据缓蚀剂优选结果，选取 HGY 系列缓蚀剂对不同区块气井开展配伍性试验。

① 试验方案

取须家河组气藏不同区块的气井(CG561井、DY102井、X22)地层水及缓蚀剂，按照缓蚀剂与地层水1∶6比例稀释后置入温度为126℃的烘干箱内，加热6小时，每隔1小时观察溶液变化。

② 试验结论

HGY-9B型缓蚀剂与地层水加热后均有不同程度变黑，用玻棒搅动冷却后，溶液无明显黏稠。因此，该缓蚀剂与该地层水具有良好的配伍性(图4-1-59)。

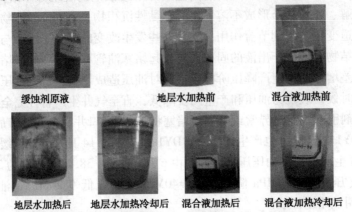

| 缓蚀剂原液 | 地层水加热前 | 混合液加热前 |

| 地层水加热后 | 地层水加热冷却后 | 混合液加热后 | 混合液加热冷却后 |

图 4-1-59 CH561 井 HGY-9B 缓蚀剂配伍试验

HGY-9B型缓蚀剂与大邑102井地层水混合后以及加热6h后不会产生沉淀；但混合溶液冷却至10.00℃左右表面会凝固成黏稠物质，这些黏稠物加热至20.00℃左右，摇动后分散均匀。由于目前井口温度约为30.00℃，因此，在井底至井口管汇处不会凝固成黏稠物质，缓蚀剂具有良好的配伍性(图4-1-60)。

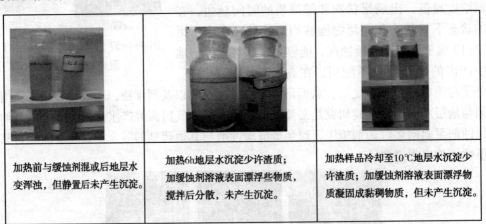

| 加热前与缓蚀剂混或后地层水变浑浊，但静置后未产生沉淀。 | 加热6h地层水沉淀少许渣质；加缓蚀剂溶液表面漂浮些物质，搅拌后分散，未产生沉淀。 | 加热样品冷却至10℃地层水沉淀少许渣质；加缓蚀剂溶液表面漂浮物质凝固成黏稠物质，但未产生沉淀。 |

图 4-1-60 DY102 井 HGY-9B 缓蚀剂与地层水配伍实验样品

HGY-9B型缓蚀剂在新场区块也具有良好的配伍性(如图4-1-61)；含缓蚀剂的地层水溶液加热前后未形成沉淀，溶液黏度未增加。

总的来说，HGY-9B型缓蚀剂在地层水中具有良好的溶解性能，由于其为高分子聚合物具有一定的絮凝作用，在含杂质较多的地层水中，将水中杂质絮凝后悬浮于表面，轻轻搅动后杂质能分散均匀；HGY-9B缓蚀剂与川西须家河组气井地层水具有较好配伍性，可以应用于川西须家河组气井中。

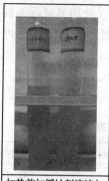

加热前加缓蚀剂溶液与地层水颜色一致，均未有沉淀产生。	加热6h地层水有少许沉积物，加缓蚀剂溶液表面有少许絮凝物，轻轻摇动后分散于溶液中。	加热前加缓蚀剂溶液表面有少许絮凝物，摇动后分散均匀。	加热6h地层水有少许沉积物，加缓蚀剂溶液表面有少许絮凝物，轻轻摇动后分散于溶液中。

图 4-1-61　X22、X301 缓蚀剂与地层水配伍实验现象

（3）缓蚀剂与泡排剂配伍性评价

实验选取川西地区深井常用泡排剂 XH-4、XH-2、UT-11C 进行与缓蚀剂配伍性评价实验。缓蚀剂稀释比为 1∶3，泡排剂药水比为 1∶3；按一定比例混合后在 120.00℃ 条件下加热 4h；记录加热前后混合液黏度。

由表 4-1-24 可以看出，所有泡排剂在常温下与缓蚀剂混合后黏度未发生变化；但 XII-4、UT-11C 泡排剂与缓蚀剂的混合液加热 4h 后黏度增加较大。由 UT-11C 与缓蚀剂混合液黏度由加热前的 2.40mPa·s 上升至加热后的 450.00mPa·s；XH-4 泡排剂与缓蚀剂的混合液加热后也上升至 430.00mPa·s；两种泡排剂与缓蚀剂不配伍，因此，在进行相关药剂加注时应保证储液罐清洁，避免不同药剂混合造成气井堵塞。

表 4-1-24　缓蚀剂与泡排剂配伍性实验数据

混合物名称	HGY-9B∶XH-4	HGY-9B∶XH-4	HGY-9B∶XH-4
混合比例	1∶1	1∶2	2∶1
常温下混合黏度/(mPa·s)	3.4	4.8	2.4
加入 4h 后黏度/(mPa·s)	22	29	450
混合物	HGY-9B∶UT-11C	HGY-9B∶UT-11C	HGY-9B∶UT-11C
混合比例	1∶1	1∶2	2∶1
常温下混合黏度/(mPa·s)	3.4	3.2	2.2
加入 4h 后黏度/(mPa·s)	430	65	10
混合物名称	HGY-9B∶XH-2	HGY-9B∶XH-2	HGY-9B∶XH-2
混合比例	1∶1	1∶2	2∶1
常温下混合黏度/(mPa·s)	4.4	12.6	2.8
加入 4h 后黏度/(mPa·s)	4	3	7

5. HGY-9B 缓蚀剂其他性能评价

（1）起泡性评价

川西须家河组气井普遍产地层水，且产水量较大，部分气井存在井底积液；缓蚀剂加注

后不能及时返排，长时间沉积井底将对气井造成污染。如果使用的缓蚀剂具有起泡性，则可拓展缓蚀剂防腐工艺的使用范围；因此，有必要对 HGY-9B 缓蚀剂开展起泡性能评价。实验采用须家河组气井地层水，分别配置含不同缓蚀剂浓度溶液 400mL，在直井井筒模拟装置中评价缓蚀剂的起泡时间、稳定性、携液性能，实验结果表明，HGY-9B 缓蚀剂的缓蚀剂浓度 1.00% 时，排水效果最好，其他浓度均较差(表 4-1-25)。

表 4-1-25   HGY-9B 缓蚀剂起泡性评价实验数据表

缓蚀剂浓度/%	携液时间/s	起泡时间/s	稳泡时间/min	携液量/mL
1.00	23.76	67.06	11.00	42.00
2.00	13.09	24.97	5.00	23.00
3.00	11.62	23.09	3.50	26.00
4.00	11.41	21.89	3.55	25.00
5.00	11.20	21.08	2.95	26.00
6.00	11.29	19.30	3.60	28.00
7.50	11.95	24.11	2.80	24.00
9.00	9.90	19.35	4.00	34.00
10.00	10.58	19.14	3.50	27.00

表 4-1-26 可以看出，HGY-9B 缓蚀剂具有较好的起泡性能，在有效浓度达到 2% 时的起泡性能与 XH-2、UT-11C 泡排剂相当。现场应用结果表明，缓蚀剂加注后气井油套压差缩小，产水量有一定增加，具有良好的泡排性能。

表 4-1-26   HGY-9B 缓蚀剂加注后气井生产特征数据表

井 号	加 注 前		加 注 后	
	压差/MPa	产水/(m³/d)	压差/MPa	产水/(m³/d)
X22	2.40	0.90	0.10	1.20
X21-1H	2.10	16.50	0.40	17.00
X5	—	0.70		1.20
X301	5.00	18.00	4.00	19.00
CH561	1.00	间歇产水	0.50	4.00

（2）HGY-9B 型缓蚀剂的流变性

缓蚀剂加注工艺主要通过高压泵泵注或通过高压平衡罐依靠自身重力势能滴加；缓蚀剂流变性直接影响缓蚀剂加注速度，最终影响缓蚀剂缓蚀效果。因此，正确判断缓蚀剂流变性能比较重要，根据缓蚀剂不同温度条件下的黏度值，指导缓蚀剂加注时稀释比例。

由表 4-1-27，图 4-1-62 可以看出，HGY-9B 缓蚀剂的黏度随温度升高而降低，高于 25.00℃时气井缓蚀剂黏度均不是很高，缓蚀剂黏度对加注工艺影响不是很大；但当气温低于常温时，缓蚀剂黏度随着温度的升高快速增加，在 10.00℃时达到 200.00mPa·s；而川西地区冬季气温维持在 10.00℃左右，缓蚀剂加注将比较困难。因此，冬天加注缓蚀剂时可以通过提高缓蚀剂稀释比例或加注热水稀释来进行缓蚀剂加注。

表 4-1-27　不同温度条件下 HGY-9B 缓蚀剂黏度值

温度/℃	10.00	15.00	20.00	24.00	30.00	35.00	40.00	45.00
黏度/mPa·s	200.00	165.00	125.00	56.00	40.00	34.00	25.00	22.00
温度/℃	50.00	55.00	60.00	65.00	70.00	75.00	80.00	
黏度/mPa·s	20.00	16.00	14.00	11.00	10.50	10.00	9.75	

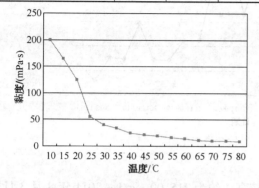

图 4-1-62　HGY-9B 缓蚀剂黏度
值随温度变化关系

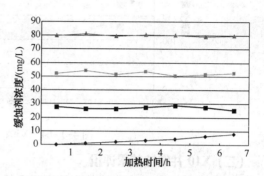

图 4-1-63　HGY-9B 缓蚀剂加热后
浓度变化曲线

（3）HGY-9B 型缓蚀剂热稳定性

多数有机化学物质在高温下分子裂解，或与其他有机物聚合产生高分子聚合物，最终影响物质性能。川西须家河组气藏地层温度高达 130.00℃，缓蚀剂加注后将吸附在油管壁，停留很长时间，其热稳定性能直接决定其对气井管柱的缓蚀效果。实验室通过配制已知浓度缓蚀剂溶液，在 130.00℃ 条件下加热数小时，测量缓蚀剂浓度变化情况，以此辨别缓蚀剂的热稳定性，从图 41-1-63 可以看出，HGY-9B 缓蚀剂浓度在高温下不随加热时间变化，具有较强的稳定性，适合川西气田应用。

四、防腐工艺效果评价

根据前面研究形成的川西须家河组气井缓蚀监测评价体系，通过缓蚀剂现场缓蚀率来评价川西须家河组气井缓蚀剂防腐工艺效果，即该体系主要通过缓蚀剂残余浓度以及缓蚀剂加注前后总铁含量评价川西须家河组气井缓蚀效果。

$$R = \frac{C_q - C_h}{C_q}$$

式中　R——缓蚀率，%；

　　　C_q——缓蚀剂加注前产出水中总铁含量，mg/L；

　　　C_h——加注缓蚀剂后产出水中总铁含量，mg/L。

（一）X301 井缓蚀效果评价

X301 井投产后气井产出流体中铁离子含量较高，呈增加的趋势；2010 年 6 月加注缓蚀剂 HGY-9B，加注周期 10 天，药剂用量 30.00kg/次，药水比 1:8，铁离子浓度由 250.75mg/L 上升至 292.55mg/L，该缓蚀剂效果不佳。2011 年 9 月 15 日更换缓蚀剂为 XHY-7，加注周期 15 天，药剂用量 50.00kg/次，药水比 1:5，铁离子浓度由 263.03mg/L 降至 166.38mg/L，之后保持该周期加注缓蚀剂，铁离子浓度持续下降，最低为 30.24mg/L

（图 4-1-64）。计算分析表明，加注缓蚀剂后现场缓蚀率最高达到 88.5%，效果显著。

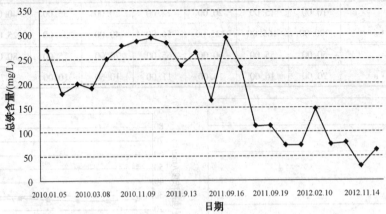

图 4-1-64　X301 井总铁含量变化图

（二）X10 井缓蚀效果评价

X10 井投产后气井产出流体中铁离子含量较高，约为 215.00 mg/L；2011 年 8 月 3 日开始加注缓蚀剂 XHY-7，加注周期 10 天，药剂用量 50.00kg/次，药水比 1：5。加注缓蚀剂一个周期后铁离子浓度由 215.12mg/L 降至 63.55mg/L，之后保持该周期进行缓蚀剂加注，铁离子浓度一直处于较低水平（图 4-1-65）。计算分析表明，加注缓蚀剂后现场缓蚀率为 70.69%，缓蚀剂防腐工艺取得了较好效果。

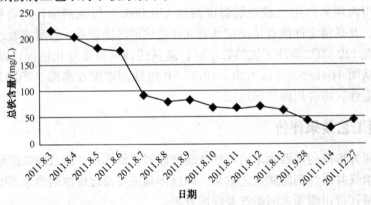

图 4-1-65　X10 井总铁含量变化图

（三）X5 井缓蚀效果评价

X5 井投产后气井产出流体中铁离子含量较高，平均为 708.59mg/L；2010 年 7 月 4 日开始加注缓蚀剂 HGY-9B，加注周期 45 天，药剂用量 30.00kg，药水比例 1：8。首次加注后铁离子浓度由 520.92mg/L 降低至 195.23mg/L，该缓蚀剂效果较明显，现场缓蚀率达到 62.50%。2012 年 2 月 2 日更换缓蚀剂为 XHY-7，加注周期 7 天，药剂用量 50.00kg，药水比例 1：6，铁离子浓度由 185.20mg/L 降至 156.32mg/L，之后保持连续加注缓蚀剂，铁离子浓度维持在 120.00mg/L（图 4-1-66），缓蚀剂防腐工艺取得了较好效果。HGY-9B 及 XHY-7 两种药剂现场应用效果表明，后者的缓蚀效果优于前者，适合于 X5 井的产液特点，应继续使用。由于井筒内的腐蚀环境可能随着气井生产时间的变化而改变，因此仍需对药剂进行动态调整。

194

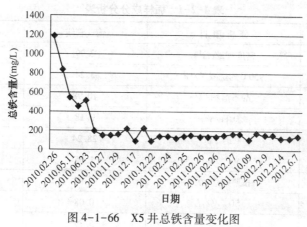

图 4-1-66　X5 井总铁含量变化图

第二节　地面管线防垢工艺技术

一、结垢现状及影响

(一)结垢现状

X2 井裂缝系统地层水含大量的 Ca^{2+}、Mg^{2+} 及 HCO_3^-、SO_4^{2-} 等离子，导致地面流程的排水管线、阀门及疏水阀等部件结垢，严重地堵塞了排水管线，影响气井的正常生产。X2 井地面采用两级节流的降压方式输气，在一级节流后压力降至 11.00MPa 左右，二级节流后压力降至 1.50MPa 左右。由于节流后压力急剧降低，二氧化碳大量析出导致反应向生成碳酸盐的方向迅速进行而结垢(图 4-2-1、图 4-2-2)。在成垢过程中，垢晶体吸附周围环境的泥砂、腐蚀产物等物质一起沉积聚集，形成无机垢混和物。经过成垢影响因素分析，发现压力和流速变化是成垢的主要影响因素。通过长年结垢监测，总体表现为：进分离器前管线结垢厚度较气水分离后输水管线结垢薄；管线变径处及弯头处结垢较直管结垢严重。

图 4-2-1　X2 井分离器至
污水罐排污管线结

图 4-2-2　X2 井疏水阀内
浮球表面结垢

(二)垢的成分

对垢样进行组成全分析，结果表明其主要成分为 $CaCO_3$ 垢(表 4-2-1)。

195

表 4-2-1 垢样成分分析表

序号	分析项目	输气管线	排污管线
1	密度/(g/cm^3)	2.99	2.88
2	950℃灼烧减量/%	3.24	2.72
3	酸不溶物/%	10.98	9.15
4	总Fe/%	0.18	0.32
5	Ca^{2+}/%	28.24	29.83
6	Mg^{2+}/%	1.55	1.68
7	$Ba^{2+}+Sr^{2+}$/%	1.86	1.08
8	SO_4^{2-}/%	0.08	未检出
9	Cl^-/%	5.79	4.88

二、结垢成因

(一)结垢机理

水垢一般都是具有反常溶解度的难溶或微溶盐类，它们具有固定晶格，单质水垢较坚硬致密。水垢的生成主要决定于盐类是否过饱和以及盐类结晶的生长过程。水是一种很强的溶剂，当水中溶解盐类的浓度低于离子的溶度积时，它们将仍然以离子状态存在于水中，一旦水中溶解盐类的浓度达到过饱和状态时，设备粗糙的表面和杂质对结晶过程的催化作用就促使这些过饱和盐类溶液以水垢形态结晶析出。

水垢的种类很多，但油田水中只通常含有其中少数几种水垢。最常见的水垢有碳酸盐垢组成为 $CaCO_3$、$MgCO_3$，但易被酸化去除，危害相对较小；而硫酸盐垢组成为 $CaSO_4$、$BaSO_4$、$SrSO_4$，一般方法很难去除，因此危害很大；铁化物垢组成为 $FeCO_3$、FeS、$Fe(OH)_2$、Fe_2O_3；还有 $NaCl$ 垢。实际上一般的垢都不是单一的组成，往往是混合垢，只不过是以某种垢为主而已。结垢机理主要包括不相容论、热力学条件变化论、吸附论三种。

1. 不相容论

两种化学不相容的液体(不同层位含有不相容的离子的地层水，地层水与地面水、清水与污水)相混，因为含有不同离子或不同浓度的离子，就会产生不稳定的、易于沉淀的固体。如青海油砂山油田，两个不同层位的水一混合就结垢，主要是因为一层含有 SO_4^{2-}，另一层则含有 Ba^{2+}、Sr^{2+} 较多，混合后就会生成 $BaSO_4$、$SrSO_4$。

2. 热力学条件变化论

当井下热力学和动力学条件不变时，即使有不相容的离子且为过饱和溶液，也会处于稳定的状态。在气井生产的过程中，压力下降，温度上升，或流速变化，高矿化度水就会结垢，且在弯管处，阀门处更易结垢。

3. 吸附论

结垢可分为三个阶段：垢的析出、增长和沉积。垢是晶体结构，管线设备表面是凹凸不平的，是微观的毛糙面，垢离子会吸附在壁面，以其为结晶中心，不断长大，成为坚实致密的垢。在油、气田水中，水垢的形成过程往往是一个混合结晶的过程，水中的悬浮粒子可以成为晶种，粗糙的表面或其他杂质离子都能发生强烈的催化结晶，使得溶液在较低的饱和度下就会析出结晶。

垢产生的原因是一些离子结合后会形成在水中不溶、难溶和微溶的物质，这些物质都很容易积累成垢，也就是盐类垢。一般来说，这类垢是由硫酸盐和碳酸盐组成的，典型的有 $CaCO_3$、$CaSO_4$、$SrSO_4$、$BaSO_4$ 等。这种垢的形成一般会经历成核长大的过程，先是少量垢核心在井筒表面形成、附着，然后更多的其他成垢化合物在这些核心周围聚集，成为更大的垢团。随着液流的冲刷，一部分垢被冲掉，但其他的垢继续生成，最终可能阻塞井筒、气井管汇和地面集输管道。随着环境水温的升高，这些难溶或微溶盐的溶解度下降，会有更多的物质从水中析出，成为垢。不同的难溶物质在相同温度下垢溶度积 K_{sp} 不同（表 4-2-2），相同类型的难溶物质的溶解度越小，K_{sp} 越小，越难溶。影响 K_{sp} 的因素包括难溶物质性质和温度。

表 4-2-2　常见水垢的容度积

垢	溶度积	垢	溶度积
$BaSO_4$	$1.1×10^{-10}$	$SrSO_4$	$3.2×10^{-7}$
$CaCO_3$	$2.8×10^{-9}$	FeS	$8.3×10^{-13}$
$CaSO_4$	$9.1×10^{-8}$	$FeCO_3$	$3.2×10^{-11}$
$MgCO_3$	$3.5×10^{-8}$	$Fe(OH)_2$	$8.0×10^{-13}$

在井筒、管汇、管道等部位，当温度高于 60.00℃ 时才会出现明显的结垢趋势。温度越高，结垢的趋势越严重。水的流速也会明显地影响结垢的趋势，水的流动越缓和，成垢核心生长的环境越稳定，随着输送介质流速的降低，垢出现的概率逐渐提高，流速和流向的突然改变也会使结垢加剧。腐烛导致的垢是由管道、井筒本身的材料转化而成的。有些腐烛介质会将管道中的钢铁氧化，使其形成铁的氧化物、氧氧化物等。水中的溶解氧通过电化学腐蚀的方式来侵烛井筒基体，但是没有其他种类垢的协助，这种成垢方式难以真正形成。

垢所覆盖的井筒表面在电池反应中成为被腐烛的阳极而逐渐氧化，并向管壁的内部不断侵入，这种垢需要格外防范。一般地，气井内溶解氧的含量高，就会产生严重的腐烛结垢。同时，水中溶解的 CO_2 气体、H_2S 气体及硫酸还原菌、铁细菌等都可以借助表面垢的掩护，在垢下腐蚀井筒的基体，形成严重的垢下腐烛产物 FeS、$FeCO_3$ 等，并生成新的深层垢。含水天然气在输送过程中，不断向周围环境散热，采出水温逐渐下降，当温度低于垢的初始结晶温度时，垢晶微粒便开始在固相表面析出，这也是垢物的一部分。另外，输送介质中的高分子有机物以及其中夹带的水中微生物排泄和固体颗粒可以形成黏泥。这些垢聚集在气井的底部，或呈黏絮状的易清洗物，其存在会影响气井输送效率。常见垢形成的主要因素有温度、压力、CO_2 分压等，但不同的垢其形成因素不尽相同（表 4-2-3）。

表 4-2-3　常见垢形成的基本因素表

名　称	化　学　式	垢形成的主要因素
碳酸盐类	$CaCO_3$、$MgCO_3$	CO_2 分压、温度、含盐度、pH 值
硫酸钙	$CaSO_4$、$CaSO_4 \cdot 2H_2O$	温度、压力、含盐度
硫酸钡、硫酸锶	$BaSO_4$、$SrSO_4$	温度、含盐度
铁化合物垢	$FeCO_3$、FeS、$Fe(OH)_2$、$Fe(OH)_3$、Fe_2O_3	腐蚀、溶解气、pH 值

X2 井中的垢主要为碳酸盐和硫酸盐两种。硫酸盐垢主要与产出水或者地层水的不配伍有关；而碳酸盐垢的形成与气井井筒的压力、温度和 pH 值变化有关。下面单独分析 $CaCO_3$ 垢、$CaSO_4$ 垢的形成过程。

4. CaCO₃垢的形成过程

CaCO₃垢的形成过程包括不稳定相生成和消失、介稳相生成和消失、稳定相生长3个阶段。

（1）不稳定相的生成和消失阶段

在 CaCO₃结晶过程中，从没有晶种的过饱和溶液中首先沉淀出的 CaCO₃是无定形的（ACC），它不稳定，很快转变为多晶 CaCO₃。因此，可以把无定形 CaCO₃看成 CaCO₃结晶过程中的先驱相。

（2）介稳相的生成和消失阶段

多晶 CaCO₃主要分六方方解石、文石和方解石三种。其中方解石的溶度积 K_{sp} 最小，是热力学上稳定的晶形，而文石和六方方解石则是介稳晶形。但从结晶动力学上讲，文石和六方方解石是由无定形 CaCO₃首先转变成的晶形（图 4-2-3），其中溶解—重结晶机制受到较广泛的认可。

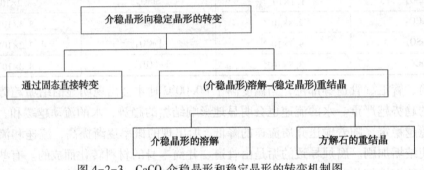

图 4-2-3　CaCO₃介稳晶形和稳定晶形的转变机制图

（据 J Cryst Growth, 1989）

（3）方解石的生长阶段

介稳晶形（六方方解石或文石）都已转变为方解石，这一阶段主要是方解石的生长、聚并或沉淀阶段。水中的 CO_2（游离碳酸）严格地与 CO_3^{2-} 中的 CO_2（固定碳酸）保持平衡。当温度升高或压力降低时，CO_2 即可从水中逸出，为使上述平衡得以保持，溶解在水中的 $Ca(HCO_3)_2$ 开始分解，以补充水中的 CO_2（游离碳酸），即：

$$Ca^{2+} + CO_3^{2-} \longrightarrow CaCO_3 \downarrow$$

$$Ca^{2+} + 2HCO_3^- \longrightarrow CaCO_2 \downarrow + CO_2 + H_2O$$

在采气过程中，地层水从地下到达地表，为一压降过程，导致水中的 CO_2 逸出，促使重碳酸根向 CO_3^{2-} 转化。这是 CaCO₃形成的原因之一；另外，重碳酸根分解是一个吸热反应，脱水是一个升温过程，而温度升高将加速重碳酸根分解生成 CaCO₃沉淀。

5. CaSO₄垢的形成过程

CaSO₄是另一种常见的固体沉淀物。CaSO₄常常直接在输水管道等的金属表面上沉积而形成垢。CaSO₄的晶体比 CaCO₃的晶体小，所以 CaSO₄垢一般要比 CaCO₃垢更坚硬。去除 CaSO₄垢要比去除 CaCO₃垢困难，在常温下很难去除。对于 CaSO₄垢，在38℃以下时，生成物主要是石膏 $CaSO_4 \cdot 2H_2O$，超过这个温度主要生成硬石膏 $CaSO_4$。影响 CaSO₄垢生成的因素有以下三个：

（1）温度的影响

CaSO₄在水中的溶解度比 CaCO₃大，CaSO₄在25°C 蒸馏水中的溶解度为2090mg/L，比

$CaCO_3$ 的溶解度要大几十倍。当温度小于 40℃ 时，油田中常见的 $CaSO_4$ 是石膏；当温度大于 40℃ 时，油田水中可能出现无水石膏。

当温度约为 40℃ 时，$CaSO_4$ 的溶解度达到最大值；然后，随着温度升高 $CaSO_4$ 溶解度逐渐下降；当温度超过 50℃ 时，$CaSO_4$ 的溶解度明显下降。当温度大于 50℃ 时，无水石膏的溶解度变得比石膏小很多，因而在较深和温度较高的井中，$CaSO_4$ 主要以无水石膏的形式存在。

（2）盐量的影响

含有 NaCl 和 $MgCl_2$ 的水对 $CaSO_4$ 的溶解度有明显的影响。$CaSO_4$ 在水中的溶解度不但与 NaCl 浓度有关，而且还和 $MgCl_2$ 浓度有关。当水中只含有 NaCl 且浓度在 2.50mol/L 以下时，NaCl 浓度的增加会使 $CaSO_4$ 的溶解度增大；但 NaCl 含量进一步增加，$CaSO_4$ 的溶解度又减小。

（3）压力的影响

$CaSO_4$ 在水中的溶解度随压力增大而增大，增大压力能使 $CaSO_4$ 分子体积减小，然而要使分子体积发生较大改变，就需要大幅度增加压力。

6. 其他垢的形成过程

（1）细菌腐蚀引起的结垢

一般来说，油气井采出液中含有大量硫酸盐还原菌（SRB）、硫细菌、铁细菌（IB）等，这些菌种潜伏在地层水和岩石中，当环境有利于细菌生长时，这些菌种就会大量繁殖。在这些菌种的影响中以 SRB 腐蚀最具代表性。当压力、温度、流速发生变化，SRB 生长环境发生了变化，SRB 会迅速繁殖，含量急剧升高。在 SRB 作用下，井筒产生严重腐蚀，其腐蚀产物主要为含硫化合物垢类物质（FeS）。

（2）CO_2 腐蚀引起的结垢

采出液中溶解的少量 CO_2 与 Ca^{2+}、Fe^{2+} 等离子，在一定条件下可生成 $CaCO_3$ 和 $FeCO_3$，形成腐蚀垢物。溶液中的 HCO_3^- 与金属 Fe 反应后生成 $FeCO_3$ 和 Fe_3O_4。同时，溶液中的 CO_3^{2-} 和 HCO_3^- 还可与 Ca^{2+}、Mg^{2+} 发生反应，生成 $CaCO_3$、$MgCO_3$ 沉淀，或悬浮在介质中，或覆盖在金属表面成为腐蚀产物的一部分。由于 $CaCO_3$、$MgCO_3$ 属于同构类质晶体，因此膜层中可夹杂复盐 $CaCO_3$、$MgCO_3$ 成分。

（3）溶解氧腐蚀引起的结垢

气层水中少量的溶解氧可引起腐蚀，其腐蚀产物主要为铁锈 Fe_2O_3 或针铁矿 $FeO(OH)$，在腐蚀产物内部，$FeO(OH)$ 还可以与 Fe^{2+} 结合，生成 Fe_3O_4，这些都是沉积的垢物。

（4）矿化度引起结垢

在采出水中，当 Ca^{2+}、Mg^{2+}、Ba^{2+} 的浓度达到 $[Mg^{2+}] \cdot [SO_4^{2-}] \geq K_{sp}(MgSO_4)$ 或 $[Mg^{2+}] \cdot [CO_3^{2-}] \geq K_{sp}(MgCO_3)$ 时，即形成 Mg 盐晶核，随着晶核长大，石蜡、沥青质加上沉积下来的杂物，以及各种菌种的黏液和腐蚀产物，逐渐在井筒内壁形成垢层。垢下菌活动频繁，分泌黏液增加，使得结垢更为严重。

（5）流速

井筒内壁结垢受流体流速影响较大，油管结垢几率随流速降低明显加大，尤其是在结构突变部位更为突出。在管径及其他条件相同的情况下，产量高的井结垢更为严重。

（6）结蜡

油气在井筒内从下往上流动过程中不断向周围环境散热，当油气温度低于蜡的初始结晶温度时，蜡晶微粒便开始析出。油气井结蜡主要出现在靠近井口的地方，从初始结蜡点开始向上，井筒中的结蜡厚度逐渐增加。影响油井结蜡的因素很多，包括油气组分、产气量、含水率、井筒压力、生产时间和管壁粗糙度等。

（二）结垢因素分析

由于垢的成分很复杂，因此影响结垢的因素也很多，除了介质含有的有机物、H_2S、CO_2、离子、细菌以及泥砂的含量外，还有许多外在因素。最常见的影响因素主要有8种。

1. 水的成分

当气田水中含有高浓度的碳酸盐、硫酸盐、氯化钙和氯化钡盐时，气田水就有了形成碳酸钙、硫酸钙和硫酸钡水垢的基本化学条件，只要环境条件发生变化，打破了原有地层水中溶解物质的平衡状态，就有可能形成水垢。

2. 成垢离子的浓度

水中成垢离子含量越高，形成垢的可能性就越大。对某一特定的垢，当成垢离子的浓度超过了它在一定温度和pH值下的可溶性界限时，垢就沉积下来。当不同水源的两种水混合或所处的系统的条件改变时，成垢离子浓度发生变化，趋于达到一种新的平衡，于是就产生结垢。

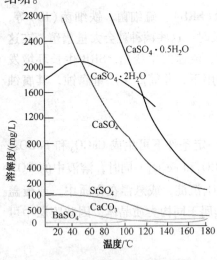

图 4-2-4　垢在水中溶解度
和温度的关系
（据曹中伦，2006）

3. 温度

温度的影响主要是改变易结垢盐类的溶解度。不同矿物在水中的溶解度随温度变化，除了 $CaSO_4 \cdot 2H_2O$ 有极大值外，其他均随温度升高而降低（图4-2-4）。盐类垢中以碳酸盐为主。结垢原因为：当温度升高时，$Ca(HCO_3)_2$ 分解，产生 $CaCO_3$ 结垢：

$$Ca(HCO_3)_2 \rightarrow CaCO_3 \downarrow + CO_2 \uparrow + H_2O$$

该反应为吸热反应，温度升高，平衡向右移动，有利于 $CaCO_3$ 的析出。对于以 $CaSO_4$、$BaSO_4$ 和 $SrSO_4$ 为主的盐类垢，主要是因为介质中的 SO_4^{2-} 与 Ca^{2+}、Ba^{2+}、Sr^{2+} 结合而生成难溶解沉淀。由于这些反应大多数也是吸热反应，随着温度升高，沉淀析出将会更多。温度也会影响钢铁电化学反应的速率和细菌的繁殖速度。由于每种细菌都有适宜生长的温度，各类细菌对温度的要求不同。大部分细菌的最佳适宜温度为 $20 \sim$ 40℃，故随着井筒接触介质温度的变化，细菌的繁殖率也会变化，对井筒的腐蚀也就随之而变。

4. 压力

压力对 $CaCO_3$、$CaSO_4$、$BaSO_4$ 结垢均有影响。$CaCO_3$ 结垢有气体参加反应，压力对之影响相对较大。压力降低，促进结垢产生。对于井筒来说，从井下至地面，压力是降低的，因此结垢趋势一直都在增大。同时由于油气层及井下垢沉积环境非常复杂，压力变化很大，可以从几十至几百兆帕降至几兆帕，进一步促进了结垢产生。

5. pH 值

研究表明，提高溶液的 pH 值，碳酸盐溶解将迅速结晶，使渐进污垢热阻增大，污垢形成的诱导期缩短，促进污垢的生长；降低 pH 值使溶解度增大，减弱了成垢趋势，这种作用对 $CaCO_3$ 垢的影响非常明显，对硫酸钙次之，对硫酸钡（锶）甚微。但 pH 值太低，会加大腐蚀，引起腐蚀垢。介质 pH 值的确定，需要同时考虑这两方面的问题，选择合适的 pH 值，推荐范围为 6.50~8.00 为宜。

6. 盐含量

水中 NaCl 含量增加，通常能增加垢的溶解度，这是一种盐效应。由于在盐含量高的水中，成垢离子活度减小，成垢阴阳离子相互吸引而结合成垢的能力减弱。对 $CaCO_3$ 而言，它在 200g/L 盐水中溶解度较在高纯水中大 2.50 倍；而 $BaSO_4$ 在 120.00g/L 盐水中溶解度比纯水中大 13 倍。

7. 润湿与粘附

在油田生产过程中使用不同材质，其内表面有不同的润湿物性。如用塑料内衬，表面润湿角大于 90℃，而裸钢表面润湿角小于 90℃，这对于晶核的形成和在材质表面的粘附作用是十分重要的。润湿角越小，成核所需能量越小，晶核形成越容易，则结垢趋势就越大。事实上，内衬光滑油管壁上结垢程度减弱。

8. 流速的影响

对各类污垢，其增长率随流体速度减小而增大。原因是流速增大可以增加污垢沉积率，但与此同时，流速增大引起的剥蚀率的增大更为显著，因而造成总的增长率减小。流速降低时，介质中携带的微生物排泄物和固体颗粒沉积几率增大，井筒结垢的几率也明显加大，特别是在结构突变的部位。

三、防垢工艺技术

理论上讲，控制油气田水结垢的方法有很多，但实际上不是每一种方法都一定适用，因为油田水数量大而水质较差，因此在选用结垢控制方法必须考虑工程可行性、投资和经济效益。目前结垢控制技术主要有下面几种。

（一）防垢工艺技术概述

1. 避免不相容的水混合

不相容的水是指两种水混合时，会沉淀出不溶性产物。不相容性产生的原因是一种水含有高浓度的成垢阳离子，如 Ca^{2+}、Mg^{2+}、Ba^{2+}、Sr^{2+} 等；另一种含高浓度成垢阴离子，如 HCO_3^-、CO_3^{2-}、SO_4^{2-} 等。当这两种水混合，离子的最终浓度达到过饱和状态，就产生沉淀，导致垢的生成。在油田生产过程中，应尽可能地避免不相容水的混合，如对于套管损坏井，不同层位水互窜，可能引起结垢，则必须用隔水采油工艺。注入水如果与地层水不相容，尽量选择优良水质，否则应施加处理措施。污水回注时，将清水和污水进行分注，以免引起结垢与腐蚀问题的发生。

2. 控制水的 pH 值

降低水的 pH 值会增加铁化合物和碳酸盐垢的溶解度，pH 值对硫酸盐垢溶解度的影响很小。然而，过低的 pH 值会使水的腐蚀性增大而出现腐蚀问题。控制 pH 值来防止油田水结垢的方法，必须做到精确控制 pH 值，否则会引起油田水严重腐蚀和结垢。而在一般油田生产中要做到精确控制 pH 值往往是很困难的。因此，控制 pH 值的方法只有在改变很小 pH 值就可以防止结垢的水中才有实用意义。这并不是广泛用来控制垢的方法。但同时应看到，结垢和腐蚀往往是一对矛盾，注入水 pH 低，结垢趋势减小，而腐蚀趋势增大；相反，注入水 pH 高，结垢趋势增大，而腐蚀趋势减小。

3. 从水中除去成垢离子

对一般工业循环水，可以采用水的软化处理的方法，以减少或除去成垢离子。水的软化处理有加热软化法、化学沉淀软化法和离子交换法。而油田注水的量很大，而且此法成本较高，这些方法在油田生产系统应用中受到许多因素的限制，所以大型注水中不常使用。

4. 控制物理条件

影响结垢的因素有温度、压力、水中含盐量、pH、成垢离子浓度以及水的流动状态、管线形状及其他环境等条件。从设计角度考虑，要控制垢的生成，输油管线的内壁应光滑或施以涂层，减少弯管，增加水的流速等。

5. 使用防垢剂

在油田水中添加少量防垢剂就能起到延缓、减少或抑制结垢的作用。使用防垢剂为油田常用的控制结垢措施，因这种方法简便、易行。

6. 磁防垢技术

磁防垢技术是利用磁场对碳酸钙结晶过程中晶核生成和晶粒增长速度的影响而阻止垢的生成。磁防垢技术原理是建立在"磁致胶体效应"理论基础上的，所谓磁致胶体效应，是指具有相变趋势的物系，由于磁场的作用使物系内部的能量发生转变，诱发物质相变，导致生成新相分布弥散细小。磁场对于液体具有如下作用：其一，使胶体颗粒形成的几率增加；其二，使形成胶体的稳定性提高；其三，使胶体形成亚稳定过渡态。根据自由能最低原理，储存着大量自由能的体系是一个不稳定的体系。对于胶体溶液来说，小粒子会自动聚结成大粒子，由于这一过程会导致表面自由能的降低，最后会使胶体溶液转变为悬浮体。从磁场对水垢的分散作用，可知磁场促其形成胶体，并使表面积增大。经过磁场处理后的水，在水中弥散分布着大量的微晶，当水中难溶物质达到饱和时，由于盐类新相形成的结晶核心已经具备，所以，各个部位的微晶均要长大，长大的同时发生相分离。这时，水垢的颗粒，即盐类长大的颗粒再附着管壁上时已不是分子状态，而是由无数分子形成的颗粒，能量的释放也不同于原来的相变能，而是胶体小颗粒转变为大颗粒的界面能，因此水垢呈现出能被水流带走的松软的泥渣状态，从而达到防垢目的。磁防垢技术与化学防垢相比，具有节能、无污染、成本低、便于管理等优点，但是也存在受现场水质影响较大，有的会出现负效应，防垢率相对较低等缺点。

（二）X2 井裂缝系统气井防垢工艺技术

为防止结垢对地面采气管线、设备及排污管线造成堵塞，影响气井正常生产。X2 裂缝系统对 X2 井、X201 井前期开展了以更换管线、阀门等设备为手段的防垢方法，同时新建设了备用管线；2013 年年初对 X2 井开展了化学防垢工艺技术试验，取得了一定的效果。

1. 建设备用管线

由于 X2 井产水规模大，加上温度、压力等条件的改变，矿物质不断在管壁四周吸附沉积，内径不断变小。在拆开分离器下部积液包的出口管线时，发现管线管壁已严重结垢，通径变小。同时，投运时间不到 1 个月的 φ159 管线结垢也十分严重，使得分离器排水困难。大量液体在分离器中堆积造成分离器翻塔频繁发生，大量地层水随之进入外输管线，严重影

202

响生产并形成安全隐患。

为避免输水管线、分离器结垢堵塞，影响气井正常生产。对 X2 井新建了二级节流管汇台和分离计量装置以作备用，备用流程的建设实现了在生产过程中不关井条件下在用流程管线、阀门等设备的更换，同时也为处理生产中出现的突发事故提供安全保障。

2. 化学防垢工艺技术

针对 X2 井地面流程结垢严重的难题，进行了防垢方法调研及室内实验，认为化学法防垢更能解决地面管线结垢的问题。通过室内实验研究，筛选出了适用于 X2 井的 XH-422D 型阻垢缓蚀剂，使用浓度为 80~100mg/L，且在该浓度下药剂具有较好的缓蚀性能。

（1）阻垢剂性能测定

选择出多种可能适合于该井阻垢工艺的阻垢剂，通过进行阻垢试验，确定筛选出适合于 X2 井的阻垢剂。测试条件：加药量 50mg/L，试验温度 80℃，恒温 24h，试验水样按《油田用防垢剂性能评价方法》（SY/T 5673—93）配制。在 80℃条件下，阻垢剂 XH-422D 在抑制硫酸盐垢、碳酸盐垢均能取得较好的效果（表 4-2-4）。特别是对硫酸钡垢的阻垢能力相比其他药剂明显更为优良，符合 X2 井的防垢需求。

表 4-2-4　阻垢剂评价试验结果表

序号	药剂名称	阻 垢 率/%		
		碳酸钙	硫酸钙	硫酸钡
1	阻垢剂 XH-422A	85.35	94.32	42.45
2	阻垢剂 XH-422B	87.68	96.12	38.23
3	阻垢剂 XH-422C	84.24	95.64	77.79
4	阻垢剂 XH-422D	83.78	97.25	82.32

（2）阻垢剂浓度对阻垢性能的影响

测试条件：试验温度 80℃，恒温 24h，试验水样为现场所取 X2 井水样，测定参照《油田用防垢剂性能评价方法》（SY/T 5673—93）中碳酸钙垢的阻垢方法进行，溶液采用 X2 井水样。通过测定结果表明，在 X2 井中选择使用阻垢剂浓度为 80~100mg/L 较合理（表 4-2-5）。

表 4-2-5　阻垢剂浓度对阻垢性能影响试验结果表

序号	阻垢剂 XH-422D 浓度/（mg/L）	阻垢率/%
1	40.00	77.80
2	60.00	85.20
3	80.00	89.40
4	100.00	95.40
5	120.00	96.50

（3）缓蚀性能测定

测试条件：静态挂片，X2 井水样，温度 80℃，时间 3 天，通 10min 二氧化碳饱和并除氧。试验结果表明，XH-422D 在 50mg/L 时即具有较好的缓蚀性能，100mg/L 时缓蚀率达 81% 左右，而增大至 200mg/L 时缓蚀率有下降趋势（表 4-2-6）。

表 4-2-6　常压静态阻垢剂缓蚀率测定试验表

序号	名称	加药量/(mg/L)	缓蚀率/%	试片表面腐蚀状况
1	空白	—	—	全黑
2	XH-422D	50.00	68.98	微黑，有点状黄色腐蚀产物
3	XH-422D	100.00	81.23	光亮
4	XH-422D	150.00	83.34	光亮
5	XH-422D	200.00	78.55	微黑，有点状黄色腐蚀产物

（4）阻垢剂加注方案

① 加注泵基本参数

X2 井目前日产水 260~300m³/d，管线内流体流速较快，为确保防垢效果，采用连续加注方式；并确定了阻垢剂加注排量要求（表 4-2-7）。

表 4-2-7　阻垢剂及除垢剂加注泵基本要求表

排　量	50L/h	额定功率	—
最小排量要求	<10L/h	连续工作要求	>20h/d
防腐要求	耐酸	配套稀释罐	>500L

② 药剂加注量

室内实验得出的理论加注量可能与现场动态条件不匹配，降低阻垢效果。因此，为确保阻垢效果，将 X2 井产水量按 300m³/d 计算。XH-422D 阻垢剂加量 = 日产水量×加注浓度 = 300m³/d ×100g/m³ ≈30kg/d（表 4-2-8）。

表 4-2-8　阻垢剂加注制度表

药剂名称	药剂加量	稀释比例	加注方式	备　注
XH-422D	30kg	1：20	泵注	24h 连续加注

③ 药剂加注位置

由于 X2 井产水量较大，管线中水体流动较快，应尽量给加注药剂更多的反应时间；同时由于地面管线结垢主要发生在二级节流后，而一级节流前压力过高，不利于泵的连续加注，所以选择一级节流后作为阻垢剂的加注点（图 4-2-5）。

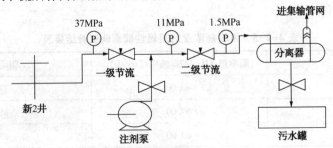

图 4-2-5　药剂加注位置示意图

四、防垢工艺效果评价

（一）防垢工艺监测机制

1. 阻垢剂对管线及分离器的腐蚀监测

室内实验对阻垢剂 XH-422D 的阻垢性能及其对管材的缓蚀性能作了静态评价，但室内实验条件并不能完全模拟现场条件，因此，在现场开展阻垢工艺时还存在阻垢剂对管材及分离器腐蚀尚不明确的问题。

针对此问题，开展现场腐蚀挂片试验。腐蚀挂片的最佳位置是药剂进入管线位置处，即在一、二级节流间；如果实际操作困难，可在开始加注药剂后在污水罐进水口位置处用20G和A3钢片进行腐蚀挂片实验，间接监测药剂对管线及分离器的腐蚀速率。同时还应开展管线及分离器壁厚监测（图4-2-6），实时监测药剂对管线及分离器的腐蚀情况；最后监测加注阻垢剂后产出地层水的pH值变化情况，较低pH值条件下，药剂对管线及分离器的腐蚀较重。

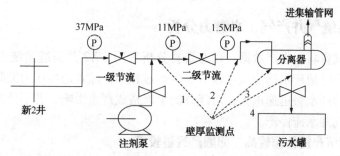

图4-2-6 壁厚监测点位置示意图

2. 药剂阻垢效果监测

X2井以往在生产2个月左右便需要更换地面排污管线。因此，加注阻垢剂后，阻垢效果比较直观的评价方法是倒换流程后拆管线法兰连接处，直接对结垢情况进行测量（表4-2-9）。

表4-2-9 X2井阻垢工艺效果监测表

项　　目	控制参数	周期	备　注
管线结垢情况检测	输气管线垢厚小于3mm 排污管线垢厚小于5mm	1次/月	监测管线法兰结合处

（二）防垢工艺监测结果

2013年2月对X2井开始加注XH-422D阻垢剂，通过对以往结垢较严重的进疏水阀前端管线及疏水阀内部的结垢情况进行了3个月的连续监测，监测结果表明，管线内的结垢明显减弱，第一个月没有结垢现象，但随着时间推移开始结垢，但结垢速度较慢，3个月后管线内垢的厚度仍小于1mm（图4-2-7）。在未加注缓蚀剂时，每生产2个月左右，管线就堵塞严重，必须更换地面排污管线。前后对比表明，加注阻垢剂后的结垢速度明显降低，确保了气井的正常生产。

1个月后进疏水阀处管线无结垢现象　　　　3个月后进疏水阀处管线结垢厚度小于1.00mm

图4-2-7 X2井进疏水阀处管线结垢监测结果图

第五章　排水采气工艺技术

第一节　排水井优选

一、裂缝系统气井产气、水潜力分析

综合气井测试资料、生产数据、动态资料分析表明，X2 井裂缝系统天然气储量大、产气量高，但是，同时地层水体能量也较大，生产过程中，随着地层压力的降低，地层水快速侵入井筒，气井的产水量迅速增大，对气井的生产造成严重影响，若不及时采取有效排水措施，将可能导致气井水淹停产。

（一）气井测试产能普遍较高，初期产气量较高

X2 井裂缝系统气井测试普遍产能较高，投产初期单井的产气量较高。X2 井测试获天然气绝对无阻流量 $131.60 \times 10^4 \text{m}^3/\text{d}$，投产初期日产气量 $51.40 \times 10^4 \text{m}^3/\text{d}$；X851 井测试获天然气绝对无阻流量 $151.40 \times 10^4 \text{m}^3/\text{d}$，投产初期日产气量 $42.30 \times 10^4 \text{m}^3/\text{d}$；X856 井测试获天然气绝对无阻流量 $115.20 \times 10^4 \text{m}^3/\text{d}$，投产初期日产气量 $59.60 \times 10^4 \text{m}^3/\text{d}$；X3 井测试获天然气绝对无阻流量 $41.6 \times 10^4 \text{m}^3/\text{d}$，投产初期日产气量 $8.00 \times 10^4 \text{m}^3/\text{d}$；X301 井测试获天然气绝对无阻流量 $10.90 \times 10^4 \text{m}^3/\text{d}$，投产初期日产气量 $5.20 \times 10^4 \text{m}^3/\text{d}$（表 5-1-1）。但也有个别井，因构造位置较低，测试产大量地层水，如 X201 井在井底流动压力 57.66MPa 下，日产地层水 $648.00 \text{m}^3/\text{d}$。

（二）生产过程中由于外部水体的侵入，产水量迅速增加

X2 井裂缝系统气井投产初期产水量较低，生产过程中由于外部水体的侵入，产水量迅速增加。气井投产初期单井的产水量普遍在 $3.00 \sim 5.00 \text{m}^3/\text{d}$，主要为凝析水。气井见地层水后，产水量迅速增加，X2 井生产 214 天后产地层水，最高日产水量达 $315.00 \text{ m}^3/\text{d}$；X856 井生产 220 天后产地层水，最高日产水量达 $171.40 \text{ m}^3/\text{d}$，之后由于产水的影响，产气量、产水量同步下降；X3 井生产 371 天后产地层水，最高日产水量达 $22.40 \text{m}^3/\text{d}$，之后由于产水的影响，产气量、产水量同步下降直至水淹停产；X301 井没有无水采气期，投产即日产地层水达 $18.70 \text{m}^3/\text{d}$，最高日产水量达 $35.00 \text{ m}^3/\text{d}$（表 5-1-1）。若这些气井所产地层水不能及时排出，长期在井底形成积液，其最终结果是导致气井水淹停产。

表 5-1-1　X2 裂缝系统系统气井生产情况统计表

井号	无阻流量/ ($10^4 \text{m}^3/\text{d}$)	投产初期生产情况				最高日产水/ (m^3/d)	排水采气工艺实施前生产情况					
		油压/ MPa	套压/ MPa	产气量/ ($10^4 \text{m}^3/\text{d}$)	产水量/ (m^3/d)		油压/ MPa	套压/ MPa	产气量/ ($10^4 \text{m}^3/\text{d}$)	产水量/ (m^3/d)	累产气/ 10^4m^3	累产水/ m^3
X2	131.6	51.6	6	51.41	5	315	44.4	17	17.73	148.6	27687.9	59177.26
X851	151.4	57.38	60.41	42.28	3.1	14.8					24010.1	1625.19
X856	115.16	49.51	49.9	59.59	6.2	171.4	2.75	16.87	2.37	34.15	35804.3	79214.6
X3	41.6	44.28	45.99	24	1.45	22.4	42	48.2	7.1	11.49	5769.91	3580
X301	10.94	43	48.77	5.2	18.7	35	42.56	46.1	5.73	16.3	322.02	876.28

（三）天然气地质储量较大，外部水体活跃

动态分析表明，X2 井裂缝系统天然气地质储量较大，外部水体活跃，能量高。采用视地质储量法、物质平衡法计算 X2 井裂缝系统天然气地质储量为 $68.76\times10^8 m^3$，外部水体为 $36001.00\times10^4 m^3$，目前侵入裂缝系统的水侵量已达 $470.34\times10^4 m^3$。

（四）裂缝系统生产潜力较大，但产水严重影响气井正常生产

2009 年 10 月 30 日实施排水采气工艺前，X2 井裂缝系统累计产气 $9.40\times10^8 m^3$，累计产水量 $14.40\times10^4 m^3$，地质储量采出程度仅为 14.20%，该裂缝系统气井还具有较大的生产潜力。但由于外部水体活跃，水侵速度快，水侵量大，气井见水后，产水量迅速增加，严重影响气井的正常生产，甚至水淹停产。如 X856 井于 2006 年 3 月投产，2006 年 11 月见地层水，见水后产气量大幅下降，产水量急剧上升。天然气产量从 $51.69\times10^4 m^3/d$ 下降至 $1.90\times10^4 m^3/d$；产水量从 $6.20 m^3/d$ 上升到 $171.36 m^3/d$，目前基本处于水淹停产状态，日产气仅 $0.08\times10^4 m^3/d$；X3 井于 2007 年 10 月投产，2008 年 10 月见地层水，见水后产气量大幅下降，产水量急剧上升。天然气产量从 $8.00\times10^4 m^3/d$ 下降至 $0.20\times10^4 m^3/d$；产水量从 $2.50 m^3/d$ 上升到 $18.50 m^3/d$，于 2012 年 9 月 8 日水淹停产。

二、X2 井区裂缝系统气井构造分析

X2 井区裂缝系统气井主要产层为 T_{3x2}^2、T_{3x2}^4，主要沿 F1 断层呈南北向分布（图 5-1-1），总体呈中部位高，南、北低的构造形态（图 5-1-2）。位于中部位的 X2、X853 位于构造高点，T_{3x2}^2 产层砂顶海拔分别为 -4117.10m、-4109.80m，T_{3x2}^4 产层砂顶海拔分别为 -4257.10m、-4259.30 m；南部的 X856 井处于构造的较低部位，T_{3x2}^2 产层砂顶海拔为 -4135.00m，T_{3x2}^4 产层砂顶海拔为 -4259.40m；北部的 X201 井处于构造的最低部位，T_{3x2}^2 产层砂顶海拔为 -4159.60m，T_{3x2}^4 产层砂顶海拔为 -4322.10m（表 5-1-2）。

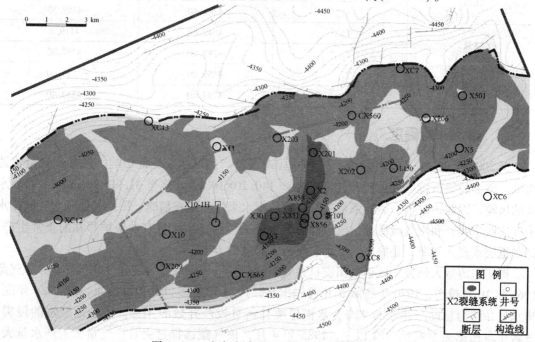

图 5-1-1　新场须家河组二段气藏井位分布图

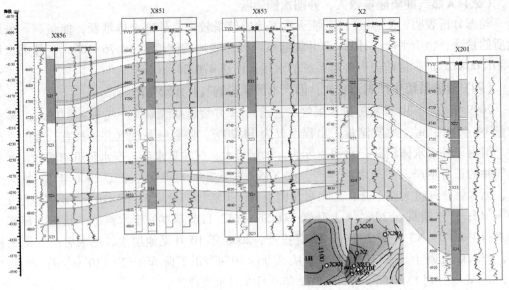

图 5-1-2　新场须家河组须二气藏 X2 裂缝系统气井储层对比图

表 5-1-2　X2 裂缝系统系统气井砂顶海拔统计表

井号	层位	砂顶垂深/m	砂顶海拔/m
X201	T_{3X2}^2	4689.60	-4159.60
	T_{3X2}^4	4852.10	-4322.10
X2	T_{3X2}^2	4643.70	-4117.10
	T_{3X2}^4	4783.70	-4257.10
X853	T_{3X2}^2	4636.00	-4109.80
	T_{3X2}^4	4785.40	-4259.30
X851	T_{3X2}^2	4645.80	-4119.8
	T_{3X2}^4	4783.00	-4257.00
X856	T_{3X2}^2	4659.00	-4135.00
	T_{3X2}^4	4783.40	-4259.40

三、排水井的确定

至 2009 年 10 月，X2 井裂缝系统气井普遍大量产地层水，受此影响，气井产气量快速递减，整个裂缝系统气井由投产初期的总产 140.20×10⁴ m³/d 降至 32.90×10⁴ m³/d，面临水淹的风险，因此，对整个裂缝系统进行有效的排水采气已迫在眉睫。国内其他有水气藏排水采气实践表明，利用气藏低部位或边部位排水井进行强排水，可有效保护邻井的正常生产、抑制地层水侵入气藏，是提高气藏采收率行之有效的方法。

据华东涛等人研究，威远气田震旦系气藏属低孔低渗碳酸盐岩裂缝性底水气藏，该气藏1965 年 10 月投产，1970 年底威 5 井首先出水，1973 年后多口井相继出水，到 1984 年底，出水气井已为总投产井数的 92%，水淹停喷井占总投产井数的 41%。由于地层水的侵害，气藏年自然递减率高达 30% 以上。1985 年 4 月，该气藏选择过去日产气量大、产水量大、渗透性好、构造位置好的水淹停喷井威 28 井作为气举排水井（初期产气量 50.00×10⁴ m³/d，日产水 19.80×10⁴m³/d，水淹前最高日产水达 93.90×10⁴m³/d），同年 5 月即见到成效。威 28 井在排水 350.00m³/d 的情况下，日产气由 2.00×10⁴m³/d 升至 8.00×10⁴m³/d，6 月份继而增至（12.00~14.00）×10⁴m³/d，并使邻近的威 100 井生产状况明显好转。这一突破，打开了威远气田排水采气的新局面。

据王玉文研究，中坝气田须二气藏是一个边水气藏，于 1973 年 9 月投入试采，由于气藏开发初期采速过高，导致气井早期出水。自 1978 年 4 月中 4 井开始产地层水，相继有多口井出水，一些井出水后被水淹不能恢复生产，气井产量、压力快速下降，气藏生产受到严重威胁。为扭转这一被动局面，1982 年和 1988 年进行了开发调整及气藏整体排水采气方案地质论证，取得了较好的效果。特别是实施整体排水采气方案，对气藏稳产起到了重要的作用。使气田主要开发指标优于方案值。方案中选取了 7 口井进行强排水，位于水侵前沿的中 19 井、中 35 井两口水淹井经气举、电潜泵排水复活采气，中 3、4、31、36、37 等 5 口主要气水同产井生产稳定，水量减少，水气比逐年降低。水层能量释放，观察井液面下降，井下压力梯度减小。如中 49 井 1991 年 2 月液面井深 857.00m，井下压力梯度 0.96MPa/100m，至 1992 年 11 月 5 日，井下液面为零，井下压力梯度 0.14MPa/100m。气藏地层压力，气井井口流动压力（主力气井平均值）分别高于方案值约 4.00MPa、1.40MPa。由于地层水能量得以释放，北水南侵的势头得到基本控制，自 1989 年 8 月中 37 井出水以后，气藏水侵主要方向再没有生产井出水，水线前缘仍保持 1989 年形成的格局，排水方案实施 4 年后，比排水采气方案预测目标多产气 0.76×10⁸m³，气藏可采储量增加 1.57×10⁸m³。

据胡德芬等人研究，大东 90 井为沙坪场气田石炭系气藏的一口开发井，位于沙坪场构造北段东翼，岩芯描述与测井分析认为，该井产层段中裂缝较发育，压力恢复试井资料具有垂直裂缝无限导流模型特征，进一步说明产层段存在大裂缝。天东 90 井在投产 17 天即产出地层水，投产初期日产气 45.00×10⁴m³/d，日产水 19.8m³/d，于 2001 年 2 月 9 日投产，按定产 45.00×10⁴m³/d 生产，生产中压力和产量均不稳定，压力下降较快，2001 年 2 月开始产地层水。出水后产水量上升迅猛，由 1.20m³/d 上升到 43.10m³/d，取样分析证实为地层水。气井出水后，采取压产控水措施，当产量压减到 15.00×10⁴m³/d 时，产水量高达 60.00~70.00m³/d。由于地层水处理困难，同时影响到沙坪场气田脱水装置的正常运行，同年 3 月关井，共生产了 30 天，累计产气 1023.19×10⁴m³，产水 758.00m³。2004 年 5 月编制《沙坪场气田石炭系气藏排水方案论证》，对天东 90 井实施高压气举排水采气。于 2006 年 1 月正式实施。经过近一年半的气举，天东 90 井地层压力从 2005 年 8 月的 50.14MPa 下降到 2007 年 4 月的 44.60MPa。周边气井的动态监测结果表明，天东 90 井进行高压气举后，邻近的天东 91 井水气比明显下降，由气举前的 100.00L/10⁴m³ 逐渐下降到 50.00L/10⁴m³，在产气量基本稳定不变得情况下，产水量从 1.38m³/d 下降为 0.30m³/d 左右，且地层水监测天东 91 井所产气田水氯根含量逐渐降低，总矿化度也在降低，表明天东 90 井气举强排，一定程度上减缓了地层水向气藏北部推进的速度，对气藏起到了保护作用，排水采气见到了一定的效果。

国内实践表明，气藏整体排水采气是提高气藏采收率行之有效的方法，为保证排水采气的效果，最关键的是要选取合适的排水井。总结这些气藏的排水采气经验，认为排水井的选择主要考虑以下几个四个方面的因素。其一，排水井应位于气藏构造的低部位，位于水侵前沿。如中坝气田须二气藏的中 19 井、中 35 井位于气藏水侵的前沿。其二，气井自身产水量大，具备规模排水的条件。上述气藏的排水井产水均在 50.00m³/d 以上，排水时排水强度甚至达 300.00m³/d 以上。其三，气井具有较强的能量。上述气藏的排水井在生产过程中一旦见水，产水量均表现出迅速上升，在实施排水采气后，一般都能恢复较高的产气量，表明这些井的地层能量均较高。其四，排水井与其他生产井，尤其是重点高产井连通性较好。上述气藏的排水井在排水过程中均表现出与邻井连通性好，不但自身产气量增加，而且邻井的生产也更加稳定。

综合分析 X2 裂缝系统气井中 X201 井具备开展排水采气的有利条件：第一，相对于 X2 裂缝系统其他生产井，X201 井位于构造的最低部位；第二，测试产水量大，在流动压力 57.66MPa 下，日产天然气 5000m³/d，而日产地层水达 648m³/d，是整个裂缝系统中测试产水量最高的气井；第三，地层能量较强，实测地层压力 68.91MPa；第四，生产动态特征分析表明，与高产井 X2 井连通性较好，目前 X2 井产气量最高、产水量较大、压力较高，是最重要的保护对象。综合以上分析，优选 X201 井作为 X2 裂缝系统的整体排水采气井。

四、试排效果分析

2009 年 10 月 30 日 X201 井投产，对 X2 裂缝系统实施整体排水采气。初期以 60~65m³/d 的规模进行排水，产气 0.80×10⁴m³/d，井口压力 19.80MPa，至 2010 年 1 月 30 日，因地方修路无法拉运地层水而被迫关井，由于排水时间短且排水量较小，这一阶段排水没有取得明显效果。后于 3 月 10 日重开井排水生产，日排水 100m³/d，日产气 1.00×10⁴m³/d，至 5 月 20 日累计排水 12990m³。从该裂缝系统气井生产情况看，该井排水已显现出明显的效果。主要表现在三个方面：

① X2 井产水量得到有效控制，在井口压力和产气量不变的情况下，产水量不再呈持续增加的趋势(图 5-1-3)。

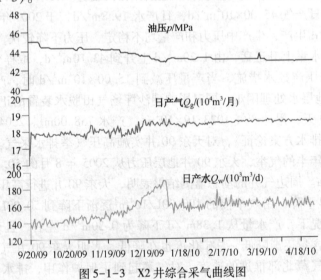

图 5-1-3　X2 井综合采气曲线图

② X856 井产水量具有稳中有降的趋势，目前保持在 30m³/d 左右，而产气量有明显增加趋势，由排水前的 1.90×10⁴m³/d 增加到排水后的 2.40×10⁴m³/d(图 5-1-4)。

③ X201 井排水后，井口油压由开井时 19.80MPa 最高上升至 27.20MPa，产气量也增加至 2.50×10⁴m³/d(图 5-1-5)，同时该系统的 X3、X301 井产气、产水均比较稳定，生产平稳。该井区气井生产动态特征表明，X201 井排水已取得了较好效果，有效促进了 X2 井区

气井的稳产。

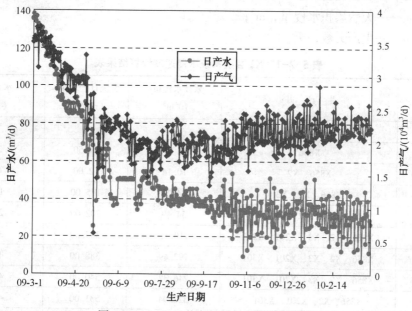

图 5-1-4　X856 井产气量、产水量曲线图

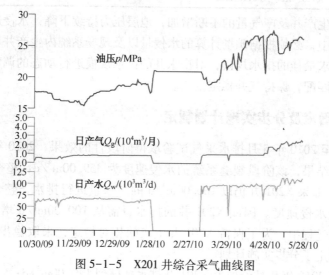

图 5-1-5　X201 井综合采气曲线图

第二节　排水井工作制度论证

一、裂缝水侵速度计算

采用视地质储量法计算 X2 井裂缝系统不同阶段的视地质储量的同时，也可得到不同阶段的累计水侵量，进而根据不同阶段计算的累计水侵量计算阶段水侵量，再根据阶段水侵量计算阶段水侵速度(表 5-2-1)。

$$e_w = \frac{w_{ej} - w_{ej-1}}{t_j - t_{j-1}} \tag{5-1-1}$$

211

式中 e_w——水侵速度，m^3/d；

      w_e——天然累积水侵量，m^3；

      t——生产天数，天。

表 5-2-1   X2 裂缝系统水侵速度计算结果表

日 期	生 产 井	累计水侵量/ $10^4 m^3$	系统日产水量/ （m^3/d）	水侵速度/ （m^3/d）
2006-3-6	X851	4.50	—	4.80
2007-6-28	X856	6.13	24.50	34.00
2007-10-25	X856、X2	10.14	52.00	67.00
2008-5-13	X856、X2、X3	24.20	145.00	176.00
2009-9-15	X856、X2、X3	54.49	202.00	235.00
2010-6-24	X856、X2、X3、X201、X301	110.10	305.00	359.00
2011-7-15	X856、X2、X3、X201、X301	192.49	388.00	421.00
2011-12-15	X856、X2、X3、X201、X301	246.32	540.00	463.00
2012-8-20	X856、X2、X201、X301	322.94	531.00	496.00
2013-5-20	X856、X2、X201、X301	470.34	558.00	532.00

随着裂缝系统生产井及产气量的不断增加，地层压力持续下降，水侵速度不断增加。在排水采气实施过程中，必须根据矿场计算的水侵量以及现场系统内生产井和排水井的带水效果，不断地探索寻求最佳的排水规模，对排水井的排水规模进行动态的调整，使系统内水侵速度和排水速度较匹配，保持气井稳定生产。

二、排水量确定及分步实施计划制定

2009 年 10 月至 2010 年 5 月排水采气试验取得阶段性的效果，2010 年 6 月，根据裂缝系统水侵速度计算结果，该阶段裂缝系统的水侵速度为 359.00m^3/d，整个裂缝系统的产水量为 305.00m^3/d，如果 X201 井仍以 100.00m^3/d 的产水量进行排水，整个裂缝系统的日产水量仍低于系统的水侵速度。因此 X201 井的排水量需从 100.00m^3/d 增加到 160.00m^3/d。在提高排水规模的过程中，为了保持 X201 井生产的相对稳定，采取稳步提高 X201 井排水规模的方式，并制定了分步实施计划。

第一阶段：于 2010 年 9 月份加大 X201 井排水规模到 120.00m^3/d；

第二阶段：若 X2 井生产平稳，2011 年初加大排水规模到 140.00m^3/d；

第三阶段：若 X2 井生产平稳，2011 年 4 月加大排水规模到 150.00m^3/d；

第四阶段：若 X2 井生产平稳，2011 年 6 月加大排水规模到 160.00m^3/d。

在实施过程中，根据各阶段实际排水效果及水侵量的变化情况，对 X201 井的排水规模适时进行动态调整，尽可能实现整个裂缝系统的水侵量与排水量的平衡，最大限度实现气井的稳产。

三、排水计划的实施及调整

考虑到 X2 井裂缝系统产水量大，在实施 X201 井排水时，应尽可能地保证稳定排水，避免地层扰动加速水侵，因此加大 X201 井排水规模采用了"稳步提高，逐渐推进"的方式。

从实施情况看。可以将排水采气的实施及调整过程划分为六个阶段(图5-2-1)。

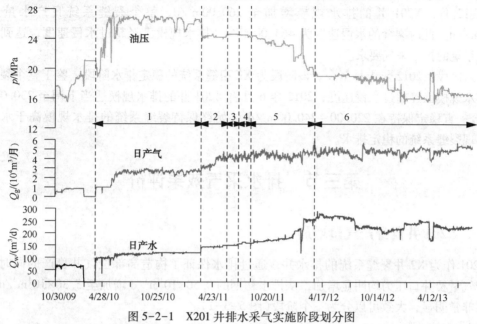

图5-2-1 X201井排水采气实施阶段划分图

第一阶段：2010年6月至2011年1月。2010年6月份开始提高X201井的排水规模，经过3个月的调整，于2010年9月中旬达到第一阶段的计划要求，排水规模由开始的100.00m³/d上升到120.00m³/d，达到第一阶段的排水要求，整个裂缝系统日产水量达到365.00m³/d。按照这个排水规模稳定生产至2011年1月下旬。该阶段实施完后，X2井产水量得到有效控制，在井口压力和产气量不变的情况下，产水量不再呈持续增加的趋势；同时X201井井口油压由开井时19.80MPa最高上升至26.20MPa，产气量也增加至2.70×10⁴m³/d。该井区气井生产动态特征表明，X201井排水已取得了较好效果。进一步证明X201井与X2井属于连通性较好的同一裂缝系统。

第二阶段：2011年1月至2011年4月。2011年1月20日X201井排水规模上调到140.00m³/d，达到第二阶段计划要求，整个裂缝系统日产水量达到380.00m³/d。X201井17天后压力达到平稳状态24.4 MPa，产气量上升到3.20×10⁴m³/d。

第三阶段：2011年4月至2011年6月。2011年4月2日，X201井排水规模上调到150.00m³/d，达到第三阶段计划要求，整个裂缝系统日产水量达到383.00m³/d。12天后X201井压力有所上升，稳定在24.60MPa，产气量上升到4.20×10⁴m³/d。

第四阶段：2011年6月至2011年7月。2011年6月4日，X201井排水规模上调到160.00m³/d，达到第四阶段计划要求，整个裂缝系统日产水量达到388.00m³/d。X201井压力稳定在24.50MPa，产气量稳定在4.20×10⁴m³/d。第四阶段排水实施后，X2裂缝系统产水量达到388.00m³/d，随着累计产气量不断增加，地层压力不断降低，系统的水侵速度已经达到421.00m³/d。与排水采气实施前相比，虽然系统的排水规模增加了83.00m³/d，但水侵速度也增加了62.00m³/d，系统的排水量仍然低于系统的水侵速度，因此决定继续加大X201井的排水规模，进入排水采气动态调整的第五阶段。

第五阶段：2011年8月至2011年12月。2011年8月，X201井排水规模上调到170.00m³/d，在此基础上，不断缓慢上调该井的排水规模，同年9月，排水规模达到

180.00m³/d，10 月达到 190.00m³/d，11 月达到 210.00m³/d，12 月达到 260.00m³/d。至 2011 年 12 月，X201 井的排水规模增加至 260.00m³/d，整个裂缝系统日产水量达到 540.00m³/d。此时裂缝的水侵速度为 463.00m³/d，排水规模已经超过水侵速度，达到了整个裂缝系统的排水采气要求。

第六阶段：2012 年 1 月至今。该阶段为 X2 裂缝系统的稳定排水阶段，鉴于整个裂缝系统的排水规模已经超过水侵速度，2012 年 6 月将 X201 井的排水规模适当下调至 230.00m³/d，至今一直稳定保持在 220.00 ~ 240.00m³/d，始终保持裂缝系统的排水规模高于水侵速度，实现裂缝系统的稳定排水。

第三节　排水采气效果评价

一、X201 井自身产气量增加

X201 作为 X2 井裂缝系统的排水井，通过排水保证了构造高部位气井稳产的同时，自身的产气量及井口压力均明显增加，从排水初期的 0.50×10⁴m³/d 增加至 5.30×10⁴m³/d，排水效果非常明显，大致可以分为三个阶段（图 5-3-1）。

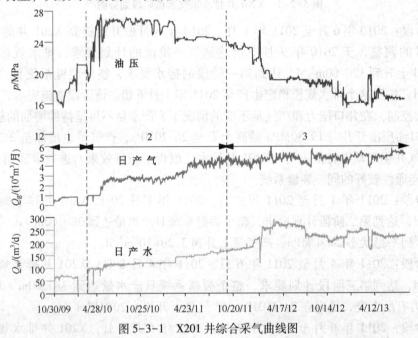

图 5-3-1　X201 井综合采气曲线图

第一阶段：小规模排水无效阶段（2009 年 10 月 30 日—2010 年 3 月 10 日）。投产后以 60m³/d 的规模进行排水，油压 17.69MPa，套压 26.12MPa，排水的同时产气 0.50×10⁴m³/d，2010 年 1 月 30 日至 3 月 9 日由于道路施工无法拉运地层水而关井，油套压分别保持在 21.00MPa 和 22.20MPa。这个阶段累计排水 5978.00m³，产气 67.80×10⁴m³，由于排水规模小、排水时间短，实施排水后自身的生产效果及对邻井的生产影响均不明显。

第二阶段：中等规模排水见效阶段（2010 年 3 月 10 日—2011 年 8 月 18 日）。从 2010 年 3 月 10 日开井提高排水规模，由以前的 60.00m³/d 逐渐上调至 160.00m³/d。油压由之前的 18.60MPa 最高上升到 26.80MPa，一般稳定在 24.00MPa，产量由之前的 0.50×10⁴m³/d 上升

到 $4.60×10^4m^3/d$，初步见到排水效果。

第三阶段：较高排水规模稳定阶段（2011 年 8 月 19 日至今）。2011 年 8 月中旬开始，排水规模逐步提高，至同年 12 月最高达到 $260.00m^3/d$，目前稳定在 $220.00 \sim 240.00m^3/d$，井口油压基本稳定在 $20.00 \sim 24.00MPa$，产气量进一步增加，由之前的 $4.60×10^4m^3/d$ 上升到 $5.30×10^4m^3/d$，生产情况稳定。

X201 井进一步加大排水力度后，井口压力始终稳定在 $20.00 \sim 24.00MPa$，日产气水平从初期的 $0.50×10^4m^3/d$ 增加到目前的 $5.30×10^4m^3/d$，产气量增加了 10.00 倍，至目前已累计排水 $22.60×10^4m^3$，累计增产量达 $4841.00×10^4m^3$。

二、确保了 X2 井的稳定生产

1. 排水前 X2 井表现出产水量迅速增加、油压快速下降的趋势（2008.01—2009.09）

X2 井为川西气田的一口高压、高产井，2008 年 1 月 28 日气井开始大量出地层水，日产水量迅速增加，虽然气井多次降低工作制度，但气井的产水量增加和油压下降趋势均未得到有效控制。2008 年 7 月至 2009 年 12 月，产水量从 $50.00m^3/d$ 逐步上升到 $158.00m^3/d$，日产气量也由 $24.00×10^4m^3/d$ 降低到 $18.50×10^4m^3/d$，油压由 $51.00MPa$ 降低至 $43.70MPa$，气井生产受产水影响严重。若不尽快采取有效的排水采气措施，该井的生产形势将更趋严峻。由于 X2 井的井身结构及井下采气管串结构均较复杂，自身不具备实施排水采气工艺技术措施的条件，现有条件下唯一的希望是通过邻井 X201 井的大量排水，减少 X2 井的地层水侵量，维持气井的正常生产。为此，X201 井排水规模的大小及有效性直接决定 X2 井的稳产与否。

2. 排水后 X2 井生产较为稳定，产水量稳中有降（2009.10—2011.08）

2009 年 10 月 30 日 X201 井开始排水，2010 年 1 月 20 日，将 X201 井的排水量从 $120.00m^3/d$ 提高到 $140.00m^3/d$，通过一段时间的生产跟踪观察，X2 井日产水量从 $214.00m^3/d$ 下降至 $202.00m^3/d$，压力和日产气量都较为稳定。

2011 年 4 月 2 日 X201 井排水规模扩大到 $150.00m^3/d$，2011 年 6 月 4 日排水规模达到 $160.00m^3/d$，X2 井日产水量稳中有降，始终保持在 $200.00m^3/d$ 左右。且井口压力、产气量不再呈快速递减的趋势，井口压力保持在 $41.00MPa$ 左右，产气量保持在 $18.00×10^4m^3/d$ 左右。

3. X201 井排水扼制了 X2 井产水量快速增加的趋势（2011.09 至今）

2011 年 8 月开始又逐步加大 X201 井排水规模，至 2011 年 12 月 X201 井的排水规模增加至 $260.00m^3/d$，但由于 2011 年 9 月 10 日 X2 井更换油嘴，打破了 X2 井的生产平衡，导致 X2 井产水量突然增加，由 $188.88m^3/d$ 增加至 $215.92m^3/d$，油压由 $41.8MPa$ 降至 $40.83MPa$，日产气由 $15.19×10^4m^3/d$ 增加至 $18.23×10^4m^3/d$。之后由于 X2 井油嘴经常刺坏，需频繁地倒换流程更换油嘴，每一次施工均对地层的渗流造成了一定的激动，打破了生产的稳定，导致产水量波动较大，总体呈逐渐增加的趋势，但增加速度较为缓慢，表明 X201 井的排水扼制了 X2 井产水量快速增加（图 5-3-2）。

上述分析表明，X201 井的排水对促进 X2 井的稳定生产起到了极为关键的作用。目前该井井口压力 $37.20MPa$，日产气量 $18.90×10^4m^3/d$，日产水量 $280.00m^3/d$，生产情况稳定。

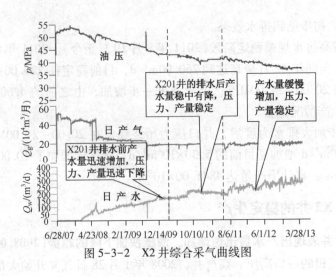

图 5-3-2　X2 井综合采气曲线图

三、进一步验证了 X201 井与 X2 井间的连通性

X201 井排水后，X2 井的井筒流态明显发生变化，进一步说明 X2 井与 X201 井是连通的。X2 井在 2011 年 4 月之前的双波纹生产卡片表现出高中低的形态特征，即差压指针分别在卡片的高部位、中部位、低部位停留，且各部位停留时间基本相等，井筒流态表现为扰动流。X201 井于 2011 年 4 月开始逐渐加大排水强度，于 4 月 2 日排水规模上调到 150.00m³/d，6 月 4 日排水规模上调到 160.00m³/d，8 月排水规模上调到 170.00m³/d，9 月排水规模达到 180.00m³/d，10 月达到 190.00m³/d，11 月达到 210.00m³/d，12 月达到 260.00m³/d。随着 X201 井的排水规模不断加强，X2 井的产水明显受到影响，井筒流态逐渐发生变化，反应在双波纹卡片的形态明显发生改变。

X201 井 2011 年 4 月加大排水规模后，至 2011 年 6 月，X2 井的双波纹卡片逐渐发生变化，虽然仍为高中低形态，但差压指针停留在低部位的时间明显变长（图 5-3-3、图 5-3-4）；至 2011 年 7 月其差压指针 80.00% 的时间都停留在中部位，流态逐渐由扰动流向环雾流过渡（图 5-3-5）；至 2011 年 8 月，双波纹卡片完全变成窄带形态，表明井筒流态转变为稳定的环雾流，生产更加稳定（图 5-3-6）。

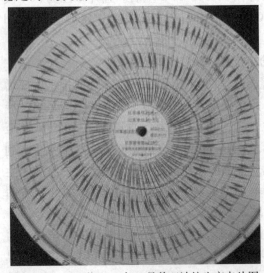

图 5-3-3　X2 井 2011 年 4 月前双波纹生产卡片图

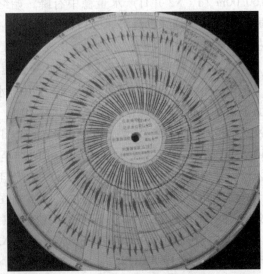

图 5-3-4　X2 井 2011 年 6 月双波纹生产卡片图

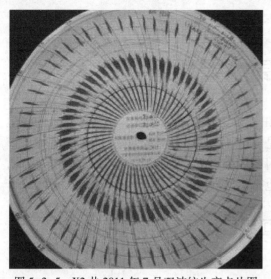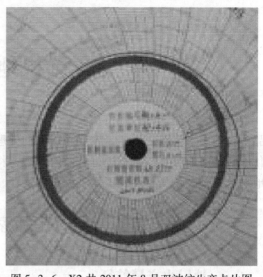

图 5-3-5　X2 井 2011 年 7 月双波纹生产卡片图　　　图 5-3-6　X2 井 2011 年 8 月双波纹生产卡片图

　　以上分析表明，X201 井的排水明显促进了 X2 井的稳定生产，同时也进一步验证了 X2 井与 X201 井之间的连通性。

第六章　高氯根地层水处理工艺技术

国内外天然气田的开发历史表明，随着气田开发工作的逐渐深入，作为天然气的伴生品——地层水将随之增加，大量地层水的处理是气田开发必须面对的问题。特别是氯根及矿化度较高的地层水，若不进行有效的处理，将对我们赖以生存的环境产生负面影响。因此，地层水处理既是气田开发工作者的重要责任，也是不可推卸的义务。

第一节　新场气田须家河组二段气藏产水特征

一、地层水产量特征

川西气田是西南油气分公司最重要的天然气生产基地。经过多年的勘探开发，其生产规模不断扩大，所辖管理范围包括孝泉、新场、合兴场、马井、什邡、洛带、东泰、新都、石泉场、大邑等12个气田。随着各气田勘探开发的深入，气田产出地层水量快速增加，截至2013年底，川西气田日产水1181.00m³/d，年产水量达38.16×10⁴m³。新场气田须家河组二段气藏作为西南油气分公司天然气持续发展的重要接替层位，是分公司今后几年上产的最重要区块，该气藏裂缝发育、储量丰富，水体活跃，气井普遍产水，而且产水量较大。特别是近几年来，随着须家河组二段气藏开发井的增多及生产时间变长，产出的地层水量大幅上升，2013年川西气田须家河气藏年产水量为22.20×10⁴m³，根据采气井生产数据（表6-1-1）可知：新场须家河组二段气藏共有12口生产井，日产气量44.98×10⁴m³/d，气井普遍产水，总产水量达664.70m³/d，占川西总产水量的56.00%。

表6-1-1　新场气田须家河组二段气藏生产井气水产量统计表

序号	气田	井号	层位	日产气/(m³/d)	日产水/(m³/d)
1		X2		19.90	293.00
2		X201		4.80	235.00
3		X202		0.09	1.70
4		X301		8.30	24.50
6		X203		0.05	
7	新场气田	X5	须二	1.80	38
8		X10-1H		0.30	
9		XC6		3.70	57
10		X856		0.04	10.50
11		L150		4.80	1
12		X8-1H		1.20	4
合计				44.98	664.70

二、地层水物理、化学性质

地下水中各种离子的含量反映了所在地层的水动力特征和水文地球化学环境，在一定程度上可以说明油气的存在和破坏条件。在矿化度随着深度增加的同时，会发生水型更替或出现水化学分带。据氯钠比等特征系数，原苏联地球化学家苏林提出地下水型分类，并提出烃类聚集与水型关系的密切程度由高到低序列为氯化钙型—重碳酸钠型—氯化镁型—硫酸钠型。按苏林分类(表6-1-2)，分别对地层水离子参数进行分析(表6-1-3)，认为新场地区须家河组二段气藏地层水水型绝大多数属于氯化钙型。

表 6-1-2 原生水苏林分类

类 型	Na^+/Cl^-	$(Na^+ - Cl^-)/SO_4^{2-}$	$(Cl^- - Na^+)/Mg^{2+}$
氯化钙型	<1	<0	>1
氯化镁型	<1	<0	<1
重碳酸钠型	>1	>1	<0
硫酸钠型	>1	<1	<0

表 6-1-3 新场气田须家河组二段气藏地层水离子成分表

井号	阳离子/(mg/L)				阴离子/(mg/L)			总矿化度/(mg/L)
	K^+	Na^+	Ca^{2+}	Mg^{2+}	Cl^-	SO_4^{2-}	HCO_3^-	
X856	1704	30748	3085	230	54548.8	10	168.9	90495.10
X2	1002.80	30504	2732	136.50	51258.50	11.50	278.5	85923.70
X3	974	29296	4425	279.3	54400.2	32.10	214.80	89621.70
X201	880	35000	4477	230	56500	35	230	97352

（一）地层水常量组分

新场气田须家河组地层水，离子含量高低差异悬殊，阳离子中以碱金属离子 Na^+ 占绝对优势，占阳离子总量的 75.00%～88.00%，钠在水中含量主要受溶解度控制，它的离子电位低，在水中多呈水合离子形式。钠离子含量之所以如此丰富，一方面是由于钠盐具有很高的溶解度，Na^+ 与 Cl^- 结合形成活动性很强的稳定化合物，它有很强的迁移性能，所以钠在高矿化的油气田水中含量很高，低矿化度中含量却很低，另一方面，钠不像钾、镁等容易被黏土吸附，因此，呈离子状态的钠在油气伴生水中占优势；而钾离子迁移性能弱，能较好地被土壤和岩石吸附，因此在储层地下水中的钾含量很少。钙是碱土金属中较丰富的元素，钙的生物活动性强，它积极参与生物作用，在有机物死亡后，钙转变为矿物形式转入到岩石和土壤中，形成以钙离子占优势的"吸附综合体"——黑土壤，因此天然气水中虽普遍含有钙离子，但其绝对含量不大，新场气田须家河组地层水中 Ca^{2+} 含量只占阳离子总量的 8.00%～21.00%。镁的地球化学性质与钙相似，但其生物活动性比钙弱。

在主要阴离子 Cl^-、SO_4^{2-}、HCO_3^- 中，氯离子具有很强的迁移性能，它在整个水圈中非常活跃，它的钠、镁、钙盐的溶解度都很高，且不容易被黏土或其他矿物表面吸附，也不能为生物所积累。因此，氯离子可以在地下水中自由迁移，成为油气田水中占主导地位的离子，新场气田须家河组二段气藏地层水中氯离子含量占总离子含量的 99.00%左右，氯离子含量严格控制总离子量，氯离子和矿化度几乎同步等速变化。重碳酸根离子的含量受二氧化碳、硫酸根等离子组成的碳酸化学平衡系统控制，重碳酸盐在水中的溶解度随温度升高而降低，所以在深部高矿化度水中的重碳酸根离子很少。受细菌活动和水中钙、锶、钡离子含量和pH 值的影响，新场气田须家河组二段气藏中的硫酸根离子含量少，在 40.00mg/L 之下。

（二）地层水的微量元素特征

新场气田须家河组二段地层水中微量元素的含量组成上具有 Mn<Li<B<K<Sr<Ba 的特征（表6-1-4）。从表中可看出，Li、Mn、B 三种离子含量变化范围较小，而 K、Sr、Ba 三种离子的含量可能与储层的含气性或是沉降环境等有关，如 X2 井、X3 井和 X856 井均为较高产能的气井，其对应的这三种元素含量也较高，而其他气水产量较少的井其相应的这三种元素含量也较低。

表 6-1-4 新场地区须家河组地层水微量元素含量

井号	层位	微量元素含量/（mg/L）						总矿化度/（mg/L）
		B	Sr	Mn	Li	Ba	K	
X2	T_{3X2}	26.15	973	1.25	29.15	1025	788.50	85928.50
X3	T_{3X2}	24.90	1253	3.25	39.50	967	823.50	89673.40
X856	T_{3X2}	28.30	1159	1.90	35.10	1184	980.50	97295.30

（三）地层水矿化度

新场气田须家河组二段地层水总矿化度分布直方图（图6-1-1）上可看出，地层水矿化度可分为三类：第一类以低矿化度为特征，总矿化度小于 1×10^4mg/L，这类样品属于典型的凝析水，一般产于高产气井低产水阶段，如 X851 井等；第二类样品总矿化度中等，分布在 $1\times10^4 \sim 4\times10^4$mg/L 之间，此类样品为混有凝析水的地层水；第三类样品以高矿化度为特征，总矿化度大于 4×10^4mg/L，主要分布于高产水井或气井的高产水阶段，属于典型的高浓缩地层水。由于新场气田须家河组二段气井无水采气期较短，一般不到 1 年，或无水采气期，所产地层水主要具有高矿化度特征。

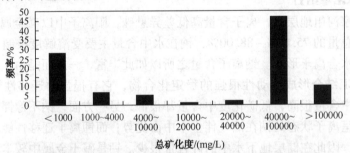

图 6-1-1 新场气田须家河组二段地层水总矿化度直方图

三、地层水处理的技术难点

气田水是指随天然气一起采出地面的地层水，其矿化度一般为几万至十几万个单位，它除含有大量氯根、矿物外，可能还含其他物质，水质复杂，产水量大。由于各气田产地层水化学性质差异性、所处环境及地质条件不同，采取地层水的处理技术方法不同。国外油气田地层水处理技术主要是将地层水经处理后，回注于地层，因各气田地层渗透率差别较大，对回注水水质的处理要求不尽相同；其次是处理达标用于农田灌溉和用于蒸汽发生器或锅炉给水。国内目前各油气田多数采用隔油除油—混凝或沉淀（或气浮）—过滤三段处理工艺，再辅以阻垢、缓蚀、杀菌、膜处理或生化法处理等。对于高含盐采出地层水水经处理后高氯根及高矿化度的问题很难解决。多年来，四川气田针对气田水的处理问题，开展了大量的研究，主要方法有：熬盐、净化处理后排放进入河流、回注于储层。中石油川西南矿区及川南矿区曾采用熬盐的方法处理气田水，但因能耗太高，现已不采用。对气田水进行净化处理外排由于目前还找不到一种有效的除盐技术，所以外排面临的环保隐患较大。目前国内外较成功的方法是将气田水回注采气枯竭井，以解决气田水的处理问题；由于气田水的悬浮物含量高，如果不加处理就回注，将直接影响气田水的回注量，造成注水困难。

对重庆气矿、川中气矿、川东北气矿、川西北气矿、蜀南气矿已建回注站的运行状况的调研结果统计，根据调查川渝地区目前已建回注站 93 座，可以看出，近几年各个气矿主要采取地层水回注的方法来处理气井采出的地层水，因此，建回注站越来越多，近 8 年时间里共建有 53 个回注站；这也表明回注是解决地层水难题的主要途径，可以节约生产成本，同时有利于保护生态环境，这是油气田产出的地层水处理技术发展趋势。

综上所述，目前对气田地层水的处理，国内外主要采取综合利用、回注地层及处理后达标外排三种措施。已建成的地层水常规处理站处理存在以下问题：其一，常规的地层水处理站采用物理化学法，对高氯根地层水缺乏经济有效的技术方法。川西须家河组气藏地层水氯根含量较高，一般在 50000.00mg/L 以上。现有的地层水处理技术对氯根含量及 COD 指标处理达不到相关标准。其二，地层水处理费用较高，平均在 84.00 元/m³，2012 年川西采气厂层水处理费用达 2500.00 万元，给企业的生产和经济效益带来沉重的负担。为解决以上两方面的难题，川西采气工作者对高氯根地层水回注、地层水综合利用两种处理工艺技术进行了积极的探索与实践，并取得了显著效果，实现了企业生产和生态环境的可持续、协调发展。

第二节　地层水回注工艺技术

由于水资源的匮乏及着重生态环境保护的考虑，国内油田已普遍采取油井产出水回注进行二次驱油，因此，回注技术在油田上运用很成熟。但气田产出水的回注属于无效注水，更多的是出于环境保护的需要，因而对其没有形成系统研究。特别是对于致密砂岩层回注来说，目前国内外在这一领域的研究还处于空白。气田地层水回注的最重要的工作在于选层、选井评价论证，这是地层水回注在技术方面最为关键的一步，不仅要考虑回注井对采气区不造成不利的影响，尽量降低回注造成的天然气储量损失；又要考虑到回注对环境影响程度，确保回注的安全性，避免回注造成污染；还要考虑到回注井储水量及吸水能力，保证回注具有良好的经济效益。

一、地层水回注层位论证

（一）选层原则

川西气田主要为致密砂岩储层，且不存在废弃层，回注层位选择难度较大。在广泛调研气田水回注的行业标准《气田水回注方法》(SY/T 6596—2004)以及典型气田地层水回注选层原则，结合川西气田实际情况，确定了川西气田回注层选择原则，在符合环保政策的前提下，主要遵循以下原则。

1. 回注层不能是产气主力层和今后上产的接替层

回注地层水对于油田来说，可以为采油提供二次驱油动力，但气田产出水的回注属于无效注水，更多的是出于环境保护的需要。因此，在气田选择回注层时，不能选择主产层或以后上产的接替层。

2. 所选层位应具有较好的吸水能力

吸水能力主要与注水层的物性密切相关，物性越好，吸水能力越强，注水压力越低，越利于地层水的回注。

3. 回注层储水体积较大

所选层位要有足够大的容积，储水性能主要与孔隙度、渗透率、水驱半径、注水层厚度、含气饱和度有关，回注层有足够储集空间，能满足较长期的回注要求。所选砂体层厚度较大，在孔、渗条件相同，即砂体的吸水指数相同时，能提高注入井的注入能力和降低注入压力。

4. 注水目的层封隔性好，确保回注后对地表和其他储集层不会造成破坏

回注目的层上部的泥页岩盖层和下部的泥页岩底层以及层间的泥页岩夹层称为封隔层。为防止注入的地层水流窜到其他地层或地表，要求注水层的封隔层封闭能力要强，即区域性盖层及直接盖层展布要连续性好、厚度较大、岩性较纯；断裂较少、断距规模较小。否则容易引起注入水窜到其他地层。

（二）回注层位选择

川西气田主要包括新场、马井、洛带、新都、大邑、合兴场、孝泉等 12 个气田，根据地层水在各个气田产出情况，新场气田产水量最多，占总产水量 80%。为了降低地层水拉运费用，实现就近回注的原则，重点对新场气田、孝泉气田、马井气田、东泰气田和合兴场气田的地层进行回注可行性研究。

1. 新场气田

新场气田是目前川西地区的主力气田，产气层位多自下而上依次为雷口坡组、须家河组二段、须家河组四段、须家河组五段、千佛崖组、下沙溪庙组、上沙溪庙组、遂宁组、蓬莱镇组等。根据新场气田各个气藏生产现状选择合适回注层位。

（1）雷口坡组、须家河组气藏目前处于勘探评价期，且须家河组二段气藏已提交了探明储量，并作为川西气田重要的产量接替层位，因此不能注水。

（2）千佛崖组气藏裂缝发育、砂体规模小，气井产量较高，目前暂不能进行回注。

（3）沙溪庙组气藏目前处于稳产中后期，是新场气田的主力气藏，近期不能注水。

（4）蓬三气藏平均井口油压 2.27MPa，单井平均产量 $0.66×10^4 m^3/d$，目前尚可正常生产，可作为后备回注层。

（5）蓬二气藏埋深均大于 1000.00m，封盖保存条件好，采出程度较高，目前地层压力较低，部分气层局部区域适合回注，注水风险小。

（6）蓬 气藏埋深浅（500.00～800.00m），砂体相互叠置程度高，主要采用混层生产、完井多以裸眼方式为主，注水存在环保风险。

2. 孝泉气田

（1）蓬莱镇组砂体规模小，储水能较力较小，因此不适合进行回注。

（2）沙溪庙组气藏目前埋深平均 1800.00～2500.00m，物性较好，裂缝较发育；沙溪庙组 JS_3^1 砂体沿南北向呈条带展布，砂体厚度平均 20.00m 左右；沙溪庙组 JS_3^2 砂体呈毯状展布，砂厚 15.00m 左右。目前生产井少，适合回注。

（3）千佛崖—白田坝组地层在区域上为 1 套以砾岩为主的裂缝性储层，固井时也出现了泥浆漏失情况、该层位的两口生产井已停产，因此，可以作为回注地层选择。

（4）须家河组地层埋深平均大于 2600.00m，储层品质差，目前无生产井；须家河组气藏处于勘探评价阶段，暂不作为回注层选择。

3. 马井气田

（1）蓬莱镇组气藏为川西田第二大主力气藏，目前正处于开发阶段，总体而言不满足回注地层水的条件，因此纵向上不考虑蓬莱镇组气藏。

（2）马井白垩系气藏目前有两口生产井，产气 $0.26 \times 10^4 m^3/d$，累计产气 $0.45 \times 10^8 m^3$。提交探明储量仅 $1.25 \times 10^8 m^3$，目前已全部动用，产量低，加之提交储量区处于构造高部位，裂缝发育，储层孔渗性好，利于吸水，并且具有较好的封盖条件，适合地层水回注。

4. 东泰-合兴场气田

东泰气田蓬莱镇组砂体断层及裂缝发育，储层砂体规模小，不宜地层水回注。合兴场地区蓬一气藏砂体多呈透镜体状，蓬二砂体多呈窄条状展布，不具备大容积的地质条件，因此不符合回注要求。

综上所述，从目前的气藏生产状况、储层特征及测井综合分析认为：新场气田蓬莱镇组蓬二段；孝泉气田沙溪庙组、千佛崖组、白田坝组；马井气田白垩系下统储层是较理想的回注层段。

二、地层水回注井区论证

（一）选井原则

根据上述对回注层的研究，再结合气田水回注标准 SY/T 6596—2004《气田水回注方法》，确定川西气田回注井选择原则：

1. 优先选择累计产气量高的低压低产井或停产井

选择累计产气量高的低压低产井或停产井作为回注井，主要是该类井回注具有以下三方面有利条件：

① 累计产气量高，说明储层物性好、孔喉连通性好，储集空间大，这将为回注地层水提供良好的储集空间。

② 低产或停产，说明该井及井区剩余可采储量较少，即将处于产能衰竭状态，这类井回注对天然气生产不会造成不利影响，而且还可以提高气田经济和环保效益。

③ 低压井或停产井区，因采出程度高、地层压力低，气藏压力接近自然开采废弃压力，生产潜力不大；这部分井回注可能具有较强的吸水能力，对回注压力要求低。

2. 注水目的层储水量大、吸水性好

在注水目的层的选择中，必须要考虑储水和吸水性能，它们反映注水难易和效率。吸水能力主要和注水层的物性、储层厚度有关；储水性能主要与孔隙度、水驱半径、注水层厚度、含气饱和度有关，回注层有足够储集空间，能满足较长期的回注要求。

（1）储水量预测

储层的孔隙空间并不等于注入水体积量，空间内可能包含水、油、气，注入水量与含气饱和度有关。储层能容纳注入水的体积主要包括三部分：第一部分是在原始地层压力下气体所占据的孔隙体积；第二部分是在注水压差下储层中的水及岩石骨架被压缩而增大的空间，但压缩系数很小，可忽略不计；第三部分是天然气开采过程中产出地层水的地下体积，由于水的压缩系数很小，可近似为产出水的地面体积。因此储层储水体积的计算公式简化为：

$$V = A \times H \times \phi (1 - S_w) + V_d$$

式中　V——储水体积，m^3；

　　　A——波及面积，m^2；

　　　H——有效厚度，m；

　　　ϕ——储集层有效孔隙度，%；

　　　S_w——含水饱和度；

　　　V_d——产出水地面体积，m^3。

（2）吸水能力预测

假设地层为圆形、等厚、水平、均质，注水井处于中心位置，应用平面径向流公式（据何更生，1997），并考虑启动压差计算日吸水能力。

$$Q = \frac{2\pi K h (p_w - p_s)}{\mu \ln \dfrac{R_e}{R_w}}$$

式中　Q——地层水注入量，m^3/d；

　　　K——储层有效渗透率，μm^2；

　　　h——储层有效厚度，m；

　　　μ——地层水黏度，$mPa \cdot s$；

　　　R_e——控制半经，m；

　　　R_w——井筒半径，m；

　　　P_s——地层压力，MPa；

　　　P_w——井底流压，MPa。

这个理论公式并没有考虑注水过程中对储层造成的损害，综合考虑注水井稳定注水时间、水质因素，因此平均日注水量取理论计算结果的70%~80%为预测值。

3. 注水目的层之上具有较好封盖条件

为防止注入的地层水流窜到其他地层或地表，要求注水层的封隔层封闭能力要强，即区域性盖层以及直接盖层展布要连续、厚度大以及岩性要纯；断裂较少，否则容易引起注入水乱窜到其他层。

4. 注水井及邻井的井身结构安全性要高

注水井和采气区气井固井质量要合格，特别是注水层的之上的井段必须有一段要合格，这样可避免回注水沿表层窜流。

5. 回注井尽量靠近主产地层水气井

注水井距产水气井近，能减少地层水拉运路程或减少输水管线的修建长度，有利于降低水处理成本。

6. 尽可能形成一个井区多井点回注模式，以注水量最大井为中心

地质条件决定了川西地区单井储水量一般小于 10.00×10^4 m^3，吸水能力初期一般低于200.00m^3/d，注水规模较小。根据这一特点，则以储水量和吸水量较大的井为中心建设回注站，尽可能形成同一个井区多井点回注，避免重复建站，有利于形成规模效益。

224

（二）回注井区论证

1. XP2井区

（1）井区概况

XP2井区目前共有6口井（图6-2-1），生产层位不一样，其中XP2、XQ44、XQ73-1、XQ73-2等4口井为JP_2^3层，XQ56井主产层为JP_3^6层和JP_1^6，XQ57井主产层为JP_2^2层。6口井共累计产气$18701.00×10^4m^3$（表6-2-1），动态储量为$20612.00×10^4m^3$，采出程度达90.71%；目前整个井区日产气$0.33×10^4m^3/d$，XQ73井组两口井处于产能衰竭关井状态、XP2、XQ44、XQ56和XQ57处于低压低产，已进入增压阶段。下面将重点对井区JP_2^3层生产情况进行分析。

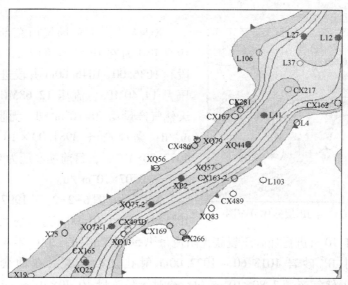

图6-2-1　XP2井区JP_2^3层砂体分布图

表6-2-1　XP2井区气井生产情况统计表

序号	井号	层位	油压/MPa	日产气/（m³/d）	累计产气/10⁴m³	动态储量/10⁴m³	备注
1	XP2	JP_2^3		0.08	8187	8224	
2	XQ44	JP_2^3	0.58	0.07	3981	4072	
3	XQ73-1	JP_2^3			1450	1540	关井
4	XQ73-2	JP_2^3			1433	1534	关井
5	XQ56	$JP_3^6+JP_1^6$	0.58	0.1	1650	1687	
6	XQ57	JP_2^2	0.55	0.08	2000	2025	
合计				0.33	18701	19082	

XP2井是新场构造东段轴部一口评探井，于1996年9月8日开钻，钻至1130.00m完钻，完井方式为后期射孔完井。完钻后对JP_2^3层：1024.96~1035.96m进行射孔，敞井测试，日产天然气$1.06×10^4m^3/d$，无阻流量$1.36×10^4m^3/d$，地层压力14.94MPa，流压8.87MPa；后加砂$9m^3$进行压裂，测试天然气产量$22.84×10^4m^3/d$，无阻流量$47.90×10^4$

m^3/d，流压 12.59MPa。投产初期油套压分别为 8.70、8.80MPa，日产气 $10.02\times10^4 m^3/$ d。注水前油套压分别为 0.58、0.60MPa，进行增压开采，日产气 $0.08\times10^4 m^3/d$，累计采气 $8187.00\times10^4 m^3$。

XQ73 井组是在新场构造轴部偏南翼部署的一个丛式开发井组，其中 XQ73-1 井是直井，XQ73-2 井是定向斜井。XQ73-2 井于 2000 年 1 月 26 日完井，在 JP_2^3 砂岩 1157.96～1172.96m 井段射孔，在井口油压 7.30MPa，套压 7.60MPa 下，获得天然气产量 $5.10\times10^4 m^3/d$，无阻流量 $19.15\times10^4 m^3/d$，JP_2^3 层累计产气 $1433.00\times10^4 m^3/d$，动态储量 $1534.00\times10^4 m^3/d$，产能已衰竭关井；XQ73-1 井 2000 年 1 月 3 日射开 1011.09～1021.09m 并加砂压裂，获天然气产能 $1.28\times10^4 m^3/d$，JP_2^3 层累计产气 $1450.00\times10^4 m^3$，动态储量 $1540.00\times10^4 m^3$，产能已衰竭关井。

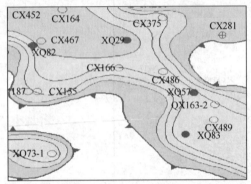

图 6-2-2　XQ57 井 JP_2^2 层砂体分布图

XQ44 井位于新场气田东部构造轴部附近。1997 年 1 月在 JP_3^3 砂岩的 1025.00～1031.00m 井段和 1036.00～1046.00m 井段进行压裂，在地层压力 14.40MPa、流压 12.68MPa 条件下，测试天然气产量 $4.50\times10^4 m^3/d$，无阻流量 16.20×10^4 m^3/d；累计产气 $3981.00\times10^4 m^3$，动态储量 $4072.00\times10^4 m^3$，目前油套压为 0.58、0.60MPa，日产气 $0.07\times10^4 m^3/d$。

XQ57 井（图 6-2-2）于 1997 年 9 月完井后对 $JP_3^6$1391.00～1401.00m 进行射孔测试，敞井仅获 $105m^3/d$；1997 年 10 月进行加砂压裂获无阻流量 $1.58\times10^4 m^3/d$；2000 年 4 月下单流桥塞于 1090.00m 后，对 JP_2^2 砂岩 1013.60～1022.00m 射孔加砂压裂，在油套压为 7.50MPa、8.30MPa 时，获天然气产量 $3.80\times10^4 m^3/d$，绝对无阻流量 $10.40\times10^4 m^3/d$。目前该井油套压分别为 0.55MPa、0.90MPa，日产气 $0.08\times10^4 m^3/d$，JP_2^2 层累计产气 $2000.00\times10^4 m^3$，动态储量 $2025.00\times10^4 m^3$。

XQ56 井（图 6-2-3）于 1997 年 10 月完井后对 $JP_3^6$1385.88～1392.88m 进行射孔测试，敞井仅获 $1078.00m^3/d$；1997 年 12 月进行加砂压裂获无阻流量 $4.80\times10^4 m^3/d$；2005 年 12 月对 $JP_1^6$759.98～768.04m 射孔加砂压裂，获天然气产量 $0.78\times10^4 m^3/d$，目前该井油套压分别为 0.62MPa、0.68MPa，日产气 $0.10\times10^4 m^3/d$，$JP_1^6+JP_3^6$ 层累计产气 $1650.00\times10^4 m^3$，动态储量 $1687.00\times10^4 m^3$。

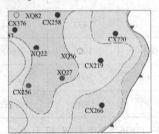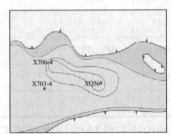

图 6-2-3　XQ56 井 JP_1^6、JP_3^6 层砂体分布图

XP2 井区 JP_2^3 层含气面积为 $1.80km^2$，地质储量为 $2.50\times10^8 m^3$。通过"非稳态产能评价软件"对 XP2 井区的动态控制储量进行计算、拟合，目前该井区动态储量 15370.00×

10^4m^3，控制半径在 200.00～455.00m，井区累计产气量为 $15051.00\times10^4\text{m}^3$，可采储量的采出程度达 97.92%，井区剩余动态控制储量较少，只有 $0.10\times10^8\text{m}^3$。XP2 井区 JP_2^3 层已处于开发后期阶段，地层压力低，容易受管网压力影响，进一步提高采收率的难度较大，因此，为了提高地层水回注的经济效益，可以将整个井区的 JP_2^3 层进行回注。

（2）JP_2^3 回注层储层特征

JP_2^3 砂体呈细条带状由东北向西南延伸，分为东西两个砂体。东边砂体厚、西边砂体薄，平均砂厚 7.20m；西边砂体厚度小于 5.00m，东边砂体分为两支，厚度大于 10.00m。根据 JP_2^3 层砂岩等厚图及砂体横向展布图（图 6-2-4）可知，XP2 井区位于分流河道砂体中心部分，厚 10.00～15.00m，处于有利的砂体发育区；井区各井砂体横向展布范围较广，单层较厚。

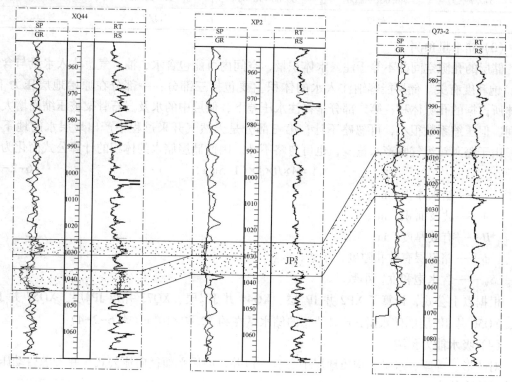

图 6-2-4　XP2 井区 JP_2^3 层砂体横向对比图

根据新场蓬莱镇气藏 JP_2^3 层砂体岩芯物性统计（表 6-2-2），JP_2^3 储层孔隙度平均 8.64%，渗透率平均 $0.64\times10^{-3}\,\mu\text{m}^2$；根据测井资料表明（表 6-2-3），XP2 井区的物性较好，孔隙度为 5.00%～14.00%，渗透率为 $(0.90\sim13)\times10^{-3}\,\mu\text{m}^2$。

表 6-2-2　新场蓬莱镇组气藏 JP_2^3 储层物性统计表

砂体	$\phi/\%$				$K/10^{-3}\,\mu\text{m}^2$			
	样数	最小	最大	平均	样数	最小	最大	平均
JP23	148	1.56	17.01	8.64	148	0.012	4.09	0.64

表 6-2-3　XP2 井区 JP$_2^3$ 层储层物性对比表

项目 \ 井号	XP2	XQ44	XQ73-2	XQ73-1
垂深/m	1024.00~1036.5	1025.00~1031.00 1036.00~1045.80	1009.90~1028.70	1009.20~1021.00
岩性	细砂岩屑砂岩	细粉砂岩	粉砂岩	细粉砂岩
POR/%	7.00~14.00	6.00~9.00	16.00	5.00~13.00
PERM/$10^{-3}\mu m^2$	1.00~13.00	4.00~6.00	3.00~10.00	0.90~8.00
S_H/%	5.00~20.00	20.00	4.00~15.00	3.00~25.00
S_w/%	40.00~90.00	60.00~70.00	40.00~50.00	40.00~60.00
综合解释	气层	气层	气层	气层

（3）储水量预测

储层的孔隙空间并不等于注入水体积量，空间内可能包含水、油、气，注入水量与含气（油）饱和度有关。储层能容纳注入水的体积主要包括三部分：一部分在原始地层压力下，气体所占据的孔隙体积；第二部分是在注水压差下，储层中的水及岩石骨架被压缩而增大的空间，但压缩系数很小，可忽略不计；第三部分是天然气开采过程中产出地层水的地下体积，由于蓬莱镇组气藏产水量少，也可忽略不计。因此储层储水的体积的计算公式简化为：

$$V = A \times H \times \phi \times (1 - S_w) \tag{6-2-1}$$

式中　V——储水体积，m^3；

　　　A——波及面积，m^2；

　　　H——有效厚度，m；

　　　ϕ——储集层有效孔隙度，小数；

　　　S_w——含水饱和度，小数。

根据以上公式，计算了 XP2 井 JP$_2^3$ 层、XQ44 井 JP$_2^3$ 层、XQ73 井组 JP$_2^3$ 层、XQ57 井 JP$_2^2$ 层、XQ56 井 JP$_1^6$ 层的储水量，6 口井总的储水量在约 $22.60 \times 10^4 m^3$（表 6-2-4）。

（4）吸水能力预测

对圆形、等厚、水平、均质地层中心有一口井，应用平面径向流公式，并考虑启动压差计算日注水能力：

$$Q = \frac{2\pi Kh(p_w - p_s)}{\mu \ln \dfrac{R_s}{R_w}} \tag{6-2-2}$$

式中　Q——地层水注入量，m^3/d；

　　　K——储层有效渗透率，μm^2；

　　　h——储层有效厚度，m；

　　　μ——地层水黏度，$mPa \cdot s$；

　　　R_e——控制半经，m；

　　　R_w——井筒半径，m；

　　　p_s——地层压力，MPa；

　　　p_w——井底流压，MPa。

表 6-2-4　XP2 井区回注井储水量预测表

井号	层位	h/m	φ/%	r/m	A/m²	S_w/%	V/10⁴m³
XP2	JP23	11	10	180	101736	45	7.5
XQ44	JP23	15	10	140	61544	50	4.6
XQ73-1	JP23	10	10	140	61544	45	3.3
XQ73-2	JP23	11	10	140	61544	50	3.3
XQ57	JP22	7	12	150	70650	60	2.3
XQ56	JP16	7	7	150	70650	50	1.6
	合计						22.6

根据上述公式，理论上计算 XP2、XQ44、XQ73、XQ57、XQ56 井（井组）在注水压力 2MPa 下的注水量。这个理论公式并没有考虑注水过程中对储层造成的损害，实际上是达不到的，综合考虑注水井稳定注水时间、水质因素，因此平均日注水量取理论计算结果的 80.00%，即预测值。在注水压力 2.00MPa 下，6 口井的吸水能力在 358.00m³/d，其中 XP2、XQ44 井注水能力较强（表 6-2-5）。

表 6-2-5　XP2 井区回注井吸水能力预测

井号	K/10⁻³μm²	h/m	u/(mPa·s)	R_e/m	R_w/m	P_e/MPa	P/MPa	Q/(m³/d) 理论值	Q/(m³/d) 预测值
XP2	2	11	1	200	0.1	3.0	2	167	134
XQ44	0.8	15	1	140	0.1	3.5	2	88	70
XQ73-1	0.8	10	1	140	0.1	3.5	2	58	46
XQ73-2	0.8	11	1	140	0.1	3.5	2	64	51
XQ57	0.8	7	1	150	0.1	3	2	40	32
XQ56	0.6	7	1	150	0.1	2.5	2	31	25

（5）井身结构分析

这些井产层投产初期表现为异常高压，原始地层压力都在 20MPa 以上，在产气期间都没有出现井口窜气情况；在产层之上的井段固井质量较好，因此完全满足低压回注的要求，不会出现回注水上窜的情况。

根据以上几个方面的论证，综合分析认为 XP2、XQ56、XQ57、XQ73、XQ44 井（井组）具有较好的回注条件，形成一个井区多井点注水模式，使得注水规模得以扩大，有利于提高气田开发的整体经济效益和环保效益。

2. CX455 井

（1）井的基本情况

CX455 井是在孝泉构造轴部高点部署的一口勘探井。完钻井深为 2520.00m，于侏罗系下统白田坝组完钻，后期射孔完井。生产情况如下：

① 2001 年 4 月 3 日至 5 月 7 日，射开 JS₃¹（2288.08～2304.08）、JS₃²（2389.08～2394.08、2398.08～2404.08）两层。测试 JS₃¹ 层，产气 39m³/d，51.68m³ 加砂压裂后，在流压 36.00MPa 下产气 1.47×10⁴m³/d，凝析油 0.14 m³/d，水 41.00 m³/d，累计采气 50.00×10⁴ m³ 后，产水 1467.00m³，为气水同产层。同年 5 月 11 日对 JS₃² 层排尽积液后产气 113.00 m³/ d，进行 39.30 m³ 砂压裂测试，敞井产气 5047.00 m³/d，产水 1.35 m³/d。测地层压力为

229

38.62MPa，地层温度66.50℃，为不具工业产能的含水气层。7月21日，该井打开滑套实现合采。

②2004年4月10日至5月13日对该井换油管：将井内φ89mm油管更换为φ73mm油管，便于柱塞气举排液。在修井过程中，前后共压井4次，并冲砂1次。在压井过程中，发现地层有裂缝型漏失，但在冲砂时仅发现渗透型漏失，漏速明显逐次减小，整个施工过程共漏失液体213.50m³。目前油套压分别为2.50MPa、9.30MPa，日产气平均在0.18×10⁴m³，日产水平均6.30m³/d，由于产水量较大、地层压力低，气井通过柱塞气举与泡排工艺联作均无法维护其正常生产，累计产气1493.00×10⁴m³，预测天然气动态储量1656.00×10⁴m³，剩余动态储量163.00×10⁴m³，累计产水3.57×10⁴m³。

（2）储层特征

本井下沙溪庙组钻遇砂体总厚85.00m，占该组地层厚度的43.15%，砂体较发育，储层厚度大，以细—中粒砂岩为主。

① JS_3^1 砂岩

为浅绿灰色中粒岩屑长石砂岩（图6-2-5），碎屑成份石英（40.00～48.00）%，长石（30.00～38.00）%，岩屑（20.00～24.00）%；中砂95.00%，细砂5.00%，分选好，次棱角状，残余粒间孔、粒内、间溶孔（1.00～5.00）%，胶结物硅质1.00%，方解石1.00%，呈接触—孔隙式胶结，较疏松。岩芯孔隙度（6.45～16.52）%，平均孔隙度14.21%，渗透率（0.12～5.98）×10⁻³μm²，平均渗透率1.63×10⁻³μm²，平均含水饱和度29.19%。

岩芯铸体薄片分析资料表明：孔隙较发育，分布总体上不均匀，局部分布较均匀，孔隙总体上连通性较好，局部孔隙连通性较差；孔径主要分布在φ2～5（即0.031～0.25mm）之间，最小孔径28.89μm，最大孔径464.13μm，平均93.23μm；孔隙主要有剩余粒间孔、粒内溶孔、粒间溶孔、铸模孔、微晶间孔等，其中以剩余粒间孔、粒内溶孔、粒间溶孔为主，铸模孔、微晶间孔次之。

图6-2-5　CX455井岩芯
（2297.69～2301.40m）

图6-2-6　CX455井岩芯
（2393.68～2393.85m）

② JS_3^2 砂岩

为浅绿灰色中粒长石岩屑砂岩，碎屑成份石英（41.00～50.00）%，岩屑（30.00～36.00）%，长石（15.00～24.00）%，其他矿物少量，中砂（55.00～70.00）%，细砂（45.00～30.00）%，分选中等，次棱角状，胶结物为方解石，硅质少量，呈孔隙—接触式胶结，较致密。局部有砾石，呈角砾状（图6-2-6）。

物性特征：Φ 最大10.45%，最小4.47%，平均7.93%，孔隙度较小；K 最大0.32×10⁻³μm²，最小0.07×10⁻³μm²，平均0.12×10⁻³μm²，渗透率低；S_g 最大23.50%，最小1.70%，平均14.61%，S_w 最大79.90%，最小29.50%，平均45.46%。

230

从 JS_3^2 井段 2382.94~2394.56m 岩芯铸体薄片分析得：孔隙发育总体分布不均匀，连通性较差；孔径主要在 $\Phi2.5\sim5.5$（即 0.022~0.177mm）之间，最小孔径 20.64μm，最大孔径 207.84μm，平均孔径 57.99μm；孔隙主要的剩余粒间孔、粒内溶孔、铸模孔、微晶间孔等，其中以剩余粒间孔为主，粒内溶孔次之，铸模孔和微晶间孔少量；而面孔率主要在（1.87~4.05）%之间，总体反映出 JS_3^2 孔隙不很发育。

（3）保存条件分析

在上沙顶部及遂宁组底部发育有具区域性封盖作用的泥页岩及多层局部泥页岩封盖层，对天然气起到了有效的保存作用。这些泥页岩层连续分布在整个坳陷内，可以称为优质盖层，再加上侏罗系泥岩盖层的累积叠加效应，孝泉地区具有良好的大然气保存条件。由于气比水更易扩散，对盖层封闭性要求更高，因此，在孝泉地区的沙溪庙储层进行回注地层水，其上的遂宁组、蓬莱镇等地层的泥页岩具有良好封盖作用，满足回注要求。

（4）井身条件分析

CX455 井采油树为 KQ70/78-65 型。全井固井质量总体较好，特别是回注层之上的 1930.00~2200.00m 及 2285.00~2300.00m 井段固井质量为优，固井后全井筒试压合格，能有效阻止所注水沿井壁向上运移；在采气期间 CX455 井最高井口压力达 33.00MPa，井口、采油树没出现窜气现象；由此可见无论是采油树还是井筒情况均完全具备注水条件（图 6-2-7）。

Φ244.5mm×438.5m
Φ311.2mm×500.0m

JS_3^1　2288.08m
　　　2304.88m

鱼顶：2352.53m

Y453 插管封隔器底：2385.35m

JS_3^2　2389.08m
　　　2394.08m

Φ177.8mm×2517.0m
Φ215.9mm×2520.0m

图 6-2-7　CX455 井井身结构图

（5）储水量预测

根据储层储水体积计算公式，得出 CX455 井的储水量（表 6-2-6），两层合计储水量 7.6×10⁴m³，储水体积较大，能满足回注要求。

表 6-2-6　回注井储水量预测表

井号	层位	h/m	Φ/%	r/m	A/m²	S_W/%	V/10⁴m³
CX455	JS_3^1	12	10	180	70650	60	4.8
	JS_3^2	7	10	180	70650	60	2.8

（6）吸水能力预测

根据吸水能力公式，理论上计算 CX455 井在不同注水压力情况下的注水量（表 6-2-7）。这个理论公式并没有考虑注水过程中对储层造成的损害，实际上是达不到的，综合考虑注水井稳定注水时间、水质因素、微裂缝发育程度，因此平均日注水量取理论计算结果的 70%，即预测值。根据表 6-2-7 可以看出，CX455 由于目前地层压力较高，因此就需较大的泵压才能回注，在注水压力 9MPa 下，吸水能力为 123m³/d；在注水压力 12MPa 下，吸水能力为 144m³/d；在注水压力 15MPa 下，吸水能力为 163m³/d。由于注水层埋藏较深，注水层之上发育良好的盖层；气井在 36.00MPa 高压生产期间环空未串气，说明固井质量较好，具有高压注水的条件。

表 6-2-7　回注井吸水能力预测表

井号	层位	$K/$ (10^{-3}um^2)	$h/$ m	$u/$ (mPa·s)	$R_\text{e}/$ m	$R_\text{w}/$ m	$P_\text{e}/$ MPa	$P/$ MPa	$Q/(\text{m}^3/\text{d})$ 理论值	$Q/(\text{m}^3/\text{d})$ 预测值
CX455	JS31	0.6	12	1	150	0.1	14	9	143	100
								12	166	116
								15	190	133
	JS32	0.6	7	1	150	0.1	15	9	65	46
								12	75	53
								15	86	60

（7）井场条件

CX455 井场较宽阔，井场面积约为 38m×47.5m。从公路到井场经过一段土路，路面较宽，路况较好，有一道水沟，由水泥板搭桥跨过，水泥板较厚，井场条件较好。

3. MP3 井

（1）基本情况

MP3 井于 1998 年 12 月 31 日钻至井深 1475m 完钻；1999 年 1 月对 1374.00~1379.00m 井段进行射孔测试，敞井获天然气产量 1896.00m³/d；2 月对 1090.00~1095.00m 井段进行加砂压裂和测试，获天然气产量 1541.00m³/d；4 月用封隔器坐封下部产层，对 763.00~769.50m 井段进行射孔和压裂测试，获天然气产量 5857.00m³/d。

该井七曲寺累计采气 707.00×10⁴m³，水 1210.00m³，目前日产气 0.09×10⁴m³/d，处于低压、低产状态。用泡排工艺技术措施难以维持正常生产。

钻遇白垩系下统地层（不含古店组）的砂体厚度较大，共 68.30m；其中注水层段可达 45.8m（表 6-2-8），分别为七曲寺组厚度为 25.80m：763~769.50m、776.50~789.50m、832.50~835.80m、844.50~847.50m；白龙组 7.30m：921~928.30m；苍溪组厚度为 22.70m：932.00~938.00m、971.00~983.70m、989.50~993.50m。

表 6-2-8　MP3 井下白垩统测井解释成果表

井深/ m	厚度/ m	GR/ API	RD/ Ωm	AC/ (μs/ft)	CNL/ %	POR/ %	SW/ %	PERM/ $10^{-3}\mu\text{m}^2$
654.5~657.0	2.5	52.0	31~60	75.0	17.0	12.0	60.0	2.0
672.5~677.0	4.5	50.0	20~52	78.0	19.0	12.0	60.0	3.0
763~769.5	6.5	45.0	30~82	73.0	11~17	12.0	60.0	0.9~3.0
776.5~789.5	13.0	42.0	38~58	60~74	8~16	10.0	65.0	1.0
832.5~835.8	3.3	52.0	28~62	71.0	13.0	10.0	60.0	1.0
838.5~841.5	3.0	50.0	50.0	68.0	11.0	9.0	60.0	0.9
844.5~847.5	3.0	48.0	40.0	70.0	12.0	10.0	70.0	1.0
921.0~928.3	7.3	40~62	11~140	57~75	7~18	10.0	80.0	1.0
932.0~938.0	6.0	51.0	14~50	73.0	18.0	10.0	90.0	1.0
956.5~959.0	2.5	51.0	25~35	72.0	11.0	9.0	75.0	1.0
971.0~983.7	12.7	38~47	24~100	60~70	7~12	8.0	60~90	0.5
989.5~993.5	4.0	46.0	28.0	73.0	15.0	11.0	70.0	2.0

MP3 井周围生产井少，距离最近的井 CM600，也有 1145m 的距离，但该井生产层为 JP_3^{10}，高压回注不会对采气造成不利影响。

（2）物性特征

本次研究统计了 MB5、MB3、MP3、CM615 等 4 口井的取芯物性资料和测井解释资料（表6-2-9）。

表 6-2-9　白垩系下统储层物性统计表（测井解释）

井号	层位	深度/m	V_{sh}/%	POR/%	S_W/%	PERM/$10^{-3}\mu m^2$
MB5		500.0~750.0	10~20	10~13	50~80	0.5~2.0
MB3	K_1q	511.0~750.0	10~20	10~14	60~80	1.0~8.0
MP3		780.0~850.0	10~12	9~10	60	0.9~1.0
CM615		622.5~774.0	10~30	8~13	50~75	0.6~3.0
MB5		785.0~815.0	20	7~8	70	1.0~1.5
MB3	K_1b	785.0~880.0	10~20	13	80	7.0
MP3		865.0~930.0	17	10	80	1.0
CM615		783.0~916.5	10~25	8~17	50~80	0.7~11.0
MB5		860.0~960.0	8~12	8~13	60~70	0.5~3.0
MB3	K_1c	900.0~960.0	8	8~11	70	1.0~3.0
MP3		950.0~990.0	10~15	8~11	70	0.5~2.0

MB5 井 K_1q 取芯井段 504.44~506.21m、646.22~648.24m、660.57~664.93m，总长 6.82m。分析知：孔隙度最大 14.21%、最小 5.06%，平均 11.93%；渗透率最大 91.66×10^{-3} μm^2，最小 0.96×10^{-3} μm^2，平均 25.89×10^{-3} μm^2。从岩芯（图6-2-8）观察看出，砂岩裂缝较发育。

图 6-2-8　MB5 井岩芯吸水性较强
（661.02~664.93m）

MB3 井 K_1q 取芯井段 655.56~662.60m、662.60~665.30m、701.60~703.60m、737.39~

742.80m，总长 15.56m。分析知：孔隙度最大 14.07%、最小 4.22%、平均 10.31%；渗透率最大 $62.46 \times 10^{-3} \mu m^2$，最小 $0.09 \times 10^{-3} \mu m^2$，平均 $17.38 \times 10^{-3} \mu m^2$。从岩芯观察看出，砂岩裂缝不发育。

MP3 井 $K_1 c$ 取芯井段 951.43~953.40m，总长 1.97m。样品分析表明孔隙度最大 6.6%、最小 4.04%，平均 5.51%；渗透率最大 $0.22 \times 10^{-3} \mu m^2$，最小 $0.12 \times 10^{-3} \mu m^2$，平均 $0.15 \times 10^{-3} \mu m^2$。从岩芯观察看出，砂岩裂缝不发育。

CM615 井 $K_1 q$ 取芯井段 772.46~75.53m，总长 2.79m。岩芯物性样分析结果表明砂岩储层物性一般，孔隙度 3.92%~11.34%，渗透率 $(0.31~0.99) \times 10^{-3} \mu m^2$，含水饱和度 48.2%~80.6%；代含气层段砂岩薄片中见少量粒内(溶)孔。

结合上面的统计数据及马井构造的完井资料可知，下白垩统几段储层物性较好，属于常规储层，横向对比性较好，纵向上随埋深物性有变差的趋势，总体上裂缝不发育，属于孔隙性储层。

（3）储水量和吸水能力预测

① 储水量计算

根据储层储水的体积的计算公式，计算 MP3 井的储水量(表 6-2-10)，储水量为 $38.80 \times 10^4 m^3$、储水体积较大，能满足较长期回注要求。

表 6-2-10 回注井储水量预测

井号	层位	h/m	Φ/%	r/m	A/m²	S_W/%	V/10⁴m³
MP3	下白垩统	45.8	12	300	282600	75	38.8

② 吸水能力预测

根据吸水能力公式，理论上计算 MP3 井在不同注水压力情况下的注水量。这个理论公式并没有考虑注水过程中对储层造成的损害，实际上是达不到的，综合考虑注水井稳定注水时间、水质因素、微裂缝发育程度，因此平均日注水量取理论计算结果的 75%，即预测值。考虑到注水安全性以及注水管线的承压能力，注水压力暂以 15.00MPa 为上限。根据表 6-2-11 可以看出，MP3 井在注水压力 6.00MPa 下，吸水能力为 191.00m³/d。

综上所述，MP3 井下白垩统(除古店组)砂岩储水容积较大，即使按注水压力 6.00MPa，平均每天可注水 200.00m³，1 年注 70000.00m³，也可以注 5.50 年。

表 6-2-11 回注井吸水能力预测表

井号	K/10⁻³μm²	h/m	u/mPa·s	R_e/m	R_W/m	P_e/MPa	P/MPa	Q/(m³/d)	
								理论值	预测值
MP3	0.8	45.8	1	300	0.1	6	6	255	191
							9	342	256
							12	428	321
							15	514	385

（4）保存条件分析

马井气田白垩系下统的上覆地层白垩系上统岩性主要是细—中粒岩屑砂岩与泥岩的略等厚互层，底部为杂色砾岩，与下统呈角度不整合接触，厚度平均为 80.00~170.00m(图 6-2-9)，厚度大，有向构造低部位变厚的趋势；白垩系底部有近 200m 泥岩底板，可以有效防止地层水下渗，能有效阻止对目前产层侏罗系气藏的影响；井区内没有断层，天然气能在此聚集成藏，也说明保存条件较好。

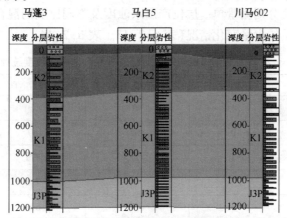

图 6-2-9　马井气田白垩系下统盖层及底板泥岩测井曲线

（5）固井质量

MP3 井的固井质量较好（表 6-2-12），在气井生产期间没有出现环空串气现象，也说明固井质量较好，能满足回注地层水的要求。

表 6-2-12　MP3 井固井质量统计表

井段/m	长度/m	固井质量	井段/m	长度/m	固井质量
1443～1140	303	合格	775～700	75	合格
1140～1120	20	优良	700～690	10	优良
1120～1000	120	合格	690～625	65	合格
1000～990	10	优良	625～410	215	优良
990～790	200	不合格	410～30	380	良
790～775	15	优良	30～井口	30	不合格

（6）井场条件分析

该井场面积 700.00m²，井场内只有 1 口井，对现有站场进行扩建后可满足施工要求。

三、回注水与回注层配伍性分析

（一）配伍性实验评价

针对所选出的注水井储层及需要注的地层水，开展了新场蓬莱镇地层水、孝泉沙溪庙地层水与新场须家河地层水配伍性实验评价，实验样品有 XQ83 井蓬莱镇组水样、CX455 沙溪庙组水样以及 X2 井须家河组水样。

1. 浊度测试

散射光浊度仪测试的浊度是表示液体透明程度的量度，浊度越高，液体中沉淀或不透明组分越高。地层水中的浊度值是由微小颗粒，如淤泥、黏土、沉淀，微生物和有机物等贡献的。浊度值是用一种称作浊度计的仪器来测定的，浊度计发出光线，使之穿过一段样品，并与入射光呈 90° 的方向上检测有多少光被水中的颗粒物所散射。

X2 井地层水，产水层位为须家河组二段；XQ83 井地层水，产水层位为蓬莱镇组；CX455 井地层水，产水层位为沙溪庙组。由于回注水主要为须家河组二段气藏的生产水，回注层主要为蓬莱镇组和沙溪庙组储层，为了分析须家河组二段产的地层水与蓬莱镇组、沙溪庙组地层水配伍性，将实验水样根据注水阶段进行不同比例混合，在室温下反应24小时以上，利用散射光浊度仪分别测量单一层位产出水浊度及不同比例的混合地层水浊度，定量分析混合水悬浮颗粒物质的含量变化情况（表6-2-13、表6-2-14）。实验结果表明：

表6-2-13　蓬莱镇组与须家河组二段混合地层水浊度统计表

实验水样	比例	反应前 NTU	反应后 NTU	前后变化 NTU
蓬莱镇组：须家河组二段	0：1	10	2	
	1：0	102	89	
	1：1	815	879	64
	1：3	644	722	78
	1：5	618	695	87
	1：7	527	646	119

表6-2-14　沙溪庙组与须家河组二段混合地层水浊度统计表

实验水样	比例	反应前 NTU	反应后 NTU	前后变化 NTU
沙溪庙组：须家河组二段	0：1	10	2	
	1：0	42	44	
	1：1	21	23	2
	1：3	12	32	20
	1：5	11	13	1
	1：7	7	31	24

（1）单一的须家河组、蓬莱镇组、沙溪庙组地层水经过粗过滤后，在室温下测试的浊度不大，水样较清澈，固悬物较少。

（2）X2井须家河组水样与XQ83井蓬莱镇组水样不同比例混合后都存在不配伍现象，固悬物含量明显增多（图6-2-10、图6-2-11）。且在常温下混合后立即有沉淀生成。X2井须家河组二段水样与CX455井沙溪庙组水样不同比例混合后固悬物含量变化不大，而且浊度值都不大（图6-2-12、图6-2-13），表明配伍性较好。

图6-2-10　须家河与蓬莱组混合水样　　　　图6-2-11　须家河与蓬莱组混合水垢样

图 6-2-12　须家河与沙溪庙组混合水样

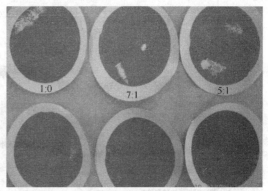

图 6-2-13　须家河与沙溪庙组混合水样垢样

2. 垢样组分测试

将 XQ83 井蓬莱镇组水样、CX455 井沙溪庙组水样分别与 X2 井须家河组水样配伍性实验后的滤膜用蒸馏水清洗除盐后对悬浮组分做衍射分析，不同比例混合水滤膜组分衍射曲线（图 6-2-14、图 6-2-15）。根据衍射曲线可以看出，混合水中的垢样的主要成分为 $BaPb(SO_4)_2$、$CaCO_3$、$CaSO_4$。

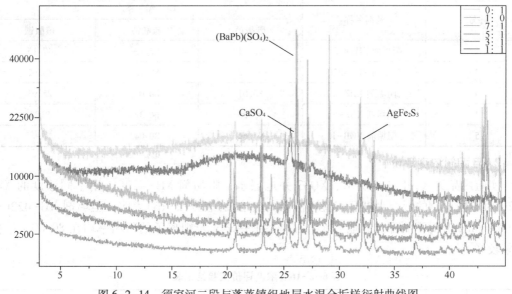

图 6-2-14　须家河二段与蓬莱镇组地层水混合垢样衍射曲线图

综上所述，须家河组二段地层水与蓬莱镇组地层水配伍性相对较差，在注水初期结垢较严重，垢样主要为 $BaPb(SO_4)_2$，因此，为了提高注水能力，需要进行阻垢和定期除垢；须家河组地层水与沙溪庙组地层水配伍性较好。

（二）阻垢剂筛选评价

1. 阻垢剂选型

按照 SY/T 5673—93《油田用防垢剂性能评价方法》的相关要求配置了试验水样，对阻垢剂 XH-422B 等 5 种药剂进行评价，实验结果（表 6-2-15）分析表明，XH-422C 对碳酸钙、硫酸钙、硫酸钡阻垢效果都不错，阻垢率在 83.00% 以上，其他几种药剂只能对其单一的垢

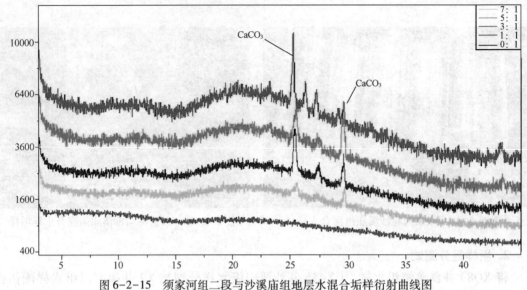

图 6-2-15　须家河组二段与沙溪庙组地层水混合垢样衍射曲线图

能起到较好的作用，由于混合水的复杂性，阻垢剂 XH-422B 能满足回注水的阻垢要求。

表 6-2-15　阻垢剂筛选评价结果表

序号	药剂名称	阻 垢 率/%		
		碳酸钙	硫酸钙	硫酸钡
1	阻垢剂 XH-422B	93.41	92.72	47.15
2	阻垢剂 XH-422C	92.52	88.18	83.62
3	阻垢剂 XHZ-1	85.01	60.07	25.93
4	阻垢剂 XHZ-2	92.95	64.32	3.08
5	阻垢剂 YGB-1	95.66	20.04	—

2. 阻垢剂浓度评价

实验用品为 X201 井地层水、XQ83 井地层水，阻垢剂 XH-422C。用不同浓度的 XH-422C 对不同比例的混合水进行实验评价，实验结果（表 6-2-16）表明，阻垢剂 XH-422C 浓度 40~60mg/L 对不同配比的地层水共混体系中钙离子及钡离子的阻垢率均在 80.00% 左右，效果较好。

表 6-2-16　浓度评价实验结果表

序号	浓度/(mg/L)	混合水样比例	钙离子去除率/%	钡离子去除率/%
1	20	X201#：XQ83#=3：1	70.67	15.20
2	20	X201#：XQ83#=1：1	54.11	30.17
3	20	X201#：XQ83#=1：4	72.24	45.19
4	40	X201#：XQ83#=3：1	83.31	73.29
5	40	X201#：XQ83#=1：1	85.58	70.96
6	40	X201#：XQ83#=1：4	80.21	84.17
7	60	X201#：XQ83#=3：1	78.52	75.43
8	60	X201#：XQ83#=1：1	86.56	80.87

序号	浓度/(mg/L)	混合水样比例	钙离子去除率/%	钡离子去除率/%
9	60	X201#：XQ83#=1∶4	86.15	81.93
10	80	X201#：XQ83#=3∶1	80.46	88.90
11	80	X201#：XQ83#=1∶1	75.19	82.33
12	80	X201#：XQ83#=1∶4	78.44	82.05
13	100	X201#：XQ83#=3∶1	72.31	60.52
14	100	X201#：XQ83#=1∶1	50.96	73.37
15	100	X201#：XQ83#=1∶4	70.21	54.17

四、回注水质指标确定

（一）回注水质研究

由于注水是长期行为，与常规的钻井完井过程中的损害相比，有其特殊性。主要表现在：易于形成深部损害，损害易于累积，一旦形成则损害难以解除。因此注水过程中的储层保护必须以预防为主。注入水对储层的损害机理主要分以下四类：

（1）注入水与储层流体不配伍产生的垢沉淀堵塞地层（无机垢堵塞）；

（2）注入水与储层岩石不配伍引起的黏土矿物膨胀/分散/运移损害地层；

（3）注入水中悬浮物（包括系统腐蚀产物、细菌、乳化油滴、固相颗粒等）堵塞地层；

（4）速敏性地层内部微粒运移堵塞地层。

因此，根据以上损害机理，注水过程中引起的储层损害完全依赖于储层自身岩性和所含流体性质与注入水水质两个方面。前者是客观存在的，是引起储层损害的潜在因素；后者是诱发储层损害的外部条件。因此努力改善注入水的水质可以有效地控制储层损害，注入水的水质高低是决定注水成败的关键。从储层保护的观点出发，要求悬浮物浓度、粒径越低越好，但要求越高，对精细过滤设备要求就越高，投资越大；因此必须考虑水质指标的可操作性。

下面将根据潜在损害因素的损害机理分析，定性评价这些损害因子对新场气田蓬莱镇组气藏储层的损害程度，为制定适合储层的水质指标提供依据。

1. 无机垢堵塞

当注入水在地层中与不相容的地层水相混时，由于水的不稳定或不配伍性常常发生化学反应而生产沉淀称结垢，这些沉淀物带入储层将造成储层渗流能力下降。有时沉淀物在注水设施上结晶，影响注水工作。常见的结垢物有碳酸盐、硫酸盐、硫化铁及硅酸盐类等。特别是当异层地层水回注，则必须考虑回注水与目的层地层水之间的相容性。如不相容，则必须在回注水中添加阻垢剂。阻垢剂的类型、加量应根据可能形成垢的类型、阻垢效果进行综合评价来筛选，同时应考虑地面及地下不同温度压力对效果的影响。

根据前面的配伍性分析可知，须家河组二段地层水与蓬莱镇组地层水配伍性相对较差，在注水初期结垢较严重，垢样主要为 $BaPb(SO_4)_2$，因此，为了提高注水能力，需要定期进行除垢或阻垢；须家河组地层水与沙溪庙组地层水配伍性较好。

2. 水敏及速敏损害

一般来说，注入水与地层水矿化度相差普遍都很大，黏土矿物受到环境矿化度的突变冲击易于引起黏土矿物的膨胀/分散/运移（注入水矿化度很小）或黏土矿物的收缩/剥脱/运移

（注入水矿化度很大）损害地层，其损害程度决定于黏土矿物类型、含量、分布、产状及岩石孔喉特征。由水敏产生的储层损害往往是十分严重的，难以恢复。速敏则主要由于注水强度过大或操作不稳定引起的某些黏土矿物（如高岭石）以及孔道内本身微粒运移堵塞孔喉引起渗透率下降的现象，速敏较强的地层必须控制其注水强度。由实验评价得出的临界流速外推至注水井时，必须考虑完井方式，以井底附近的流速不超过临界速度为限。

根据新场蓬莱镇组气藏储层填隙物的 X-衍射分析结果表明（表 6-2-17），储层中的黏土矿物成份特征为：JP_1 以绿/蒙混层、伊/蒙混层为主，次为伊利石；JP_2 主要以伊利石、绿/蒙混层和绿泥石个别出现高岭石。其产状一般多沿颗粒表面呈包覆状。绿/蒙混层、伊/蒙混层有较强的水敏性，伊利石、高岭石有速敏性，因此 JP_1 气藏储层水敏性强，而 JP_2 气藏储层主要表现为强的速敏性。再加上蓬莱镇组气藏孔隙主要以粒间孔为主，孔隙结构主要以中孔-细喉、小孔-微喉，因此在注入水过程中水敏及速敏损害极易出现的，在设计水质方案时必须考虑在注入水中投加黏土稳定剂，大量实验研究表明：黏土稳定剂不但可以抑制水敏，还能有效提高临界流速。

表 6-2-17　新场 JP_{1+2} 气藏储层填隙物 X 衍射分析结果表

气藏	样品数/个	伊/蒙混层/%	绿/蒙混层/%	伊利石/%	高岭石/%	绿泥石/%
JP_1	8	33.28	44.31	16.89	1.67	3.85
JP_2	12	0.78	18.75	57.8	4.82	17.84

3. 悬浮物对地层的堵塞

注入水中的悬浮物主要包括注水系统的腐蚀产物、细菌、乳化油滴、固相微粒等。这些悬浮物可分为油溶性和酸溶性两种，其堵塞地层的形式宏观表现为外部滤饼和内部滤饼，油滴与微粒并存比单一微粒对地层的损害更为严重。地层吸水能力除了与注水层的厚度、孔隙度及孔喉大小有关外，与注入水中的固体颗粒大小及含量以及含油量也有非常密切的关系。

（1）固相微粒堵塞分析

悬浮物对地层的损害程度及侵入深度与地层孔喉特征、流体速度、压力、黏度等有关外，与固相的粒径及其浓度密切相关。大量试验结果表明，在注入水中，大于地层孔喉直径 1/3 的固体颗粒容易在井壁附近形成滤饼；小于地层孔喉直径 1/7 的固体颗粒不会影响堵塞地层；为地层孔喉直径 1/7~1/3 的固体颗粒容易在回注层内部形成滤饼（图 6-2-16）。

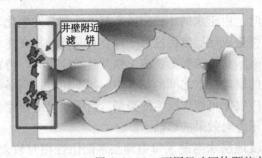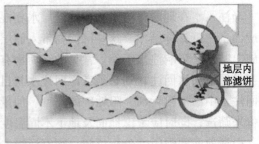

图 6-2-16　不同尺寸固体颗粒在地层内外的过滤结饼分布示意图

粒径越大，既容易堵塞孔喉，也容易形成外部滤饼；反之，侵入深度越深，易形成内部滤饼。这与粒径和孔喉直径的匹配程度有关。而浓度越大，一旦形成伤害，伤害就比较严重。因此，控制注入水水质指标中悬浮物含量是十分必要的，应充分予以重视。

从大量样品的压汞特征可以看出，JP_{1+2} 储层孔隙结构在平面和纵向上有较大差别，表现出较强的非均质性。纵观 JP$_{1+2}$ 储层孔隙结构，JP$_1$ 优于 JP$_2$。JP$_1$ 以大孔-细喉、中孔-微喉为主，JP$_2$ 以中孔-细喉、小孔-微喉为主。同时根据 CFP-1500-AEX 毛细管孔隙流动仪测试洛带气田蓬莱镇组储层岩芯的有效喉道最大直径一般不超过 10.00μm，新场气田蓬莱镇组气藏的物性比洛带气田略好，孔隙连通性要好。据实验研究流体中固相颗粒只有小于最大孔喉的 1/7 时，才能通过地层而不发生堵塞，以注水层平均最大喉道直径 14μm 计算，因此注入水中固体悬浮物直径小于 2.00μm 为最佳。

（2）乳化油对储层损害分析

在注水过程中，乳化油滴的来源主要有两种途径：一种是注入水进入地层后与地层中残余的凝析油接触，原油中自带的环烷酸、脂肪酸等天然表面活性剂，在剪切力作用下产生乳化而形成乳化油滴；另一种是回注水中表面活性剂存在和注水过程中水力搅拌作用，会使注入水中所含的原油发生乳化。乳化油滴对地层的损害主要形式是吸附和液锁（即贾敏效应）。这种乳化液在多孔介质中流动时产生的贾敏效应会堵塞地层，特别注意的是贾敏效应具有加合性，许多液珠向地层流动时会产生更大的堵塞作用。由于须家河组地层水含油极少，可参照部颁标准确定其含量。

（3）注入水中细菌损害储层分析

在注水中影响水质的主要微生物是硫酸盐还原菌（SRB）、腐生菌（TGB）和铁细菌，SRB 在所有细菌中是影响最大的一类细菌。

SRB 是一种厌氧条件下使硫酸盐还原成硫化物并以有机物为营养的细菌，其生长温度为 30~60℃，pH 值为 5.50~9.00，其繁殖快、个体小，一般成群或菌落附着在管道设备壁上形成菌瘤。SRB 在生长过程中能把水中的 SO_4^{2-} 还原成 S^{2-}，进而生成 H_2S，而 H_2S 多能引起金属腐蚀，其腐蚀产物 FeS 颗粒主要积聚并堵塞在射孔孔眼内和注水管柱的水嘴附近，影响注水井吸水能力的发挥。

就注水系统而言，在考虑微生物的有害活动中，首要的问题是其引起的系统腐蚀和其带来的注水井、管线和设备（如过滤器）的堵塞问题。细菌的控制应使细菌杀灭或不致繁殖为最终目标。实际上，任何水系统（不论淡水或盐水）都含有细菌，细菌的数量、种类、活性决定了他们的危害程度，也决定了有效控制这些细菌的方法。总的来讲，注水系统中应严格控制这类细菌的含量，这只需要在地层水处理过程中加入杀菌剂就可以了，但是由细菌引起的系统腐蚀和堵塞问题是不容忽视的。

（二）回注水质推荐指标

关于水质标准，在编制注水工艺方案时，大都参照行业标准根据油气藏具体条件确定。实践表明，对水质的要求应根据油气藏孔隙结构和渗透率分级、流体物理化学性质以及水源的水型通过试验来确定。由于未取得岩芯样品，因此未能展开相关的室内流动试验。因此，主要参照"洛带气田废水回注先导性试验研究"成果以及新场蓬莱镇储层特征确定。

（1）悬浮物含量

前人对悬浮物损害川西地区蓬莱镇储层的实验评价成果表明，要将损害程度控制在 15%以内，悬浮物浓度应控制在 3.00mg/L，当悬浮物含量大于 5.00~8.00mg/L，岩芯的损害程度加大。

（2）悬浮物粒径

根据新场气田蓬莱镇储层孔喉结构特征、现有处理工艺水平，建议悬浮物粒径控制在 2.00μm，尽量降低悬浮物对储层损害程度。

（3）含铁量

铁是一种常见元素，在水中大多以 Fe^{2+} 或 Fe^{3+} 形式存在，当注入水回注到储层中，容易形成 $Fe(OH)_3$、FeS，堵塞孔喉，造成注水困难。新场须家河组地层水的铁离子含量达50.00mg/L，远高于部颁标准。因此，建议对铁离子必须严格控制，采用部颁标准，即总铁含量控制在 0.50mg/L 以下。

根据前面分析，配伍性回注水水质控制指标设计推荐标准如下（表6-2-18），根据各指标对注水效果的影响程度把悬浮物含量和粒径、含油量和总铁含量（Fe^{2+}、Fe^{3+}）四个指标确定为该次试回注水质的强制性指标，要求必须达到，其余指标为辅助性指标，要求尽量达到。

表6-2-18　新场气田蓬莱镇组储层回注水水质指标表

序号	水质项目	单位	技术指标	备注
1	悬浮物含量	mg/L	<3	强制性指标
2	含油量	mg/L	<10	强制性指标
3	总铁含量（Fe^{2+}、Fe^{3+}）	mg/L	<0.5	强制性指标
4	悬浮物粒径	μm	<2	强制性指标
5	溶解氧含量	mg/L	<0.5	辅助性指标
6	硫化物含量	mg/L	<10	辅助性指标
7	二氧化碳含量	mg/L	<10	辅助性指标
8	硫酸还原菌	个/L	<10	辅助性指标
9	腐生菌	个/L	<100	辅助性指标

五、回注井试注

2005 年在洛带气田开始了地层水回注先导性试验研究，优选出 L35 井进行试注，日注水量在 70m³ 左右，探索了川西气田在低孔低渗—特低渗地质条件下进行地层水回注的可行性。2009 年 8 月，对新场气田 XP2 井开始地层水试注，通过对该井试注表明：对于川西气田致密砂岩地层来说，蓬莱镇组这类浅层地层，累计采出量高、地层能量存在亏空的区域具有一定的回注潜力。

通过几年的探索，截止到目前，川西采气厂分别在新场、孝泉、马井等气田试注 11 井次（表6-2-19），正式建立 X202 和 CX455 回注站，下辖 7 口回注井。

表6-2-19　川西气田试注井统计表

井区	井号	气田	回注层位	试注时间
XP2	XP2	新场	JP_2^3	2009-8-13
	XQ73-1		JP_2^3	2010-2-20
	XQ73-2		JP_2^3	2010-3-5
	XQ44		JP_2^3	2010-3-11
CX455	CX455	孝泉	JS_3^1	2010-11-1
XQ98	XQ98	新场	JP_2^4	2009-7-13
CX625	CX625	新场	JS_2^4	2012-3-7
CX168-2	CX168-2	新场	JS_1^1	2012-6-1
X905-5	X905-5	新场	JS_2^2	2012-9-8
CX121	CX121	孝泉	J_3Sn+JS	2010-12-28
MP3	MP3	马井	K_1q	2010-12-4

（一）试注水处理工艺

回注水选用 X2 井高氯根地层水作为回注水水源，将 X2 井地层水拉运至齐福污水处理站地层水接收池单独存放（防止与其他地层水混合，先将地层水收集池清洗干净），通过对原水水质检测分析和处理配方优化实验，按优化配方对 X2 井地层水原水进行处理。

1. 原水水质检测

取地层水接收池内水样进行原水水质检测分析（表6-2-20），从检测数据可以看出 X2 井原水水质情况很差，主要表现在悬浮物含量高、总铁含量高。

表6-2-20　X2井地层水原水水质检测数据

项　　目	pH	SS/(mg/L)	石油类/(mg/L)	总铁/(mg/L)	氯化物/(mg/L)
X2 井地层水原水	7.00	201.00	1.65	46.60	62930.00

2. 处理配方优选实验

根据原水水质检测数据，结合回注水水质指标相关要求，确定对回注水——X2 井地层水采用一般物理化学法进行处理，现选用常规污水处理剂对 X2 井地层水进行室内小型处理实验，以确定最佳处理配方（表6-2-21）。

表6-2-21　室内配方优化实验数据表

序号	处　理　配　方	石油类/(mg/L)	总铁/(mg/L)	SS/(mg/L)	氯化物/(mg/L)
1	1500mg/LpH 调节剂+1000mg/L 混凝剂	6.33	0.64	86.00	66200.00
2	1500mg/LpH 调节剂+1500mg/L 混凝剂	5.70	0.72	59.00	65762.00
3	2000mg/LpH 调节剂+1500mg/L 混凝剂	5.21	0.54	未检出	66051.00
4	2500mg/LpH 调节剂+1500mg/L 混凝剂	0.63	0.21	未检出	66084.00

从上表可以看出：配方4对 X2 井地层水的处理效果优于其他配方，其处理后水中的总铁、石油类等指标均满足回注水的强制性指标要求。

3. 回注地层水处理流程

由室内实验优化配方："2500mg/L pH 调节剂+1500mg/L 混凝剂"对回注水——X2 井地层水进行处理。处理工艺流程如下（图6-2-17）。

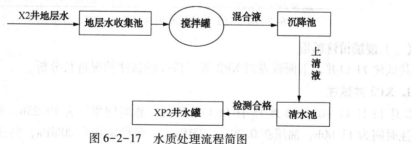

图6-2-17　水质处理流程简图

流程说明：

（1）X2 井地层水拉运进站，收集于地层水收集池内（先将地层水收集池进行清洗，防止与其他地层水混合）

（2）将收集池内地层水泵入搅拌罐，加入混凝剂等进行搅拌，然后泵入沉降池进行自然沉降；

（3）将沉降池内出水上清液泵入清水池；

（4）取清水池内水样进行检测，合格后拉运到试注现场。

4. 处理后水质检测

取清水池内水样进行检测分析（表6-2-22）。由分析检测数据可知，经处理后，地层水水质 SS 为 80mg/L，总铁含量为 0.057mg/L、石油类 0.5mg/L，处理水水质相比 X2 井原水得到极大改善。

表6-2-22　处理后水质检测数据表

项目 井号	pH	SS/ （mg/L）	石油类/ （mg/L）	总铁/ （mg/L）	氯化物/ （mg/L）
X2 井	8.20	80.00	0.50	0.057	74660.00

（二）试注地面工艺方案

1. 施工设备

配备 1 台水泥车、连接管线、1 台供水泵。

2. 地面流程安装要求

地面试注流程结构为：清蜡闸阀由井口硬连接至水泥车高压出口端，用供水泵将地层水从罐车抽到水泥车的小方罐里。地面流程安装，根据现场条件尽量做到横平竖直，不应有小于 90°拐弯（图6-2-18）。

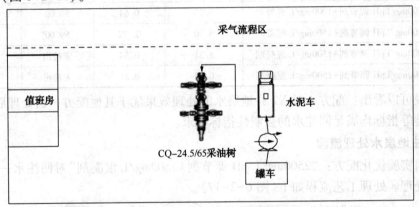

图6-2-18　XP2 井地层水回注试验地面流程摆放图

（三）现场试注情况

共试注 11 口井，下面重点对 XP2 等三口井的试注情况进行分析。

1. XP2 井试注

8月13日11：07至8月15日15：40回注工作时间累计为 19.25h，采用间隙注水，其中泵注时间为 13.00h，油压在 0.20~1.2MPa，一般稳定在 0.20MPa，共注水 203.00m³。共进行了 38 次现场试注，每次试注时间在 8~64min，注水量在 2.00~15.50m³。

（1）试注第一天

8月13日11：00~17：49进行回注，工作时间为 342min，泵注时间为 186min，排量在 200.00~272.00L/min，油压在 0.20~1.20MPa，注水量为 43.00m³（表6-2-23）。注水起始井口压力为 0.60MPa，注水后压力降为 0.20MPa，当停泵后，井口压力缓慢上升（图6-2-19），这主要是由于井筒里面的气体影响所致。

表 6-2-23　XP2 回注施工统计表

序号	时间	泵注时间/min	等待时间/min	油压/MPa	注水量/m³
1	11：07~11：19	12.00	7.00	0.60↓0.20	3.00
2	11：26~11：39	13.00	10.00	0.60↓0.40	3.00
3	11：49~12：04	15.00	7.00	0.60↓0.30	3.00
4	12：11~12：19	8.00	10.00	0.60↓0.30	2.00
5	12：29~12：37	8.00	36.00	0.60↓0.20	2.00
6	14：13~14：27	14.00	9.00	0.70↓0.20	3.00
7	14：36~14：48	12.00	7.00	0.60↓0.40	3.00
8	14：55~15：07	12.00	7.00	0.60↓0.20	3.00
9	15：14~15：28	14.00	6.00	0.60↓0.30	3.00
10	15：34~15：47	13.00	33.00	0.60↓0.30	3.00
11	16：20~16：34	14.00	7.00	0.60↓0.40	3.00
12	16：41~16：53	12.00	8.00	0.50↓0.30	3.00
13	17：01~17：14	13.00	3.00	0.60↓0.30	3.00
14	17：17~17：28	11.00	6.00	0.60↓0.30	3.00
15	17：34~17：49	15.00		0.6↓0.30	3.00
合计		186.00	156.00		43.00

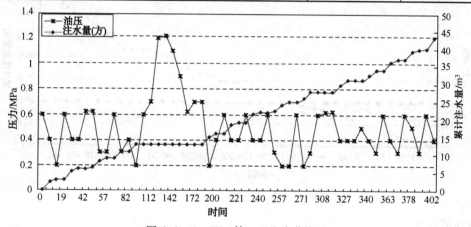

图 6-2-19　XP2 第一天注水曲线图

（2）试注第二天

8 月 14 日回注工作时间为 440min，其中泵注时间 289min，共进行 17 次回注试验，每次注入量在 2.00~14.50m³，累计注水量为 72.00m³（表 6-2-24），排量在 215.00~333.00L/min，油压稳定在 0.20MPa（图 6-2-20）。

表 6-2-24　XP2 回注施工统计表

序号	时间	泵注时间/min	等待时间/min	油压/MPa	注水量/m³
1	8：45~9：01	13.00	8.00	0.70↓0.20	3.00
2	9：09~9：23	14.00	10.00	0.20	3.00
3	9：33~9：47	14.00	3.00	0.20	3.00
4	9：50~10：03	13.00	1.00	0.20	3.00
5	10：04~10：12	8.00	3.00	0.20	2.00
6	10：15~10：26	11.00	6.00	0.20	3.00

序号	时间	泵注时间/min	等待时间/min	油压/MPa	注水量/m³
7	10：32~10：44	12.00	6.00	0.20	3.00
8	10：50~11：01	11.00	7.00	0.20	3.00
9	11：08~11：19	11.00	9.00	0.20	3.00
10	11：28~11：37	9.00	10.00	0.20	3.00
11	12：47~13：00	13.00	7.00	0.20	3.00
12	13：07~13：18	11.00	5.00	0.20	3.00
13	13：23~13：34	11.00	4.00	0.20	3.00
14	13：38~13：52	14.00	5.00	0.20	3.00
15	13：57~14：04	7.00	62.00	0.20	2.00
16	15：06~16：04	58.00	5.00	0.20	14.50
17	16：09~17：08	59.00		0.20	14.50
合计		289.00	151.00		72.00

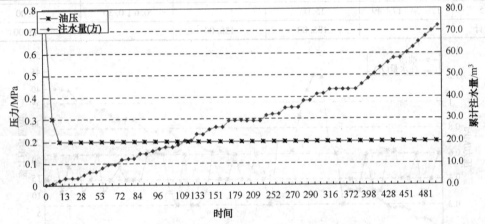

图 6-2-20　XP2 第二天注水曲线图

（3）试注第三天

8 月 15 日回注工作时间 373min，其中泵注时间为 312min（表 6-2-25），共进行 6 次回注试验，每次注入量在 12.50~15.50m³，累计注水量为 88.00m³，排量在 242.00~336.00L/min，油压稳定在 0.20MPa（图 6-2-21）。

表 6-2-25　XP2 回注施工统计表

序号	时间	泵注时间/min	等待时间/min	油压/MPa	注水量/m³
1	9：27~10：10	43.00	10.00	0.70↓0.20	12.50
2	10：20~11：21	61.00	6.00	0.20	15.50
3	11：27~12：16	49.00	12.00	0.20	14.00
4	12：28~13：14	46.00	20.00	0.20	15.50
5	13：34~14：38	64.00	13.00	0.20	15.50
6	14：51~15：40	49.00		0.20	15.00
合计		312.00	61.00		88.00

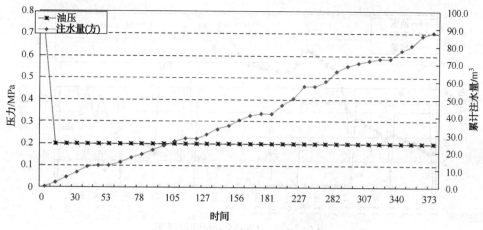

图 6-2-21 XP2 第三天注水曲线图

（4）效果评价

回注工作时间为 19.25h（表 6-2-26），累计泵注时间为 13.00h，油压一般稳定在 0.20MPa，注入量为 203.00m³。XP2 井回注层段物性好，微裂缝发育，孔喉连通性好，因此在注水过程中，井口压力始终保持在 0.20MPa，注水速度在 200~336L/min。

表 6-2-26 XP2 试注参数统计表

日　　期	泵注时间/min	停注时间/min	注水量/m³	油压/MPa
8 月 13 日	186.00	156.00	43.00	0.60↓0.20
8 月 14 日	289.00	151.00	72.00	0.70↓0.20
8 月 15 日	312.00	61.00	88.00	0.70↓0.20
合计	787.00	368.00	203.00	

目前四川地区中浅层井最高回注量为 300.00m³/d，回注泵压在 7.00MPa（表 6-2-27），射孔段 170.00m，平均每米吸水为 1.76m³/（d·m）。虽然 XP2 井未正式进行试注，但从回注这 3 天情况来看，效果很好，说明川西气田须家河组气藏地层水可以注入致密砂岩储层之中。

表 6-2-27 四川地区中浅层部分回注井情况统计表

井号	层位	井段/m	射孔厚度/m	泵压/MPa	日注水量/m³	累计注入量/10⁴m³
Z43	沙溪庙	1322.00~1381.00	50.00	14.00~19.00	20.00	2.74
L7	沙溪庙	962.00~1506.00	55.00	7.00	130.00	17.18
Z49	沙溪庙	690.00~1024.00	170.00	7.40	300.00	180.02

2. CX455 井试注

对 CX455 井采用水泥车进行试注，采用套管注入方式。试注前油套压分别为 2.70MPa、10.00MPa，试注后套压经过 4 小时后降为 0.00MPa，经过一段时间后，缓慢上涨到 4.60MPa，并保持稳定（图 6-2-22）；而油管里面由于气体压缩效应，油压最高涨到 13.00MPa。试注累计时间为 12.70h，回注量累计为 168.50m³（表 6-2-28）。试注情况如下。

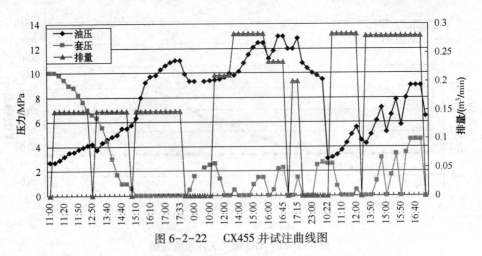

图 6-2-22　CX455 井试注曲线图

表 6-2-28　CX455 井试注参数统计表

日期	试注起始时间	试注时间/min	油压/MPa	套压/MPa	注水量/m³
11月1日	11：05~11：30	25.00	2.70↑3.50	10.00↓8.90	4.70
	11：40~12：10	30.00	3.50↑4.10	8.80↓7.00	5.40
	13：00~14：50	110.00	3.70↑5.50	6.30↓0.90	15.90
	15：10~16：10	60.00	6.30↑9.70	00.00	8.80
	16：17~17：33	76.00	9.80↑10.80	00.00	11.20
11月2日	11：23~12：13	50.00	9.40↑9.90	2.60↓0.00	10.50
	13：44~15：30	106.00	9.80↑12.40	0.00↑1.50	30.00
	16：00~16：45	45.00	11.20↑13.00	0.00↑2.20	10.50
	16：55~17：15	20.00	12.00↑12.80	0.00↑1.50	4.00
11月3日	10：30~12：00	90.00	3.10↑5.60	2.60↓0.00	25.50
	13：30~14：30	60.00	4.20↑7.20	0.00↑3.10	16.70
	15：00~15：35	35.00	5.50↑7.80	0.00↑3.40	9.80
	15：50~16：47	57.00	5.80↑9.00	0.00↑4.60	15.50
合计		764.00			168.50

（1）第一天试注情况

共进行了 5 次试注，注水时间分别为 25min、30min、110min、60min、76min，回注量分别为 4.70m³、5.40m³、15.90m³、8.80m³、11.20m³，第一天试注时间累计 5h，回注量为 46m³。试注前油套压分别为 2.70MPa、10.00MPa，注入 23.00m³ 左右地层水后套压降为 0.00MPa，停注后压力又开始恢复，涨到 2.60MPa；由于油套环空在注入水冲击下井筒残余气聚集在油管里，导致油压不断增大，注水期间最高油压为 11.00MPa，停注后，压缩效应得到一定程度缓解，油压降到 9.30MPa。

（2）第二天试注情况

共进行了四次试注，注水时间分别为 50min、106min、45min、20min，回注量分别为 10.50m³、30.00m³、10.50m³、4.00m³，第二天试注时间累计 4h，回注量为 55.00m³。注水前油套压分别为 9.40MPa、2.60MPa，试注后油压最高升到 13.00MPa、套压呈缓慢增长趋势，最高套压为 2.20MPa。

（3）第三天试注情况

由于考虑到井筒管柱结构有钢球，起到单流作用，下层（JS_3^2）的气体可进入油管，使得油管压力压力较高，为此，9：55就开始从油管进行泄压，泄压前油压为9.50MPa，大约泄了半小时，油压降到3.00MPa就开始出水，停止泄压。共进行了4次试注，注水时间分别为90min、60min、35min、57min，回注量分别为25.50m³、16.70m³、9.80m³、16m³，第三天试注时间累计4h，回注量为67.50m³。注水前油套压分别为3.10MPa、2.60MPa，试注后油压最高升到9.00MPa，套压呈缓慢增长趋势，最高套压4.60MPa，并保持不变。

（4）试注效果评价

① CX455井于2010年11月1~3日进行试注，共累计注水时间为12.70h，回注量为168.50m³，泵排量在8.80~16.80m³/h，平均泵排量为13.00m³/h。根据试注参数可知，当注水压差在9.00MPa，泵排量在8.80m³/h的情况下，套压为0.00MPa，表明地层吸水能力与泵排量相当；当泵排量升高到16.8m³/h，套压增加到4.60MPa，注水压差在12.00MPa，此时，油套压保持稳定，表明在注水压差12.00MPa时，地层吸水能力在16.00m³/d。而通过理论预测，在注水压差9.00MPa下，回注层段（JS_3^1）的吸水能力在6.90m³/h；在注水压差12.00MPa下，回注层段（JS_3^1）的吸水能力在9.20m³/h。从以上数据可以看出，理论预测的在注水压差9.00MPa下的吸水能力与试注的情况较吻合；而理论预测的在注水压差12.00MPa下的吸水能力与试注的情况出入较大，这可能是试注时间短、对吸水能力的影响还没有反映出来，导致吸水能力虚高。因此，总体来看，理论预测的吸水能力还是比较真实地反映了地层情况。

② 注水过程中，由于井筒里面已经储存一部分气体，因此，在注入水的作用下，气体在油管里不断压缩造成油压涨得较快。停注后，套压马上降为0.00MPa，这表明储层吸水能力较强。

③ CX455井经过10来年的开发，已经累计采出天然气1493.00×10⁴m³，虽然天然气产量不高，但累计产水已达3.57×10⁴m³；这表明物性较好、裂缝较发育、水体活跃、地层能量较充足。因此在以后长期的注水过程中，为了克服较高的地层压力以及启动压力，必须采用高压注水。

3. MP3井试注

2010年对MP3井采用水泥车进行试注，采用套管注入方式，试注累计时间为11.40h，回注量累计为173.00m³（表6-2-29、图6-2-23）。具体试注情况如下：

表6-2-29　MP3井试注参数统计表

日期	试注起始时间	试注时间/min	油压/MPa	套压/MPa	注水量/m³
12月4日	12：00~12：20	20.00	8.20↑8.30	8.20↓6.40	5.40
	13：30~15：00	90.00	8.40↑9.60	6.00↓3.00	24.40
	16：00~16：45	45.00	8.80↑10.20	1.70↑4.60	12.20
12月5日	9：50~12：10	140.00	6.30↑10.10	1.70↑5.10	38.70
	15：20~16：30	70.00	8.40↑10.00	1.80↑4.90	19.30
12月6日	9：25~13：30	245.00	7.30↑9.50	1.90↑6.00	56.10
	15：35~16：49	74.00	8.70↑10.00	3.40↑5.60	16.90
合计		684.00			173.00

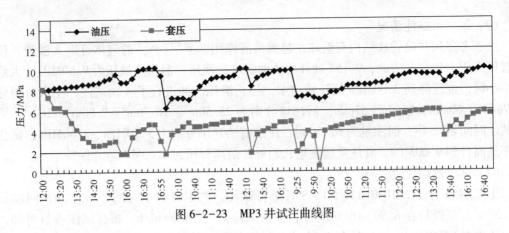

图 6-2-23　MP3 井试注曲线图

（1）第一天试注情况

共进行了 3 次试注，注水时间分别为 20min、90min、45min，回注量分别为 5.40m³、24.40m³、12.20m³，第一天试注时间累计 2.50h，回注量为 42.00m³。试注前油套压均为 8.20MPa，在注水过程中，套压从 8.20MPa 降到 2.60MPa，然后又上升到 4.60MPa；由于环空的气体在注入水冲击下聚集在油管里不断压缩，油压逐渐升高，最高在 10.20MPa。停注后，油套压下降较快，特别是油压在停注 10.00min 后，从 4.60MPa 降到 3.00MPa，下降速度快，表明地层吸水能力强。

（2）第二天试注情况

共进行了 2 次试注，注水时间分别为 140min、70min，回注量分别为 36.90m³、19.30m³，第二天试注时间累计 3.50h，回注量为 48m³。注水前油套压分别为 6.30MPa、1.70MPa，试注后油套压最高升到 10.10MPa、5.10MPa。

（3）第三天试注情况

12 月 6 日共进行了 2 次试注，注水时间分别为 245.00min、74.00min，回注量分别为 56.10m³、16.90m³，第三天试注时间累计 5.40h，回注量为 73.00m³。注水前油套压分别为 7.30MPa、1.90MPa，试注后油套压最高升到 10.10MPa、6.00MPa。

（4）试注效果评价

① MP3 井于 2010 年 12 月 4 日开始进行试注，共累计注水时间为 11.40h，回注量为 173.00m³，平均泵排量为 15.20m³/h。根据试注数据得知，当注水压力为 6.00MPa，泵排量为 15.20m³/h 下，油套压保持稳定，这表明地层吸水能力在 15.00m³/h 左右；根据地质论证，理论预测注水压力 6.00MPa 下吸水能力为 13.00m³/h 左右，与现场试注的数据比较吻合。而考虑到注水长期性、储层损害的复杂性和不可逆性，储层在注水压力 6.00MPa 下的吸水能力达不到 15.00m³/h，综合分析认为吸水能力在 10.00m³/h。

② 根据 MP3 井生产数据可知，该井产出 700.00×10⁴m³ 天然气；而且产水量较大，累计产出 1210.00m³ 地层水，在后期生产过程中还采取控水措施，采取间歇生产；由此看出七曲寺组地层富含水，具有较高的地层能量。因此，在试注过程中，注水压力（套压）初期从 8.20MPa 下降至 2.60MPa，反映出这一阶段的注入水主要向井筒充实，因此，油压则呈增加趋势；之后，注水压力缓慢增加到 6.00MPa，并且保持稳定，这反映出在 15.20m³/h 情况下，注水泵压 6.00MPa 再加上液柱压力 7.70MPa，已大于地层压力与启动压力之和。

③ 根据试注数据等资料综合分析，在注水压力6.00MPa下，地层吸水能力在10.00m³/h左右，具有较强的吸水能力；目前马井地区日产地层水在10.00m³/d，再加上投产测试的压返液，估计这几年来地层水加上压返液每年在10000.00m³左右，由于齐福或袁家处理站距离远，处理成本高而且外排环保隐患大，可以在MP3井建立1个回注站，处理工艺采用简单沉降和过滤技术，进行回注。

六、回注站建设及运行

（一）站场建设

回注站主要包括水质处理系统、注水系统、注水管线以及回注配套系统四部分组成。

1. 水质处理系统

（1）回注水水质处理工艺

工艺流程的选择参考《气田水回注方法》（SY/T 6596—2004）并结合胜利油田等单位地层水回注处理工艺情况进行确定，主体工艺采用"混凝+压滤 +膜过滤"处理工艺，具体工艺流程如图6-2-24所示。

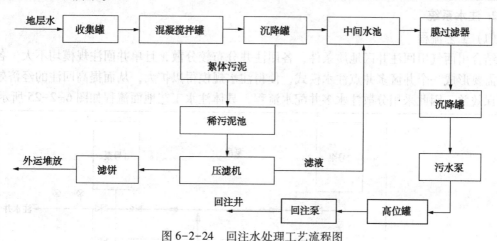

图6-2-24　回注水处理工艺流程图

工艺流程描述：

① 采气地层水进站后首先收集储存于收集罐中，抽取水样制定处理配方。

② 根据处理配方，地层水直接进入混凝搅拌罐加药进行混凝反应。

③ 通过混凝反应后的地层水利用自吸泵进入沉降罐进行泥水重力分离，上清液进入中间水池，絮体泵入稀污泥池储存。

④ 稀污泥池内的絮体通过板框式压滤机进行压滤，使其泥水分离，压滤液进入中间水池储存；泥饼外运安全堆放。

⑤ 进入中间水池的清液进入膜过滤器，进一步去除部分溶解态的悬浮物等。

⑥ 膜过滤后的地层水沉降，从而使处理后的水 SS 浓度满足过滤进水要求。

⑦ 沉降后的水进入储水罐储存待检，检测合格后泵入高架罐，通过回注泵回注至地层。

（2）水质处理设备

水质处理设备（表6-2-30）主要包括地层水收集罐、混凝搅拌罐、沉降罐、过滤装置、压滤装置、泵组等。所有的处理设备都属于撬装，可以搬运、重复使用。

表 6-2-30　地层水处理系统主要工艺设备统计表

序号	名称	备注
1	地层水收集罐	起收集地层水作用
2	混凝搅拌罐	加药搅拌作用
3	沉降罐	起到絮凝沉降作用
4	PTI 过滤器	采用 PTI 钛金属膜过滤器，已在中国石化胜利油田、中国石油、中国海油广泛使用
5	压滤机	对絮体压滤
6	储水罐	
7	螺杆泵	与压滤机匹配
8	自吸泵	
9	潜污泵	
10	管线、阀门、弯头、三通等	
11	电控柜、线缆	

2. 注水系统

（1）工艺流程

结合川西气田回注井区地质条件，各回注井分布较分散，且单井回注规模均不大，各井区均需要形成一个井区多井点注水模式，使得注水规模得以扩大，从而提高回注的经济效益和环保效益。因此采用分散注水多井配水流程，具体注水工艺地面流程如图 6-2-25 所示。

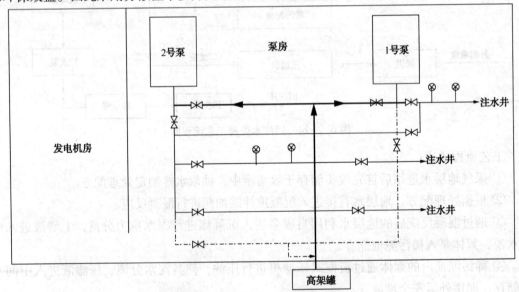

图 6-2-25　注水工艺地面流程图

（2）注水设备

川西中浅层储层为单一介质，岩性相对致密，储层可渗透吸水面积有限，单井储水量一般为 $(3.00 \sim 10.00) \times 10^4 \mathrm{m}^3$。因此在考虑地层水回注的地面工艺时，为节约成本，应考虑单井区完成注水后搬迁至下一井站继续注水，工艺设计应选用撬装流程，设备选型也应结合井区的最高日注水量选择。注水地面设备主要包括注水泵、变频电动机、发电机、供水泵、储水罐等(表6-2-31)。

表6-2-31 地层水回注地面设备统计表

设备名称	备　注
注水泵	压力及流量可调节
变频器	可以实现软启动
高架罐	
泵房配电柜	
液位计	安装在高架罐上
压力计	高压、本地显示
电磁流量计	
缓冲器	
供水泵	
线缆	具体布局情况确定
缓冲器	
进水闸阀	
高压出水闸阀	
进口管线	根据实际流程布局情况确定
出口管线	根据实际流程布局情况确定

① 注水泵选择

国内油田对于注水排量小于 $50.00m^3/h$ 的注水泵，大都选用卧式柱塞泵。柱塞泵通常由两部分组成：一部分是直接输送液体，把机械能转换为液体压力能的液力端，另一部分是将原动机的能量传给液力端的传动端。柱塞泵也可分为单缸和多缸，单作用和双作用等形式，但常见的是电动的单缸单作用和三缸单作用柱塞泵。根据川西气田最大回注水量要求，选择卧式三缸单作用高压柱塞泵(图6-2-26)，它由电动机、减速结构、传动机构、液缸组件、稳压器组件、润滑系统及电控箱等组成。具有运转平衡、噪音小、结构简单、制造安装精度要求低、使用维修方便等优点。

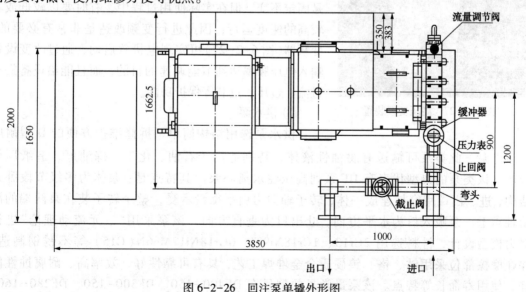

图 6-2-26　回注泵单撬外形图

根据地质论证，为避免储层回注水上窜，对于蓬莱镇组回注层，设计以小于地层破裂压力注入。在破裂压力梯度已知的条件下，地层的破裂压力通常按下式计算：

$$p_F = \alpha h$$

式中　h——油层中部平均深度，m；

　　　α——地层破裂压力梯度，MPa/m。

根据气田开发的一般要求，为防止注入时压开地层，井底的最大注入压力不得大于地层破裂压力的90%。

对于埋藏较深的沙溪庙组回注层，采用以微破压力注入。在井底允许注入压力已知时，井口允许注入压力通常按下式计算：

$$[p_{wh}] = [p_{wf}] + p_f + p_{cf} - p_H$$

$$p_f = \frac{1.086 \times 10^{-13} \lambda L q_{iw}^2}{d^5} \qquad (6\text{-}2\text{-}3)$$

根据地质论证结果和理论分析，XP2井区、CX455井的最大回注压力计算结果见表6-2-32所示。XP2井区回注泵选择12.00MPa，排量为10.00m³/h；CX455回注井选用择30.00MPa，排量为15.00m³/h，属于高压注水。

表6-2-32　新场气田回注压力计算表

回注区	回注层	最大回注压力/MPa
XP2井区	JP_2^3	12.00
CX455井	JS_3^1	30.00
	JS_3^2	30.00

② 变频器

图6-2-27　高压变频装置

高压泵在启动时，电机电流会比额定值高5~6倍，不但会影响电机的使用寿命而且消耗较多的电量，系统在设计时在电机选型上会留有一定的余量，电机的速度是固定不变，但在实际使用过程中，有时要以较低或者较高的速度运行，因此进行变频改造是非常有必要的。变频器(图6-2-27)可实现电机软启动、通过改变设备输入电压频率达到节能调速的目的，而且能给设备提供过流、过压、过载等保护功能。

③ 供水泵

供水泵选用结构简单、拆修维护方便的D型耐腐蚀离心泵。此类泵可输送有腐蚀性液体，特别适用于石油、化工、炼油厂、造纸厂等行业。该类泵的典型代表有DF系列高压注水离心泵。其特点是：泵体为多级节段卧式结构，进、出端用穿杠连成一体，转子轴向力由平衡盘承受，整个转子装在泵两端的滑动轴承上。泵吸入口为水平方向，吐出口为垂直方向。该泵采用"三元流动理论"进行水力模型设计，材料选用2Cr13、1Cr18Ni9Ti、0Cr18Ni12Mo6N(C15)等不锈钢制造，并在摩擦部位采用钴、铬、钨硬质合金堆焊工艺，具有可靠性好、效率高、耐腐蚀性能好、使用寿命长等特点。该泵最常见的型号有DF400-150、DF300-150、DF280-160、DF250-150等。

④ 储水罐

新场气田回注站主要容纳处理前地层水和处理后回注水，总有效容量宜为注水站设计规模4~6h的注水量。注水罐宜按地上拱顶钢罐设置，每座水罐应设有梯子、透光孔、通气孔、入孔、清扫孔。注水钢制储罐应根据使用条件和储存、输送介质的性质要求，采取相应的内外防腐措施。

3. 注水管线

（1）输水管线

输水方式通常有管输和罐车拉运两种方式，对于井距较远、出水量较小、分散的井采取罐车拉运的方式较为适宜，对于井距较近、出水量较大、集中的井可选择管输方式以降低成本。

（2）注水管线

对于一个井区多点注水，需要铺设多条注水管线。对于注水管材选材，目前常用输水管线主要有玻璃钢管、金属管、钢骨架复合管等。玻璃钢管道抗外力破坏能力差、长期耐温性差、容易老化等缺点，造成安全施工难度高、维修困难等不利条件。而钢骨架复合管耐压有限，而且成本较高，因此，结合川西气田高氯根地层水温度、回注压力较高的情况，选择了$\Phi76\times6mm$的20#无缝钢管。

4. 回注配套系统

（1）供配电系统

气田水回注站考虑两种方式供电：一种方式为柴油发电机供电，根据用电负荷，匹配发电机，通过配电柜配电。另一种方式为配置变压器网电系统，同时备置柴油发电机1台作为应急使用。建议在方便拉网电的地方采取第二种方式以降低费用。

（2）地下水监测

主要内容包括：监测井布设与成井、地下水水样采集方式与分析、数据处理与异常分析。

① 测井布设

为了更好地监测浅层水水质变化情况，在各个注水井的地下水水流方向上共布置2口观察井：一是在同井场布置1口浅层水井，深度在50.00m；二是在地下水水流方向的下游100.00m布置1口浅层水井，深度在50.00m。

② 取样监测分析

结合国家相关行业标准《地下水环境监测技术规范》（HJ/T 164—2004）和本工程项目的具体情况，地下水每10天监测1次。当发现数据异常时，加大监测密度，如监测频率为每天1次或更多，连续多天，分析变化原因。监测水样主要采集监测井地下水样，居民水井可适当取1次背景数据。

监测项目：pH、氯离子、石油类、铁、锰、高锰酸盐指数。

分析方法：《地下水环境监测技术规范》（HJ/T 164—2004）。

③ 报告和数据报送要求

在日常例行监测中，一旦发现地下水水质监测数据异常，迅速查明原因，并报送安全环保处，由专人负责对数据进行分析、核实，并密切关注生产设施的运行情况。

（3）同产层监测

为防止回注对同层气井造成影响，需密切观察同层邻井每天生产情况，发现邻井生产有异常，需马上停止回注，查明原因。

（二）回注站运行情况

1. X202 回注站

X202 回注站于 2009 年 9 月建成，这是新场气田建立的第一座回注站（图 6-2-28），最初只对 XP2 井进行回注地层水，设计回注能力为 150.00m³/d，回注水源来自 X2 井高氯根地层水。由于受到地质条件、水质等因素影响，注水能力从投注的 150.00m³/d 下降到 2010 年 6 月的 50.00m³/d，注水压力从 0.00MPa 上升到 3.00MPa，为了充分利用好该回注站，对该井区其他几口低产或产能衰竭的井进行回注：XQ73 井组于 2010 年 5 月 18 日注水，XQ44 井于 2011 年 11 月 18 日注水，XQ56、XQ57 井于 2011 年 11 月 29 日注水。由于该回注站涉及的回注井较多，结合铺设注水管线情况，回注采用了轮换间歇方式，确保回注的长期性。XP2 井区扩建后初期注水量在 150.00m³/d。基于不影响气田开发及不污染地表水等安全、环保的考虑，X202 回注站井口最高注水压力初步定为 4.00MPa。2012 年以后，随着回注量总量的增加，X202 回注站井口回注压力逐渐升高，使得注水量减小，由于受管网压力限制，经过对 X202 回注站 6 口注水井的地质分析，认为该井区注水压力在安全范围内还有上升的空间，可以探索试验 6.00~10.00MPa 的井口回注压力情况下的注水能力。2013 年 2 月，在对该井区注水管线改建及添加阻垢剂后，X202 回注站注水量增加。截止到 2013 年 12 月底，在注水压力平均 5.00MPa 的条件下，X202 回注站日注水能力可达 90.00 m³/d，该井区累计回注水量 10.54×10⁴m³（表 6-2-33）。

图 6-2-28　X202 地层水回注站

表 6-2-33　回注站注水情况表（截止到 2013 年 12 月 31 日）

井区	井　号	回注层位	开始回注时间	最高回注压力/MPa	总注水量/10⁴m³
XP2 井区	XP2 井	JP_2^3	2009.9.29	5.40	5.72
	XQ73 井组	JP_2^3	2010.3.05	3.60	1.10
	XQ44 井	JP_2^3	2010.11.08	5.70	1.60
	XQ56 井	JP_1^6	2010.11.27	5.40	1.62
	XQ57 井	JP_2^2	2011.11.28	5.70	0.50
	合计				10.54

2. 川孝 455 回注站

2010年11月开始对 CX455 井场进行建设，工作量主要包括：环境评价、采气流程撤除、井场平整、井场道路加固、储水罐地面基础浇灌、协调和安装动力电、注水设备购买、安装、调试等。上述工作于2011年1月初完成，1月14日正式回注(图6-2-29)。具体情况如下：

图 6-2-29　CX455 地层水回注站

（1）回注水源：主要为 X201、X2 等高氯根地层水，在齐福污水站经过预处理后，达到回注要求后通过罐车拉运至回注站，每天拉运量在 150.00m³ 左右。

（2）注水层段：由于该井井筒里面有滑套，钢球打捞不成功，所以实际注水层段只有 JS_3^1(2288.08~2304.08m)，JS_3^2(2389.08~2394.08m、2398.08~2404.08m)层段由于滑套钢球存在未能注进水。

（3）注水压力：根据 CX455 井沙溪庙组储层破裂压力 53.00MPa、注水层中部(垂深) 2290.00m，液柱产生静水柱压力为 22.90MPa，由于注水层段岩性致密，因此为了保持注水的有效性以及考虑到注水设备性能，在注水过程中采取微破，最大注水压力为 30.00MPa。

（4）CX455 井于2011年1月14日开始回注地层水，注水规模在 150.00m³/d，注水初期日注水量在 120.00~150.00m³/d，截止到2012年8月底，油套压均在 27.00MPa，日注水量下降至 30.00m³/d，累计注水量达 $3.90×10^4$m³。

七、回注跟踪效果评价

截至目前，川西气田共建立了 2 个回注站，累计回注地层水 $14.44×10^4$m³。其中 X202 回注站已回注 $10.54×10^4$m³，达到预测的储水体积的 50.00%左右，回注量最大的 XP2 井已回注了 $5.46×10^4$m³，回注效果较好，与预测储水体积 $7.50×10^4$m³ 相差不大，XQ73 井组由于近井地带堵塞了，所以导致注水效果较差。该回注站近 3 年运行情况表明，对于浅层蓬莱镇回注层来说，累计产出量大、能量存在亏空的储层具有较大回注潜力。CX455 回注站由于井筒原因，只能对上层 JS_3^1 层进行回注，实际回注量与预测的单层储水量相差不大，这说明预测储水体积的方法具有适用性。而且对于采出量较大的沙溪庙组储层，由于岩性致密，而且地层压力也较大，必须要采用高压注水才能回注更大的水量。

回注站投运以来显著节约了地层水处理成本费用，川西气田地层水处理外排的成本为84.00元/m³，而回注地层水的成本为55.00元/m³，减轻了企业负担，更重要的是避免了高氯根地层水排放在地表，从根本上消除了环境污染的风险，实现企业清洁生产。

第三节　真空蒸发结晶盐工艺技术

真空制盐技术自20世纪80年代投入使用以来，发展十分迅速，目前该技术已经成功运用于地区性地层水处理和农药等行业。具有能获得高纯度的产品水、操作与维护简单的优点。蒸发是真空制盐的主要过程。地层水由于蒸汽的加热而在蒸发罐内沸腾，一部分水被汽化，氯化钠则因水分的不断蒸发而从溶液中结晶析出。蒸发是一热过程，它必须靠热能的不断供给和二次蒸汽的不断排除（冷凝）才能进行。为探索气田高氯根地层水无害化治理的新工艺，经调研论证，2012年川西气田首次将多效蒸馏技术引入高氯根地层水处理领域，建立地层水综合利用站。

一、真空制盐原理

（一）主要原理

真空制盐主要原理是向多效蒸发罐的首效加热室壳程内加入一定压力的饱和蒸汽，饱和蒸汽与管程内自下而上的卤水按对流—传导—对流方式进行热交换。饱和蒸汽释放潜热冷凝成水，卤水吸收热量温度升高。在轴流泵的作用下，卤水强制循环至蒸发室内蒸发、结晶，产生的二次蒸汽进入下一效加热室作为加热蒸汽，依次类推。末效卤水蒸发产生的二次蒸汽引入混合冷凝器，用冷却循环水冷凝后排出系统，其中的不凝汽用真空泵抽出，维持其负压（真空）状态。这样一来，各效的蒸汽压力和温度自动分配并逐效降低，卤水的沸点亦逐效降低，从而使卤水在不同的温度条件下蒸发、结晶。蒸发罐效与效之间形成的温差，即是多效蒸发的传热推动力。

（二）真空制盐特点

1. 多次利用二次蒸汽，具有节能降耗的功能

首先是用生蒸汽（新鲜蒸汽）加热一效罐的卤水，使之沸腾蒸发，产生二次蒸汽用作次效罐的热源，并按所设效数依次传递，多次利用二次蒸汽，使各效罐的卤水蒸发析盐。根据理论计算，蒸发1.00kg水耗蒸汽为：单效1.10kg，双效0.57kg，三效0.40kg，四效0.30kg，五效0.27kg，六效0.26kg可以看出多效蒸馏具有节能降耗的功能。合适的效数用下式（据苏家庆，1983）计算：

$$N = (T-t)/(6+12) \tag{6-3-1}$$

式中　T——首效加热室进汽温度；

　　　　t——进入混合冷凝器的末效二次蒸汽温度；

　　　　6——各效的传热温差一般应大于或等于6.00℃；

　　　　12——各效的无效温差。

另外，为充分利用蒸汽冷凝后的余热，采用闪发器，使冷凝水在压差作用下闪发出蒸汽，一效冷凝水闪发的蒸汽接入二效加热室，二效冷凝水闪发的蒸汽接入三效，其余类推。

2. 料液快速汽化与末效二次蒸汽迅速冷凝是保证蒸发顺利进行的关键因素

总温差的加大主要求助于末效真空度的提高，末效真空度的高低影响因素很多，但主要与蒸汽的迅速冷凝和不凝气的有效排除有关。在混合冷凝器中冷却水吸收末效二次蒸汽的热量，将汽冷凝为水，然后随冷凝水一道排出。目的是及时除去末效罐内蒸汽。由于汽态蒸汽变为液态水，体积迅速缩小，从而使罐内压力大大降低。从传热公式可以知道，传热推动力即温度差的大小，是冷凝蒸汽快慢的主要条件，末效蒸汽温度越低，系统总温差越大，产量才可提高。不凝气由真空泵抽出或随冷却水一道排出。如此不断进行，以维持末效蒸发室的真空度。

3. 真空蒸发制盐蒸发系统能够顺利进行传热的前提条件是系统应具备传热温差，也就是系统传热推动力

一效加热蒸汽温度 T 与末效真空度所对应的温度之差称为总温差。总温差减去各种温度损失，称为有效温差。这里所指的传热推动温差即指有效温差，用 $\Delta t_{有效} = \Delta T - \sum \Delta$ 表示，式中 $\sum \Delta$ 为各种温度损失之和。ΔT 易于求出，$\sum \Delta$ 则较复杂。一般认为受以下五项因素影响：沸点上升、闪发温差、静压温升、管道阻力温度损失和过热温差损失。

（1）料液的沸点升高

溶液中含有溶质，故其沸点 t 高于水在同一压强下的沸点，亦即高于所形成的二次蒸汽的温度 T。此高出的温度称为溶液的沸点升高，以 Δ 表示，即

$$\Delta = t - T$$

溶液的沸点升高值 Δ 可用拉乌尔定律导出的吉辛科公式计算。

$$\Delta = \Delta a \times 0.003872 (T+273)^2 / I \tag{6-3-2}$$

式中　　T——某压强下水的沸点，℃；

　　　　I——T℃时水的蒸发相变焓，kcal/kg；

　　　　Δa——溶液在常压下的沸点升高值。

实际上，由于杂质，特别是钙、镁离子的存在，溶液沸点上升较高，当溶液中含有 60g/L 的氯化钙时料液沸点增高 2.00℃（常压下）。

（2）闪发温差

任何热量传递必须有温度差存在。若两者温度相等，即温度差等于零，则传热停止。蒸汽在冷凝器中冷凝，水和蒸汽之间亦需保持一定温差；同理，料液在蒸发罐内蒸发水分亦有一定推动温差，随着蒸发不断进行，料液温度逐渐降低，逐渐接近料液沸点。在蒸发罐内，料液蒸发强度大，停留时间短，料液在不断地、大量地循环，因而料液温度尚未降至沸点时，已被新的循环料液排挤离开蒸发表面，参加下一次循环，从而提升了料液进入加热室的初始温度，降低传热推动温差。这部分高于料液沸点的温度损失称为闪发温差损失。若蒸发室饱和蒸汽温度为 T_0，料液沸点上升为 Δ，料液闪发终温度为 t_k，则闪发温度损失为

$$\Delta' = t_k - (T_0 + \Delta) \tag{6-3-3}$$

料液的闪发温差损失与蒸发室蒸发空间、蒸发断面、料液在罐内的停留时间、料液黏度、罐内温度与压力有关。

（3）静压温度损失

众所周知，料液沸点随压力升高而升高，而液柱高度的增加将增加液体所受压力，

从而增大料液沸点，这部分温升叫做静压温升。当上循环管在控制液面以下时，进入罐内料液由于液柱压力，其沸点较表面高，而不能沸腾。此时料液一部分向下运动（由于泵的拉力），造成短路，增加进入加热室料液温度，减少传热推动温差，这种损失称为静压温度损失。

（4）管道阻力温度损失

二次蒸汽在蒸发室产生后，进入次一效加热室前的管路中，因有流体阻力，蒸汽压力降低，蒸汽的饱和温度亦相应降低。此项温度降低一般为蒸汽速度、管路长度及除沫器的阻力等所影响，其计算相当复杂，通常根据经验数据，每两效间取 1.00℃，作为蒸汽的温度降低数值。末效二次蒸汽至冷凝器温度损失一般为 2.00℃。

（5）过热温度损失

过热温度损失是由进入加热室料液由于受热而温度升高造成的。根据传热方程可知，蒸汽温度与料液进出口温度的平均值之差随着过热度加大而减少。出口温度每升高 2℃，有效温差就减少 1.00℃，因此，料液在加热管内温升不宜太高，一般应小于 3.00℃。为了避免这一损失，可加大料液循环量。

二、蒸发工艺技术

（一）蒸发基本概念

蒸发就是液体表面发生汽化的现象，是一个汽液相变过程。在蒸发过程中，液体表面的分子由于获得外界的热量，产生了高速度，超过了分子间的吸引力，克服液体的内聚力、气相压力的阻力，而逸向液面以上的空间变成气体分子，这一过程称为汽化。

密闭容器的液体在保持一定温度条件下不断蒸发，在液面上部即出现蒸汽。通常，我们把液体部分称为液相，蒸汽部分称为气相。当气相的分子数不再增多，液相中分子数不再减少，容器中液体与液面上蒸汽就建立了动态平衡，称为气液相平衡。饱和蒸汽所显示出来的压力，称为饱和蒸汽压，饱和液体（或饱和蒸汽）的温度称为饱和温度。液体的饱和蒸汽压随饱和温度升高而增大，如水在 40.00℃、60.00℃、80.00℃、100.00℃时，饱和蒸汽压分别为 55.30mmHg、149.40mmHg、355.10mmHg、760.00mmHg。

当液体的饱和蒸汽压等于外压时，液体就会沸腾，此时的温度称为该液体的沸点。在一定外压下，各种液体具有一定沸点，外压增大，沸点升高，外压降低，沸点下降。如水在外压 1 大气压（760.00 mmHg）下，沸点为 100.00℃，当外压为 600.00mmHg 时，沸点降为 93.50℃。在一定温度下，蒸发单位重量液体（转变成相同温度的饱和蒸汽）所消耗的热量称为汽化潜热，用符号 i 表示，单位为 kcal/kg。

蒸发可在沸点或低于沸点时进行，前者的速率远超过后者，故工业的蒸发都在沸腾情况下进行。运用最广泛的是通过器壁（加热管）用水蒸气加热的蒸发设备。这种蒸发设备运行时，一方面有水蒸气作为热源供给热量，另一方面水溶液本身亦生成蒸汽。为了易于区别，前者称为加热蒸汽，后者称为二次蒸汽。由于各种原因，蒸发 1.00kg 水需要大于 1.00kg 的加热蒸汽，在大规模生产中，势必耗费大量蒸汽，为了减少此项消耗，一般均采用多项蒸发。

蒸发操作可在常压、加压或减压下进行，在常压下进行可用敞口设备，在加压或减压下进行时就必须采用密闭设备。在减压下进行的蒸发称为真空蒸发。在真空蒸发过程中，由于溶液的沸点降低，可以利用低压蒸汽，有利于多效蒸发设备效数的增加，并减少损失于外界的热量，但必须增设维持系统必要真空度的真空系统。

与蒸发过程作用相反的单元操作就是冷凝过程。冷凝是气体受冷放出热量而凝成液体的物理过程。在蒸发设备中，加热蒸汽转变成凝结水并放出大量潜热的过程，就是冷凝过程。在冷凝过程中，气体转变成相同温度的液体所放出的潜热，与该温度下的汽化潜热值相等。多效蒸发中，下一效的加热室即为上一效二次蒸汽的冷凝器。末效二次蒸汽则用水直接冷凝。

（二）蒸发流程

卤水蒸发一般采用加压与真空并用的多效蒸发方式以提高热效益、减少加热蒸汽的消耗量，并增设卤水预热器回收各效冷凝水的热量。其效数的确定取决于有效温度差，热经济与设备投资费用。国内采用的生产工艺流程，多数是四效蒸发，解决罐盐浆增稠、离心脱水、干燥即制得成品盐，各厂流程的不同之处主要表现在蒸发部分，多效蒸发加料一般分为4种：

① 溶液与蒸汽成并流的方法，简称为并流法；

② 溶液与蒸汽成逆流的方法，简称为逆流法；

③ 每效都加入原料的方法，简称为平流法；

④ 上述三种方法的复杂组合，如溶液与蒸汽在有的效间成并流，而在有的效间成逆流，简称为错流法。

对于浓度较低的卤水采用错流法，即料液先进四效，起着浓缩和脱氧的作用，然后在平流进前三效；对于浓度较高的卤水，一般采用平流法，这对于高浓度而有晶体析出的溶液是合适的。

工艺流程如下（图6-2-30）：

加热生蒸汽由厂区锅炉供给，压力为0.55MPa，温度为140.00℃的饱和蒸汽通过减温减压后进入Ⅰ效蒸发罐加热蒸汽，Ⅰ效二次蒸汽进入Ⅱ效加热室作热源，Ⅱ效蒸发后二次蒸汽作Ⅲ效热源，Ⅲ效二次蒸汽作为Ⅳ效热源，Ⅳ效二次蒸汽通过混合冷凝器冷凝，不凝气用罗茨液环真空泵抽出。为了充分利用蒸汽冷凝后的余热，采用闪发器，让冷凝水在压差作用下闪发出蒸汽，一效冷凝水闪发的蒸汽接入二效加热室，二效冷凝水闪发的蒸汽接入三效，其余类推。

原料卤水由泵至混料池（离心母液、地面冲洗水也汇集到此），混合料液用混料泵泵出一部分直接进入Ⅳ蒸发罐，另一部分经混合冷凝水预热器预热后一部分直接进入Ⅱ、Ⅲ效蒸发罐，另一部分通过Ⅰ效冷凝水预热器预热后进入Ⅰ效蒸发罐。即整个进料系统采用平流进料方式，确保运行平稳可靠，同时采用分级预热，提高进罐料液温度，减少升温热，提高蒸发经济，节能降耗。

结晶盐浆由Ⅰ效蒸发罐转排到Ⅱ效蒸发罐，Ⅱ效蒸发罐盐浆转排到Ⅲ效蒸发罐，Ⅲ效蒸发罐盐浆转排到末效蒸发罐集中排出系统，目的是为降低排出系统的热量，节能减排；盐浆经离心脱水后暂储于湿盐储斗待销。

母液排放：极少量母液根据罐内含母液情况由Ⅰ效蒸发罐转排到Ⅱ效蒸发罐，Ⅱ效蒸发罐盐浆转排到Ⅲ效蒸发罐，Ⅲ效蒸发罐盐浆转排到末效蒸发罐集中排出系统到母液储桶，澄清后打到井区注井，极少粉盐溶化后回蒸发系统。

捕沫管线：把四效平闪桶出来的冷凝水通过管线接到各效蒸发室顶部的除雾器。这种除雾器是利用带有液滴的二次蒸汽流在突然改变运动方向时，由于惯性作用液滴尽量要维持原来运动的方向，而蒸汽则改变了运动方向，因而二者获得分离。

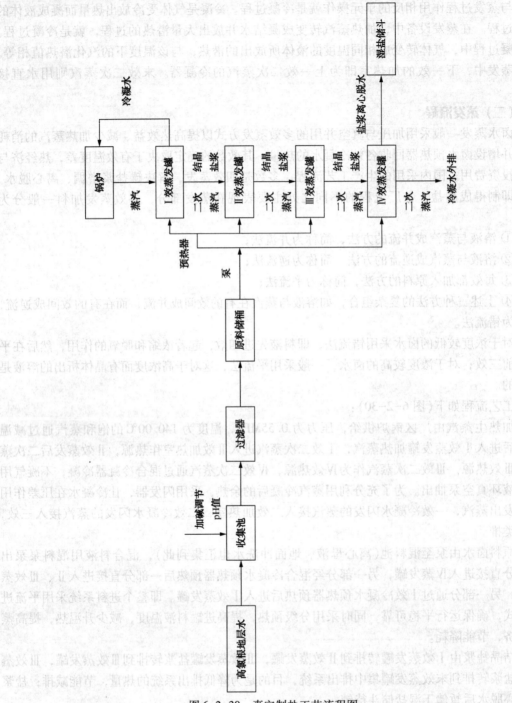

图 6-2-30　真空制盐工艺流程图

（三）蒸发设备

真空制盐工业中，卤水的蒸发设备称为蒸发罐，主要由加热室、蒸发室和循环泵三部分组成（图 6-2-31），加热管采用 TA2 合金管，蒸发室材质为 316L 复合板。加热蒸汽经管道进入加热室壳体，料液由下而上在加热管中循环，通过加热管壁的热交换，使料液温度升高，并进入蒸发室进行蒸发，产生的二次蒸汽作为下一效蒸发罐的加热蒸汽。外加热强制循环蒸发器具有生产能力大，循环速度高、传热效果好、检修方便等特点。

（四）蒸发参数计算

在工业生产中，蒸发流程为适合各种工艺过程要求，取得较高的热效益，有许多繁杂的变化，特别是千变万化的物料衡算和热量衡算，比较复杂。

1. 物料平衡计算

（1）总蒸发水量 W（kg/h）的计算

如无额外蒸汽抽出，则水分总蒸发量为各效蒸发量的总和，即

$$W = W_1 + W_2 + W_3 + W_4 \qquad (6\text{-}3\text{-}4)$$

在连续蒸发过程中，总产盐 G（kg/h）亦为各效产盐量的总和，即

$$G = G_1 + G_2 + G_3 + G_4 \qquad (6\text{-}3\text{-}5)$$

在连续蒸发过程中，忽略蒸发初始阶段的料液浓缩过程，认为蒸发罐内母液是饱和的，则生产每公斤盐需蒸发的水量只与原料卤水的浓度有关。

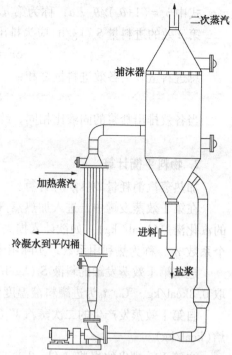

图 6-2-31　外加热强制循环蒸发器图

$$W/G = mB_w/B_g \qquad (6\text{-}3\text{-}6)$$

式中　B_w、B_g——原料卤水中的水含量与 NaCl 含量，g/L。

如考虑蒸发与干燥系统的物料损失，离心脱水时加入的洗水量，脱水后湿盐带走的水分以及干燥后成品盐中含有的其他杂质，则可将上式乘以一个系数。

$$W/G = mB_w/B_g \qquad (6\text{-}3\text{-}7)$$

系数 m 可由下式求得：

$$m = (1 + B_1 - B_2)B_g/(m_1 m_2) \qquad (6\text{-}3\text{-}8)$$

式中　B_1——离心机离心脱水时每公斤湿盐带入的冲洗水量（%），可取 1.00%~3.00%；

B_2——湿盐的含水量，约 3.00%~5.00%；

B_g——干燥后成品盐的 NaCl 的含量；

m_1——蒸发回收率，一般取 96.00%；

m_2——干燥回收率，一般取 97.00%。

总产盐量 G（kg/h）通常可由年产量计算，一般年工作日按照 320d 进行计算，每天生产时间 24h，即共计 7680h，已计算得总产盐量 G，则总蒸发水量可由下式求得。

$$W = mB_w/B_g G \qquad (6\text{-}3\text{-}9)$$

（2）总进料 S（t/h）的计算

第 n 效的产盐量可由下式计算：

$$G_n = G/W \cdot W_n = aW_n \qquad (6\text{-}3\text{-}10)$$

式中 $a = G/W$，称为结晶系数

如第 n 效排出盐浆的固液比为 θ_n（kg 盐/kg 母液），则其排出的盐浆量 J_n（t/h）为

$$J_n = (1 + \theta_n)/\theta_n \cdot aW_n \qquad (6\text{-}3\text{-}11)$$

263

式中 $b_n = (1+\theta_n)/\theta_n \cdot a$，称为第 n 效的排料系数

第 n 效的进料量 S_n(kg/h)应为排出盐浆量与蒸发水量之和：

$$S_n = J_n + W_n = (1+b_n)W_n \tag{6-3-12}$$

总进料量 S 为各效进料量之和：

$$S = \sum(1+b_n)W_n \tag{6-3-13}$$

当各效排出盐浆的固液比相同，约为 θ(kg 盐/kg 母液)时，排料系数均为 b。可得下式：

$$S = (1+b)W \tag{6-3-14}$$

2. 物料平衡计算

加热蒸汽消耗量 D(kg/h)计算：

在第 I 效蒸发罐中，进入加热蒸汽 D(kg/h)，其冷凝后放出的热量 r_1D，r_1 为加热蒸汽的汽化潜热(kcal/kg)。如欲计入损失于外界的热量，即蒸发罐的全部热损失，则需乘以一个系数 η_1，称为热利用系数，实际用于蒸发的热量则为 $\eta_1 r_1 D$。

进入第 I 效蒸发罐的料液 S_1(kg/h)，其热焓量为 $c_0 t_0 S_1$(kcal/h)，c_0 为料液比热容，可取 0.8kcal/kg·℃，t_0 为进罐料液温度(℃)。

自第 I 效蒸发产生的二次蒸汽 W_1(kg/h)，其热焓量为 $i_1 W_1$(kcal/h)，i_1 为二次蒸汽的热焓(kcal/kg)。

自第 I 效排出的岩浆 J_1(kg/h)，其热焓量为 $c_1 t_1 J_1$(kcal/h)，c_1 为岩浆的平均比热容(kcal/kg·℃)，t_1 为排出岩浆的温度(℃)。

岩浆的平均比热可由下式计算：

$$c_1 = (c_0 + \theta_n c_g)/(1+\theta_n) \tag{6-3-15}$$

式中 c_0——母液比热容(kcal/kg·℃)，可取 0.8；

c_g——固体氯化钠的比热容(kcal/kg·℃)，可取 0.21。

此外，氯化钠 G(kg/h)在结晶过程中放出的热量为 θG，式中 θ 为氯化钠的结晶相变焓，可取 20.2kcal/kg。

由此便可列出第 I 效蒸发罐的热量平衡方程式：

$$\eta_1 r_1 D = i_1 W_1 + c_1 t_1 J_1 - c_0 t_0 S_1 - \theta G \tag{6-3-16}$$

将物料衡算时的各个系数代入上式，则：

$$\eta_1 r_1 D = i_1 W_1 + c_1 t_1 b_1 W_1 - c_0 t_0 (1+b_1)W_1 - \theta a W_1$$

若令 $\beta_1 = i_1 + c_1 t_1 b_1 - c_0 t_0 (1+b_1) - \theta a \tag{6-3-17}$

则化简得： $\eta_1 r_1 D = \beta_1 W_1 \tag{6-3-18}$

同样，对于多效蒸发中的第 n 效可以列出如下热量平衡方程式：

$$\eta_n r_n W_{n-1} = i_n W_n + C_n t_n b_n W_n - C_0 t_0 (1+b_n)W_n - \theta a W_n \tag{6-3-19}$$

或者，令 $\beta_n = i_n + C_n t_n b_n - C_0 t_0 (1+b_n) - \theta a$，可化简得：

$$\eta_n r_n W_{n-1} = \beta_n W_n \tag{6-3-20}$$

若令 $W_n = X_n D$，式中 X_n 为第 n 效蒸发量与首效加热蒸汽的比值，称为蒸发分率，则可得下式：

$$X_1 = \eta_1 r_1/\beta_1 \qquad X_n = \eta_n r_n X_{n-1}/\beta_n \tag{6-3-21}$$

总蒸发率(即热效率)X 为各效蒸发分率之总和，则：

$$X = X_1 + X_2 + X_3 + X_4 \tag{6-3-22}$$

于是可以求得首效加热蒸汽消耗量 $D(\mathrm{kg/h})$：

$$D = W/X \tag{6-3-23}$$

并进而计算得到各效蒸发量 $W_n(\mathrm{kg/h})$：

$$W_n = X_n D \tag{6-3-24}$$

3. 各效蒸发罐加热面积计算

各效蒸发罐传热量可由加热蒸汽冷凝放出的热量表示，如欲计入加热室的热损失（约占全部热损失的 30.00%～40.00%），则须乘以一个系数 η_n，称为热传递系数。故实际需要传递的热量为 $\eta_1 r_1 D$ 与 $\eta_n r_n W_n$，由此可得下式

$$\eta_1 r_1 D = K_1 F_1 \Delta t_1 \tag{6-3-25}$$

$$\eta_n r_n W_n = K_n F_n \Delta t_n \tag{6-3-26}$$

式中　K_1，K_n——第 I 效与第 n 效的传热系数，$\mathrm{kcal/m^2 \cdot h \cdot {}^\circ\!C}$；

　　F_1，F_n——第 I 效与第 n 效的传热面积，$\mathrm{m^2}$；

　　Δt_1，Δt_n——第 I 效与第 n 效的传热有效温度差，${}^\circ\!C$。

由上式即可得出各效传热面积的计算公式：

$$F_1 = \eta_1 r_1 D /(K_1 \Delta t_1) \tag{6-3-27}$$

$$F_n = \eta_n r_n W_n /(K_n \Delta t_n) \tag{6-3-28}$$

4. 有效温度差的分配原则

一般来说，对于多效蒸发流程，首效加热蒸汽的压力 p_1 与相应饱和温度 T_1 是确定的，末效二次蒸汽的压力 p_4 与相应的稳定 T_4 也是确定的，因此，总温差 $T_4 \sim T_1$ 是确定的。但是，在计算中有一个合理分配各效温度差，即确定温差阶梯的问题。如分配不合理，则计算出的各效传热面积参差不齐，造成总传热面积增加。各效温度差分配原则应是各效蒸发罐的传热面积总和最小，但通常为了设备制造与安装的方便，一般要求各效传热面积相等。

各效温度差的分配通常采用试差法，即根据经验进行首次分配，得到各效有效温度差。如据此计算出的各效传热面积差别较大，则将传热面积较小的效数的温差减少，而使传热面积较大的效数的温差增大，经一、二次填平补齐的调整即可得到较合理的各效温度差的分配，当各效的传热面积差别不超过 10%，即可取平均值，作为计算过程中的结果。

三、真空工艺技术

（一）基本概念

首效加热蒸汽温度与末效二次蒸汽温度之差，称作蒸发系统的总温差。显然增加加热蒸汽压力和提高末效二次蒸汽真空度，均有助于总温差的加大。为了锅炉安全，首效加热蒸汽压力不宜太高，因此总温差的加大主要求助于末效真空度的提高，末效真空度的影响因素颇多，但主要是蒸汽的迅速冷凝和不凝气的有效排除。为达此目的，生产中均采用直接冷凝，即冷却水和二次蒸汽直接接触，蒸汽放热而冷凝，冷却水吸热而升温。不凝气由真空泵抽出或随冷却水一道排出。如此不断进行，以维持末效蒸发室真空（负压）状态。

目前，制盐工业采用的冷凝装置有气压式冷凝器配真空泵、水喷射冷凝器、蒸汽喷射器和改良式冷凝器，或它们的配套使用。在混合冷凝器内，热交换的强度随水、汽接触面积和水、汽初始温差的增加而增加。

冷却水可成膜状、帘状、柱状或滴状下流，其接触面积以膜状最小，以滴状最大。制盐

生产中，冷却水耗量极大，无论何种冷却装置，其水流方式基本上为柱状水流。自由下落水柱要加热至接近蒸汽温度时，冷凝器必然很高，故一般冷凝器内均设有淋水筛板，以不断更新加热面，使筛板上的传热由传导变为对流，增加传热速率。

不凝气的存在一方面加大冷凝器内总压力，影响真空度，另一方面将阻碍汽水传热过程，故应设法及时除去。不凝气的排除是基于外界做功使其压缩，压力由真空状态变为略大于大气压状态而排于空气中。压缩方法可采用真空泵、水抽射或蒸汽喷射。

不凝气的来源主要来自三方面，一是溶解于卤水中的空气在Ⅳ效随蒸汽进入冷凝器；二是由于设备、管道、阀门等的不严密，空气渗入；三是冷却水中溶解空气在冷凝器减压逸出。

(二) 冷却水

冷却水水质要求不严，但水温与真空度有极大关系。冷却水进口温度高，往往不能达到真空度，因此，生产中设法使冷却水进口水温越低越好。

在冷凝器内，汽水热交换由于时间短，汽、水温度未到平衡。蒸汽温度 T 与冷却水出口温度 t_2 之差 Δt 称作冷凝最终温差。不同型式冷凝器，最终温差并不一致，一般混合冷凝器 Δt 可取 2.50~5.00℃，水喷射冷凝器可取 6.00~10.00℃，改良式冷凝器为 8.00~10.00℃。

冷却水消耗量可根据热量平衡方程式计算：

$$W = (G+G')(i-t_2)/(t_2-t_1) \tag{6-3-29}$$

式中　　W——冷却水用量，kg/h；

　　　　i——蒸汽的热焓，kcal/h；

　　　　t_1——冷却水初温，℃；

　　　　t_2——冷却水终温，℃；

　　　　G——Ⅳ效二次蒸汽量，kg/h；

　　　　G'——由脱氧器进入冷凝器蒸汽量，kg/h。

由上式可知，冷却水消耗量随真空度、蒸汽量和冷却水进口温度的升高而加大，随冷却水出口温度的升高而减少。当真空度、蒸汽量一定时，应努力降低进口水温度和提高出口水温度。

当出口水温受真空度限制，进口水温则越低越好，其原因是：

(1) 降低进口水温，则降低冷却水消耗量，从而降低动力消耗。

(2) 冷凝器的设计是以传热为基础进行的，而传热的优劣则与传热面积、传热温差和水、汽接触时间有关。在生产中，进口水温升高，将破坏系统平衡，减少传热温差，使蒸汽不能及时冷凝，降低真空度。若要加大用水量，使蒸汽放热冷凝，则冷却水在器内流动状态发生变化，不能保证50%水流经筛板，而以帘状水流方式溢流，减少传热表面。同时由于水量加大，流速增加，减少了水、汽接触时间，不利于热交换的进行。这些都使冷凝器在不合理状态下工作，从而降低真空度。

因此，保证冷却水进口温度在设计温度以下，是冷凝器工作的重要条件。同时，设计冷凝器时，必须正确选用当地水温和考虑必要的冷却设施。在有条件的地方，尽可能采用直流水(河水、深井水等)，一次使用。在水源不足地方，则将冷却水循环使用，采用自然冷却或机械通风使其降温。

制盐工业中现采用喷水冷却池及冷却塔两种冷却设施。喷水冷却池为一敞开式水池。从冷凝器流出的热水，借本身水压经喷头向上螺旋状喷出，散成无数小滴，充分与空气接触换热，水温降低。此种冷却型的优点是：投资费用少，施工期短，运行维护简单。但占地面积大，效益低，易受外界气候（风力、气温等）影响。冷却塔优点是：占地面积小，水损少，冷却效率高。缺点是造价高，维修麻烦，动力消耗大。

（三）真空系统设备

无论是海湖盐，还是井矿盐，真空制盐方法都为多效负压蒸发。其中较为重要的设备是真空系统，它的效果直接影响整个制盐装置的生产能力和生产成本。目前，国内制盐工业大都采用开放式水冷却真空技术，即从循环水场来的冷却水送入大气混合冷凝器，下水排入水封池，再由泵抽至循环水场进行冷却，这在一定程度上能够满足制盐所需的真空度。真空系统设备主要包括有冷却塔、罗茨真空泵、混合冷凝器、水封池。

四、站场建设及生产运行

高氯地层水无害化处理工程即地层水综合利用站（图6-2-32），位于德阳市德新镇胜利村8组X201井场。2011年9月开工建设，12月8月完成主体厂房建设。主体工艺采用四效蒸馏工艺（表6-3-1），主要包括水质预处理、蒸发结晶、离心脱水、锅炉供热等工艺。处理的水源主要为X2、X201井须家河组二段的产气地层水，通过管道把X2井地层水输往X201井场。开始运行以来，截至2013年12月31日，累计处理高氯根地层水 $18.40 \times 10^4 m^3$。由于这是首次引用多效蒸馏工艺技术处理气田高氯根地层水，经验匮乏。

图6-2-32　地层水综合利用站

经过1年多的现场试运行，不断地进行探索、实践与总结，通过一系列的工艺技术改进，目前在站场设备正常运转的情况下，蒸发耗汽4000kg/h，总蒸发水量13200.00kg/h，热经济3.3，处理地层水水量15.00t/h。日处理量稳定达到360.00m³/d。

表6-3-1　主要工艺参数表

设备名称	参数	I效	II效	III效	IV效
加热室	加热面积/m²	120	120	80	80
	蒸汽温度/℃	120	102	84	65
蒸发室	罐体容积/mm³	φ2200×6000	φ2200×6000	φ2200×6000	φ2200×6000
	蒸汽温度/℃	102	84	65	46
料液温度/℃		112	93	73	54
料液沸点升损失/℃		10	9	8	8
其他温差损失合计/℃		1	1	2	2
有效传热温差/℃		7	8	9	9
传热系数/(kcal/m²·℃·h)		2800	2600	2400	2200

1. 全程跟踪监督，确保工程如期完工和及时投产

2011年4月6日，高氯根地层水真空制盐项目正式启动，项目组积极与分公司基建处联系，跟踪项目审批程序，办理好安全评价、环境影响评价、职业卫生评价等手续，在工程

市场处的监督下公平、公正地完成了项目总承包单位的招标工作。待一切准备工作就绪后，工程于 2011 年 9 月 23 日正式动工。为了全程跟踪工程进度，技术人员驻扎现场，坚持规章制度，及时发现、解决工程建设中出现的问题。为了加快进度，确保工程如期完工，通过研究，采取了提高混凝土强度以缩短凝固时间、设备安装与土建施工交叉作业的方式，有效地缩短了工程周期，同时确保了工程质量。

2. 形成一套气田水真空制盐操作规范和相关制度

为了有条不紊地做好高氯根地层水真空制盐装置的投运工作，编制了《投产方案》、《生产管理办法》、《安全管理规定》等规章制度 12 册，制定了 6 大应急预案，总结出了现场生产"六稳定一畅通"的原则，严格规定了各岗位的岗位职责及操作程序，填补了川西地区在这一领域技术和管理的空白。

3. 优化工艺流程，促进装置完善

地层水综合利用站共拥有 28 台泵机、4 套蒸发循环罐、1 台 5t/h 天然气蒸汽锅炉、2 台活塞式退料离心机等。除部分泵机为一备一用外，其余设备均需全天 24 小时不间断运转，加之设备长期接触高温、强腐蚀的高氯根地层水，设备锈蚀、泵机机封泄漏、轴承磨损、锅炉燃烧机头电磁阀失灵、盐浆搅拌机损坏等情况屡屡发生，再加上转排盐管径过小，结晶盐浆易在管道中堵塞。因此，解堵、维修设备成为前期运行的重要工作。据统计，前后整改优化工艺达 50 余次，主要整改的工艺如下：调整离心机下出盐口至湿盐漏斗的连接位置和方向，使出盐畅通；新增Ⅲ效盐浆直接转排至盐浆储桶管线，解决Ⅲ效固液比过高堵塞管道的问题；更改盐浆泵上料管为 45.00° 直线，避免过多的弯角造成盐浆堵塞；将真空泵放空管线冷却水接回水封池，以免四处溢流造成环境污染。通过这些优化整改流程，为推广气田水真空制盐积累了经验。

4. 优化运行参数，实现装置高效运行

技术人员在生产一线对运行参数进行不断的摸索、试验和总结，最终提炼出"六稳定一畅通"的操作标准。"六稳定一畅通"指首效加热室进汽压力稳定、各效液位稳定、各效罐内固液比稳定、母液稳定、石膏晶种稳定、末效真空度稳定、转排盐畅通。自该操作标准指导生产以来，蒸馏系统装置的地层水处理量从最初 220.00m³/d 提高到目前 340.00m³/d，检维修周期由半个月提高到 1 个月，检修所需时间由 2 天缩短至 1 天，极大地提高了系统的生产时效，系统装置得到高效运转。现蒸汽压力稳定在 0.40～0.50MPa、液位控制在 45.00%±5.00%、真空度稳定在-88kPa 左右、罐内固液比保持在（10.00～15.00）%、氯化钙含量达 60.00g/L 才进行转排。

五、真空制盐工艺技术效果评价

通过真空制盐技术处理的高氯根地层水，不仅可以有效将氯根转变成盐，使处理后的外排水氯根含量<300mg/L、COD 指标<100mg/L（表 6-3-2），达到农用灌溉标准（表 6-3-3、图 6-2-33）。装置运行至 2013 年底，累计处理水量 18.40×10⁴m³，实现了产水气井的环保生产，为川西气田地层水处理开辟了新途径。经过一年多的运行，目前已形成一套气田水真空制盐操作规范和运行管理制度；储备了一批真空制盐领域的技术人才，为今后推广高氯根气田水无害化处理、综合利用奠定了坚实的基础，为川西气田实现绿色、低碳、持续发展提供了有力的技术支撑。

表 6-3-2　水质监测数据统计

监测项目	pH	氯化物/ (mg/L)	化学需氧量/ (mg/L)	氨氮/ (mg/L)	六价铬/ (mg/L)	硫化物/ (mg/L)	挥发酚/ (mg/L)
料液	7.22	67348	940	未检出	0.004	未检出	未检出
外排水	8.63	218	96.3	未检出	0.07	未检出	0.07

表 6-3-3　农用灌溉标准(GB 5084—2005)

序号	项 目 类 别		作物种类	
			水作	旱作
1	化学需氧量/(mg/L)	≤	150	200
2	悬浮物/(mg/L)	≤	80	100
3	阴离子表面活性剂/(mg/L)	≤	5	8
4	水温/℃	≤	35	
5	pH		5.5~8.5	
6	氯化物/(mg/L)	≤	350	
7	硫化物/(mg/L)	≤	1	
8	总汞/(mg/L)	≤	0.001	
9	镉/(mg/L)	≤	0.01	
10	总砷/(mg/L)	≤	0.05	0.1
11	铬(六价)/(mg/L)	≤	0.1	
12	铅/(mg/L)	≤	0.2	
13	粪大肠菌群数/(个/100mL)	≤	4000	4000
14	蛔虫卵数/(个/L)	≤	2	

图 6-2-33　外排水观赏鱼池

第七章 生产运行与 HSE 管理

第一节 气井生产运行组织管理

一、生产技术管理组织机构及职责

川西气田须家河组二段气藏生产井的技术管理，川西采气厂以开发科作为组织部门，安全环保科、物资装备科、人力资源科等科室全面配合，负责组织协调气井的投产、动态跟踪、日常安全生产运行、设备、井控管理及上岗人员配置及培训等工作，明确各部门的责任。

（一）采气厂主要科室职责

1. 开发科科职责

（1）深井投运方案的审核。

（2）组织深井现场生产运行管理制度的编制及报审。

（3）制定、调整深井工作制度。

（4）组织跟踪分析深井生产动态。

（5）深井采气井控管理。

2. 安全环保科职责

（1）组织深井投运方案中应急预案的编制和审核。

（2）指导监督考核深井站场安全活动，执行事故隐患整改制度，协助和督促深井站站场隐患制订防范措施，检查监督隐患整改工作的完成情况；组织深井的重大隐患治理项目的评估、立项、申报及项目实施的检查监督工作。

（3）参加深井新建、扩建、改建及大修、技措工程的"三同时"监督，负责组织建设工程项目的安全、卫生（预）评价工作，使其符合职业安全卫生技术要求。

（4）与设备管理部门负责深井站场的锅炉、压力容器、压力管道、特种设备的安全监督。

3. 物资装备科职责

（1）深井站场重要设备、物资管理使用的指导、监督、检查。

（2）深井站场重要设备的评定、检验、使用、维修的综合管理。

（3）深井站场重要设备的调配。

4. 人力资源科职责

（1）深井站场人员的上岗培训取证。

（2）深井站场人员配置标准的制定。

（二）基层科研单位

1. 采输气工艺研究所职责

（1）深井排水工艺技术的引进应用和现场指导。

（2）深井腐蚀研究及现场防腐工艺的技术应用和指导。

（3）深井结垢机理研究及防垢工艺的技术应用和指导。

2. 地质研究所职责

（1）深井动态跟踪，及时提出深井生产管理措施建议。

（2）深井配产研究，提出合理工作制度。

3. 采气大队职责

（1）深井投运方案的编制。

（2）深井投运的现场组织。

（3）深井现场管理和深井现场的动态跟踪。

（4）深井工作制度执行、排水工艺的现场实施、防腐工艺的现场实施和防垢工艺的现场实施。

（5）深井现场工艺效果的初步评价。

（6）深井现场的 QHSE 管理。

（7）深井现场的设备的管理。

4. 深井站场职责

（1）执行气井工作制度生产。

（2）气井日常生产、安全现场管理。

（3）深井现场各项生产技术资料收集整理。

（4）深井现场各类安全环保活动组织和安全环保资料的收集整理。

（5）深井现场设备的维护保养和各项设备资料的收集整理。

（6）深井现场突发情况处置。

二、气井生产运行规章制度

1. 交接班

（1）交接班时，接班人员须提前 15 分钟到岗。

（2）交班员工将存在的问题、处理情况及注意事项告知接班员工。

（3）接班员工应及时发现存在的问题，向交班员工提出，共同解决，若交接时未发现问题，当班期间发生事故，责任由当班员工承担。

（4）交接班时应将交接情况记录于《采输气站值班记录》上，交接双方签字确认。

2. 巡回检查

（1）检查路线

井下安全阀控制柜—井口—井口安全截断阀—井口安全截断阀控制柜—管汇台—水套加热炉—分离器（安全阀）—计量装置—出站—污水罐。

（2）巡回检查内容

① 检查各阀门开关状态、标识是否正确，附件是否齐全完好，仪表及各连接件是否存在渗漏。

② 观察分离器、污水罐的液位计读数，适时排放污水。

③ 查看进出站管线压力，井口压力及环空压力及温度等。

④ 观察水套炉温度是否适宜。

⑤ 观察气井工作制度是否符合要求。

⑥ 观察井安器压力是否正常，检查接头是否渗漏。

（3）检查时间

交接班前进行巡回检查，班中巡回检查不少于 2 次/小时，生产初期巡回检查不低于 3 次/小时。

3. 日常生产数据采集

（1）每小时记录井下安全阀控制柜压力、地面安全阀控制柜压力、井口油压、套压、表层套管环空压力、技术套管环空压力、井口温度、一级节流压力、一级节流温度、二级节流压力、二级节流温度、三级节流压力、三级节流温度、上流压力、下流温度、出站压力。

（2）地层水产量每 8 小时采集 1 次，地层水拉运计量准确。

（3）每小时记录瞬时产量，采气曲线每天一描点、三天一连线。

（4）外管巡管不低于 2 次，5MPa 以上外井每月外管巡管不低于 3 次，并填写《巡管报告单》，发现问题及时处理上报，《巡管报告单》每月上交队部。

4. 值班室管理

（1）值班室墙上张贴《岗位职责》、《安全职责》、《安全十大禁令》；上墙图件为井身结构示意图、采(输)气曲线图、地面工艺流程图、巡管示意图、巡回检查路线图。

（2）值班室摆放物品主要有办公桌 1 张、椅 1 把、文件柜 2 个、工具架 1 个。

（3）办公桌上摆放日报表、值班记录、入站登记本、计算器、笔及笔盒。

（4）办公桌玻板下摆放通讯录、排班表。

（5）办公桌抽屉内存放物品有墨水、信签、防暴电筒、刀片、计量零配件、求积仪、产量计算参数等，摆放整齐。

（6）文件柜上摆放生产管理、安全管理、设备管理、综合管理、井控管理制度，摆放整齐、齐全。

（7）柜内摆放历史资料、新记录本。

5. 站场标识

（1）站内各类设备、设施、管线、闸门状态标识齐全、醒目，状态与标识相符。

（2）站内地面管线应标注气流方向，埋地管线应标注管线走向及气流方向，进、出站管线流向及名称。

（3）井站大门口及围墙外墙应标有"闲人免进"、"禁止烟火"，储水罐梯步应标有"当心滑落"，消防棚内应标有"禁止移动消防器材"等标识。

6. 班组活动

（1）每月由站长组织学习党的方针、政策及宣贯有关会议精神，了解近期国际、国内大事，中石化、西南油气田、川西采气厂及本队重大生产、安全活动。

（2）每月组织 1 次动态分析会，对当月各项生产任务完成情况开展讨论，形成动态分析报告。

（3）每月进行经济活动分析，形成分析报告。

（4）每月开展安全学习 2 次，落实"三级安全教育"，组织应急演练一次。

（5）每月开展 4 次井控例会、4 次井控自检自查活动、1 次井控应急演练，并做好记录。

（6）岗位练兵。

① 每日一题。"零点班"下班人员为"白班"上班人员在《"每日一题"练习本》上出题，由"白班"人员在做完本班工作之余做答；若未将预留的答题页面答满，则在空格处用"仿宋体"练习书写。

② 每周一讲。以中心站站长、仪表工及中心站的高级工、技师为授课教师，以气井井身结构、井口装置、井控、采输设备、计量仪表等的原理、结构、性能、操作、维护保养为授课主要内容，并结合实际生产过程中易发生的问题及其解决处理措施进行详细的介绍、探讨。

③ 每月一考。参加分队每月举办一次业务技能比赛或理论知识竞赛，以练促学、以考促练。

7. 生产情况汇报

（1）井站每日 10∶00 以前将当日气井日常生产数据上报队部，特殊情况及重要事件在生产汇报中应详细汇报；销售数据每日 9∶00 前上报至各采气大队。

（2）生产过程中出现突发性重大事件如安全事故、气井生产异常时，除按操作规程及时处理外，应尽快汇报采气队。

8. 增产维护措施

对实施了泡沫排水、防腐、防垢工艺的深井，根据实施方案开展维护作业，并及时做好资料收集和整理。

第二节　生产技术管理

一、气井生产动态分析

（一）气井动态监测

1. 气水样分析

正常生产的深井，每半年取气、水样送实验室作全分析 1 次；新井投产 1 个月内要采集气样做全分析 1 次。新投产井在 1 年的试采期内应取 3-4 次气样和水样进行分析，须家河深井气样必须采用钢瓶取样。具体参照西南石油局《采油气原始资料采集管理规范》执行。采气队生产技术组视气井出水变化情况，及时取水样进行氯根滴定分析，并填写《氯根滴定分析结果表》，严格按合理周期安排深井氯根滴定和全分析（表 7-2-1）。

表 7-2-1　深井水样检测推荐周期表

序号	分析名称	滴定周期	备　注
1	氯跟滴定	每天 1 次	测试期间
2	氯跟滴定	每周 1 次	正式投运
3	氯跟滴定	每班 1 次	气井异常出水期间
4	氯跟滴定	每 3 天 1 次	大量产水稳定期间
5	氯跟滴定	每天 1 次	降产控水期
6	氯跟滴定	每 3 天 1 次	控水后产水稳定期
7	水样全分析	每月 1 次	正式投运
8	水样全分析	每月 2 次	气井异常出水期间
9	水样全分析	每月 1 次	大量产水稳定期间
10	水样全分析	每月 2 次	降产控水期
11	水样全分析	每月 1 次	控水后产水稳定期

2. 试井工作

地质研究所每年底编制下一年度的油气生产设计，其中应根据生产需求，开展深井试井须经总地质师批准后上报西南分公司开发处，开发处批复后，由开发科与分公司井下作业处生产调度部门联系开展相关工作。深井试井过程中，所在井站的采气工应根据试井设计的相关要求，取全取准试井资料。

3. 压力、温度监测

试采井根据生产需要，每年实测一次井底流压、井筒流压梯度、井口流动温度、井底流动温度、井筒温度梯度。

4. 其他监测

深井高压、高产对流程弯头造成较大的冲蚀。为掌握各弯头壁厚情况，确保安全生产，须开展壁厚监测，并形成壁厚监测制度，规范壁厚检测操作，提高数据的真实性。须家河组二段深井主要依靠油嘴节流控产，油嘴是否完好决定着深井流程是否安全及气井能否正常生产。通过对 X2 井多次的油嘴更换，发现油嘴均存在不同程度的冲蚀。根据深井产气量大小，严格按合理周期检查油嘴(表 7-2-2)。

表 7-2-2 油嘴检查周期推荐表

序号	日产气量/($10^4\mathrm{m}^3$/d)	推荐检查周期
1	>30	每半月一次
2	10~30	每月一次
3	<10	每季度一次

（二）气井动态分析

深井站场每月开展一次深井的动态分析，重点分析气井的压力、产气量、产水量变化趋势，采取的工艺措施效果评价。每季度各采气大队及地质研究所、工艺所重点分析深井的生产动态。

（三）深井压力调配

1. 单相气体嘴流原理

流体通过一圆形孔眼的流动，若上游压力 P_1 保持不变，气体流量(标准状态下)将随下游压力 P_2 的降低而增大。但当 P_2 达到某 P_c 值时，流量将达到最大值即临界流量。若 P_2 再进一步降低，流量也不再增加。此时出口端面的流速达到该端面状态下的音速，称此流速为临界流速。是否达到临界流的判断公式如下(据李士伦，2008)。

当 $\dfrac{P_2}{P_1} < \left(\dfrac{2}{K+1}\right)^{\frac{K}{K-1}}$ 时，为临界流。

当 $\dfrac{P_2}{P_1} \geqslant \left(\dfrac{2}{K+1}\right)^{\frac{K}{K-1}}$ 时，为非临界流。

P_1、P_2——分别表示油嘴入口、出口端面处压力，MPa；

K——天然气的绝热系数。

相对密度为 0.6 的天然气 $\left(\dfrac{2}{K+1}\right)^{\frac{K}{K-1}} = 0.546$。通常 $\dfrac{P_2}{P_1} < 0.55$ 时，就认为已达到临界流。

$$Q_{max} = \frac{4.066 \times 10^3 P_1 d^2}{\sqrt{\gamma_g T_1 Z_1}} \sqrt{\left(\frac{K}{K-1}\right)\left[\left(\frac{2}{K-1}\right)^{\frac{2}{K-1}}\right] - \left(\frac{2}{K-1}\right)^{\frac{K+1}{K-1}}} \quad (7-2-1)$$

d 一定时，取决于 P_1。

2. 油嘴的选择及压力调配

根据嘴流原理知，当深井工作制度确定后，可以选择多个油嘴，且有一最小油嘴，即当气井产量达到气井工作制度时，油嘴流速为临界流速。气体流量不再随油嘴后背压的降低而增加。对高压、高产、高温气井，油嘴节流后不会生成水合物，选择满足工作制度的最小油嘴，在现场容易调配各级压力。若气井工作制度偏低，井口温度低，节流油嘴小，极易生成水合物。

（1）油嘴节流不易生成水合物的高产深井油嘴选择及压力调配

① 选择的油嘴最大产量即为气井工作制度

以 X2 井为例，配产 $25.00 \times 10^4 \text{m}^3/\text{d}$。根据公式（7-1）计算，满足该工作制度的最小油嘴为 6.5mm。选择 6.5mm 油嘴，二级节流后压力初始假定为 10.00MPa（三级节流压差小，容易调节），根据公式（7-1）计算其开度为 14.22mm。其各级节流压力、产量、节流阀孔径关系看出，只要一级节流后压力低于 29.00MPa，均能满足气井工作制度（表 7-2-3）。一级节流后压力越高，气井产量、压力调配越难。根据现场调减节流阀的难易程度，优选一级节流后压力在 20.00MPa，对 1、2 号水套炉节流阀的当量开度进行计算，结合现场经验，在开井初期流程二级节流阀初始开度 1 格，流程三级节流阀初始开度 1.5 格，若气井产量较高，开度可适当增大，但三级节流阀开度必须略大于二级节流阀开度。

表 7-2-3　X2 井各级节流压力及节流阀孔径计算统计表（6.5mm 油嘴）

一级节流后压力/MPa	二级节流阀孔径/mm	二级节流后压力/MPa	三级节流阀孔径/mm	气井产量/($10^4\text{m}^3/\text{d}$)
38.00	6.88	10.00	14.22	22.29
37.00	7.07	10.00	14.22	22.88
36.00	7.25	10.00	14.22	23.38
35.00	7.41	10.00	14.22	23.81
34.00	7.58	10.00	14.22	24.17
33.00	7.74	10.00	14.22	24.47
32.00	7.90	10.00	14.22	24.70
31.00	8.05	10.00	14.22	24.88
30.00	8.21	10.00	14.22	24.99
29.00	8.36	10.00	14.22	25.06
28.00	8.51	10.00	14.22	25.08
27.00	8.66	10.00	14.22	25.08
23.00	9.39	10.00	14.22	25.08
20.00	10.07	10.00	14.22	25.08

对于更换油嘴或初次开井，孔板式节流阀的初始开度显得尤为重要。若水套炉孔板式节流阀的初始开度太小，气井产量无法达到气井工作制度，可能出现水套炉超压，孔板式节流阀难以调节，产量调配难度大。若水套炉孔板阀的初始开度过大，当工作制度低于油嘴最大产量时，瞬时产量可能超过工作制度，影响下游流程的安全。

X2 井倒正式流程初期，各项生产参数不合理（表 7-2-4），导致油嘴节流压差大，管汇台节流声响大，冲蚀厉害。

2008年8月，实施压力等各项生产参数优化后（表7-2-5），管汇节流声响减小，冲蚀也将有所降低。现场操作方法是调增一级节流后压力（缓慢减少进水套炉第1个节流阀开度），增加背压。

表7-2-4 X2井倒倒正式流程初期各级节流生产参数统计表

油压/MPa	井口温度/℃	一级节流压力/MPa	一级节流温度/℃	二级节流压力/MPa	二级节流温度/℃	三级节流压力/MPa	三级节流温度/℃	产气量/($10^4 m^3$/d)
50.70	77.00	11.70	50.00	8.7	45.00	2.16	28.00	11.50
50.70	77.00	11.70	50.00	10.2	45.00	2.30	28.00	15.00

表7-2-5 X2井倒倒正式流程优化各级节流压力调配后生产参数统计表

油压/MPa	井口温度/℃	一级节流压力/MPa	一级节流温度/℃	二级节流压力/MPa	二级节流温度/℃	三级节流压力/MPa	三级节流温度/℃	产气量/($10^4 m^3$/d)
50.70	77.00	23.60	64.00	11.30	50.00	2.38	28.00	14.50
50.70	77.00	23.60	62.00	23.20	62.00	2.28	28.00	12.00

② 选择油嘴的最大产量大于气井工作制度

以此为一级节流后压力上限，计算其最大油嘴为7.3mm，现场仅能选择7.0mm，该油嘴最大产量达 $30.00 \times 10^4 m^3$/d。二级节流后压力初始假定为10.00MPa，根据公式(7-1)计算其开度为14.22mm。从各级节流压力、产量、节流阀孔径关系看出，一级节流后压力必须在41.00MPa才能满足气井工作制度（表7-2-6）。在现场调配过程中，因节流阀调节难度大，极易失效，节流阀销钉剪断而无法调配产量，难以达到气井工作制度。

表7-2-6 X2井各级节流压力及节流阀孔径计算统计表（7.0mm 油嘴）

一级节流后压力/MPa	二级节流阀孔径/mm	二级节流后压力/MPa	三级节流阀孔径/mm	气井产量/($10^4 m^3$/d)
45.00	6.24	10.00	14.22	20.59
44.00	6.54	10.00	14.22	22.02
43.00	6.79	10.00	14.22	23.28
42.00	7.04	10.00	14.22	24.40
41.00	7.27	10.00	14.22	25.39
40.00	7.48	10.00	14.22	26.26
39.00	7.69	10.00	14.22	27.04
38.00	7.88	10.00	14.22	27.73
37.00	8.08	10.00	14.22	28.34
36.00	8.27	10.00	14.22	28.86
35.00	8.45	10.00	14.22	29.32
34.00	8.63	10.00	14.22	29.7017
33.00	8.81	10.00	14.22	30.0204
32.00	8.98	10.00	14.22	30.27
31.00	9.16	10.00	14.22	30.47
30.00	9.33	10.00	14.22	30.61
29.00	9.50	10.00	14.22	30.68
28.00	9.67	10.00	14.22	30.70
27.00	9.84	10.00	14.22	30.70

（2）油嘴节流易生成水合物的低产深井油嘴选择及压力调配

对于须家河组二段气藏低产气井，因井口温度低，若油嘴节流压差大，极易产生水合物，造成油嘴频繁堵塞。X10井测试求产时，以2mm油嘴生产，井口油压52.50MPa，套压55.00MPa，测试工作制度$3.00×10^4m^3/d$。测试求产初期，因一级节流后压力低、井口温度低（表7-2-7），油嘴堵塞严重，油嘴节流后的地面管线出现明显的结冰现象。

针对上述堵塞问题，合理选择油嘴及压力调配防堵。选择最小油嘴，优化各级压力。根据公式计算，满足该测试工作制度的最小油嘴为2mm。通过优化各级节流压力调配，消除地面结冰现象。操作方法：调增一级节流后压力（缓慢减少进水套炉第1个节流阀开度），建立较高背压，理论要求该级节流压力低于0.55倍井口压力，均不影响工作制度。

表7-2-7　X10井测试初期各级节流生产参数统计表

油压/MPa	井口温度/℃	一级节流压力/MPa	一级节流温度/℃	二级节流压力/MPa	二级节流温度/℃	三级节流压力/MPa	三级节流温度/℃	产气量/($10^4m^3/d$)
53.70	27.00	18.60	23.00	17.50	16.00	2.02	27.00	3.40

调配后从各级节流生产参数看出，上调一级节流后压力，油嘴背压增大，节流压差减少，吸热减少，管线结冰现象消除，但二级节流后压力太低，三级节流压差小，气体经加热节流后，三级节流温度高达40.00℃，流程温度38.00℃，积液容易进入管网，且计算气井产量偏低。后将二级节流后压力调配至11MPa，三级节流温度降低至29.00℃，流程温度28.00℃（表7-2-8），上述难题得以解决，压力调配较为合理。

操作方法：调增二级节流后压力（缓慢减少进水套炉第2个节流阀开度），建立背压10.00MPa。

表7-2-8　X10井测试历次优化节流压力各级节流生产参数统计表

优化次数	油压/MPa	井口温度/℃	一级节流压力/MPa	一级节流温度/℃	二级节流压力/MPa	二级节流温度/℃	三级节流压力/MPa	三级节流温度/℃	产气量/($10^4m^3/d$)
第一	52.40	25.00	22.80	23.00	5.60	18.00	2.02	40.00	3.20
第二	52.40	25.00	22.80	23.00	11.00	18.00	2.02	29.00	3.20

二、设备管理

（一）设备管理应知应会要求

上岗人员必须对所使用的设备作到"四懂三会"（懂原理、构造、用途、性能；会操作、维护保养、排除一般故障）。

上岗人员应认真学习和掌握设备操作、维护保养规程和要领，明白设备维护保养标准及保养方法。

（二）设备维护保养要求

（1）水套炉。应做到温度计准确清楚、水位计畅通清楚、进水阀无泄漏、畅通、排污阀密封，开关灵活；风门喷嘴调节合适；烟道畅通无积炭；外表无污物和水垢沉淀。

（2）流程各型阀门及采油树。无泄漏；外观无腐蚀；丝杆干净润滑；密封性能好；开关调节灵活；按要求定期进行注脂；状态标识齐全准确。

（3）分离器无泄漏；排污阀保养良好；排污管线牢固；液位计畅通清晰；分离器前后压力表压差在规定范围；对压力容器定期检测，对安全附件定期进行校检。

（4）站内管线。无泄漏；外观无腐蚀；各类标识齐全、准确。

（5）站场其他单机设备参照相关单机设备维护保养标准执行。

（三）资料管理要求

（1）站场设备管理制度、操作、维护、保养规程齐全。

（2）设备运行记录齐全。

（3）采油树、各型阀门注油、注脂记录齐全。

（4）设备维护保养记录齐全准确。

（5）设备台账齐全准确。

（6）各项压力容器检验记录、安全阀检验记录、避雷针检测记录及其他需定期检验的设备记录齐全。

（7）设备状态标识清楚，待修、停用、封存、报废设备进行挂牌标识。

（四）主要设备操作规程

1. 高压气井井口安全操作规程

（1）开关阀时，严格遵守侧身原则，严禁半开半关闸阀或用闸阀控制流量。

（2）开关井前后要仔细检查流程，注意观察各参数变化，并填写好报表。

（3）关井时及时关闭采油树两翼外侧生产阀门。

（4）关井时优先顺序为：生产闸门→生产总闸。

（5）放喷时，应控制点火放喷，防止气扩散，减小环境污染。

（6）一号生产总闸以下部位严重刺漏或故障时，应立即关闭井下安全阀。

（7）清蜡阀门、生产翼内侧阀或管汇中连接两生产翼的中间闸门发生严重渗漏，应立即关闭生产总闸，完成关井，并立即上报抢修。

（8）如生产翼外侧阀渗漏严重，应立即倒翼生产，关闭该翼内侧生产阀，进行抢修。

（9）如生产压力波动剧烈、不产气（液）或产气（液）变化较大时，应立即倒翼检查，如油嘴脱落或堵塞，应立即更换油嘴或倒翼生产。同时做好记录。

（10）如管汇处各无控制部位严重刺漏，则立即进行井口控制放喷；可控制部位刺漏，则立即倒翼生产。

2. 井下安全阀操作规程

（1）打压操作

① 检查油箱内液压油液位是否在 $1/3 \sim 2/3$ 之间，如不够，应将液压油补充够。

② 检查手压泵各部位是否渗漏。

③ 将"卸荷阀"关死，将"井下/地面切换阀"切换至"井下"，打开"井下控制阀"。

④ 平稳打压至试压值，检查各部位是否有渗漏。如渗漏，则停止打压，打开"卸荷阀"卸压，关闭"卸荷阀"，用扳手将渗漏处紧固；如仍渗漏，应及时上报队部。

⑤ 如不漏，平稳地将压力打至开启压力值。

⑥ 观察油压变化，确定"井下安全阀"打开后，关"井下控制阀"，打开"卸荷阀"卸压，压力卸掉后关上"卸荷阀"。

⑦ 若手压泵打压至略高于开启压力值时，"井下安全阀"还未打开，则需用水力车进行打平衡压力，以打开"井下安全阀"。

（2）卸压操作规程

① 检查各接头是否上紧。

② 检查"卸荷阀"是否关紧。

③ 开"井下控制阀",缓慢开"卸荷阀",待压力落零,将"井下控制阀"关闭。

（3）注意事项

① 对手压泵进行操作时,必须一人操作,一人监护。

② 必须保证液压油清洁无杂质,禁止在风雨天对手压泵加液压油。

③ 手压泵必须平稳操作。

④ 随时对手压泵及各接头进行擦拭,便于观察是否有漏失。

⑤ 井下安全阀控制压力应控制在开启压力值。

⑥ 井下安全阀控制压力低于开启压力值时要及时补压,高于规定值时要及时泄压。同时压力达到此控制范围后,应将"卸荷阀"关闭,泄压以保护手压泵。

⑦ 在打开井下安全阀时,要将采油树油管两翼外侧阀门关闭,待井下安全阀完全打开后才能开启生产阀门进行正常生产。

⑧ 正常生产情况下,手压泵控制压力会受温度的影响而变化,发现压力变化应及时补压、卸压,控制压力在开启范围值内。

3. 检查更换油嘴操作规程

（1）操作过程

① 记录更换前油压、套压、回压、井温。

② 倒翼前检查另一翼油嘴、闸门正常,确保符合倒翼要求,符合要求后倒翼。

③ 倒翼时先打开另一翼针阀三分之一,再开外侧生产阀,同时关闭原生产翼外侧生产闸门,再全部打开另一翼针阀,关闭原生产翼针阀。

④ 倒翼后需将原生产翼油嘴前后压力泄尽,再卸下原生产翼油嘴套压盖。

⑤ 人站侧面,用通针通油嘴,确认油嘴内压力泄净。

⑥ 用油嘴扳手卸下油嘴,检查油嘴,并做好检查记录,更换后,上紧压盖。

⑦ 确认流程、闸门无误后倒回原翼生产。

⑧ 记录倒翼时间及倒翼后的油压、套压、回压、井温。

⑨ 整理工具,打扫现场卫生,待生产稳定后,方可离开井口。

（2）操作注意事项

① 现场操作人员必须穿戴好劳保用品。

② 开关闸门时操作人员站侧面,做到"先开后关,慢开快关"。

③ 新油嘴事先由班组长测量好,在更换油嘴时,值岗人员再复测一次,做到准确无误。

④ 安装拆卸压盖时,必须上牢,并经验漏合格。

⑤ 泄压操作时人站上风口,不得造成污染。

⑥ 及时、准确录取操作中各项参数、数据。

4. 高压深井开井操作规程

（1）开井前准备工作

提前1~2天检查井口水套炉、井场水套炉温炉;检查并倒通流程;检查油嘴、压力表、温度计及相关设备、装置是否符合要求;确认井口放空阀门关闭;确认采油树节流阀关闭;确认地面及井下安全阀处于开启状态,液控系统工作正常。

（2）开井操作程序

记录好开井前油压、套压,通知集输站做好天然气进站准备,打开相关阀门、加热保

279

温、打开生产翼外侧生产闸门，缓慢开启针阀，控制井口回压至安全压力范围内，保证回压平稳缓慢上升。观察流程各装置、设备压力变化，防止容器、管线憋压；记录开井后井口、流程稳定压力等参数值；整理工具，打扫现场卫生，补全各项记录后正常巡检。

（3）开井注意事项

① 操作职工必须穿戴好劳保用品。

② 做好开井时间、压力、工作制度等参数的记录。

③ 开井后，作好井口、井场水套炉、分离器的调整工作。

④ 开采油气树阀门时，应由内到外完全打开，严禁用采油树阀门调节气量。

⑤ 开站场各级阀门时应先开低压，再开高压，一次进行，防止憋压，同时安全阀必须处于工作状态。

⑥ 各级控制压力不得高于工作压力，同时注意防止节流阀处形成水合物堵塞，造成站场堵塞。

5. 高压深井关井操作规程

（1）正常情况下关井

① 记录关井前的油压、套压、井温。

② 缓慢关闭节流阀。

③ 关外侧生产闸门。

④ 对于流程中存有出砂的情况，从井口至阀组，对流程扫线。

⑤ 关闭进站阀组闸门。

⑥ 记录关井时间、关井后油压、套压。

⑦ 井口水套炉温炉，如果长时间关井则需要关掉炉火，并放掉炉内的水。

（2）紧急情况关井

① 采油树底部生产总阀以上部分发生渗漏和故障需关井时，关闭 1 号总闸或井下安全阀，切断油气来源而完成关井，同时及时上报，进行抢修作业。

② 采油树底部生产总阀以下部分发生渗漏和故障需关井时，紧急关闭井下安全阀和地面紧急切断阀，完成井下、地面关井，同时及时上报，进行紧急处理。

（3）关井注意事项

① 根据需要做好水套炉停炉等工作。

② 关井后观察油套压变化情况，检查采油树是否有刺漏情况，并做好记录。

③ 关井后地面安全阀仍处于工作状态。

④ 采油气树阀门关闭时应由外到内操作，并完全关闭。

⑤ 在发生紧急情况时，可以不经过相关科室，直接进行井口放空（要点燃放空）或关井处理，但事后需及时上报，记录放空或关井时间、原因。

6. Exceed 系列空气压缩机操作程序

（1）运转前请检查下列各事项

检查时须停机，注意安全。检查各部分螺丝或螺母有无松动现象；皮带的松紧是否适度；管路是否正常；润滑油是否正常；电线及电器开关是否合乎规定，接线是否正确；电源的电压是否正确；缩机皮带是否可轻易用手盘动。

（2）开始运转的注意事项

① 以上各点检查完毕后，将排气阀门全开，然后按下启动按钮，使机器在无负荷状态

下启动运转，这样可以延长空压机及电机的寿命。

② 检查运转方向是否和皮带防护罩上箭头指示相同。若不相同的话，将三相电机3条电源线中任意2条调换即可。

③ 启动后若3分钟左右没有异常现象，则将阀门关闭，当储气罐中的压力逐渐升高达到预定的压力，再进行保护功能测试。

④ 保护功能测试。Ⅰ全自动型。达到压力后，压力开关自动切断电源，电机停止运转。常使用时，为确保电机及电器不发生过早损坏，电机每小时自动启动次数不得超过6~8次。Ⅱ半自动型压力达到设定点后，压力调节器动作是压缩机成无负荷的状态下运转。

（3）压力控制系统的调整

① 全自动型压力开关控制的调整。依顺时针方向旋转压力调整螺丝则增高使用压力；顺时针方向旋转压差调整螺丝则增高压差，反之则降低使用压力和压差（图7-2-1）。

② 自动型压力开关控制的配线。相接线法适用于0.18~0.75kW的空压机。功率在1.5kW及以上时，若使用220V单相或三相电源，必须采用电磁开关来保护电机及压力开关。

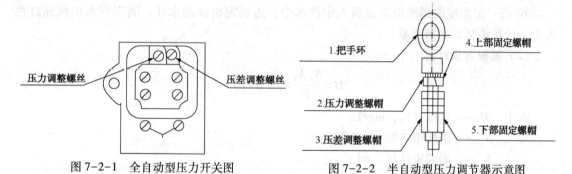

图7-2-1　全自动型压力开关图　　　　图7-2-2　半自动型压力调节器示意图

③ 半自动型压力调节器的调整（图7-2-2）。

变更设定压力调整：

a. 松弛（上部固定螺帽4）。

b. 旋转（压力调整螺帽2），顺时针方向增压，反时针方向减压。

c. 锁紧（上部固定螺帽4）。

压差调整：

a. 松弛（下部固定螺帽5）。

b. 旋转（压差调整螺帽3），顺时针方向时，压差增加，反时针方向时，压差减小。

c. 锁紧（下部固定螺帽5）。（单级）低压型0.50~0.70MPa。（双级）高压型0.80~1.20MPa。

（4）安全阀

出厂前，安全阀泄放压就已经设定了，不能任意调整。若确实需要更改安全阀设定压力时，必须与相关单位综合分析后决定。

（5）定期检查及保养事项

① 保持机器的清洁。

② 储气罐的泄水阀每日打开1次排除油水。在湿气较重的地方，每4h打开1次。

③ 润滑油面每天检查1次，确保空压机之润滑作用。

④ 空气滤清器约 15 天清洗或更换，但视环境的不同而酌情增减。

⑤ 每月检查 1 次三角皮带及各部位螺丝的松紧。

⑥ 润滑油最初运转 100h 后请换新油，以后没 1000h 换新油 1 次（使用环境较差者应 500h 换 1 次油）。

⑦ 使用 1000h（或半年）将气阀拆除清洗。

⑧ 每年将机器各部位清洗 1 次。

7. 氯根滴定操作规程

（1）滴定操作步骤

① 备好试剂和器皿，用肥皂水、碱水洗净器皿，再用蒸馏水冲洗几次。

② 取水样不少于 500mL。

③ 过滤水样。

④ 取 2mL 过滤水样置于三角瓶内，并使水样呈中性（pH=7）。检查方法：用石蕊试纸浸上水后试纸，若变红色，水样为酸性；试纸若变蓝色，水样为碱性。水样在酸性时加碳酸钠或碳酸氢钠，水样在碱性时加稀硫酸，直到石蕊试纸浸水不变色为止。

⑤ 向中性水中加入 3~5 滴铬酸钾作终点指示剂；

⑥ 用一定浓度的硝酸银溶液滴入中性水中，边滴定边摇动水样，滴定到水出现赭红色为止，计量消耗的硝酸银量。

（2）氯根含量计算

$$M = \frac{N_1 V_1}{V} \times 35.5 \times 10^3 \qquad (7\text{-}2\text{-}2)$$

式中　M——氯根含量，mg/L；

　　　N_1——硝酸银浓度，mol/L；

　　　V_1——硝酸银耗量，mL；

　　　V——水样量，mL。

8. 正压式空气呼吸器操作规程

（1）准备工作

① 气瓶固定牢靠，减压阀手轮与气瓶连接紧密。

② 调节肩带、腰带、面罩束带的松紧度，并将面罩的面屏朝上扣放待用。

③ 检查气瓶的充气压力。

④ 检查气路管线及附件的密封情况。

⑤ 检查报警灵敏度。

（2）操作步骤

① 打开气瓶阀。

② 弯腰将双臂穿入肩带。

③ 双手正握抓住气瓶中间把手，缓慢举过头顶，背在身后。

④ 拉紧肩带，固定腰带，系牢胸带。

⑤ 将面罩上的一条长脖带套在脖子上，面罩挎在胸前。

⑥ 由下向上带上面罩。

⑦ 收紧面罩系带，用手堵住进气口，用力吸气，检查面罩的气密性。

⑧ 吸气阀与面罩对接并确认连接牢固。

⑨ 正常使用。

⑩ 用完后，面罩脱下面罩朝上扣放，小心卸下呼吸器，关闭气阀，泄去管路余压，用清水冲洗干净装入箱内。

（3）技术要求

① 检查压力表上的读数值，其值应在 28.00~30.00MPa。

② 戴面罩时，不要让头发或其他物体压在面罩的密封框上。

③ 打开气瓶阀后，才能收紧面罩系带。系带不必收得过紧，以与面部贴合良好，且面部感觉舒适为宜。

④ 使用中密切关注压力表读数，一旦报警器发出声响时，应及时撤离现场，到了安全区才可卸下呼吸器。

⑤ 前期准备检查时间不超过 5min，佩带过程使用时间不超过 45s。

9. 高级孔板阀操作规程

（1）提升孔板步骤（图 7-2-3）

① 拧开平衡阀；

② 打开滑阀：用摇柄顺时针方向摇齿轮轴 2（约 140℃，摇不动为止）。

③ 提升孔板至上腔：逆时针方向摇齿轮轴 3（手感孔板导板已咬合齿轮轴 1 时），逆时针方向摇齿轮轴 1 至转不动为止。

④ 关闭滑阀：逆时针方向摇齿轮 2，摇不动为止，切断上下腔通道。

⑤ 关闭平衡阀。

⑥ 慢开放空阀，排净上腔余压。

⑦ 取下防雨保护罩，拧松螺钉，取掉顶板，压板。

⑧ 逆时针方向继续旋转齿轮轴 1，提出孔板。

（2）装入孔板（图 7-2-3）

① 按介质流向箭头向孔板开空扩散方向，将孔板部件装入上腔；顺时针，逆时针调整齿轮轴位置，手感孔板已与齿轮轴 1 齿合为止。

② 顺时针慢摇齿轮轴 1 至能装压顶板，压板即可。

③ 依次装上密封垫片、压板、顶板，拧紧顶板上的螺钉，盖好防雨保护罩。

④ 关闭放空阀。

⑤ 打开滑阀。

⑥ 依次顺时针方向旋转齿轮轴 1，齿轮轴 3，直到齿轮轴 3 摇不动为止，此时孔板到位。

⑦ 关平衡阀。

⑧ 关闭滑阀。

⑨ 注入 7903 密封脂。

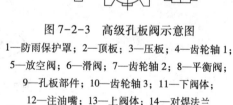

图 7-2-3 高级孔板阀示意图

1—防雨保护罩；2—顶板；3—压板；4—齿轮轴 1；
5—放空阀；6—滑阀；7—齿轮轴 2；8—平衡阀；
9—孔板部件；10—齿轮轴 3；11—下阀体；
12—注油嘴；13—上阀体；14—对焊法兰

⑩ 缓慢打开放空阀，排净上腔后，关闭放空阀。

10. 疏水阀操作规程

（1）天然气疏水阀选用方法

① 疏水点的最高工作压力不超过工作压力限值，否则疏水阀可能产生自锁而不能工作。

② 排量是指达到相应工作压力上限时连续排放 1 小时的排放量。应根据实际工况的工作压力及产液量的不均匀性，按实际平均小时产液量的 2~5 倍，选用排量规格。实际工作压力离上限值差距越大、产液量越不均匀、短时间内产液量越大时，选用的排量倍数就越高。

（2）运行

① 检查确定系统压力 ≤ 疏水阀铭牌标定的工作压力，且不低于标定工作压力的 30.00%，系统工作压力过低会严重减小疏水阀的排量。

② 缓开阀门"1"、"3"、"7"、"8"（图 7-2-4），使疏水阀体带压，然后检查各连接接口、阀门、管线等有无泄漏，发现问题应及时处理，无误后方可进入下一步操作。

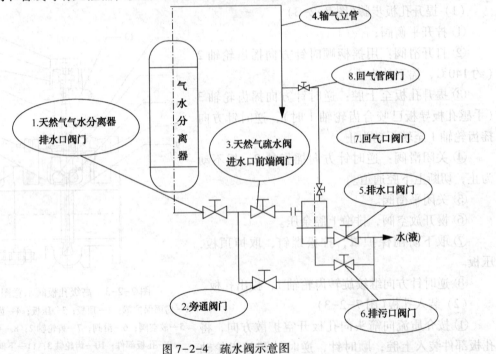

图 7-2-4 疏水阀示意图

③ 确定阀门"1"、"3"、"7"、"8"处于开启状态后，缓慢开启疏水阀排水口阀门"5"，此时疏水阀开始正常工作。

④ 天然气疏水阀投运后，阀门"1"、"3"、"5"、"7"、"8"处于常开状态，阀门"2""6"处于常关状态，疏水阀即全天候自动关闭，在全部作业过程中天然气泄漏为零。

⑤ 若一个疏水阀点装有两台天然气疏水阀时，在保证排量足够的前提下，应做到一开一备，只有在一台排量不能满足时方可两台同时使用。

⑥ 运行时，应检查系统压力即疏水阀进口压力是否控制在天然气疏水阀的工作压力范围内，不允许超压运行。

⑦ 在系统排水实现自动化运行后，操作人员的主要职责是定时巡查，检查设备运行情况，维护保养设备，记录运行各项指标参数。若发现异常情况报告并处理。

284

（3）排污

天然气疏水阀在运行一段时间后，疏水阀底部会沉积部分污物，严重时会影响设备的运行。因而需要进行定期排污。排污作业操作步骤如下：

① 先关闭疏水阀排水口阀门"5"；

② 闭进液口阀门"3"；

③ 闭回气口阀门"7"；

④ 打开排污口阀门"6"；

⑤ 待分离器储有足够水后，缓慢打开进水口阀门"3"进行排污作业。

（4）故障判断及处理

若设备出现不排水、排水量减少、排水不畅或出现天然气泄漏现象时应及时采取相应措施，排除故障。

（5）维护保养

为确保天然气疏水阀长期正常运行，疏水阀首次使用3个月，应进行第一次维护检查保养。第一次维护保养时须制造厂专业技术人员现场进行技术指导，对疏水器内部零件磨损、腐蚀情况和沉降污物情况进行检查和相应调整，并根据污物沉降情况进行分析，为使用单位提供运行、排污等建议，便于使用单位确定保养检查和排污作业周期。

（6）运行管理

天然气疏水阀投入运行后，即为全自动作业，无需人为操作，但仍须保持日常巡视管理工作。使用单位应坚持巡视检查制度，以便发现问题及时处理，并不断总结运行经验，结合本单位实际情况制定更加切实有效的运行管理制度，使产品更好发挥应有的作用。

11. 平板阀密封圈更换操作规程

（1）工具

勾头扳手、4mm与5mm内六角、管钳、轴承座扳手、手压千斤顶、57mm×33mm聚四氟乙烯密封圈、55mm×35mm二铬13密封垫。

（2）下密封圈更换操作步骤

① 拆下护罩；

② 用勾头扳手拆密封圈压帽；

③ 门处半开状态，清水加压，卸密封圈（4个密封圈、1个隔环、1个垫片）；

④ 手动千斤顶将聚四氟乙烯密封圈顶入尾杆，选手动千斤顶压紧螺母，致使丝扣全部压完；

⑤ 上述方法装配金属垫，确保密封圈到位；

⑥ 压帽，扭紧；

⑦ 上下护罩。

（3）上密封圈更换操作步骤

① 拆紧定螺钉；

② 用轴承座扳手拆轴承座（轴承座扳手逆时针旋转，手轮顺时针方向旋转）；

③ 拆压帽；

④ 阀门处半开状态，清水加压，卸密封圈（4个密封圈、1个隔环、1个垫片）；

⑤ 用套筒公装装聚四氟乙烯密封圈、二铬13密封垫；

⑥ 装上压帽并扭紧；

⑦ 装轴承座；

⑧ 找定位销上紧；

⑨ 装备手轮护罩；

⑩ 阀门半开试压。

（4）注意事项

① 装备密封圈时必须黄油润滑；

② 丝扣连接处必须用丝扣油润滑，可用黄油代替。

12. 壁厚监测操作规程

（1）目的

为确保深井流程设备安全运行，确保深井关键部位（弯头）受控，特制定此操作规程。

（2）适用范围

本操作规程适用川西采气厂所有深井站流程设备日常检测。由大队技术人员组织实施，井站当班人员配合完成。

（3）操作原理

超声波测厚是根据超声波脉冲反射原理来进行厚度测量的，当探头发射的超声波脉冲通过被测物体到达材料分界面时，脉冲被反射回探头，通过精确测量超声波在材料中传播的时间来确定被测材料的厚度。凡能使超声波以一恒定速度在其内部传播的各种材料均可采用此原理测量。按此原理设计的测厚仪可以对生产设备中各种管道和压力容器进行监测，监测它们在使用过程中受腐蚀后的减薄程度。

（4）测量工具

测量工具 1 套、耦合剂 1 瓶，探头 2 只、指示值金属块 6 只。

（5）测量方法

① 一般测量方法

a. 在一点处用探头进行 3 次测厚，取平均值为被测工件厚度值。

b. 在一点处用探头进行 2 次测厚，在两次测量中探头的分割面要互为 90°，取较小值为被测工件厚度值。

c. 30mm 多点测量法：当测量值不稳定时，以 1 个测定点为中心，在直径约为 30mm 的圆内进行多次测量，取最小值为被测工件厚度值。

② 精确测量法

在规定的测量点周围增加测量数目，厚度变化用等厚线表示。

③ 连续测量法

用单点测量法沿指定路线连续测量，间隔不大于 5mm。

④ 网格测量法

在指定区域划上网格，按点测厚记录。此方法在高压设备、不锈钢衬里腐蚀监测中广泛使用。

测量主要位置为流程区容易受压力影响的弯头、阀门、接头处，注意接触面应为金属面，如果金属表面有氧化物或油漆覆盖层，应将其清理后再测量，测量一次后应在指示金属块使读数回到指示值，确定仪器正常使用后，再进行下一次测量。

（6）影响超声波测厚仪示值的因素

a. 工件表面粗糙度过大，造成探头与接触面耦合效果差，反射回波低，甚至无法接收到回波信号。对于表面锈蚀、耦合效果极差的在役设备、管道等可通过砂、磨、挫等方法对表面进行处理，降低粗糙度，同时也可以将氧化物及油漆层去掉，露出金属光泽，使探头与被检物通过耦合剂能达到很好的耦合效果。

b. 工件曲率半径太小，尤其是小径管测厚时，因常用探头表面为平面，与曲面接触为点接触或线接触，声强透射率低（耦合不好）。故选用小管径专用探头（6mm），能较精确的测量管道等曲面材料。

c. 检测面与底面不平行，声波遇到底面产生散射，探头无法接受到底波信号。

d. 铸件、奥氏体钢因组织不均匀或晶粒粗大，超声波在其中穿过时产生严重的散射衰减，被散射的超声波沿着复杂的路径传播，有可能使回波湮没，造成不显示。可选用频率较低的粗晶专用探头（2.5MHz）。

e. 探头接触面有一定磨损。常用测厚探头表面为丙烯树脂，长期使用会使其表面粗糙度增加，导致灵敏度下降，从而造成显示不正确。可选用500#砂纸打磨，使其平滑并保证平行度。如仍不稳定，则考虑更换探头。

f. 被测物背面有大量腐蚀坑。由于被测物另一面有锈斑、腐蚀凹坑，造成声波衰减，导致读数无规则变化，在极端情况下甚至无读数。

g. 被测物体（如管道）内有沉积物，当沉积物与工件声阻抗相差不大时，测厚仪显示值为壁厚加沉积物厚度。

h. 当材料内部存在缺陷（如夹杂、夹层等）时，显示值约为公称厚度的70%，此时可用超声波探伤仪进一步进行缺陷检测。

i. 温度的影响。一般固体材料中的声速随其温度升高而降低，有试验数据表明，热态材料每增加100℃，声速下降1%，对于高温在役设备常常碰到这种情况。应选用高温专用探头（300~600℃），切勿使用普通探头。

j. 层叠材料、复合（非均质）材料。要测量未经耦合的层叠材料是不可能的，因超声波无法穿透未经耦合的空间，而且不能在复合（非均质）材料中匀速传播。对于由多层材料包扎制成的设备（像尿素高压设备），测厚时要特别注意，测厚仪的示值仅表示与探头接触的那层材料厚度。

k. 耦合剂的影响。耦合剂可用来排除探头和被测物体之间的空气，使超声波能有效地穿入工件达到检测目的。如果选择种类或使用方法不当，将造成误差或耦合标志闪烁，无法测量。因根据使用情况选择合适的种类，当使用在光滑材料表面时，可以使用低黏度的耦合剂；当使用在粗糙表面、垂直表面及顶表面时，应使用黏度高的耦合剂。高温工件应选用高温耦合剂。其次，耦合剂应适量使用，涂抹均匀，一般应将耦合剂涂在被测材料的表面，但当测量温度较高时，耦合剂应涂在探头上。

l. 声速选择错误。测量工件前，根据材料种类预置其声速或根据标准块反测出声速。当用一种材料校正仪器后（常用试块为钢）又去测量另一种材料时，将产生错误的结果。要求在测量前一定要正确识别材料，选择合适声速。

m. 应力的影响。在役设备、管道大部分有应力存在，固体材料的应力状况对声速有一定的影响，当应力方向与传播方向一致时，若应力为压应力，则应力作用使工件弹性增加，声速加快；反之，若应力为拉应力，则声速减慢。当应力与波的传播方向不一致时，波动过程中质点振动轨迹受应力干扰，波的传播方向产生偏离。根据资料表明，一般应力增加，声速缓慢增加。

n. 金属表面氧化物或油漆覆盖层的影响。金属表面产生的致密氧化物或油漆防腐层，虽与基体材料结合紧密，无名显界面，但声速在两种物质中的传播速度是不同的，从而造成误差，且随覆盖物厚度不同，误差大小也不同。

（7）壁厚监测周期

实践表明同一口井不同的日产气量对其管壁的影响不同，因此对管道测量的周期应根据产气量的变化而改变：>30.00×10⁴m³，10 天 1 次；（10.00～30.00）×10⁴m³，20 天 1 次；<10.00×10⁴m³，30 天 1 次。

（五）深井主要设备常见故障处理

1. 高级孔板阀

高级孔板阀在生产中主要容易发生杂质划伤滑阀密封副产生的内漏、启闭滑阀或提升孔板跳齿、提升孔板有卡滞现象等七方面的问题，针对不同的问题，在生产实践中总结出了相应的处理办法（表 7-2-9）。

表 7-2-9 高级孔板阀故障和排除方法

序号	可能发生的故障	排 除 方 法
1	杂质划伤滑阀密封副产生的内漏	① 轻微渗漏，从注油嘴处加注密封脂 7903，再启闭滑阀 4～8 次即可排除。 ② 重内漏，应停输分解检查，如机件损坏须更换
2	启闭滑阀或提升孔板跳齿	① 保持上下腔压力平衡，缓慢正、反向旋转齿轮轴至齿轮齿合正常； ② 合错齿卡死，应停输分解检查，如机件损坏须更换
3	提升孔板有卡滞现象	清洗导板上污物，若不能排除，可用锉刀稍微修理孔板导板顶端倒角
4	提升孔板部件下坠不能在中腔停留	除稍许拧紧齿轮轴端六方螺帽排
5	注油嘴渗漏	分下注油嘴帽，加注密封脂 7903。拧紧注油嘴帽
6	其他部位的渗漏	① 堵头、法兰等处应停输分解检查，更换密封垫或密封圈。 ② 壳体部位的渗漏，应停输分解更换整台阀门或补焊壳外
7	计量数据误差较大	① 孔板开孔不合适，按流量大小选择合适孔板、② 孔板被划伤、更换；③ 密封圈损坏、更换；④ 长年使用管道锈蚀严重、更换

2. 采气井口常见故障及处理

（1）法兰连接处渗漏。降压或泄压后调紧螺栓。

（2）平板阀中法兰处渗漏。泄内腔压力，调紧中法兰螺栓。

（3）平板阀、节流阀阀杆处渗漏。将盘根压帽压紧。若还漏，泄掉内腔压力后加填料，再紧压帽。

（4）平板阀无法开关。可能结冰或有杂质，或阀杆变弯，需清除杂质检查阀杆，再作处理。

（5）平板阀注脂试压孔处渗漏。紧螺纹。

（6）丝扣法兰丝扣连接部位渗漏。泄压紧扣。

（7）仪表法兰堵头处渗漏。紧螺纹。

（8）节流阀无法节流。节流阀刺坏、更换。

（9）上法兰试压孔处渗漏。密封圈失效，紧密封脂注入阀。

（10）油管挂主副密封试压失败。检查连接钢圈及顶丝有无渗漏。

（11）油管头顶丝处渗漏。紧盘根压帽。

（12）油管头下法兰垫环渗漏。适当降压，紧螺栓。

（13）注塑接头无法注塑。注油疏通润滑，再注密封脂。

（14）若发现分队不能自行处理的渗、漏、刺等异常情况，须及时上报开发科和质量安全环保科。

3. 疏水阀

疏水阀在生产中常见的故障主要有 3 类：不排水或排水不畅；疏水阀排量小，分离器积液多甚至翻塔；天然气泄漏等。对此在生产中不断进行实践和探索，总结出了相应的解决的办法（表7-2-10）。

表 7-2-10　疏水阀常见故障和排除方法

故障现象	原　因	排　除　方　法
不排水或排水不畅	系统超压，疏水阀自锁	调整系统工作压力至铭牌标定的工作压力以下
	系统超压，疏水阀内件损坏导致阀芯关闭	更换损坏部件
	回气管阀门未开，回气管道堵塞或积液造成气堵	疏通回气管道
	进液管道阀门未开或者管道堵塞	疏通进液管道
	阀内污物堵塞导致疏水阀内部机构未开启	进行排污操作或者打开阀体清除阀内污物
疏水阀排量小，分离器积液多甚至翻塔	实际产液量超过铭牌标定排量或者排量倍数不够，不能及时排掉股状水，属选型不当	更换合适排量的疏水阀
	系统工作压力过低，疏水阀排放压差小，排量小	调整系统工作压力至铭牌标定的工作压力
天然气泄漏	疏水阀内进入异物，造成设备内部部件故障或损坏	打开阀体检修
	疏水阀长期运行，阀芯密封件必然产生磨损和冲刷	

第三节　现场 HSE 管理

一、日常 HSE 管理

（一）安全活动

1. 以班组（井站）开展安全环保活动，每月 2 次；每周 4 次井控自检自查；结合季节变化开展专项应急演练等。

2. 每年进行 1 次危害识别及风险评估，对本站可能存在的危害按等级进行评估，全体站员参加并亲笔签名。

3. 在日常管理及各级检查中查出的隐患，井站应保存好隐患整改通知单，并及时对隐患进行整改，对井站自己不能整改的应及时上报。

（二）动火作业管理

1. 动火施工前必须检查经审批的动火作业许可证和承包商进场安全许可证，确认用火人员与作业许可证上的人员相符。

2. 对施工方用火安全措施落实情况进行检查并签字确认。

3. 施工过程中必须安排专人负责监督，工程完成达到要求方可在动火作业许可证验收栏上签字(工程组织者和站长共同签字)，动火作业许可证交井站保存。

（三）破土作业管理

1. 破土施工前必须检查经审批的破土作业许可证和承包商进场安全许可证。

2. 对施工方破土安全措施掌握及落实情况进行检查并签字确认。

3. 施工过程中必须有专人负责监督，工程完成达到要求方可在破土作业许可证验收栏上签字(工程组织者和站长共同签字)，破土作业许可证交井站保存。

（四）受限空间作业管理

1. 作业前必须检查经审批的受限空间作业许可证和承包商进场安全许可证，确认作业人员与作业许可证上的人员相符。

2. 对施工方安全措施落实情况进行检查并签字确认。

3. 施工过程中必须安排专人负责监督，完工后达到要求方可在受限空间作业许可证验收栏上签字(站长签字)，作业许可证交井站保存。

（五）高处作业管理

1. 基准面 2m 以上必须系安全带，15m 以上必须持有高处作业许可证。

2. 高处作业前，必须检查经审批的高处作业许可证和承包商进场安全许可证，确认作业人员与作业许可证上的人员相符。

3. 对施工方安全措施落实情况进行检查并签字确认。

4. 施工过程中必须安排专人负责监督，完工后达到要求方可在高处作业许可证验收栏上签字(站长签字)，作业许可证交井站保存。

（六）临时用电管理

1. 作业前必须检查经审批的临时用电作业许可证和承包商进场安全许可证，确认用电人员与作业许可证上的人员相符。

2. 对安全措施落实情况进行检查并签字确认。

3. 施工过程中必须安排专人负责监督，完工后达到要求方可在临时用电作业许可证验收栏上签字(站长签字)，作业许可证交井站保存。

（七）关键部位及要害部位管理

1. 状态标识清晰，设备设施的相关参数要挂牌标识。

2. 按巡回检查管理制度进行安全检查。

3. 明确关键要害部位责任人(要求挂牌)。

4. 关键装置要在设备台账备注栏中予以明确。

（八）消防管理

1. 杜绝漏电、漏火、漏气、漏油现象，做好禁烟禁火区火种管理。

2. 做好消防器材清洁卫生，做到无灰尘、无锈迹、摆放整齐。

3. 确保灭火器铅封完好，压力有效，压把、喷管、喷嘴完好；消防铲、钩完好；消防沙疏松、无杂物杂草。

4. 消防器材责任人明确，出厂、启用、检查日期填写清楚，使用后归位，禁止挪用。

5. 建立消防设施台账。

二、故障与应急管理

（一）故障判断和处理

1. 生产故障

生产过程中，若出现双波纹差压计仪表静、差压异常，进站压力、出站压力异常，温度计温度异常，井口油套压压差过大，油套压异常降低，产量过低，冰堵、堵塞，放空管线不畅通等生产故障，应分析故障发生的可能原因，并采取相应的处理措施，及时排除故障。

2. 计量故障

若出现计量不准、输差等计量故障时，应分析故障发生的可能原因，并采取相应的处理措施，及时排除故障。

3. 设备故障

若出现闸门开关不灵活、水套炉点火装置不能正常工作、自动疏水阀失效、过滤式分离器不能有效分离等设备故障时，应分析故障发生的可能原因，并采取相应的处理措施，及时排除故障。

（二）应急管理

1. 井喷失控处置

当井口装置刺漏、损坏或由于其他原因造成井喷失控或着火时，井站立即启动应急预案并上报队部，并组织警戒疏散工作，协助应急抢险。

2. 火灾爆炸处置

当井站分离器、流程管道等压力容器出现焊缝开裂、腐蚀穿孔、超压、堵塞引起的天然气泄漏、爆管及由此引起的火灾事故苗头时，井站立即启动应急预案并上报队部，采取应急措施防止事故扩大，组织警戒疏散工作，救援队伍到来时协助应急抢险。

3. 油气泄漏处置

① 若井站生活用气管线超压爆炸引起火灾，要立即切断气源电源，果断灭火并上报队部。

② 若井站电器线路老化短路引起火灾，要切断生活气源，灭火并上报队部。

③ 若井站外附近居民发生火灾，要防止火势蔓延至井站，协助扑灭站外火灾。

4. 突发公共卫生事件处置

① 若发生集体食物中毒，要立即拨打 120 救援，并报队部。

② 若发生传染病流行，要及时消洗隔离，远离病原体，若有感染立即送院治疗并报告队部。

5. 破坏性地震灾害处置

若发生突发自然灾害，立即关闭井口，转移到空旷地带，检查进站、出站管线，检查流程基础、房屋基础。

6. 洪汛灾害处置

若突发自然灾害（如洪灾等）引起事故苗头，要做好自救措施（穿戴好救生衣等），检查进站、出站管线，检查排水沟，随时准备关闭井口撤离。

7. 气象灾害处置

若突发自然灾害（如暴雨、雷电等），要确保自身安全，检查进站、出站管线，检查活动房接地装置、随时准备关闭井口撤离。

8. 天然气供应事件处置

若本站所辖集输气管线爆管引起停气，要切断气源（先断高压再低压）检查进站、出站管线、管线护坡护坎。

9. 群体性事件处置

若发生安全、污染、综制、信访、赔偿引发堵路、围攻、断水、断电等群体性事件，要及时了解掌握周边情况报告队部，严格门禁管理，冷静处理，随时准备报警。

10. 恐怖袭击事件处置

若发生突发恐怖袭击事件，要冷静处理，确保人身安全，及时报警并报告队部，严格门禁制度。

11. 应急演练

① 井控应急演练

每月开展一次应急演练，检查应对突发事件所需应急队伍、物资、装备、技术等方面的准备情况，发现不足及时予以调整补充，做好应急准备工作。

② 站场、管道隐患点

每季度开展1次应急演练。提升演练组织单位、参与单位和人员等对应急预案的熟悉程度，提高其应急处置能力。

③ 消防

每半年开展1次应急演练，进一步明确相关单位和人员的职责任务，理顺工作关系，完善应急机制。

④ 自然灾害、综治突发

每半年开展1次应急演练，普及应急知识，提高员工风险防范意识和自救互救等灾害应对能力。

三、井控管理

（一）采气生产井控管理要求

1. 深井交接井井控要求

由厂生产运行科牵头组织质量安全环保科、开发科、物资装备科、油地工作科及采气大队的相关人员交接，交接要求：

① 采气树部件齐全；各部件连接牢固、无渗漏及试压合格。

② 套管头各部件连接牢固、无渗漏及试压合格；套管头泄压阀门外法兰齐全。

③ 与井口配套的其他设备如井口阀控制系统、井下安全阀控制系统运行正常。

2. 开井投运

① 开井前根据测试成果和地面流程功能编写投产方案，由采气厂审批投运。

② 根据审批的投产方案，对上岗人员进行投产前培训，上岗人员应熟知气井、井口设备及采气流程，懂得操作程序和控制参数，熟悉相关应急预案。

3. 井口装置检查、维护与保养

① 气井各级套管环空应安装压力表，监测压力变化；气井必须连接泄压管线，在环空压力出现异常时及时泄压。

② 每年对井口装置进行 1 次维护保养，加注密封脂、黄油，维护保养时应不影响气井的正常生产，并建立台账。

③ 高温、高压的套管头及采气树，除进行日常维护保养外，对其所有平板闸阀、节流阀等活动部件，每半年至少注脂 1 次。

④ 高温气井井口压力表、温度计进行定期检查，发现问题及时更换。

4. 井口装置漏气处理

① 大四通底法兰以下漏气：可以实施带压动火焊堵措施的，按井口动火管理有关规定审批实施焊堵；不能实施带压动火焊堵措施的，审批后实施大排量反循环压井措施，然后实施焊堵。

② 大四通周边法兰连接处或 1、2、3 阀门损坏漏气时，可采取不压井带压换阀技术实施阀门或钢圈的更换，带压换阀作业必须要有施工组织设计和应急预案，且须在责任主体单位的安全、生产部门监督下实施。无带压换阀技术装备或带压换阀技术难以实施时，审批后实施压井方式更换。

（二）采气深井现场管理

（1）对所辖的未投产井和停产井按 1 次/月巡检。

（2）井口装置注脂、注黄油 1 次/年；高温、高压、含硫气井套管头及采气树，对其所有平板闸阀、节流阀等活动部件注脂 1 次/半年。

（3）井控工作例会。

（4）每季度开展 1 次井控演习，并做好演练总结。

（5）交接井时，对临时管理但未交接的采油（气）树井口进行检查，监督交接的井场环保等遗留问题是否处理彻底，发现问题及时上报队部。

（6）投产运行时，学习投产方案，严格执行气井工作制度，井口定时巡检和执行资料录取规定，发现异常情况及时上报队部。

（7）若气井出砂，应立即请示队部是否关井，同时检查节流阀件有无损坏，再开井时，逐渐调配产气量，气量波动不宜超过配产气量的 5%；气井生产初期巡查 1 次/20 分钟。

第四节　现场管理成果

一、深井投运指南

（一）投运原则

组织原则：服从指挥，投产的各项操作均在投产指挥的统一协调组织下进行。

安全原则：投产各项操作均应以保证安全为前提，严格遵守各项安全操作规程和制度。

环保原则：各项操作均不应对环境造成不良影响。

程序原则：投产遵循设计的程序，不得随意逾越投产程序。

岗位责任原则：投产安排的各岗位应各负其责。

（二）人员培训

1. 人员配置

对川西须家河组气井的投产，根据气井测试产量大小、压力高低，以及井下和地面工艺流程情况进行岗位设置，一般设置如下：

（1）井控安全地面控制系统液压岗1人。

（2）高压低压区1人。

（3）站长1人。每天按三班倒四组人，重点深井人员一般安排9人。

2. 人员培训

为确保新井的安全平稳投产，依据川西须家河组气藏开采特点和投运流程情况，邀请经验丰富的老师对员工进行深井知识培训，制定详细的培训计划。

（1）培训内容

① 生产技术方面：主要包括须家河组气藏特征、气井完井方式、采输工艺结构原理操作、地面节流工艺、管汇油嘴倒换及油嘴更换操作、高级孔板阀计量、高压气井设备日常维护管理、深井动态跟踪等重点内容。

② 开关井操作方面：主要包括开井前准备工作、开井操作程序、开井注意事项等内容；关井操作主要包括正常情况下关井、紧急情况关井、关井注意事项等内容。

③ 液控柜使用及保养：进行液控柜紧急情况下的使用及日常维护保养操作的培训，并了解其结构和操作程序原理。

④ 安全方面：主要包括根据应急预案进行培训及现场演练等内容（包括呼吸器的使用以及紧急情况下的井下或地面关井操作）。

（2）培训达标要求

采气员工培训达标内容主要包括：了解须家河组气藏特点、熟练掌握新井投运操作方案、流程设备达到"四懂三会"、能依据应急预案进行突发事件处理等。

（三）投运准备

1. 物资准备

为保障气井开井的正常投运，生产物资保障是关键，在开井前要准备好所需物资，对易损物质进行充分准备，以保障生产的正常运行以及应急处理。

（1）易损件准备：主要包括管汇阀门密封圈、油嘴、节流阀、水套炉喷嘴、高压管汇阀门、高压Y型压力表针阀、调压阀密封圈、高压铜垫等易损件。

（2）配套专用工具准备：主要包括油嘴专用工具、防爆工具、节流针阀专用工具、内六角扳手1套、普通工具1套等专用工具。

（3）计量物资准备：主要包括高级孔板阀密封圈、孔板胶圈、球阀、静差压笔尖、计量仪表墨水、合适配产的计量孔板、100MPa精密压力表、6MPa防震压力表、10MPa精密压力表、最大量程100℃温度计、毛细管等计量物资。

（4）安全物资准备：主要包括通信设备、空呼器、消防器材、硫化氢检测仪、天然气泄漏检测仪等安全物资。

2. 方案准备

（1）编制合理的投运方案，其内容包括：基本情况、测试概况、集输工艺、采气地面流程图、投运准备、气井投运操作、气源调度、气井调峰等内容。

（2）编制应急预案内容包括：目的、险情分析、应急指挥机构设置和职责、应急救援装备配备、事故现场应急抢险方案和处理程序、紧急安全疏散方案、现场医疗救护方案、社会救援的联系协调、事后恢复程序等内容。

3. 流程标识准备

结合放喷流程与输气流程设置阀门常开及常关标识，设置气流走向标识，设置流程节流标识，设置逃生路线标识牌。

4. 技术沟通

（1）与钻井方进行技术沟通：主要包括钻井资料、钻井井下事故、钻井井漏、替喷施工方案等方面的技术交流。

（2）与测试方进行技术沟通：主要包括替喷测试数据、施工方案、地面远程液控系统、测试配合输气应急方案等方面的技术交流。

（3）与油建方进行技术沟通：主要包括流程设计施工图、流程试压报告、管线吹扫情况、安全阀校验报告、流程常用配件等方面技术及设备的交流。

5. 系统调试准备

（1）安全阀地面控制柜

① 检查井口安全地面控制柜上的地面、井下安全阀控制压力表的压力读数是否在设定范围内，若压力降低，则需补压至要求的压力范围内。

② 检查手压泵的各连接部件有无脏、松、漏等现象，发现问题及时清理整改。

③ 检查手压泵内的液压油是否需要补液。

④ 检查下游管线是否有脏、松、漏等现象，发现问题及时处理。

⑤ 维护保养设备。

（2）计量仪表

计量仪表校验（主要为高级孔板阀计量）、压力表校验。

（3）水套炉

① 水套炉加水，并检查水套炉液位计是否准确，确保水套炉水位在工作范围内。

② 检查水套炉燃烧筒内喷嘴大小，更换合适的喷嘴。

③ 检查水套炉燃气压力调节。

④ 启用水套炉并调节火焰燃烧情况、温炉、了解水套炉升温情况。

⑤ 查看水套炉进出口控制阀门及其他设备有无渗漏现象。

⑥ 按规定维护保养水套加热炉。

（4）管汇台及油嘴

① 管汇台初次投运时阀门注脂（不同型号的阀门注脂时所采用的注脂方法不同）。

② 管汇阀门开关灵活情况检查。

③ 合适的油嘴选型及安装。

④ 安装并检查油嘴规格型号是否合适、密封圈是否完好。

（5）疏水阀

① 运行前的检查：检查确定系统压力小于或等于疏水阀铭牌标定的工作压力，且不低于标定工作压力的30%，系统工作压力过低会严重减小疏水阀的排量。

② 运行时检查：应检查系统压力即疏水阀进口压力是否控制在天然气疏水阀的工作压力范围内，不允许超压运行。

（6）针阀

① 检查节流阀安装方向是否正确。

② 检查节流阀开关灵活度及开关方向。

③ 检查节流阀是否能关闭。

（7）调压阀

① 检查燃气调压阀调压是否灵敏。

② 压力调节一般在 0.10~0.20MPa。

6. 现场演练

（1）投运方案演练及评估。

（2）投运组织程序演练。

（3）投运特殊岗位演练。

（4）测试过程中输气流向倒换。

（5）与测试流程配合放喷操作全过程演练。

（6）单独投运操作全过程演练。

（7）评估投运方案演练情况。

① 应按厂安全环保部门批准应急预案进行演练，并制定应急演练计划，每月组织 1~2 次应急演练，参加演练的人员为本井站涉及的应急抢险人员（主要范围在分队范围内）。

② 应急预案的评估。演练结束后，应对演练情况做好记录，记录应包括演练组织单位、时间、工况、经过、讲评、组织人、参加人等内容，及时总结演练过程中出现的问题并对应急预案的科学性、有效性和可操作性等进行评估。

7. 试运行

（1）试运行生产要求

① 定期检查节流油嘴，如果油嘴被刺坏，按高压气井更换油嘴操作规程执行。

② 勤巡查一、二、三级节流压力、温度，压力调配原则：一、二级压力调配压降一般在 15~20MPa 左右，避免压降太大影响节流设备的使用寿命。

③ 注意观察井口油压、套压、环空压力、瞬时产量变化情况。

④ 向流程各部位按规定压力范围倒入天然气进行流程试压，并检查整体流程各连接部有无泄漏。

（2）试运行安全注意事项

① 进入生产区域佩戴安全帽，穿长袖纯棉工作服。

② 加强各连接部位的验漏（30 分钟 1 次）。

③ 高压区域不得站在气流倒向正面。

（3）试运行检查制度

为保证安全生产，及时发现问题、解决问题，值班人员必须在气井试运行过程中定时巡井检查，巡检线路为值班室-采油气树-井口控制柜-从井口到出站的地面流程设备-消防器材-值班室，巡检内容包括：

① 正常生产期间，生产班每 15 分钟巡检 1 次。当有异常情况时，根据需要增加巡井次数，或按要求进行巡井。巡井期间，要准确详实地录取资料。

② 严格按照巡回检查路线图进行巡检，不得遗漏。

③ 巡井期间，对发现的问题要及时解决或上报，同时准确、详细地记录在安全检查记录本上。

④ 含硫化氢井巡检时必须携带硫化氢检测仪检测浓度，当可能存在危险时要求穿戴正压式空气呼吸器进行巡检。

8. 现场资料录取及要求

（1）每天进行氯根滴定，并观察水样颜色变化情况、测试 pH 值，定期进行气样组分监测，每月作 1 次水样全分析。

（2）按要求取全、取准生产数据。

二、技术专利

（一）一种更换油嘴的磁性工具

1. 专利证号

ZL201020287532.5

2. 技术领域

本实用新型专利涉及气田开发领域的天然气采输流程中油嘴的更换技术，是一种更换油嘴的磁性工具。

3. 技术背景

随着气田的深入开发，气藏气井逐年增多，大型加砂工艺的不断进步并得到广泛应用。在采气工艺流程上，为防止气井出砂带来的生产隐患，多采用油嘴进行生产。目前很多气田已经有大量的气井采用油嘴节流降压生产。但是使用油嘴后，因油嘴密封圈的高温高压变形，导致油嘴松扣后更换困难，进行油嘴更换作业时，用普通的套筒工具难以从固定式节流阀阀腔里取出需更换的油嘴，用该方法更换 1 只油嘴至少 30 分钟，劳动强度大，效率低，严重影响了生产现场作业的正常开展。

4. 实用新型专利内容

本实用新型为解决上述技术问题，针对更换油嘴速度慢的难题提供了一种更换油嘴的磁性工具，可以广泛用于油嘴更换作业，使用该工具能方便快捷地更换油嘴。

本实用新型的技术方案如下：

一种更换油嘴的磁性工具，包括手柄、传动丝杆、套筒，手柄通过传动丝杆与套筒螺纹连接，其特征在于：传动丝杆的顶部固定设置有磁力大于油嘴与套筒之间摩擦力的强磁体。所述强磁体可以根据需要更换，使用时，只需其磁力大于油嘴与套筒之间的摩擦力则可以工作。

本实用新型主要运用了运动相对性、机械性改变力的方向、强磁性，其工作原理为：利用旋转手柄，将力作用于油嘴，正反时针方向分别为安装和卸载油嘴。当安装油嘴时，将油嘴安装固定式节流阀阀腔内，将该工具的套筒套入油嘴，顺时针方向旋转手柄，并带动油嘴正时针方向旋转，即为紧扣，旋转吃力时，即油嘴安装到位。当卸载油嘴时，反时针方向旋转手柄，传动丝杆改变作用力方向，使作用力背向油嘴，油嘴松扣后，利用与传动丝杆相连接的强磁体，紧紧吸住油嘴，便能将油嘴撤除。

5. 实施效果

本实用新型可以广泛适用于油嘴更换作业，能方便快捷地更换油嘴，可以大大提高作业效率。

6. 具体实施方式

更换油嘴的磁性工具，包括手柄1、传动丝杆2、套筒3，手柄1通过传动丝杆2与套筒3螺纹连接，传动丝杆2的顶部固定设置有磁力大于油嘴与套筒3之间摩擦力的强磁体4(图7-4-1)。所述强磁体4可以根据需要更换，使用时，只需其磁力大于油嘴与套筒3之间的摩擦力就可以工作。

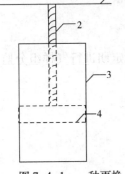

图7-4-1　一种更换油嘴的磁性工具

本实用新型运用运动相对性、机械性改变力的方向、强磁性，其工作原理为：利用旋转手柄1，将力作用于油嘴，正反时针方向分别为安装和卸载油嘴。当安装油嘴时，将油嘴安装固定式节流阀阀腔内，将该工具的套筒3套入油嘴，顺时针方向旋转手柄1，并带动油嘴正时针方向旋转，即为紧扣，旋转吃力时，即油嘴安装到位。当卸载油嘴时，反时针方向旋转手柄1，传动丝杆2改变作用力方向，使作用力背向油嘴，油嘴松扣后，利用与传动丝杆2相连接的强磁体4紧紧吸住油嘴，便能将油嘴撤除。

根据现场统计结果，更换1只油嘴时间大概需要8min，大大提高作业效率。利用该工具在大量气井推广应用，大大提高现场作业效果。经使用，流程倒换需要更换油嘴共32口井，累计60井次，按平均单井多生产20min计算，全年累计增产天然气约$41.00×10^4 m^3$。

(二)一种快速顶圈器

1. 专利证号

ZL201020287508.1

2. 技术领域

本实用新型专利涉及气田开发领域的天然气采输流程平板闸阀下密封圈的更换技术，是一种快速顶圈器。

3. 技术背景

随着气田的深入规模开发，气井逐年增多，采气流程高压段平板闸阀下密封圈极易在高温高压的工况下出现变形而泄漏，故需要及时更换密封圈。平板阀上密封圈因操作空间大，可以利用腔室打水压快速撤卸和采用简单的套筒工具快速安装，但下密封圈因与底面(水泥基础、撬装基础)距离短，操作空间下，腔室打水压能快速撤卸，但没有合适的工具进行快速安装，单凭简单套管工具安装费时费力，一般安装1只下密封圈需4个小时。

4. 实用新型专利内容

本实用新型为解决上述问题提供了一种快速顶圈器，是主要针对更换平板闸阀下密封圈作业研制而成，使用该工具后，能方便快速地更换平板闸阀下密封圈，大大提高作业效率。

本实用新型的技术方案如下：

一种快速顶圈器，其特征是包括旋转手柄、外丝扣套筒和与外丝扣套筒套接的作活塞式运动的内套筒，旋转手柄固定于与外丝扣套筒螺纹连接的传动丝杆上，内套筒与传动丝杆接触。传动丝杆的顶部设置有活动顶头，活动顶头与内套筒接触。活动顶头用于减少更换密封圈过程中的摩擦力。

本实用新型主要运用了运动相对性、机械性改变力的方向。工作原理为：将密封圈套在

298

内套筒上，再将外丝扣套筒与平板阀下阀座相连接，旋紧固定，转动旋转手柄，将力作用于内套筒，顺时针旋转时，内套筒带动密封圈套入下阀杆，快速到位后，再反时针方向转动旋转手柄，内套筒脱离密封圈，利用活动顶头使密封圈继续上行并紧固于下阀杆上，撤卸外丝扣套筒，取下快速顶圈器，安装平板阀下阀座，紧固后即更换完成。

5. 实施效果

本实用新型主要针对更换平板闸阀下密封圈作业研制而成，使用该工具后，能简单方便快速地更换平板闸阀下密封圈，根据现场统计结果，更换 1 只闸门的密封圈最多只需要 2 小时，大大提高了作业效率。

6. 具体实施方式

一种快速顶圈器，包括旋转手柄 8、外丝扣套筒 7 和与外丝扣套筒 7 套接的作活塞式运动的内套筒 4，旋转手柄 8 固定于与外丝扣套筒 7 螺纹连接的传动丝杆 3 上，内套筒 4 与传动丝杆 3 接触（图 7-4-2）。所述传动丝杆 6 的顶部设置有活动顶头 5，活动顶头 5 与内套筒 4 接触。活动顶头 5 用于减少更换密封圈过程中的摩擦力。将密封圈套在内套筒 4 上，再将外丝扣套筒 7 与平板阀下阀座相连接，旋紧固定，转动旋转手柄 8，将力作用于内套筒 4，顺时针旋转时，内套筒 4 带动密封圈套入下阀杆，快速到位后，再反时针方向

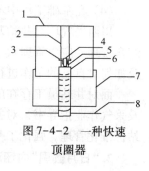

图 7-4-2　一种快速顶圈器

转动旋转手柄 8，内套筒 4 脱离密封圈，利用活动顶头 5 使密封圈继续上行并紧固于下阀杆上，撤卸外丝扣套筒 7（图 7-4-2），取下快速顶圈器，安装平板阀下阀座，紧固后即更换完成。

采用常规方法 1 套深井流程更换 30 只密封圈，至少需要 10 天。但采用本实用新型专利后，最多需要 5 天，可以大大提前完成闸门密封圈更换，多生产天然气。快速顶圈器的使用提高了作业工作效率，确保了深井的快速安全投运，同时在生产过程中更换密封圈时减少了关井时间，降低了气井安全生产风险。

（三）日月圆图引领标准化管理

1. 日月圆图实施背景

"基础不牢，地动山摇"，这是对井站基础工作重要性的直接描述。基础工作是否夯实，直接决定着各项任务指标能否全面完成。目前标准化在队伍管理中发挥的作用日趋明显，成为提高队伍管理水平、促进队伍发展的有效途径，也是企业创造经济效益必不可少的基本手段和基础工作。近年来，中国石化天然气大开发战略的实施，为川西气田提供了良好的发展机遇，产能建设速度不断加快，产量规模不断扩大，人员不断增多，川西采气厂从建厂初期的 300 余人增加到 1100 人，年产天然气从 $3.40×10^8 m^3$ 增长到 $23.77×10^8 m^3$，生产运行难度不断加大，精细化管理要求日益提高，亟需推行标准化管理。针对一线员工岗位调整频繁、对井站基础工作的认知不能适应快速发展要求的情况，川西采气厂从井站基础管理着手，探索井站标准化管理，解决员工在基础工作中的"四不清楚"问题。

（1）在基础工作中不清楚干什么

由于井站工作涉及生产管理、安全管理、综治管理、设备管理、节能降耗管理等多个方面，事情多而杂，部分井站员工除了录取气井生产资料、打扫站场卫生，按井站长的指令做以外，对井站基础工作比较茫然，不清楚该干什么。

（2）在基础工作中不清楚何时干

井站员工实行的是八小时倒班制，工作内容包括录取气井生产资料、保持设备和现场整洁、气井维护、班组学习、开展安全活动、应急演练、巡管、气井动态分析、清洗节流装置等，井站员工对这些具体工作不清楚何时干。

（3）在基础工作中不清楚如何干

井站工作流程主要包括交接班、日常巡查、气井开关井、水套炉使用、双波纹差压流量计操作、标准节流装置清洗、平衡罐加注、气田油气水取样、氯根滴定操作、管线吹扫、水合物解堵、阀门保养等，由于新进员工较多，人员素质参差不齐，导致部分井站员工不清楚如何干。

（4）在基础工作中不清楚责任标准

川西采气厂对井站基础工作的管理，分为生产管理、设备管理、计量管理、HSE 管理、综合管理、应急管理六个方面，部分井站员工不清楚管理标准，不明白自己的责任标准，以及如何对自己的工作进行量化。

面对井站员工存在的"四不清楚"，川西采气厂经过广泛调研，根据 QHSE 运控文件以及采气作业指导书，对井站基础管理工作进行了认真剖析，以"日月圆图"为引领，推进井站标准化管理，强化了基础工作管理，有力地推进了井站标准化管理工作。

2. "日月圆图"内涵和做法

为进一步强化基础工作，提高"三基"工作水平，川西采气厂从井站基础管理着手，通过建立四个标准、落实四个抓手，全面提升井站基础工作管理水平。四个标准，即上标准班、干标准活、做标准记录、打标准分；四个抓手，即日月圆图、岗位手册、记录模板、绩效考核。

通过"日月圆图"对井站基础工作"简化、统一、协调、优化"，为井站基础工作管理提供了共同遵循的准则，实现精细化管理全覆盖井站各项基础工作，明确井站基础工作由谁来做、何时做、怎样做，对每个员工的每个"动作"制定严格的标准，实现一定时期和一定环境下的最优流程。"日月圆图"还进一步规范了员工行为，落实了问责体系，形成了分级考核体系，初步建立了一套"责任与业绩、业绩与绩效"挂钩的激励机制，激发了员工学技术、强管理的工作激情，提高了深井管理水平。

（1）梳理业务流程，设计日月圆图——上标准班

以往，井站各项基础工作内容、管理规定等都是通过各类文本以"平面媒体"的形式出现，井站员工工作中容易出现不知"什么时候该干什么、怎么干"的问题。川西采气厂通过对管理井站的差异性分析与规律性分析，建立了中心站、卫星站（深井站）、地层水处理站日月圆图。日圆图是在一张彩色圆形图表中，将气井维护、加药等日常工作罗列在相应时段，月圆图则是将每月工作细化到每日的图件。对照工作日月圆图，井站员工知道"每班每时干什么、每月每天干什么"，明确了值班时"负什么责、干什么事、何时干、如何干"，使井站日常基础工作"视频"化，实现了上标准班。

① 站场日圆图

深井站日圆图按照每天 24 小时的时间表盘，清晰定格每个深井站场每天 24 小时中各小时段的具体工作内容，主要包括 5 大项和 28 小项（图 7-4-3）。5 大项，一是日常生产工作，如交接班、巡回查、日常生产数据采集、值班室管理、生产情况汇报、增产措施、气井动态监测、油水拉运等；二是设备工作，主要是设备设施维护保养工作；三是计量工作，如产量

计算、调校静差压、验漏等；四是 HSE 管理工作，主要是日常安全管理工作，以及安全活动、外来人员管理等；五是岗位练兵，每天定时开展"岗位练兵"活动。28 小项，将井站每天的具体工作细化为 28 小项，从每天第一个交接班为起始，将每天各项具体工作定格在时间表盘上，建立井站全天工作流程。具体排列为：交接班；更换卡片，计算、复核、上报产量；仪表调校静差压，验漏，腔室排液；采气曲线描点、连线；气井维护，加药等。

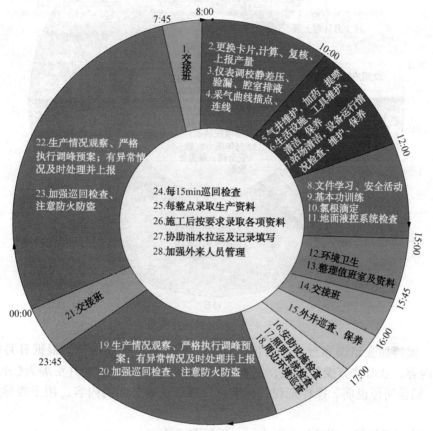

图 7-4-3　深井站场日圆图

② 站场月圆图

深井站月圆图按照每月 31 天的时间表盘，清晰定格深井站场每月每天的具体工作内容，主要包括 5 大项和 32 小项（图 7-4-4）。5 大项，一是日常生产管理工作，主要是日常生产数检定、施工作业等工作，做好外井、外管巡查等工作；二是设备管理工作，主要是设备维护保养工作；三是计量管理工作，主要是计量数据管理和计量设备管理；四是 HSE 管理，主要是做好承包商管理、安全设施维护建设，主要日常考勤与班组活动；五是班组根据采集的增产措施；32 小项，将深井站场每月每天的具体工作细化为 32 小项，按照时间安排，按时开展各项工作，具体内容是：节能降耗（水、电、气）工作；计算油、水产量；填报合理化建议、泡排施工记录；填报污水拉运单、观察井记录；填写气井日报表、更换卡片；合输井测瞬时产量；气井动态分析等。

（2）修订操作规程，完善标准化指南——干标准活

近年来，川西采气厂相继引进新工艺、新设备，如疏水阀、高级孔板阀、井口安全自动截断系统等，员工见得多，操作得少。在保养、维护使用以及故障处理等方面技能

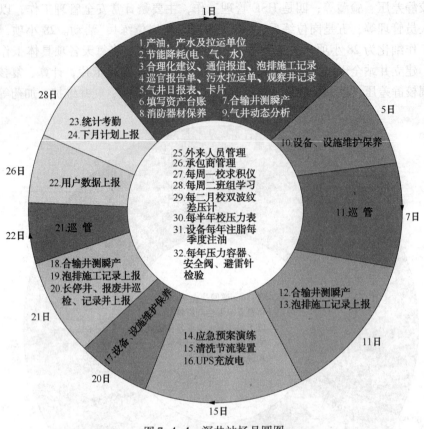

图 7-4-4 深井站场月圆图

水平较低，需要加强培训和教育，明确干什么，更需要明确如何干。根据日月圆图上规定的工作内容，及时修订操作规程，完善《井站标准化管理指南》，并汇编为《井站员工岗位手册》，涵盖岗位说明、操作规程、标准化管理要求等方面的内容，用于指导井站员工干标准活。

（3）制定记录模板，明确记录要求——做标准记录

井站资料记录的要求标准逐渐提高，而部分井站员工理解认识深度不够，记录简单、字迹潦草，甚至出现部分记录与现场情况矛盾的现象。为规范井站记录资料管理，川西采气厂结合日月圆图的具体工作内容，以及井站标准化管理要求，明确每一类报表的填报要求，形成了生产报表、巡管报告单等16种报表的记录模板，并组织培训，规范现场记录。让井站员工明白什么样的记录才能准确、详实地反映生产实际，什么样的记录才符合 QHSE 体系运控要求，实现各个井站标准记录。

（4）制定考核标准，完善绩效考核——打标准分

为切实提高员工工作积极性，提升井站基础工作水平，川西采气厂结合日月圆图的具体工作内容，完善了绩效考核办法。实现基础工作与基层单位绩效挂钩、井站绩效与个人绩效挂钩，实现员工绩效考核打标准分。

该项管理成果的推广应用不仅加强了井站基础工作，而且实现了井站基础工作管理的标准化、可视化、有力地推动了川西采气厂井站各项基础管理工作，荣获中石化集团第二十一届管理创新成果一等奖。

参 考 文 献

1　陈声宗. 化工设计[M]. 北京：化学工业出版社，2001.

2　陈玉飞，贺伟，罗涛. 裂缝水窜型出水气井的治水方法研究[J]. 天然气工业，1999，19(4)：62-64.

3　陈元千. 实用油气藏工程方法[M]. 北京：石油大学出版社，1998.

4　戴金星，裴锡右，戚厚发，等. 中国天然气地质学. 北京：石油工业出版社，1996.

5　邓少云，叶泰然，吕正祥. 川西新场构造须家河组二段气藏特征[J]. 天然气工业，2008，28(2)：
　　42-45.

6　郭正吾，韩永辉，王胜，等. 川西盆地碎屑岩油然地质图集. 成都：四川科学技术出版社，1996.

7　郭新江，蒋祖军，胡文章. 天然气井工程地质. 北京：中国石化出版社，2012.

8　何志国，熊亮，杨凯歌. 川西坳陷中段新场构造须二气藏主控因素分析[J]. 天然气勘探与开发，2006，
　　29(4)：18-22.

9　胡德芬，李娅，马冠明. 天东90井排水采气效果分析[J]. 天然气勘探与开发，2005，28(3)：48-52.

10　华东涛，刘凯，王小川，等. 威28井强排水效果分析及今后工作设想. 天然气工业，1986，6(1)：
　　69-72.

11　黄炳光.《油藏工程与动态分析方法》. 北京：石油工业出版社，1998.

12　何晓东，邹绍林，卢晓敏. 边水气藏水侵特征识别及机理初探[J]. 天然气工业，2006，26(3)：
　　87-89.

13　蒋祖军，郭新江，王希勇. 川西致密砂岩气藏地质特征. 北京：中国石化出版社，2011.

14　江健，刘兴国，易枫，等. 高温、高产水气井气水分离效果分析及治理[J]. 中外能源，2011，(7)：
　　61-63.

15　柳广地. 石油地质学[M]. 北京：石油工业出版社，2009.

16　陆廷清，陈晓慧，胡明. 地质学基础[M]. 北京：石油工业出版社，2009.

17　黎华继，张晟. 新场气田须二气藏气水分布探讨[J]. 天然气技术，2008，2(2)：28-31.

18　黎洪珍，杨涛，汪小平. 池27井区排水采气工程技术进展及成效[J]. 钻采工艺，2006，29(2)：
　　57-59.

19　李恒让，江健，王世泽. 川西坳陷孝泉构造天然气成藏基本特征[J]. 天然气工业，2001，21(4)：
　　11-15.

20　李剑，胡国艺，谢增业，等. 中国大中型气田天然气成藏物理化学模拟研究. 北京：石油工业出版
　　社，2001.

21　李景明，魏国齐，曾宪斌，等. 中国大中型气田富集区带. 北京：地质出版社，2002.

22　李士伦. 单相气体嘴流原理. 天然气工程. 北京：石油工业出版社，2000.

23　李仕伦. 天然气工程. 北京：石油工业出版社，2000.

24　李颖川. 采油工程. 北京：石油工业出版社，2002.

25　李祖友，杨筱璧. 高压气井二项式产能方程[J]. 特种油气藏，2008，15(3)：62-64.

26　刘兴国. 油气田采出水的回注. 天然气工业，1995，15(5)：72-76.

27　刘义成. 中坝气田须二气藏提高采收率研究[J]. 天然气勘探与开发，2000，23(3)：12-20.

28　青淳，唐红君，卜淘. 川西坳陷新场气田浅层气藏开发技术难点及对策[J]. 天然气工业，2002，22
　　(3)：55-58.

29　庞雄奇. 地质过程定量模拟. 北京：石油工业出版社，2003.

30　彭远进，刘建仪，李祖友. 一种裂缝型有水气藏物质平衡新模型[J]. 天然气工业，2007，27(2)：
　　81-83.

31　任春，夏响华. 典型气藏上方地表化探特征分析[J]. 石油实验地质，2006，28(2)：182-186.

32　唐泽尧. 气田开发地质. 北京：石油工业出版社，1997.

33 孙景民，高翔，于俊杰，等.《油田采出水回注地层的可行性研究》，钻采工艺，2002，25(4)：42-46.

34 苏家庆，余南振. 真空制盐[M]. 北京：中国轻工业出版社，1983.

35 王国建，程同锦. 微量元素方法在地表油气化探中的试验研究[J]. 石油实验地质，2005，27(5)：544-549.

36 王怒涛，黄炳光. 实用气藏动态分析方法. 北京：石油工业出版社，2011.

37 王强，文绍牧，游建国，等. 气举排水采气在川东石炭系气藏治水中的应用[J]. 天然气技术，2008，2(6)：23-25.

38 王一兵，蒲洪江. 新851井—高温高压气井高产气井的新探索. 北京：中国石化出版社，2005.

39 王允诚，孔金祥，李海平，等. 气藏地质. 北京：石油工业出版社，2004.

40 王玉文. 中坝气田须二气藏排水采气开发效果分析及开发前景展望. 天然气工业，1995，15(5)：28-31.

41 王旭，李祖友，严小勇，等. 新场气田须二段气藏 X2 井区井间连通性及开采对策[J]. 钻采工艺，2011，34(3)：44-48.

42 万仁薄. 现代完井工程(第二版). 北京：石油工业出版社，2000.

43 吴世祥，汪泽成，张林. 川西前陆盆地勘探思路分析[J]. 石油与天然气地质，2001，22(3)：210-216.

44 夏清. 化工原理上册[M]. 修订版. 天津：天津大学出版社，2005.

45 叶军，陈昭国. 川西新场大型气田地质特征与预测关键技术. 石油与天然气地质，2006，26(3)：384-391.

46 杨克明，王世泽，郭新江，等. 川西致密砂岩气藏增产技术. 北京：科学出版社，2012.

47 杨克明，徐进. 川西坳陷致密碎屑岩领域天然气开发成藏理论与勘探开发方法技术. 北京：地质出版社，2004.

48 杨克明，朱宏权，叶军，等. 川西致密砂岩气藏地质特征. 北京：科学出版社，2012.

49 杨筱璧，李祖友. 高速非达西流产能方程的新形式[J]. 特种油气藏，2008，15(5)：74-76.

50 叶泰然，张虹，唐建明. 深层裂缝性致密碎屑岩气藏高效储渗区识别[J]. 天然气工业，2009，29(11)：22-26.

51 云智勉. 蒸发[M]. 第一版. 北京：化学工业出版社，2000.

52 覃峰. 天然气开采工艺技术手册. 北京：石油工业出版社.2008.

53 张广东，刘建仪，李祖友，等. 裂缝气藏物质平衡方程[J]. 天然气工业，2006，26(6)：95-96.

54 张守仁，万天丰，陈建平. 川西坳陷孝泉-新场地区须家河组须二—四段构造应力场模拟及裂缝发育区带预测[J]. 石油与天然气地质，2004，25(1)：70-74.

55 张伟，黎华继，段永明. 新场气田须二段气藏水体特征的初步认识[J]. 天然气技术，2009，3(2)：21-23.

56 庄慧龙. 气藏动态描述和试井[M]. 北京：石油工业出版社，2004.

57 赵敬松，唐洪明，雷卞军，等. 矿物岩石薄片研究基础. 北京：石油工业出版社，2003.